高等院校机械类应用型本科"十二五"创新规划系列教材

顾问●张 策 张福润 赵敖生

机械设计

主 编 沈萌红

副主编 陈周娟 王文萍

参 编 张美琴 黄方平 倪 娟

张 洁 钱孝华 李淼林

JIXIESHEJI

U0303309

华中科技大学出版社
http://www.hustp.com
中国·武汉

内 容 简 介

本书是针对应用型高校的人才培养目标而编写的。

全书分 5 篇共 18 章。第 1 篇总论,介绍机械设计中的共性问题;第 2 篇连接,介绍常见连接结构设计和标准件的选用;第 3 篇传动,介绍常用传动的特点和设计方法;第 4 篇轴系零部件,介绍轴系和相关零部件的设计和选用;第 5 篇其他零部件,简单介绍弹簧、机架、减速器等零部件的设计和应用特点。编写时力图根据应用型人才培养的特点,突出以设计为主线,深入浅出,通过实例说明机械设计中的工程思想和创新思维。考虑到培养应用型人才的要求,书中对各类设计都给出了计算和结构设计实例。

本书可作为应用型高等院校机械类专业的机械设计课程教材,也可供有关专业的师生和工程技术人员参考。

图书在版编目(CIP)数据

机械设计/沈萌红　主编.—武汉:华中科技大学出版社,2012.9(2021.8 重印)
ISBN 978-7-5609-8055-3

Ⅰ.机…　Ⅱ.沈…　Ⅲ.机械设计-高等学校-教材　Ⅳ.TH122

中国版本图书馆 CIP 数据核字(2012)第 113138 号

机械设计　　　　　　　　　　　　　　　　　　　　　沈萌红　主编

策划编辑:俞道凯
责任编辑:吴　晗
封面设计:陈　静
责任校对:张　琳
责任监印:张正林
出版发行:华中科技大学出版社(中国·武汉)　　　电话:(027)81321913
　　　　　武汉市东湖新技术开发区华工科技园　　　邮编:430223
录　　排:武汉楚海文化传播有限公司
印　　刷:广东虎彩云印刷有限公司
开　　本:787mm×1092mm　1/16
印　　张:27.5
字　　数:690 千字
版　　次:2021 年 8 月第 1 版第 6 次印刷
定　　价:49.80 元

高等院校机械类应用型本科"十二五"创新规划系列教材

编审委员会

总　　序

《国家中长期教育改革和发展规划纲要》(2010—2020)颁布以来,胡锦涛总书记指出:教育是民族振兴、社会进步的基石,是提高国民素质、促进人的全面发展的根本途径。温家宝总理在 2010 年全国教育工作会议上的讲话中指出:民办教育是我国教育的重要组成部分。发展民办教育,是满足人民群众多样化教育需求、增强教育发展活力的必然要求。目前,我国高等教育发展正进入一个以注重质量、优化结构、深化改革为特征的新时期,从 1998 年到 2010 年,我国民办高校从 21 所发展到了 676 所,在校生从 1.2 万人增长为 477 万人。独立学院和民办本科学校在拓展高等教育资源,扩大高校办学规模,尤其是在培养应用型人才等方面发挥了积极作用。

当前我国机械行业发展迅猛,急需大量的机械类应用型人才。全国应用型高校中设有机械专业的学校众多,但这些学校使用的教材中,既符合当前改革形势又适用于目前教学形式的优秀教材却很少。针对这种现状,急需推出一系列切合当前教育改革需要的高质量优秀专业教材,以推动应用型本科教育办学体制和运行机制的改革,提高教育的整体水平,加快改进应用型本科的办学模式、课程体系和教学方式,形成具有多元化特色的教育体系。现阶段,组织应用型本科教材的编写是独立学院和民办普通本科院校内涵提升的需要,是独立学院和民办普通本科院校教学建设的需要,也是市场的需要。

为了贯彻落实教育规划纲要,满足各高校的高素质应用型人才培养要求,2011 年 7 月,华中科技大学出版社在教育部高等学校机械学科教学指导委员会的指导下,召开了高等院校机械类应用型本科"十二五"创新规划系列教材编写会议。本套教材以"符合人才培养需求,体现教育改革成果,确保教材质量,形式新颖创新"为指导思想,内容上体现思想性、科学性、先进性和实用性,把握行业岗位要求,突出应用型本科院校教育特色。在独立学院、民办普通本科院校教育改革逐步推进的大背景下,本套教材特色鲜明,教材编写参与面广泛,具有代表性,适合独立学院、民办普通本科院校等机械类专业教学的需要。

本套教材邀请有省级以上精品课程建设经验的教学团队引领教材的建设,邀请本专业领域内德高望重的教授张策、张福润、赵敖生等担任学术顾问,邀请国家级教学名师、教育部机械基础学科教学指导委员会副主任委员、华中科技大学机械学院博士生导师吴昌林教授担任总主编,并成立编审委员会对教材质量进行把关。

    我们希望本套教材的出版,能有助于培养适应社会发展需要的、素质全面的新型机械工程建设人才,我们也相信本套教材能达到这个目标,从形式到内容都成为精品,真正成为高等院校机械类应用型本科教材中的全国性品牌。

高等院校机械类应用型本科"十二五"创新规划系列教材

编审委员会

2012-5-1

前　　言

随着我国高等教育的不断深入,出现了各种培养层次和目标互补的高校。应用型高校以培养应用型人才为主要目标,在专业教育中具有其鲜明的特色,而社会对应用型人才也有着广泛而殷切的需求。

本书编写以强化应用型为目标,突出"力"和"运动"两条主线。力求以失效形式、引发失效的原因以及如何提高零部件的工作能力为抓手,培养学生进行材料选择、参数选择和结构设计的能力。在确保课程的基本知识、基本理论和基本方法的基础上,强化学生对机械设计的整体理解,强化实体概念和对学生创新意识与能力的培养,适度地反映现代机械科技成果与信息。具体举措如下:

(1)专设了机械设计概论一章,从整机概念出发,详细分析了机器从功能设计到实体实现的全过程,强化了原理方案设计中功能分解和方案评价的有关内容;

(2)引出公式时,在说明获得途径和思路的前提下,尽可能地减少公式推导过程,而将重点放在公式运用和分析思路的介绍上,同时增加了有关手册的内容,以培养学生通过手册进行设计的习惯;

(3)对各类零部件都给出了详细的计算实例,对较复杂零件给出了工作图示例,以增强本书的应用性;

(4)尽可能地采用了以问题为先导,继以问题分析、解决方法的编排顺序。

本书由沈萌红任主编,参加本书编写的有:沈萌红(第1、2、3、6、16、17、18章),王文萍(第4章),王文萍、钱孝华(第5章),倪娟(第7、8章),钱孝华、李淼林(第9章),陈周娟(第10章),张洁(第11章),黄方平(第12、14章),张美琴(第13、15章)。

限于编者的水平,书中误漏和不妥之处在所难免,殷切期望专家和读者批评指正。

编　者

2012.2.20

目　　录

绪论……………………………………………………………………………………………… (1)

 0.1 机械工业在国民经济中的地位和作用 …………………………………………… (1)

 0.2 课程的内容、性质与任务 ………………………………………………………… (1)

 0.3 课程学习中应该注意的问题 ……………………………………………………… (2)

第1篇　总　　论

第1章　机械设计概论………………………………………………………………………… (4)

 1.1 机器的组成和基本要求 …………………………………………………………… (4)

 1.2 机器设计的基本类型 ……………………………………………………………… (8)

 1.3 机器设计的基本流程 ……………………………………………………………… (8)

 1.4 机械创新设计和现代设计方法概述……………………………………………… (14)

第2章　机械零件设计的基础知识…………………………………………………………… (18)

 2.1 机械零件的设计要求和准则……………………………………………………… (18)

 2.2 机械零件的基本失效形式………………………………………………………… (24)

 2.3 机械零件设计的一般方法和步骤………………………………………………… (25)

 2.4 机械零件的疲劳强度……………………………………………………………… (28)

 2.5 机械零件的抗断裂强度…………………………………………………………… (42)

 2.6 机械零件的表面强度……………………………………………………………… (43)

 2.7 机械零件的材料和毛坯选择……………………………………………………… (45)

 2.8 机械零件设计中的标准化………………………………………………………… (51)

第3章　摩擦学概论…………………………………………………………………………… (52)

 3.1 摩擦………………………………………………………………………………… (52)

 3.2 磨损………………………………………………………………………………… (56)

 3.3 润滑剂、添加剂和润滑方法 ……………………………………………………… (59)

 3.4 流体润滑原理……………………………………………………………………… (67)

第2篇　连　　接

第4章　螺纹连接……………………………………………………………………………… (73)

 4.1 螺纹………………………………………………………………………………… (73)

 4.2 螺纹连接的种类和标准连接件…………………………………………………… (77)

 4.3 螺纹连接的预紧与防松…………………………………………………………… (82)

 4.4 螺纹连接的强度计算……………………………………………………………… (85)

4.5 提高螺纹连接强度的措施 ……………………………………………… (90)

4.6 螺栓组设计简介 ………………………………………………………… (96)

第 5 章 键、花键、无键连接和销连接 …………………………………… (103)

5.1 键连接 …………………………………………………………………… (103)

5.2 花键连接 ………………………………………………………………… (108)

5.3 成形连接 ………………………………………………………………… (111)

5.4 弹性环连接 ……………………………………………………………… (111)

5.5 销连接 …………………………………………………………………… (112)

第 6 章 其他连接 …………………………………………………………… (116)

6.1 铆接 ……………………………………………………………………… (116)

6.2 焊接 ……………………………………………………………………… (118)

6.3 胶接 ……………………………………………………………………… (122)

6.4 过盈连接 ………………………………………………………………… (124)

6.5 快动连接 ………………………………………………………………… (130)

第 3 篇 传 动

第 7 章 带传动 …………………………………………………………… (138)

7.1 摩擦型带传动的形式和类型 …………………………………………… (138)

7.2 摩擦型带动的工作情况分析 …………………………………………… (142)

7.3 V 带传动的设计 ………………………………………………………… (147)

7.4 V 带轮设计 ……………………………………………………………… (153)

7.5 摩擦型带传动的张紧 …………………………………………………… (155)

7.6 高速带传动 ……………………………………………………………… (157)

7.7 同步带传动 ……………………………………………………………… (157)

第 8 章 链传动 …………………………………………………………… (163)

8.1 链传动的分类、特点及应用 …………………………………………… (163)

8.2 链传动的结构特点和主要参数 ………………………………………… (164)

8.3 滚子链传动的运动特性 ………………………………………………… (167)

8.4 滚子链传动的受力和失效分析 ………………………………………… (169)

8.5 滚子链链轮结构和材料 ………………………………………………… (171)

8.6 滚子链传动的设计计算 ………………………………………………… (174)

8.7 齿形链传动设计 ………………………………………………………… (178)

8.8 链传动的布置、张紧和润滑 …………………………………………… (180)

第 9 章 齿轮传动 ………………………………………………………… (183)

9.1 齿轮传动概述 …………………………………………………………… (183)

9.2 齿轮传动的失效形式与设计准则 ……………………………………… (184)

9.3 齿轮的材料及其选择原则 ……………………………………………… (187)

9.4　齿轮传动的精度和加工方式 ·· (189)

9.5　齿轮传动的受力分析 ·· (190)

9.6　齿轮传动的计算载荷 ·· (192)

9.7　标准直齿圆柱齿轮传动设计 ·· (197)

9.8　标准圆柱斜齿齿轮的传动强度计算 ·· (213)

9.9　标准锥齿轮传动的强度计算 ·· (219)

9.10　变位齿轮的传动强度计算概述 ··· (223)

9.11　齿轮结构设计 ··· (223)

9.12　齿轮工作图上应注明的尺寸 ··· (226)

9.13　齿轮传动的效率和润滑 ··· (227)

第 10 章　蜗杆传动 ··· (231)

10.1　蜗杆传动的类型 ·· (231)

10.2　蜗杆传动的主要参数和尺寸计算 ··· (234)

10.3　蜗杆传动的主要失效形式和材料选择 ······································· (240)

10.4　普通圆柱蜗杆传动承载能力计算 ··· (241)

10.5　蜗杆传动的效率、润滑及热平衡 ··· (246)

10.6　圆柱蜗杆和蜗轮的结构设计 ··· (248)

10.7　其他圆柱蜗杆简介 ·· (254)

第 11 章　螺旋传动 ··· (258)

11.1　螺纹传动的基本类型和特点 ··· (258)

11.2　滑动螺旋传动 ·· (261)

11.3　滚动螺旋传动 ·· (270)

第 4 篇　轴系零部件

第 12 章　滑动轴承 ··· (276)

12.1　概述 ·· (276)

12.2　滑动轴承的结构形式、失效形式及常用材料 ································· (277)

12.3　轴瓦结构 ·· (286)

12.4　润滑剂的选用 ·· (288)

12.5　混合润滑滑动轴承的设计计算 ··· (289)

12.6　液体动力润滑径向滑动轴承设计计算 ······································· (290)

12.7　其他形式的滑动轴承 ·· (302)

第 13 章　滚动轴承 ··· (306)

13.1　滚动轴承的结构、类型和代号 ··· (306)

13.2　滚动轴承类型的选择 ·· (312)

13.3　滚动轴承的工作情况、失效形式和设计准则 ································· (314)

13.4　滚动轴承的寿命计算 ·· (316)

13.5 轴承组合的设计 ……………………………………………………… (324)

13.6 其他轴承 ………………………………………………………………… (333)

第 14 章 联轴器、离合器和制动器 …………………………………………… (337)

14.1 概述 …………………………………………………………………… (337)

14.2 联轴器的种类和特性 ………………………………………………… (338)

14.3 联轴器的选择与装配 ………………………………………………… (345)

14.4 离合器 ………………………………………………………………… (348)

14.5 安全联轴器和安全离合器 …………………………………………… (352)

14.6 特殊功能的离合器 …………………………………………………… (354)

14.7 制动器 ………………………………………………………………… (355)

第 15 章 轴 ………………………………………………………………………… (358)

15.1 概述 …………………………………………………………………… (358)

15.2 轴的材料和毛坯选择 ………………………………………………… (360)

15.3 轴的结构设计 ………………………………………………………… (362)

15.4 轴的计算 ……………………………………………………………… (369)

第 5 篇　其他零部件

第 16 章 弹簧 …………………………………………………………………… (384)

16.1 概述 …………………………………………………………………… (384)

16.2 圆柱螺旋弹簧 ………………………………………………………… (387)

16.3 其他弹簧 ……………………………………………………………… (403)

第 17 章 机体零件 ……………………………………………………………… (408)

17.1 概述 …………………………………………………………………… (408)

17.2 机体零件的结构设计要点 …………………………………………… (411)

第 18 章 减速器和变速器 ……………………………………………………… (416)

18.1 减速器 ………………………………………………………………… (416)

18.2 变速器 ………………………………………………………………… (420)

参考文献 …………………………………………………………………………… (425)

绪　　论

0.1　机械工业在国民经济中的地位和作用

机械工业亦称"机械制造工业"或"机器制造工业"。按服务对象不同,机械工业可分为工业设备、农业设备、交通运输设备、能源设备、矿山设备、冶金设备等制造业。

(1)工业机械设备制造业　包括装备工业本身的各种机器设备的生产,如重型机械、通用机械、机床工具、仪器仪表、电器制造和轻纺工业设备等。

(2)农业机械制造业　包括农、林、牧、副、渔业生产所需要的各种机械的生产。

(3)运输机械制造业　包括铁路机车车辆、汽车、船舶和飞机的制造等。

(4)能源机械制造业　包括能源生产过程中的各类机械的制造。

机械工业提供了其他经济部门的生产手段,是一切经济部门发展的基础。机器的使用既能承担手工所不能或不便进行的工作,大大提高劳动生产率和改善劳动条件,又可以较手工生产更好地保证产品质量的一致性,更便于实现产品的系列化、标准化和通用化。机器的应用是高度机械化、电气化和自动化的基础,大量设计制造和广泛使用各类先进的机器能强有力地促进国民经济的发展,所以机械工业素有"工业的心脏"之称,它的发展水平是衡量一个国家工业化程度和现代化水平的主要指标之一。

0.2　课程的内容、性质与任务

所谓机器就是具有以下三种特性的物体:①人为的组合体;②具有确定的相对运动规律;③能够减轻人的劳动,或进行某种能量的转换。上述三条又称机器的三要素。在我们的身边,满足上述定义的物体很多,如机床、汽车、自行车、洗衣机、电动机等都可以称为机器。任何一台机器都是由一些最基本的制造单元构成的,它们被称为机械零件。根据不同的适用范围,机械零件可分为两大类:通用零件和专用零件。所谓通用零件是在各种机器中被经常用到的零件,如螺钉、齿轮、带轮等;而专用零件则是在某种特定类型的机器中才被用到的零件,如自行车的把手、飞机的螺旋桨叶片、活塞发动机的曲轴等。另外,还常将实现某个动作(或功能)的零件组合体称为部件,如联轴器、减速器等。

本书将在简要介绍整机设计基本知识的基础上,重点讨论一般尺寸和参数的通用零部件的基本设计理论和方法,以及有关资料的应用等问题。由于重型、微型,以及在高温、低温、高速、高压下工作的机械具有很强的特殊性,所以本书只在适当的位置给以简单的提示,而不展开讨论,读者可以参考有关的专门资料。

本书的具体内容如下。

(1)总论部分　介绍机器及零件设计的基本原则和过程,设计计算方法,常用材料,以及有关摩擦学的基础知识。

(2)连接部分　介绍螺纹连接,键、花键连接,销连接,以及铆接、焊接和过盈连接等。

(3)传动部分　介绍带传动,链传动,齿轮传动,蜗杆传动,螺旋传动及摩擦轮传动等。

(4)轴系零、部件部分　介绍滑动轴承,滚动轴承,联轴器,离合器,制动器及轴等。

(5)其他零、部件部分　介绍弹簧,机座和箱体和减速器等。

本课程是以一般的通用零部件设计为核心的设计性课程,也是论述相关的基本设计理论与方法的技术基础课程。书中的论述尽管以一些典型零部件为基础,但其目的并不仅限于使读者掌握这些零部件的设计方法,而是希望通过对这些基本内容的学习来了解并掌握有关的设计规律和提高设计质量的技术措施,做到举一反三,从而具有设计其他通用和专用零部件的能力。

本课程的主要任务是通过从本质上揭示和剖析机械设计中,特别是机械零部件中存在的普遍性矛盾,阐明其内在的联系和普遍规律性,使学生在以下几方面得到培养。

(1)在理解和掌握正确设计思想的基础上,掌握通用机械零部件的设计原理、方法和机械设计的一般规律,进而掌握综合运用所学知识,具备改进或开发新的简单机械装置和基础件的基本能力。

(2)具有运用标准、规范、手册、图册及从相关的资料中获取有用知识,并据此获得合理、正确设计结果的能力。

(3)了解典型零件的性能指标和实验方法,得到实验技能的基本训练。

(4)建立强烈的创新意识和创新精神,具有团队精诚合作、为获得理想结果不计个人得失的精神。

(5)理解机械系统的评价指标和相关领域的发展趋势及技术政策的指导作用。

0.3　课程学习中应该注意的问题

从机器的三要素可知本课程有两个重点问题,即如何实现确定的相对运动规律和如何减轻人们的劳动强度。这两个问题涉及两个主题词:"运动"和"力",而这就是本课程的两条主线。在本课程的学习过程中必须牢记这两条主线,并在各章节的学习中根据这两条主线进行必要的总结和拓展。另外,设计和制造密不可分,在设计过程中必须同时考虑制造的可能性和经济性等要求。

机械设计课程具有很强的实践性,同时是以前人的经验为基础的。机械设计课程的实践性决定了在学习过程中必须勇于实践,善于将自己的思想融入设计过程和设计结果,使设计具有生命;而经验性则表明机械设计需要经验。机械无处不在,机械设计的经验不但可以来自于手册,来自于与老师和同学的交流,也可以来自于现在已被成功应用的各类机械实体。对于设计者来说,创新是重要和必需的,但所有的创新都需要一定的基础,只有在总结经验的基础上创新才可能具有更强的生命力。

第1篇 总 论

尽管各类机械都有各自的特别要求,但也存在许多共性问题。如所有机械都有类似的构成模块,而在设计时都必须考虑功能性要求,经济性要求,可靠性要求等;所有零件都存在强度问题,必须考虑可制造性问题等;存在零件相对运动时的摩擦、磨损,必须考虑润滑的方案的选取问题等。

本篇主要介绍机械和机械零件设计中涉及的共性知识,其目的是建立起机械和机械零件设计的总体概念,清晰设计过程中需要考虑的共性问题。

本篇包括三章内容:机械设计概论,机械零件设计的基本知识,摩擦学概论。

第 1 章　机械设计概论

本章主要介绍机器的基本构成,各部分的主要作用,机械设计的基本流程,并在此基础上简单介绍现代设计方法和机械创新理论。

1.1　机器的组成和基本要求

1.1.1　机器的基本构成和各部分的基本功能

从手工机械到高度自动化的机器经历了漫长的发展历程,蒸汽机出现后,机器才具有了现代意义上的完整形态。根据机器的定义,在生活中可以发现许多机器实例(见图 1-1)。

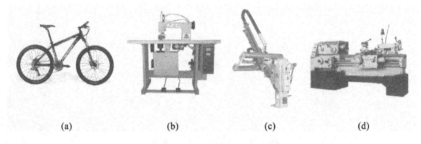

　　(a)　　　　　　　　(b)　　　　　　　　(c)　　　　　　　　(d)

图 1-1　机器示例

(a)自行车;(b)电动缝纫机;(c)气动机械手;(d)车床

从这些机器的实例中可以发现:尽管每台机器的功能不同、构成不同,但都有这样一些基本的组成部分:①动力输入部分,如自行车中的人力、缝纫机和车床中的电动机、气动机械手中的气源(电动机+气泵);②运动变换部分,如自行车中的链条传动、缝纫机和车床中的齿轮减速器和变速器、气动机械手中的气缸;③实现动作的部分,如自行车中的车轮、缝纫机中的缝针和送布部分、车床中的主轴转动和溜板箱移动、机械手中的手指。除此以外,还有一些部分是为控制等目的设置的,如自行车的手把(有时会有车灯)、车床中的按钮和照明灯等。根据分析可以得出这样的结论,一般的机器都具有如图 1-2 所示的组织结构。即均包括原动机部分、传动部分、执行部分,而在很多场合还包括检测、控制和其他一些辅助部分。

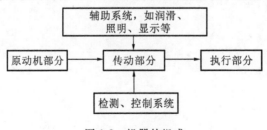

图 1-2　机器的组成

1. 原动机部分

机器的原动机是驱动机器完成所需功能的动力源,即机器工作时的力和运动的来源。在选择机器动力源时通常需要回答以下几个问题。

(1)原动机类型　从历史的发展来看,最早被用做动力源的是人力和畜力,此后出现了风力机和水力机。工业革命以后,蒸汽机(包括汽轮机)和内燃机开始被作为主要的动力源,而电动机的出现使得在可以得到电力供应的地方普遍地使用了电动机。现代机器的原动机大致以电动机和热力机为主。在原动机类型选择时需要考虑的关键问题是原动机能源获取的可能性和便利性,如同样是选择电动机作为动力源,家用装置中通常采用的是单相交流电动机或由电池供电的直流电动机,而在制造厂则通常采用三相交流电动机。

(2)原动机的数量　一部机器可以只用一个原动机,但对复杂机器也可以考虑采用多个原动机。因为一般的原动机(伺服电动机等除外)的输出速度随负载的变化而变化,所以对存在多个运动输出,且各运动之间具有协调性要求的机器(如多工位的自动机等),如选择多个原动机作为动力源则必须考虑如何保证各运动间的协调问题。

(3)原动机的动力输出形式　大部分原动机的运动输出形式是转动,但也存在输出运动为直线运动(如直线电动机和液压缸等)和摆动的原动机。转动和摆动形式的原动机输出转矩,直线运动形式的原动机输出的则是推力或拉力。如果能够根据执行部分的具体要求选择合适的动力输出形式,将有可能简化传动部分,使设计更为合理。

(4)原动机的输出功率和速度　原动机的输出功率根据执行部件所需的功率确定,而输出速度不但与执行部件的速度有关,而且还与传动部分有关。机械传动一般采用减速传动,即所选原动机的速度通常高于执行部件所需的速度。当两者较为接近时可简化传动部分,但通常会增加原动机的尺寸和复杂性。所以在选择原动机的速度时必须综合考虑它对原动机和传动装置的影响。

除此之外,原动机的尺寸、与后续部分的连接,以及成本等也是需要考虑的问题。需要提请注意的是:通过还原性思考可以发现,我们所需要的并不是原动机,而是某种形式的运动和力的输入。所以在进行具体设计时应该将注意力更多地置于如何获得所需要的运动和力之上。

2. 传动部分

由于机器的功能各种各样,运动形式和运动速度也千差万别,在工作过程中需要克服的阻力也随工作情况而变,而原动机的运动形式、运动和动力参数却是有限的,在许多情况下甚至是确定的(如根据某一执行部分选择了原动机后)。为了满足机器的不同动力要求,就需要对原动机的动力进行变换,而机器中完成这一功能的部分就称为机器的传动部分。动力形式的变换通常包括以下几个方面。

(1)运动形式的变换　机器常见的运动形式包括转动、移动、摆动、间歇运动等。在传动部分设计时,应根据所选原动机的运动特点设计合适的运动变换方式,使变换后所得的运动可以满足机器执行件的运动要求。

(2)运动速度的变换　设计合理的传动机构使得最终速度满足机器的速度要求。

(3)力的变换　力的变换包括两方面的内容,即力(广义力)的形式和大小的改变。如扭矩转换成推、拉力或反之;小扭矩变为大扭矩等。一般情况下,机械传动的传动比越大,增力效果就越好。

3. 执行部分

执行部分是完成机器具体功能的部分,譬如车床的车削、机械手的抓取和定位等,它们都是针对某种特定机械的。一部机器可以只有一个执行部分(如压路机的压辊),也可以有多个执行部分。存在多执行部分的机器通常有以下两种形式。

(1)具有多个执行终端 如在多工位自动机床中,每个工位上的加工装置都是一个独立的执行终端。

(2)按层次划分机器功能而形成多个执行部分 如普通车床,可以将它视为只有一个执行部分——车削部分,也可以将它按功能分成几个部分,如主轴带动工件旋转、溜板箱带动刀架作轴向移动、进刀部分实现横向进刀,等等。

4. 检测和控制部分

机器的检测和控制部分的主要功能是实现机器工作过程中的力、运动、位置等的检测和控制。机器的控制系统与传动部分密切关联,有时很难划分清楚(如电传动中常用的伺服电动机,其控制和传动是紧密结合的;棘轮机构是一种传动副,但同时实现了单向运动控制)。习惯上将直接起到控制作用的部分称为控制系统,如对汽车而言,通常将方向盘、转向系统、排挡杆、刹车及其踏板、离合器踏板和油门等视为它的控制系统,而速度检测装置、温度检测装置等则是它的检测部分。尽管根据传统的说法,对一部机器而言,原动部分、传动部分、执行部分才是必不可少的,但在现代机器中,检测和控制部分的作用越来越大,几乎已成为机器中不可或缺的一部分。

5. 辅助部分

除上述四大部分外,机器的其余部分通常称为机器的辅助部分,常见的如显示系统、润滑系统、冷却(加热)系统、照明系统、信号系统和其他辅助装置等。仍以汽车为例,油量表、速度表、电压表等组成了显示系统,油箱和润滑油泵等则组成了润滑系统,各类照明灯组成了照明系统,转向灯、刹车灯等组成了信号系统,后视镜、车门锁、雨刮器等为其他辅助装置。机器的辅助部分虽然不是机器的主要部分,但为了保证机器能够正常地工作,必要的辅助装置也是不可少的。

1.1.2 机器设计的基本要求

机器是一种产品,它的设计任务是根据生产和生活的需要提出的。作为设计者,就是要设计出与当前技术水平相适应的、能够被用户接受的产品。下面对机器的基本要求进行简单的介绍。

1. 使用功能要求

所有产品都是因为功能而存在的,机器也不例外。不能完成所需功能的机器是没有存在价值的。所以在机器设计时必须保证机器功能得到实现,这是机械设计中最主要、最本质的任务,具有"一票否决"的地位。为了实现使用功能,就要正确地选择机器的工作原理,正确设计或选用能够顺利、全面地实现所需功能的执行机构、传动机构、原动机、控制机构和检测装置,合理地设置辅助装置。使用功能实现的先进性和合理性可以视为机器的技术性指标。

2. 经济性要求

在功能要求得到满足的前提下,较高的经济性是机器能被用户接受的最重要保证。机器的经济性通常分为两个部分:设计制造的经济性和使用的经济性。前者主要表现为机器制造的低成本,而后者则表现为高生产率,高效率,较少的能源、原材料和辅助材料消耗,较低的管理成本和维护成本。如果设计的结果能保证设计制造和使用的经济性趋向一致,显然是最理想的。但是在许多情况下两者之间存在着矛盾。譬如,在机器的结构方案较为复杂时,其设计制造成本必然高,但假如能达到功能较为完善和齐全,则其生产率较高,其使用经济性也较好;反过来,如一味地减少设计及制造成本,却可能产生因功能不够齐全而导致使用经济性变差。为了使机器具有更好的综合经济性,必须同时考虑设计和使用的经济性。一种常见的评价方法就是把设计制造费用和使用费用加起来得到总费用,即采用如图1-3所示机器经济性-费用曲线对机器的经济性进行评价,以两者的平衡点作为最终的选择。

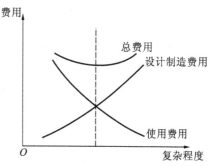

图 1-3 机器经济性-费用曲线

提高机器设计和制造经济性指标的主要途径如下。

(1)在机器的方案设计阶段认真地分析、研究机器功能的实现原理和具体方案,尽可能地获得功能齐全,实现简单的原理方案。

(2)采用先进的设计方法,使计算结果尽可能精确,如采用优化方法进行结构参数设计,采用有限元方法对关键零件进行精确分析使其具有足够的强度和可靠性,采用 CAD 软件进行实体设计,采用虚拟样机技术进行工作模拟等,尽可能地减少设计和制造成本。

(3)最大限度地采用标准化、系列化、通用化的零部件。

(4)了解、分析现有的新技术、新工艺、新结构和新材料,并做出合理的选择。

(5)合理设计零件的结构,使其具有更好的结构工艺性、用料少、易加工、易装配。

(6)合理地组织设计和制造过程。

提高机器使用经济指标的主要途径如下。

(1)合理地确定机器的技术性能指标,不盲目追求高指标。在此基础上合理地提高机器的机械化和自动化程度,使机器具有较高的生产率,提高产品的质量。

(2)采用高效率的传动机构,缩短能量传递路径和信息传递路径,以降低能源消耗和生产成本。

(3)采用适当的防护措施(如改开式为闭式,增加表面防护,采用可靠的密封等)和润滑措施,以增加机器的使用寿命。

3. 可靠性要求

所谓可靠性是指机器在规定的使用时间(寿命)内和预定的工作环境下能够正确地完成预期功能的概率。机器的可靠性是机器的一种固有特性,但它也与机器用户的经验、维护能力和技能有关。通常称机器出厂时已存在的可靠性为机器的固有可靠性,而称机器在使用过程中(出厂后)的可靠性为机器的使用可靠性。随着机器的组成日趋复杂,对机器可靠性的要求也日益提高,可靠性研究也日益得到了人们的重视。

如果机器由于某种故障而不能完成所预期的功能则称为失效。机器发生失效的可能性越小,则机器的可靠性越高。需要特别注意的是,机器的可靠性是与时间有关的一个特性,它与前述的功能要求不同:功能要求指的是完成所需功能的要求,而可靠性指的则是发生故障的可能性,可靠性越高,发生故障的可能性越小。

4. 劳动保护和环境保护要求

劳动保护就是要根据劳动保护法规的要求为操作者提供方便和安全的操作条件。譬如,应该按人机工程学的理念,合理安排各种与操作者相关的结构尺寸和动作过程(如尽量减少操作手柄,手柄的操作符合操作者的习惯,操作力、操作高度合适等);设置完善的安全防护及保安装置、报警装置、显示装置等(如冲床中采用双手操作控制冲头动作等)。

环境保护就是要减少机器对环境的影响。如降低机器运转时的噪声,防止有毒、有害物质的渗漏,对废水、废液、废气进行有效地治理,等等。

5. 其他专用要求

对不同的机器通常有一些针对这些机器的特殊要求,如对飞行器有质量小、空气阻力低的要求,对机床有高刚度和高精度的要求,对大型机器有便于运输的要求等。在设计机器时,除满足上述共同要求以外,还应该重点关注具体机器的特殊要求,以提高机器的使用性能。

1.2 机器设计的基本类型

机器的设计类型大致有以下三种。

(1)内插式设计 在两个现有方案中作内插式设计是一般机器常用的设计方式。由于有成功的经验可以借鉴,所以只要精心对待设计过程,认真进行一些技术改进和少量的试验研究,就有把握设计出成功的产品。

(2)外推式设计 与内插式设计不同,外推式设计虽有部分经验可以借鉴,但外推部分属于未知领域,当前的方法是否适合这些领域尚需研究和验证。所以在进行外推设计时必须慎重对待,仔细地进行理论探讨和科学实验工作,而不能想当然地将现有的理论外推至未知领域,否则将产生意想不到的后果。

(3)开发式设计 应用新原理、新技术设计新型技术装备的工作称为开发性设计。由于没有或很少有可以直接借鉴的资料,所以详细的基础分析是必需的。在功能设计时要充分运用理论力学、机械原理、流体力学、热力学、摩擦学等基础理论知识,而在结构设计时则需充分运用机械零件、金属材料和热处理、机械制造工艺、公差配合等知识和生产实践的经验。

需要注意,对任何类型的设计工作,创新的思想和在理论分析基础之上的实验和实践验证都是需要重点关注的:机械设计的结果应该具有创新性,而它的优劣也只有在实践的过程中才能得到检验。

1.3 机器设计的基本流程

机器是一个实体化的概念。生产一台满足所需功能的机器需要经历多个步骤,其中最为关键的两个步骤就是设计和制造。所谓"设计",其最简单的定义为"一种有目的的创作行为"。所有设计活动都是为了实现某种目标而进行的,所有设计的结果都体现了设计者的思想,是鲜活和有生命的。机器的设计阶段是决定机器好坏的关键,没有一个优秀的设计,就不可能获得一台优秀的机器;机械制造过程是获得机器物理实体的过程,它对机器性能的影响从本质而言,就是实现设计时所规定的制造要求。

在机器的设计过程中,必须很好地把握继承和创新的关系,既要尽可能多地利用已有的成功经验(可以来自于各种手册和实物),又不能让这些经验束缚住自己的手脚。机器是一个复杂的系统,要提高设计质量,必须有一个科学的设计流程。尽管要给出一个普遍适用的设计流程是不可能的,但根据人们长期设计机器的经验而得出的一般设计流程是存在的,也是基本可行的。下面将对机器设计的基本流程进行介绍。

1.3.1　确定设计任务

机器设计的第一步就是要确定设计任务,也可以将它看成是机器设计的预备阶段和计划阶段。在该阶段,设计者对机器的概念是非实体和模糊的。

在确定设计任务时,充分的市场调查和用户分析必不可少。决策者和设计人员必须建立起以用户为中心的产品开发理念,将任务要求的确定建立在探求用户心灵深处需求的基础上。这种需求应该是高度凝练的,是一定时期内产品需要的原始驱动力。在此基础上,通过分析,进一步明确机器应该具有的总体功能,并提出环境、成本、加工以及时限等方面的约束条件。在进行总体功能分析时,应充分了解同类或相关类别机器的发展历程,以保证所确定的任务能够符合机器的进化方向,具有更高的理想化程度。而在进行功能描述时需要注意以下几点。

(1)功能不等同于用途、能力和性能。功能是产品或技术系统特定工作能力的抽象化的描述,例如电动机的用途是用作原动机,具体而言可能是去驱动机床主轴,但它的功能是实现能量的转换——将电能转换为机械能。

(2)在功能描述时要抓住本质,力求准确、简洁,避免带有倾向性的提法,从而避免给方案构思设置框框,使思路更为宽阔。譬如要设计一台取核桃仁的机器,如果将功能定义为"砸壳"或"压壳",在方案构思时想到的可能是如何通过外部或内部压力使果壳破裂;但如果将功能定义为"壳仁分离",就会发现除了上述想法以外,所有去壳的方法都是可行的,如采用化学方法溶壳,采用慢速加压、快速减压技术使壳破裂等都可以在考虑之列。

接下来的任务是明确设计任务的全面要求和细节,形成完整的设计任务书。作为本阶段的总结,设计任务书一般应包括以下内容:①机器的总功能;②机器的经济性估计;③机器的环保性估计;④机器的基本使用要求;⑤完成任务的大致期限等。在这一过程中,并不要求必须给出具体、精确的数字或描述(实际上在绝大多数情况下也是不可能给出的),而只要给出一个合理的范围,如分别以必须达到的要求、最低要求和希望要求来描述。

尽管任务的确定只是机器设计的一个预备阶段,但该阶段的工作对机器的前景和生命力有着重要的决定作用,所以一定的前瞻性是必要的;此外,任务的确定并不意味着不允许改变,如在后续的设计过程发现存在某些问题,就有必要对任务进行适当的调整。

1.3.2 原理方案设计

原理方案设计阶段是机器设计过程中最具有创造性的阶段,也是决定机器设计成败的最为关键的阶段。如果原理方案设计不合理,机器的最终物理实体是不可能具有良好性能的。原理方案设计阶段大致包括以下几个步骤。

1. 机器的功能要求分析

任务书给出了机器的总功能和基本要求(必须达到的要求、最低要求和希望要求等),机器的功能要求分析就是要在上述基础上对有关问题作出更为详细的分析,以期得出具体的功能参数,为进一步的设计提供依据,即对任务书所提供的功能进行可行性分析和具体化。主要工作包括:①确定功能能否实现;②如有多项功能;明确这些功能之间是否存在矛盾,是否可以进行替代;③确定合理的功能参数;等等。

在这一步骤中,要重点考虑理想与现实、需要与可能、发展与当前之间可能存在的矛盾,并进行恰当的处理。

2. 原理方案总体分析

因为执行部分是机器功能实现的终端,所以在确定设计方案时通常从执行部分开始。需要分析其工艺过程,并在较大的范围内进行工作原理的搜索。同样的功能要求,实现原理可以完全不同。如为了切割物体,可以采用金属刀具切割,可以采用火焰切割,也可以采用高速水流切割;加工螺纹可以采用车制,也可以采用滚轧。工作原理不同,所设计出的机器当然也就不同。在工作原理确定时,应该充分发挥发散性思维能力,不断地研究和发展新的工作原理。在功能实现过程中,一种新原理的采用通常意味着产品性能的跳跃式改进,意味着脱胎换骨的变化。

复杂的机器往往有多个执行部分,在总体方案设计阶段必须对各执行件之间的关系,以及它们的配合和动作协调进行规划,以便于下一步的设计。

3. 功能分解

机器是一种技术系统。当技术系统比较复杂时,将很难直接求得满足总功能的原理解,这时,可以利用系统功能分析原理将功能系统按总功能、分功能……功能元进行分解,构成功能树。功能树起于总功能,结束于功能元,所谓功能元就是可以直接求解的系统组成单元。需要注意的是,功能树需要分解至何种层次并无明确的要求,而只有一个原则:如果终端还不能够直接求解,就需要进行进一步的分解。

【例 1-1】 试绘制出激光分层制造装置功能分解图。

解 激光分层制造技术是首先用激光对箔材进行切割,获得一个层面的形状,然后将其进行层叠胶接以获得三维实体的快速成形技术。黏合时拟采用压辊加热逐层黏结方式,由于在激光束切割过程中存在烟雾,需要考虑排烟功能。

图 1-4 给出了激光分层制造装置的功能分解图。从图中可以看出,通过功能树分析,问题的脉络变得清晰了,也更容易求解了。功能分解是解决复杂问题的一种有效方法。对于较简单的设计问题,尽管不需要采用功能分解也有可能直接获得原理解,但在大多数情况下,进行必要的功能分解还是被提倡的,因为它可以开拓设计者的思路,获得更具有创新意义的问题解决方案。

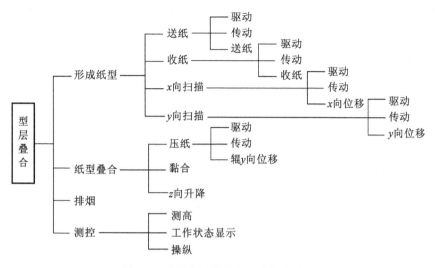

图 1-4　激光分层制造装置功能分解图

4. 功能方案确定

完成了功能分解后,接下去的任务是进行功能元求解,然后将这些解组成一个完整的总方案。

功能元求解的一般方法如下。

(1)参考借鉴有关的产品资料和专利　所有设计都不是凭空产生的,而是在借鉴前人的成功经验的基础上完成的。尽量多地了解已有的解决方案将有效地提高设计者的设计能力。

(2)利用"设计目录"获取解答　设计目录是一种设计信息库。它把设计过程中所需要的大量信息进行有规律的分类、排列、储存,以便于设计者查找和调用。有关设计目录的内容可以参考文献[26]。

(3)运用各种创造技法探索新的解法　各种创造技法可参考文献[27]。

对于给定的功能元,其可能的解法通常不止一个。以例 1-1 所示的送纸部分为例,它包括了驱动(原动部分)、传动(传动部分)、送纸(执行部分),而各部分都有多种可选方案。如果用 N_1 表示原动部分的可能方案数,用 N_2 表示传动部分的可能方案数,用 N_3 表示执行部分的可能方案数,则总方案数 N 为 $N_1 \times N_2 \times N_3$ 个。机器越复杂,分解后所得的功能元也更多,形成的可能方案也更多。确定功能方案,就是要在众多的方案中选择最为合理的方案,这就涉及方案的评价问题。

在所给的方案中有些是可以被简单排除的,如综合后不可能保证各部分相互协调性的方案,功能实现可靠性低的方案,在现在水平基础上不可能实现的方案,等等。有一个概念必须明确,即"对"与"错"和"优"与"劣"的区别。所有能完成所需功能的方案都是可用方案,即"对"的方案,而反之则是"错"的方案;但在"对"的方案中,存在着"优"与"劣"。

不选择"错"的方案是设计者的基本素质;而作为一个优秀的设计者,则应该具备通过分析选择一个"优"的方案的能力。机器实现方案的确定过程是一个思维发散-收敛的过程,为了在众多的可行方案(对的方案)中选择一个最佳方案,必须有一个评价的基本标准。一般而言,机器的评价标准可分为以下三个方面。

(1)技术评价目标 包括工作性能指标、加工装配的工艺性、使用的便利性和可维护性、技术上的先进性等。

(2)经济评价目标 包括成本、利润、投资回收等。

(3)社会评价目标 方案实施的社会影响、市场效应、节能环保、可持续发展等。

如果将希望得到的作为有用效应,而将不希望得到的作为有害效应,并用它们的比值作为评判标准,就可以得到所谓的理想度 I 的表述。

$$I = \sum U_F \Big/ \sum H_F \tag{1-1}$$

式中:I——理想度;$\sum U_F$——有用功能之和;$\sum H_F$——有害功能之和。

在工程实际中进行理想化水平分析时,对式(1-1)中的各个因子还要进行细化。为便于分析,通常以效益之和($\sum B$)代替分子(有用效应之和),而将分母(有害效应之和)分成两部分:成本之和($\sum C$)和危害之和($\sum H$)。式(1-1)可改写为

$$I = \sum B \Big/ \left(\sum C + \sum H\right) \tag{1-2}$$

其中:$\sum B$——效益之和;$\sum C$——成本之和(如开发成本,材料成本,时间、空间、消耗物质、复杂度等);$\sum H$——危害之和(如废弃物、污染物等)。

为了使产品能够更好地被用户所接受,必须使机器具有一定的理想度。

理想度的基本公式表达了设计者的一种愿望——设计一部具有较高理想度的机器。而理想的机器应该是理想度为无穷大的机器,关于理想化的更详细内容可以参考文献[28]。

详细地进行理想度分析是复杂的,因为它不但涉及有害和有用功能的分析问题,而且还涉及对不同有害功能的重视程度问题。在某些情况下,有害功能是隐含的。

【例 1-2】 为实现某种功能设计了两台机器 A 和 B。A 的制造成本为 10 万,B 的制造成本为 100 万。A 每分钟生产 1 个产品,B 每分钟生产 100 个产品。两者在使用过程中的消耗量大致相同。请问这两台机器谁的理想度更高。

解 这是一个很难回答的问题。如果有足够的市场,而产品的附加值也较高,则 B 必然优于 A。在这种前提下,设计和制造成本已不是问题;如果所处的情况相反,市场无法预期,产品的附加值也不高,设计和制造成本就成为考虑的要点,因为闲置也是一种有害功能。

机械总体方案评价是一个非常复杂的问题,也是研究很多的问题。除上述的理想度分析以外,也可采用常见的如模糊评价法等,读者可参考文献[26]。

1.3.3 实体性设计

实体性设计阶段的任务是完成总装配草图及部件装配草图。通过装配草图确定各零部件的外形及基本尺寸,包括连接各零部件的连接件的外形和基本尺寸。最后完成零件的工作图、部件装配图和总装配图。

1. 机器的运动设计

选定了工作原理并确定了机构方案后,即可以根据工作原理的要求,确定机器执行部分的运动和动力要求,然后再结合预定的原动机类型与性能参数(如转速、线速度等),进行机器的运动设计,确定各运动构件的运动参数(如转速、速度、加速度等)。即妥善地选择、设计机器的机构组合(传动部分),保证将原动机的运动转变为执行件预期的机械动作。在选择和设计时需要考虑在某些性能参数范围内灵活调整的必要性、可能性和可靠性。

可以认为本步骤的工作是在机械运动简图草图的基础上,从运动的角度出发对运动简图进行精致化的过程。有关机械运动简图绘制和机构运动分析可以参考《机械原理》中的有关内容。

2. 机器的动力设计

在初步确定了机器的执行部分后,即可以根据机器的运转特性、执行部分的工作阻力、工作速度和加速度、传动部分的总效率,算出机器所需要的驱动功率,并结合机器的具体工作情况,选定一部合适的原动机。

在某些情况下,确定机器执行部分的工作阻力相对比较简单,如要确定钻床的阻力矩,可以根据钻头直径、进给量、切削速度和钻头材料的力学性能、被钻材料的力学性能等,按切削用量表查得钻头的切削阻力矩。但在一些复杂的情况下,阻力往往不能用简单的计算加以确定,必须进行模拟或现场测量,如在大江中航行的船只,为了获得准确的数据,必须现场测量水流、浪高等具体参数。

分析原动机所需功率时需要关注如下几点。

(1)必须考虑到各种受力 这些力不但包括直接作用于执行件的工作阻力,也包括加、减速过程中的惯性力,运动过程中的摩擦阻力,当运动件作非水平运动时,运动件的重力也应该在考虑之列。

(2)必须考虑具体的工作情况和应用范围 如在确定前述钻床的阻力矩时,必须考虑可能使用的钻头直径、进给量、切削速度和钻头材料和被钻材料等。

(3)必须考虑机器运行过程中的载荷变化 如连杆机构在工作过程中的压力角通常是变化的,而这将在阻力一定的情况下引起驱动力的变化,必须考虑传力性能最差时的状态。

不同类型的机器有不同的设计规范,必须根据具体的规范做出相应的选择。

3. 零件的工作能力设计

在原动机的动力参数确定后,就可以根据功率、运转特性及各零部件的具体工作情况确定作用于任一零部件的载荷;可以根据这些确定的载荷对零部件进行初步的设计。设计应依据零部件的一般失效形式、工作情况、工作特性、环境等进行。一般的设计准则有强度、刚度、振动稳定性、寿命等,通过计算或类比可以确定零部件的基本尺寸。由于工作能力和结构设计存在着某种混叠关系,即,没有完全确定结构无法准确确定零部件的工作能力,但没有确定工作能力是否合格就不可能完全确定零部件的结构尺寸,所以在本步骤所做的工作能力分析通常只能是初步的。

4. 部件装配草图和装配草图设计

在一部机器中,各零部件之间除了运动和动力的传递以外,还存在着空间上的联系。一方面有关联的零件必须保持相互的联系;另一方面,任意两个零部件之间不应该存在空间上的干涉。这种干涉问题不仅存在于静态,而且也存在于动态(在机器运动的任何一个位置上)。在进行草图设计时,必须对所有零件的外形尺寸进行结构化(实体化)设计。在这一步骤中,需要很好地协调各零件的结构形状及结构表征尺寸,考虑所设计的零部件的结构工艺性,以期获得最合理的构形。

5. 主要零部件的校核

由于具体的结构没有完全确定,所以在第三步对大部分零部件所作的工作能力计算只能是初步的。在绘出部件的装配草图和零件草图后,所有零件的结构及尺寸均成为已知,各相关联零件间的关系也明确了,设计者已可以精确地确定各零、部件所受的载荷,影响工作能力的各个细节。所以在本步骤有可能且必须对各个重要的,或者是外形及受力情况复杂的零件进行精确的校核计算(必要时可以辅以实验验证),并根据校核结果,反复地修改零件的结构及尺寸,直到能够满足使用要求为止。

6. 零件工作图的定型

机器设计是实体性设计,在上述工作完成后,就需要对零件图进行定型。正式的工作图包括对机械零件的所有具体要求,如尺寸公差、形位公差、表面粗糙度、材料的热处理方式和要求、表面处理等。这些要求在前面的各步骤中应该已初步确定,本步骤的工作是完全确定上述要求。

7. 虚拟装配

虚拟装配是随着计算机技术而发展起来的新技术。对于复杂的机械,人单凭想象往往不可能准确判断其是否满足设计要求。采用虚拟装配技术,就能够很好地解决这一问题。

1.3.4 技术文件编制

技术文件的种类较多,常用的有机器的设计计算说明书、使用说明书、标准件明细表等。在计算说明书中,应包括方案选择及实体性设计过程中的所有结论性内容;在使用说明书编制时应向用户介绍机器的性能参数范围、使用操作的方法、日常保养和简单的维修方法,以及备用件的目录等。对于可能引起严重事故的情况必须加以突出的说明,以免出现不必要的损失。对于如检验合格单、外购件明细等在设计、制造过程中形成的其他资料可视需要另行编制。

1.4 机械创新设计和现代设计方法概述

如前所述,机械设计有多种类型,但在任何设计工作中创新的思想都是必不可少的,而现代设计法的应用将有效地提高设计的效率及精确性。

1.4.1 机械创新设计方法简介

设计是人类社会最基本的一种生产实践活动。创新设计是技术创新的重要内容。据统计,产品技术水平的75%~80%是在设计阶段决定的。如前所述,机械设计大致包括了产品规划、方案设计、实体化设计等阶段。在每一个阶段都存在创新活动。

创新设计具有以下基本特点。

（1）独创性　设计者应该追求与前人、众人不同的解决方案。应该能够打破思维惯性，提出新功能、新原理、新机构、新材料，在求异中实现创新。

（2）实用性　创新设计的实用性主要表现为市场的适应性和可生产性两个方面。也就是说创新设计必须是针对社会需要，满足用户对产品的需求的；是具有较好的加工工艺性和装配工艺性的，能以市场可以接受的价格加工出产品并投入使用的。

（3）多方案选优　创新设计应该从多角度、多层次、多方面去寻求问题解决的途径，在多方案比较中求新、求异、优化。寻求方案时的发散性和决定方案时的收敛性是创新设计方案的特点。

机械创新设计通常包括原理方案的创新设计、机构创新设计、结构方案创新设计和反求设计等。每一种创新设计都包含了多种技法。创造学家对各种创造性技法进行了研究，创造出了多种创新技法，如奥斯本检核表法、头脑风暴法、金鱼法、形态分析法等。这些创新方法，有的致力于使人们克服不愿提问或不善于提问的心理障碍（奥斯本检核表法）；有的致力于实现群体集智，使所有与会人员充分地解放思想，并进行知识互补，在大量的设想中获得有用的信息和方案（如头脑风暴法）。近年来，由苏联的天才发明家和创造、创新学家根里奇·阿奇舒勒创立的、曾经被称作苏联的"国术"和"点金术"的 TRIZ 发明问题解决理论也正日益受到人们的重视。

1.4.2　现代的机械设计方法简介

现代的机械设计方法是相对于传统的机械设计方法而言的，由于它始终处于发展之中，所以对其内涵和域界并无一个统一的说法。一般认为，现代机械设计方法是现代应用数学、应用力学、微电子学、信息科学等领域最新成果的综合运用，其目的是实现机械设计方法在以下几个方面的转换：

（1）以动态的取代静态的；

（2）以定量的取代定性的；

（3）以变量取代常量；

（4）以优化设计取代可行性设计；

（5）以并行设计取代串行设计；

（6）以微观的取代宏观的；

（7）以系统工程法取代分部处理法；

（8）以自动设计取代人工设计。

1. CAD 技术

计算机辅助设计（CAD，computer aided design）技术是计算机科学与工程设计学科相结合后形成的新兴技术，其目的是利用计算机及其图形设备帮助设计人员进行设计工作。在工程和产品设计中，计算机可以帮助设计人员担负计算、信息存储和制图等多项工作，从而减轻设计人员的劳动，缩短设计周期和提高设计质量。

CAD 系统在设计中承担的主要工作有数据处理、工程分析、图形处理与动画仿真等。它与计算机绘图具有完全不同的内涵。计算机绘图是 CG（计算机图形学）中涉及工程图形绘制的一个分支，是使用图形软件和计算机硬件进行绘图及有关标注的一种方法和技术，它以摆脱繁重的手工绘图为主要的目的。计算机绘图不是 CAD 技术的全部内涵,而只是 CAD 技术的基础之一。

CAD 诞生于 20 世纪 60 年代。至 80 年代,PC 机的应用使 CAD 得到了迅速的发展,出现了专门从事 CAD 系统开发的公司。常见的 CAD 软件有 Pro/ENGINEER、Unigraphics、SolidEdge、SolidWorks、IDEAS、Bentley、AutoCAD 等。

2. CAE 技术

CAE(computer aided engineering)即计算机辅助工程。从广义上说,计算机辅助工程可以包括工程和制造业信息化的所有方面,但传统的 CAE 主要指用计算机对工程和产品进行性能与安全可靠性分析,对其未来的工作状态和运行行为进行模拟,从而及早地发现设计缺陷,证实其功能和性能的可用性和可靠性。CAE 软件可以分为两类:①针对特定类型的工程或产品所开发的用于产品性能分析、预测和优化的软件,称为专用 CAE 软件;②可以对多种类型的工程和产品的物理、力学性能进行分析、模拟和预测、评价和优化,以实现产品技术创新的软件,称为通用 CAE 软件。

CAE 软件的主体是有限元分析(FEA,finite element analysis)软件。其基本思想是将结构离散化,用有限个容易分析的单元表示复杂的对象,然后根据变形协调条件综合求解。其基本过程如下。

(1)前处理　采用 CAD 技术建立 CAE 的几何模型和物理模型,完成分析数据的输入。

(2)有限元分析　对有限元模型进行单元特性分析、有限元单元组装、有限元系统求解和有限元结果生成。

(3)后处理　用 CAD 技术生成形象的图形输出,如生成位移图、应力、温度、压力分布的等值线图,表示应用、温度、压力分布的彩色明暗图,以及随机械载荷和温度载荷变化生成位移、应力、温度、压力等分布的动态显示图。

针对不同的应用,也可用 CAE 仿真模拟零件、部件、装置(整机)乃至生产线、工厂的运动和运行状态。

CAE 有以下几方面的作用:①增加设计功能,借助计算机分析计算,确保产品设计的合理性,减少设计成本;②缩短设计和分析的循环周期;③起"虚拟样机"作用,可在很大程度上替代传统设计中的"物理样机验证设计";④采用优化设计,找出产品设计最佳方案,降低材料的消耗或成本;⑤在产品制造或工程施工前预先发现潜在的问题;⑥模拟各种试验方案,减少试验时间和经费;⑦进行机械事故分析,查找事故原因。

国外大型通用有限元商业软件有:NASTRAN、ASKA、SAP、ANSYS、MARC、ABAQUS、JIFEX 等。国产有限元软件有:FEPG、JFEX、KMAS 等。

3. 优化设计方法

优化设计(OD,optimization design)是从多种方案中选择最佳方案的设计方法。它以数学中的最优化理论为基础,以计算机为手段,根据设计所追求的性能目标,建立目标函数,在满足给定的约束条件下,寻求最优的设计方案。随着数学理论和电子计算机技术的进一步发展,优化设计已逐步形成为一门新兴的独立的工程学科,并在生产实践中得到了广泛的应用。

优化设计的基本步骤为:①建立数学模型;②选择最优化算法;③程序设计;④制定目标要求;⑤计算机自动筛选最优设计方案等。也可以在建立数学模型后利用通用软件实现优化目的。常见的通用优化软件包如 MATLAB 中的最优化工具箱、LINGO 优化软件包等。

现代机械设计方法还有很多,如摩擦学设计(TD,tribology design)、并行设计(CD,concurrent design)、质量驱动设计(QDD,quality drive design)等,对这些内容就不一一阐述了。

习　题

1-1　试述机器的三要素,并据此给出 5 个以上的机器实例。

1-2　试述经济性指标在产品开发中的重要性,片面追求经济性指标可能带来什么后果。

1-3　分析并建立自行车的功能树。

1-4　在查阅资料的基础上给出某种现代机械设计方法的发展历程和作用。

第2章 机械零件设计的基础知识

本章主要介绍与机械零件设计相关的共性知识,包括机械零件设计的基本要求和准则、材料的选择、各种失效形式,以及它们与受力类型和相对运动之间的对应关系等。

机械零件是机器最基本的加工单元,也是组成机器最为基本的单元。机械零件的主要设计内容包括材料和热处理方式的选择、结构形状和结构参数的确定,零件的加工精度的确定,如尺寸精度、表面粗糙度、形状位置精度等。

2.1 机械零件的设计要求和准则

机械零件设计应满足的要求与机器的设计要求有关,但也有自己的一些共性要求。一般而言,在机械零件设计时应满足的要求包括功能性能要求、结构工艺性要求、经济性要求等。

2.1.1 功能性要求

在机器中,每一个零件都有自己的功能。所谓满足功能性要求就是要保证机械零件在预定的寿命期内顺利地完成自己在机器中所承担的功能,而不发生失效。

一般而言,机械零件的失效与机械零件所承受的载荷有关。在进行机械零件设计时,必须首先确定零件所承受的载荷。在对机器进行动力学分析后,各零件所受的载荷可以根据工程力学中的有关知识确定,这种仅仅根据理论分析得出的载荷称为名义载荷。由于实际的零件工作情况千差万别,为了使计算时所用的载荷更接近于实际应用时零件所承受的载荷,通常引入一个工作状况系数以对名义载荷进行修正,修正后的载荷称为机械零件的计算载荷。在传动件设计中名义载荷和计算载荷通常以名义功率和计算功率表示。

1. 零件的结构功能要求

机械零件设计首先应满足结构功能性要求,而其他的功能要求如强度、刚度、可靠性等都是在满足了结构功能要求的前提下提出的。譬如,对于连接件,其结构应该满足连接的基本要求,传动件应该满足传动的基本要求,支承件应该满足支承要求,等等。对各类零件具体的结构功能要求将在以后相应各章中进行介绍。

2. 机械零件强度要求和设计准则

如果机械零件在工作过程中发生了断裂、破损,或出现了大于允许值的残余变形,则认为该零件存在着某种类型的强度不足。一般而言,零件的强度不足意味着零件出现了某种形式的失效,是应该避免的(除了那些被用于安全目的的、希望它们在某种条件下适时破坏的零件)。因此,具有足够的强度是机械零件最基本的功能要求之一。

对零件的强度要求是全周期的,包括了生产、运输、使用等整个过程。譬如,对于一些大型零件,如机架、床身等,虽然在工作过程中不会发生强度不足问题,但在运输过程中由于吊装、捆绑、固定等操作,有可能使零件承受比工作过程中更大的载荷,因而引起失效。

零件的强度问题与它所承受的应力和工作过程中的运动状态密切相关。在不同的受力和运动形式下,机械零件将出现不同的强度问题:受剪切的零件存在着剪切强度问题,受弯曲的零件存在着弯曲强度问题,存在相对运动的零件对应着磨损强度问题,变应力对应着零件的疲劳强度,变应力条件下的点线接触零件对应着点蚀,等等。除此以外,机械零件的强度还与它所采用的材料的特性有关,如塑性材料的塑性变形,脆性材料的脆断,等等。

机械零件的强度准则就是保证零件所受的应力不超过允许极限值。譬如,为避免静强度不足,要求零件所受的应力不超过静强度极限;为避免出现疲劳破坏则要求零件所受的应力不超过疲劳强度极限;为避免出现过大的残余变形,则要求零件所受的应力不超过材料的屈服强度。式(2-1)给出了强度准则的一个代表性表达式(对于剪切应力或在复合应力的状态也有类似的表达式)。

$$\sigma \leqslant \sigma_{\lim} \tag{2-1}$$

考虑到各种偶然性因素的影响,以及材料特性和分析计算过程中存在的不精确性和不确定性,在机械零件强度的实际计算过程中通常引入设计安全系数(简称安全系数)S 的概念。安全系数 S 是一个大于 1 的数值,也称安全裕度。

将式(2-1)的右边除以安全系数获得许用应力 $[\sigma]$,即

$$[\sigma] = \frac{\sigma_{\lim}}{S} \tag{2-2}$$

在选择安全系数 S 时应同时考虑机器类别和工作情况、材料性能的一致性、计算的精度等各种因素。对有特殊安全要求的机器,如起重机中的零件,必须根据机器的设计规范进行安全系数选择。

提高机械零件强度的方法大致可分为以下几类。

(1)采用更高强度的材料　在选择材料时需要注意:除选择不同类型的材料以外,还可以通过选择合适的热处理或表面处理方式改善材料的力学性能。

(2)改变机械零件的结构尺寸和截面形状　合理地设计机械零件的形状和截面尺寸是改善零件强度的重要措施。截面的改变不一定是截面积的改变,通过合理地设计零件的截面形状,在实体截面积不变的条件下增大截面的惯性矩以减小零件所受的应力也是经常采用的、能有效改善零件强度的方法。如果将同时作用零件的数量改变也视为结构的改变,则这种方法的使用将更为广泛。

(3)尽量减少附加或不必要的载荷　零件的工作载荷与许多因素有关,是不能随意改变的。设计者一般不能要求减少工作载荷以保证零件的强度,但可以通过合理的设计以尽量减少附加或不必要的载荷达到这一目的。如:提高运动零件的加工精度,以降低工作时的动载荷;合理地配置机器中各零件的相互位置以减少零件所受的载荷;通过某些特殊的局部结构来减少附加载荷或使载荷分布更趋均匀;等等。

3. 机械零件刚度和设计准则

如果零件在工作过程中所产生的弹性变形没超过允许的限度,就称其满足了刚度要求。一般而言,零件的刚度要求通常是在强度要求满足后提出的附加要求,所以只有在零件的过大弹性变形将影响机器的工作性能(如导轨、机床主轴等)时,才需要在作强度校核的基础上

进行刚度计算。机械零件的刚度设计准则为

$$y \leqslant [y] \tag{2-3}$$

式中：y——广义的弹性变形量，可按各种变形量的理论计算方法或实验方法获得；$[y]$——机器工作时所允许的极限值（许用变形量），应考虑不同的使用场合，根据理论或经验合理地确定（一般可根据机器的设计规范获得）。

零件的刚度分为整体变形刚度和表面刚度两种。前者是指零件在载荷作用下发生的伸长、缩短、挠曲、扭转等弹性变形的程度；后者是指在载荷作用下由于零件的表面弹性变形而引起的零件间相对位置的改变。在其余参数相同时，材料的弹性模量越大，零件的刚度也就越大。在材料选定后，可以通过增大截面积（对拉伸、压缩而言）或增大截面的惯性矩（对扭转和挠曲而言）、缩短支承跨距或采用多支点结构以减小挠曲变形，增加零件的整体刚度，采用增加有效接触面积的方法提高表面刚度。

需要注意，机器中的刚度通常是整体和综合的概念。以机床主轴系统为例，它不但与主轴零件的刚度有关，还与支承刚度有关。

4. 机械零件的寿命

所有零件都有其使用周期，零件正常工作所延续的时间称为零件的寿命。影响零件使用寿命的主要原因有疲劳、腐蚀和磨损等。

（1）疲劳寿命　在变应力（最大应力小于静强度极限）条件下工作的零件存在疲劳失效现象（疲劳断裂或点蚀）。零件疲劳的发生与应力的作用次数有关。为保证零件具有足够的疲劳寿命，对承受变应力的机械零件需要考虑零件的疲劳强度问题。在设计中通常用使用寿命下的疲劳强度极限或额定载荷作为零件疲劳寿命的计算准则。

（2）材料的腐蚀　在腐蚀介质中工作时，零件有可能发生腐蚀而影响其使用寿命。减少材料腐蚀的基本方法是根据使用条件选择合适的耐腐蚀材料或对零件表面采取必要的保护措施，如发蓝、发黑、喷涂漆膜、表面镀膜、表面阳极化处理等。但迄今为止，还没有实用有效的计算腐蚀寿命的公式。

（3）磨损　磨损对零件使用寿命的影响涉及磨损量的计算。由于磨损类型众多，各种机理相互作用，目前尚没有可供工程实际应用的、定量的零件磨损量计算方法（某些文献提供了一些计算方法，但与实际值可能有几个数量级的误差）。

5. 机械零件的可靠性和设计准则

由于零件的工作情况，如载荷、温度等存在随机性，材料的力学性能和零件的加工质量等也存在随机分布的特点，所以机械零件的失效通常也是随机发生的。从严格意义上看，任何一个机械零件都可能在发生不可预期的失效，人们可以了解的只是某个零件有多大概率不会发生失效。机械零件的可靠度就是在规定的使用时间内（寿命）和预定的环境下，零件能够正常地完成其功能的概率。零件的工作情况、材料力学性能和零件加工质量等的随机性越大，发生零件失效的随机性也越大，可靠性越低。为了提高机械零件的可靠性，就应该尽量减小上述各因素的随机性。

机械零件可靠度的数学描述如下。

如有一大批零件，其件数为 N_0，在一定的工作条件下进行试验。如在 t 时间后仍有 N 件在正常工作，则称此零件在该工作环境下、工作时间 t 内的可靠度 R 为

$$R = \frac{N}{N_0} \tag{2-4}$$

显然,如试验时间不断延长,则 N 将不断减小,可靠度也将变小;当时间为无穷大时,可靠度将趋向于零。所以,机械零件的可靠性是针对规定的寿命而言的,在未确定寿命的情况下无法讨论可靠性。

零件可靠性的另一种描述是失效率。如果在时间 t 到 $t+dt$ 的时间间隔中,有 dN 件零件发生了失效,则在此 dt 的时间间隔内破坏的比率 $\lambda(t)$ 定义为

$$\lambda(t) = -\frac{dN/dt}{N} \tag{2-5}$$

式中:$\lambda(t)$——失效率,因为出现 dN 后 N 将减少,所以加入负号以保证 $\lambda(t)$ 为正值。零件的可靠度与失效率之间存在下面的关系:

$$R(t) = e^{-\int_0^t \lambda(t)\,dt} \tag{2-6}$$

零件或部件的失效率 $\lambda(t)$ 具有图 2-1 所示关系。因为曲线形似浴盆,也称浴盆曲线。浴盆曲线由三部分组成。

(1)第 I 段曲线　对应早期失效阶段。在早期失效阶段,失效率从开始很高的数值急剧下降到一个稳定的数值。该阶段失效率高的原因是由于零部件中初始缺陷显现,如未被发现的裂纹、安装不正确、接触表面未经充分磨合等。所以在该阶段必须充分关注机器的工作情况,许多机器在出厂前都规定了一定的磨合期,其目的就是为了提高机器的使用可靠性。

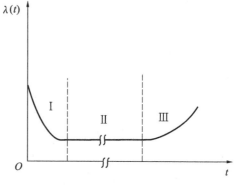

图 2-1　失效率曲线

(2)第 II 段曲线　对应正常使用阶段。在该阶段,失效率平稳地维持在一个低的水平,并逐渐地增加。这时所发生的失效通常是由于某些偶然因素引起的。正常使用是人们所希望的,为了尽可能地延长这段时间,良好的维护是必需的。

(3)第 III 段曲线　对应损坏阶段。在该阶段,由于磨损、腐蚀、疲劳裂纹扩展等原因,失效率急剧地上升。因为零部件的失效将导致机器的失效,为了延长机器的使用寿命,除加强正常的维护以外,应及时地更换将要发生失效的零件,各类机器在设计时都规定了小修、中修或大修的期限,其目的就在于此。

6. 振动稳定性要求和设计准则

机器的运转过程中存在各种激振源,如工作载荷的波动和突变,齿轮啮合时的冲击、滚动轴承的振动、轴系中不可避免的偏心等。如果某一零件本身的固有频率与激振源的频率相接近或成整倍数的关系,这些零件将会发生共振,产生比正常情况下更大的作用力,严重时将使零件发生失效,使机器不能正常地工作。所谓机械零件的振动稳定性要求,就是要在设计时保证零件的共振频率与机器中的激振源频率错开。如设 f 代表零件的固有频率,f_p 代表激振源的频率,则通常应该保证

$$0.85f > f_p \quad 或 \quad 1.15f > f_p \tag{2-7}$$

如果不能满足上述条件,可以通过改变零件或系统的刚度,如改变结构形式、改变支承间距、增加或减少辅助支承等方法来改变 f。如零件或系统的刚度不宜改变,或改变后仍达不到所需目的,可以采用隔离激振源、增加阻尼的方法以改善零件的振动稳定性。

2.1.2 结构工艺性要求

机械零件是实体化的,对任何一个零件都应该保证它在既定的生产条件下能够被方便而经济地加工出来,并能方便地被装配成机器,这就涉及设计过程中需要考虑的另一重要问题:零件的结构工艺性。

零件的结构工艺性要求涉及零件的毛坯形成、机械加工、装配、拆卸等各个环节,而且与机器的批量、具体的生产条件相关,所以必须综合考虑上述各方面和环节的影响。零件的结构设计在整个设计工作中占很大的比重,也是零件具有良好结构工艺性的基本保证,在后续各章中对机械零件的结构设计都给出了相应介绍。更为详细的内容可以参看相关"机械设计手册"。

2.1.3 经济性要求

机械零件的经济性主要体现在零件本身所用的材料和生产成本上。在设计零件时,应力求在零件上的耗费最少。零件耗费不但包含零件材料和加工的直接成本,也包含采购时间、制造时间、人力投入等。增加零件的经济性主要有以下几方面的措施。

(1)采用廉价而供应充足的材料来代替昂贵、稀缺的材料,同时注意零件生产厂家的材料使用习惯 前者涉及材料的直接成本和采购成本,后者则与零件加工过程中的成品率有关:由于不同的材料的加工特点不同,贸然更换材料将有可能导致零件加工过程中废品率的上升。

(2)减少材料的耗费量和加工工时 通常可以采用以下几种方式。

①采用轻型的零件结构。如在箱体设计时采取合适的肋板布置;在轴的设计时采用空心轴,盘类零件采用腹板或轮辐式结构;等等。

②尽量采用小余量或无余量的毛坯,在减少材料耗费的同时缩短加工工时。这种改善方式与毛坯形成工艺的发展有关,如精密模锻、压铸、消失模铸造都有可能获得更高精度的毛坯,从而减少或省略金属加工。粉末冶金也可以归于本列。

③采用无屑加工工艺。无屑加工是当前零件加工工艺的一个新理念,指的是坯料经铸造、锻压或其他金属加工方法直接得到制件,不再需切削加工的工艺方法,如螺纹、花键的滚压工艺,等等。

④合理地设计零件的精度要求,避免不必要的高精度和低表面粗糙度要求,以减少加工工时。不同的加工手段均有着最经济的精度范围,在设计时必须充分考虑这一点。图 2-2 给出了不同公差精度与加工成本之间的关系。从图中可以看出:对于同样的公差等级,内表面的加工成本高于外表面;随着公差等级的升高,加工成本将有大幅度的提升。

表 2-1 给出了常用的加工方法能够达到表面粗糙度的算术平均偏差值 Ra。需要注意,当要求获得的表面粗糙度接近某种加工方式的加工极限时,加工成本将大幅度上升。

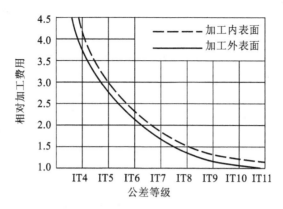

图 2-2 公差等级与加工成本之间的关系

表 2-1 常用加工方法能达到的 Ra 值 单位：μm

加 工 方 法	Ra	加 工 方 法	Ra
珩磨和超精加工	0.32～0.02	精刮	0.63～0.04
细磨	0.32～0.04	粗刮	2.5～0.63
精磨	1.25～0.3	铣切和精刨	2.5～0.63
精车和精镗	2.5～0.4	钻孔	12.5～3.2

（3）尽可能地采用标准化的零部件以替代自制零件 标准零部件是大批量生产的，通常具有成本低、质量一致性好的特点。

（4）对于大型的零件，如采用组合结构代替整体结构，通常可以减少材料耗费和生产成本。

2.1.4 其他要求

除上述要求以外，对于机械零件通常还会提出一些其他要求。

1. 质量小的要求

减小零件的质量有两方面的好处：①可以节约材料；②对于运动零件而言，可以减小惯性载荷，增强机器的动力性能（如启动、加减速和停止性能等）。此外，对运输机械而言，可减轻自重以使其运载量增加，提高机器的经济效能。而对于飞行器等装置，对质量小的要求将更高。

减小零件质量的措施主要有以下两方面。

（1）采用强重比（即强度和重量的比值）较大的材料，如飞机中常用的钛合金。

（2）通过合理的结构和对负载的处理以尽可能地减小零件的实体体积，以减小零件的质量。常用的方法有：

①采用缓冲装置，以减小零件所受的冲击载荷；

②采用安全装置，以保证零件不会受超过设计数值的载荷；

③采用与载荷作用方向相反的预载荷，通常是使零件具有残余的压应力，以降低零件在工作过程中所受的应力；

④根据等强度原则，在零件所受应力较小的地方削减部分材料，以减小质量；

⑤对零件结构进行局部处理,以改善受载的均匀性,从而减小零件所受的最大应力;

⑥采用轻型的薄壁冲压件或焊接件代替铸、锻零件,以减小质量。

需要注意,机械零件设计的要求是综合性的,在试图改善某一性能的同时必须考虑到这一改善可能给另一些性能带来的有害作用。例如,通过结构改变减小了零件的质量的同时却增加了加工的复杂性。当出现上述矛盾时,必须根据具体使用场合作出决断,而在不同的条件下将可能得出完全不同的答案。

2. 大转动惯量的要求

虽然质量小有许多优点,但在某些场合,增大零件的惯量也是经常需要考虑的,如在飞轮蓄能装置中,为减少速度波动,通常希望在一定的结构尺寸下,飞轮具有足够大的转动惯量。增加转动惯量的主要方法是进行合理的质量配置,如在飞轮设计时通常将质量集中于轮子的边缘。

3. 防污染、装饰要求等

对于食品和医药行业中使用的零件,通常会提出不得产生污染的要求;而为了增加美观,也会对零件的色泽和外形提出一些装饰性要求。

根据不同的零件使用场合,还可能提出其他形式的要求。设计者需要根据具体条件给出自己的判断并作出决定。

2.2   机械零件的基本失效形式

如果机械零件在工作过程中出现了不能完成其在设计时被规定的功能要求的情况,就称该零件发生了失效。根据零件发生失效时的不同表现和部位,可将机械零件的失效分为损伤性失效和非损伤性失效,也可分为整体失效和表面失效。

2.2.1   损伤性失效和非损伤性失效

根据机械零件在失效后能否再行使用,可以将失效分为损伤性失效和非损伤性失效。

1. 损伤性失效

损伤性失效是指机械零件发生了实质性损坏的一类失效,表现在某种类型力的作用下,机械零件因强度不足而发生了某种形式的断裂和破损,在扭力作用下的扭断、弯矩作用下的弯断、拉力作用下的拉断,以及过大变形后存在的塑性变形和有相对运动情况下的过大磨损。损伤性失效是一种永久性的失效形式。

机械零件的损伤性失效与所承受的载荷和相对运动形式直接对应。例如,弯矩过大必然对应着弯曲断裂,变应力下的点、线接触对应着点蚀失效,有相对运动对应着磨损或胶合失效,等等。只要明确了零件的受力和运动形式,就能确定零件损伤性失效的类型。

2. 非损伤性失效

非损伤性失效指的是零件没有损坏,但却不能完成所需功能要求的一类失效。例如螺纹连接的松动,V带传动出现的打滑,链条传动出现的脱链,压杆发生的失稳,轴出现的过大的弹性变形,等等。由于零件已不能完成所需功能,所以在上述情况发生时失效已然发生,但零件本身并没有损坏。当零件发生非损伤性失效时,只要对工作条件、安装方式进行适当的调整,零件仍能正常地进行工作。如在链条磨损不是太严重时可张紧链条,以防止脱链;在压杆失稳时,可增设导套;在螺纹连接松动时,可重新拧紧连接件并增加防松手段;等等。通过这些方式,就可以使零件继续完成它所需要完成的功能。

零件非损伤性失效的发生不但与工作情况有关,也与具体的零件类型有关,在失效判断和零件设计时必须进行综合考虑。

2.2.2　机械零件的整体和表面失效

根据机械零件发生损伤性失效的不同部位,可以将它们分为整体失效和表面失效两类。

1. 整体失效

零件的整体失效是指零件在受拉、弯、剪、扭等外载荷的作用下,在某一危险截面上的应力超过零件的强度极限而发生的失效。在静强度和动强度不足而产生的过大整体残余变形也属于整体失效。

2. 表面失效

零件的表面失效是指仅发生在零件表面上的失效。常见的表面失效有磨损、点蚀、表面压溃、腐蚀等。除腐蚀以外,其余几种表面失效都与表面的硬度有关。一般而言,零件表面的硬度越高,抵抗磨损、点蚀、表面压溃的能力也越强。

2.3　机械零件设计的一般方法和步骤

2.3.1　机械零件的设计方法

机械零件的常规设计方法可分为理论设计、经验设计和模型试验设计三种。

1. 理论设计

根据设计理论和实验数据进行设计的方法称为理论设计。理论设计计算通常可分为两类:设计计算和校核计算。

(1)设计计算　设计计算是根据所给的工作参数获得零件结构参数的一个过程。以简单受拉杆件为例。如杆件所受的载荷为 F,材料的极限应力为 $\sigma_{\lim}$,而杆件所需要的安全系数为 S,截面积为 A。则杆件设计计算公式为

$$A \geqslant \frac{SF}{\sigma_{\lim}} \tag{2-8}$$

(2)校核计算　校核计算是在零件的结构尺寸确定后进行零件安全性判断的过程。校核计算可以采用以下三种形式。仍以简单受拉杆件为例,有

$$\sigma = \frac{F}{A} \leqslant [\sigma] \tag{2-9}$$

$$F \leqslant \frac{\sigma_{\lim} A}{S} \tag{2-10}$$

$$S_{ca} = \frac{\sigma_{\lim}}{\sigma} \geqslant S \tag{2-11}$$

式中:S_{ca}——安全系数计算值,或简称为计算安全系数。

在进行理论设计计算时,必须注意公式中的极限应力与所关注的失效类型之间的对应性,如:对于塑性变形,应采用屈服应力极限;对于弯曲断裂,应选择弯曲应力极限;对于点蚀,应选择接触应力极限;等等。零件设计可能存在着多种强度要求,如齿轮设计既需要满足弯曲强度的要求,又需要满足接触强度的要求。对于这种情况,较为合理和通常采用的方法是首先选择一种失效可能性最大的强度要求进行设计计算,而根据另外的要求作校核计算。

一般而言,设计计算多用于可以通过简单的力学模型进行设计的零件;而对于结构复杂,很难用简单的力学模型进行分析计算的零件,更多采用的是校核计算,即首先确定零件的结构和各个结构尺寸,然后用现有的应力分析方法(以强度为准则时)或变形分析方法(以刚度为准则时)对零件的可用性进行校核性设计。各种现代分析方法的发展,为该类型的设计提供了强大的工具。

2. 经验设计

利用从某类零件已有设计中所得的经验结果进行类比设计的方式称为经验设计,它是机械零件设计中常用的设计方法。经验设计不是盲目的,而是对原有成功经验的有效利用。一般而言,采用经验设计方法可以获得可用和基本合理的答案,但很难获得最优答案。对于与原有应用差别不大且结构形状已典型化的零件,经验设计不失为一种有效的方法,如箱体的壁厚设计、螺栓的选择等可采用经验设计法。但如果设计内容与类比对象间存在较大的差别,在类比(经验)设计后对关键部分进行校核计算仍是必需的。

3. 模型实验设计

模型实验设计最能反映真实情况,但也是成本最为昂贵的一种设计方法。其基本过程是将初步设计的零部件或机器按真实或缩小尺寸(相似性实验)做成样机(也可以是只针对于某个零件设计的专门实验装置)。通过样机实验判定关键零部件或机器是否满足设计要求,并根据实验结果对设计进行修改,使其趋于完善。模型实验设计的特点决定了它通常只用于尺寸巨大而结构又很复杂的重要零件,以及一些特别重要的中、小型零件。

随着 CAE 技术和虚拟样机技术的发展,虚拟的模型实验设计越来越受到人们的重视。虽然它们不如物理样机实验真实,但却可以发现许多在常规设计过程中不能发现的问题,在提高设计精度的同时减少工作量和耗费。

2.3.2 机械零件设计的一般步骤

简单地说,设计机械零件就是要完成对所设计零件的结构形状和尺寸、材料和热处理、重要尺寸和功能面的精度(如尺寸公差、形位公差、表面粗糙度等)的完整描述。机械零件设计过程一般可分为以下几个步骤。

1. 确定零件的类型和基本结构

结构设计是机械零件设计的重要工作内容。按构型不同,机械零件可分为:

①盘状类零件,如齿轮、带轮等;

②杆状类零件,如轴类零件等;

③机座和机架类零件,如箱体、连接架等。

按设计过程不同,机械零件可分为以下几类。

①选用类。对于各种标准件,如螺钉、键、销、滚动轴承等,结构设计时的主要任务是确定合适的标准件类型和特征尺寸。可以通过类比等方式进行选择,如通过类比确定是选择平键还是选择半圆键,是选择深沟球轴承还是选择调心球轴承等。

②基本定型类。对于某些通用零件,如齿轮、带轮、链轮等,它们的结构形状已基本定型,在结构设计时只要选择合适的形式(如整体、腹板、轮辐式齿轮等),并根据具体应用作部分设计就可以了。

③自行设计类。如轴类和机架类零件,它们的结构与具体的机器密切相关,虽有可供参考的实体结构和设计规则,但通常需由设计者按具体要求自行设计,设计灵活性很大。对于自行设计类零件,其完整结构是在机器设计的过程中逐步完成的,而在设计之初通常只能确定零件的大致形状。

2. 确定零件上所受的载荷

如前所述,结构尺寸和载荷的确定过程存在部分的混叠。譬如,未确定支承跨度时不能计算轴和轴承的受载,但精确的跨度确定又与轴承的选择有关。这一矛盾的存在决定了机械零件的结构设计和强度计算通常是交错进行的。一般的解决方法如下。

①从载荷可以确定的零件入手。一般是传动件,因为当传递的功率、速度、传动比等确定后,传动件所受的载荷就确定了。

②在给出大致结构形状后进行载荷估算,以保证后续工作得以进行。存在的误差留待后面根据具体情况进行修正。

3. 确定零件的主要失效形式

机械零件的失效形式与其类型、结构、所受载荷形式与运动状态等有关。当零件的失效形式确定后就可以确定设计准则,并为后续选择内容给出指导。

4. 选择合适的材料

材料选择在非标准件设计时是必需的。而对于标准件,在其类型的选择过程中也隐含着材料选择,如高强度螺栓、高强度 V 带、轻质滚动轴承等。在材料选择时,必须充分考虑零件的实际工作条件,并注意特殊的工况要求(如高温、腐蚀环境等)。对于可以通过热处理进行改性的材料必须同时规定热处理方式和要求。

5. 根据设计准则确定零件的主要尺寸

如零件的载荷已完全确定,由设计准则获得的就是最终尺寸。而在载荷未完全确定(预估)时,应根据计算结果与预估值之间的误差和不同的设计要求分别对待:如设计要求不高且误差不大,可按"偏于安全"的原则选定主尺寸,不必重新计算;如误差较大,或设计要求较高,就必须修正预估值,重新进行计算。

对计算所得的最终尺寸要进行圆整,如该尺寸有标准值(如螺栓外径、滚动轴承内径、齿轮模数等)则需要对其进行标准化处理。

6. 零件结构细化

根据工艺性及标准化等原则进行零件结构细化。

7. 在必要时进行详细的校核计算

对设计精度和可靠性要求较高的零件,在细节设计完成后应进行详细的校核计算,对一般的零部件,可不做这一步。

8. 绘制零件工作图

绘制的零件工作图必须符合制图标准,并能满足加工要求,即其中必须包括所有的结构尺寸和加工精度要求。

9. 完成计算说明书

设计说明书要求条理清晰、语言简明、数字正确、格式统一,并附有必要的结构草图,重要的引用数据需要注明出处。

上述设计步骤是针对一般机械零件而言的,其中步骤 6 至步骤 9 通常只用于非标零件设计。视情况不同,上述步骤还可以有所省略,如减速箱的螺栓通常根据公式选用,在一般应用时也不需要再行校核。但需要注意,所谓的省略是有条件的:①必须遵循不同类别机器的设计规范;②如果根据分析(或在使用中)发现某零件的失效发生概率较大,就必须进行详细的校核计算。

2.4 机械零件的疲劳强度

所有零件都必须满足强度要求,所以强度准则是设计机械零件时最基本的准则。机械零件的强度可分为静应力强度(静强度)和变应力强度(疲劳强度)。根据经验,如在全寿命工作周期内,作用在零件上的应力次数小于 10^3 次,可以按静强度进行设计计算,否则就应按疲劳强度进行计算。必须注意:变载荷和变应力是两个完全不同的概念,变载荷将产生变应力,但静载荷也可能产生变应力。图 2-3 给出了几个在静载荷作用下产生变应力的实例。

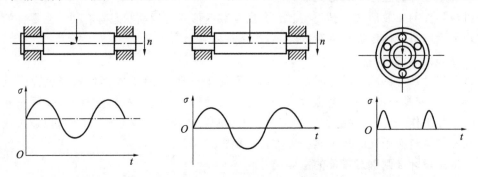

图 2-3 在静载荷作用下产生变应力的实例

本节主要讨论变应力下的强度——疲劳问题。需要强调的是,对承受变应力的零件,如果其在工作过程中同时承受着作用次数很少但数值很大的载荷,则必须在进行疲劳强度校核的同时进行静强度的校核。

零件的疲劳强度计算可分为两种。

(1)安全-寿命设计 其准则是在规定的时间内不允许零件出现疲劳裂纹,一旦出现则视为失效。

(2)破损-安全设计 其准则是允许零件存在裂纹,但在规定的时间内必须能够可靠工作。

本书主要讨论安全-寿命准则下的疲劳强度问题。

2.4.1　材料的疲劳特性

在正应力作用时,材料的疲劳特性可以用最大应力 σ_{max}、应力幅 σ_a、应力循环次数 N 和应力比(或称为循环特征系数)$r = \sigma_{min}/\sigma_{max}$ 来表述。对于剪应力作用的情况,只要用 τ 替换 σ,有关讨论同样成立。图 2-4 给出了最大应力 σ_{max}、最小应力 σ_{min}、应力幅 σ_a、平均应力 σ_m 的基本含义。

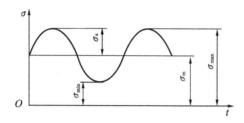

图 2-4　疲劳应力表征参数的相互关系图

由图 2-4 可知:

$$\sigma_m = \frac{\sigma_{max} + \sigma_{min}}{2}$$

$$\sigma_a = \frac{\sigma_{max} - \sigma_{min}}{2}$$

1. 几种常见应力状态下的应力比 r

不同的 σ_{min} 和 σ_{max} 之比对应着不同的应力状态。

(1)静应力状态　在静应力状态下,应力保持不变,即存在 $\sigma_{min} = \sigma_{max}$。所以在静应力状态下有:$r = 1, \sigma_m = \sigma_{max}, \sigma_a = 0$。

(2)对称应力状态　最大和最小应力的绝对值相等但方向相反的应力状态称为对称应力状态。因为 $\sigma_{min} = -\sigma_{max}$,所以在对称应力状态下有:$r = -1, \sigma_m = 0, \sigma_a = \sigma_{max}$。对称应力状态下的应力通常用 σ_{-1} 表示。

(3)脉动应力状态　最小应力为零的应力状态称为脉动应力状态。由于 $\sigma_{min} = 0$,所以对静应力状态有:$r = 0, \sigma_m = \sigma_a = \sigma_{max}/2$。脉动应力状态下的应力通常用 σ_0 表示。

应力状态不同,零件发生失效的条件也不同。在静应力状态下对应的是静强度不足,而对称和脉动应力状态对应的虽然都是疲劳失效,但其极限应力却是不相同的。

2. 材料疲劳曲线

材料的疲劳曲线通过试验获得。通常是在标准试件上加上 $r = -1$ 的对称应力,或 $r = 0$ 的脉动应力,记录在不同最大应力下引起试件疲劳破坏所经历的应力循环次数 N。通常有两种表达材料疲劳性能的图示方法。

(1)σ-N 疲劳曲线　σ-N 曲线表示了在一定的应力比 r 下,疲劳极限(以最大应力 σ_{max} 表征)与应力循环次数的 N 的关系。典型曲线如图 2-5 所示。

在循环次数小于 10^3 次(大致值)时,对应于图 2-5 中的 AB 段。在该段,在不同作用次数时引起材料破坏的最大应力虽有所下降但变化很小,因此通常将应力次数 $N \leqslant 10^3$ 次的变应力情况按静应力强度处理。

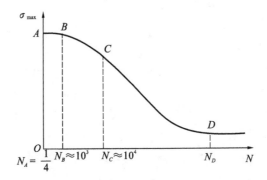

图 2-5 $\sigma\text{-}N$ 曲线

在循环次数为 $10^3 \sim 10^4$ 次时（也有文献认为是 $10^3 \sim 10^5$），对应于图 2-5 中的 BC 段。随着应力循环次数的增加，材料发生疲劳破坏的最大应力将不断下降。试验表明，在该阶段试件的破坏断口处总能见到已发生塑性变形的特征。这一阶段的疲劳破坏，因为已伴随着材料的塑性变形，所以用应变-循环次数来说明材料的行为更为符合实际。通常将这一阶段的疲劳现象称为应变疲劳。由于应力循环次数较小，所以也被称为低周疲劳。由于绝大多数受变应力作用的通用零件，其上所承受的应力循环次数通常远大于 10^4 次，所以本书不讨论低周疲劳的问题。如有需要可参考文献[34]。

图 2-5 中的 CD 段表征了材料的有限寿命阶段，这也是大多数机械零件的工作阶段。在此范围内，试件经过一段时间的变应力作用后将发生疲劳破坏。曲线 CD 段上的任何一点所对应的疲劳极限，称为有限寿命疲劳极限，记为 σ_{rN}。其中脚标 r 表示该变应力的应力循环特性系数，N 表示发生疲劳破坏时的应力作用次数。实验表明，CD 段中 σ 和 N 的关系可表示为

$$\sigma_{rN}^m N = C \quad (N_C \leqslant N \leqslant N_D) \tag{2-12}$$

式中：m——材料常数，其值由试验确定。常数 C 也由试验获得。

当材料所受的最大应力小于或等于 D 点所对应的极限应力时，变应力作用次数的增加对材料的破坏不产生任何影响，称为材料的无限寿命疲劳阶段，记极限应力为 $\sigma_{r\infty}$。对常用的工程材料，D 点所对应的应力循环次数大致在 $10^6 \sim 25 \times 10^7$ 之间。由于 N_D 可能会很大，所以在进行材料疲劳试验时通常规定一个循环次数 N_0（称为循环基数，一般为 $10^6 \sim 10^7$），并用 N_0 和与之相对应的疲劳极限 σ_{rN_0}（简写为 σ_r）近似代表 N_D 和 $\sigma_{r\infty}$。式(2-12)可改写为

$$\sigma_{rN}^m N = \sigma_r^m N_0 = C \tag{2-13}$$

由式(2-13)可得在有限寿命区工作的材料在任意循环次数 $N(N_C \leqslant N \leqslant N_D)$ 时的疲劳极限表达式，即

$$\sigma_{rN} = \sigma_r \sqrt[m]{\frac{N_0}{N}} = \sigma_r K_N \tag{2-14}$$

式中：K_N——寿命系数，它等于 σ_r 和 σ_{rN} 的比值。

寿命系数给出了这样的提示：当实际循环次数小于 N_0 时，材料将有更大的极限应力。由于在无限寿命区，材料的极限应力与应力作用次数无关，所以对于任何的 $N(N \geqslant N_C)$，都有 $K_N \geqslant 1$。当 $N < N_0$ 时，$K_N > 1$；当 $N \geqslant N_0$ 时，$K_N = 1$。在计算钢材的弯曲和拉压疲劳时，可取 $m = 6 \sim 20$。在初步计算时，通常取 $m = 9$；对于中等尺寸的零件，取 $N_0 = 5 \times 10^6$；对于大尺寸零件，取 $N_0 = 10^7$。

图 2-5 中点 C 以后的两段通称为高周疲劳,大多数通用零件及专用零件的失效都是由高周疲劳引起的。

(2)材料的等寿命疲劳曲线 材料的等寿命疲劳曲线所表示的是在一定的应力循环次数 N 下极限平均应力与极限应力之间的关系,其典型的曲线如图 2-6 所示。

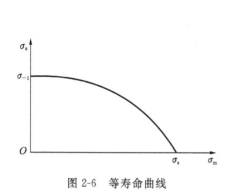

图 2-6 等寿命曲线

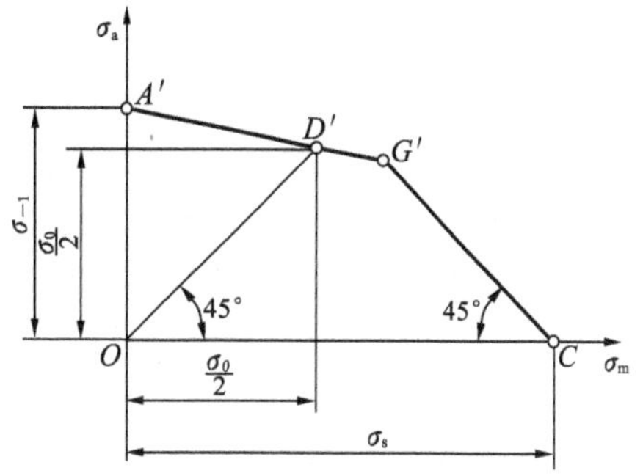

图 2-7 材料的极限应力线图

由于有

$$\sigma_{max} = \sigma_m + \sigma_a$$

$$r = \frac{\sigma_m - \sigma_a}{\sigma_m + \sigma_a} \tag{2-15}$$

所以该曲线也表征了最大应力与应力循环特征系数之间的关系,因此该曲线也称极限应力线图。

试验结果表明等寿命疲劳特性曲线近似于二次曲线。为了简化计算,在工程应用中常以折线近似代替(见图 2-7),该图的基本绘制方法如下。

通过材料的静强度和疲劳强度试验获得对称和脉动循环应力时的疲劳极限 σ_{-1}、σ_0 及 σ_s。由于:①在对称应力状态下,平均应力 $\sigma_m = 0$,所以点 A' 的数值就是 σ_{-1};②在脉动应力状态时,平均应力及应力幅为 $\sigma_m = \sigma_a = \sigma_0/2$,由原点 O 作 $45°$ 直线可得脉动应力时的疲劳极限点 D';③静应力的应力幅为 $\sigma_a = 0$,取屈服应力 σ_s 作为静应力作用时的极限应力,可获坐落在横坐标上的点 C。连接 A' 和 D' 得直线 $A'D'$。实践表明,这条直线与图 2-5 所示的曲线段非常接近,可以用来替代该曲线段。这样直线 $A'D'$ 上的某一点就代表了一定的循环特性时的疲劳极限。考虑到在任何应力状态下都应该满足静强度要求,即最大应力 $\sigma_{max} = \sigma_m + \sigma_a$ 小于屈服应力 σ_s。从点 C 与 CO 线成 $45°$ 角作直线交 $A'D'$ 的延长线于点 G',CG' 上的任何一点都满足 $\sigma_{max} = \sigma_s$。

最终可得材料的极限应力曲线(折线)$A'G'C$。如材料中的应力处于 $OA'G'C$ 内,则材料是安全的;如落在 $A'G'C$ 上,则说明材料已达到了极限状态;如超过该区域,则是不安全的。根据 A'、D'、C 各点的坐标可得直线 $A'G'$ 的方程为

$$\sigma_{-1} = \sigma'_a + \psi_\sigma \sigma'_m \tag{2-16}$$

直线 CG' 的方程为

$$\sigma'_m + \sigma'_a = \sigma_s \tag{2-17}$$

式中:σ'_a、σ'_m——试件受循环弯曲应力时的极限应力幅与极限平均应力;ψ_σ——试件受循环弯曲应力时的材料常数,有

$$\psi_\sigma = \frac{2\sigma_{-1} - \sigma_0}{\sigma_0} \tag{2-18}$$

根据试验可知：对于碳钢，$\psi_\sigma = 0.1 \sim 0.2$；对于合金钢，$\psi_\sigma = 0.2 \sim 0.3$。

2.4.2　机械零件的疲劳强度

由于机械零件多种多样，它们与标准试件之间存在尺寸、几何形状、加工质量、强化因素等方面的不同，所以，在零件设计时不能直接采用材料试件的疲劳极限（一般情况下，零件的疲劳极限值较小），需要引入修正系数进行处理。

以对称循环弯曲疲劳为例。引入弯曲疲劳极限的综合影响系数 K_σ 表示材料的弯曲疲劳极限 σ_{-1} 与零件的弯曲疲劳极限 σ_{-1e} 的比值，即

$$K_\sigma = \frac{\sigma_{-1}}{\sigma_{-1e}} \tag{2-19}$$

则当已知 K_σ 和 σ_{-1} 时，就可以估算出零件的弯曲疲劳极限 σ_{-1e} 的值为

$$\sigma_{-1e} = \frac{\sigma_{-1}}{K_\sigma} \tag{2-20}$$

K_σ 与零件的有效应力集中系数 k_σ、尺寸及截面形状系数 ε_σ、零件的表面质量系数 β_σ 和零件的强化系数 β_q 有关，可表示为

$$K_\sigma = \left(\frac{k_\sigma}{\varepsilon_\sigma} + \frac{1}{\beta_\sigma} - 1\right)\frac{1}{\beta_q} \tag{2-21}$$

上面各式中的下标 σ 表示在正应力条件，只要将 σ 换作 τ 就可应用于扭转剪切问题的处理[①]。

1. 应力集中系数

应力集中是指受力构件由于几何形状、外形尺寸发生突变和表面或内部缺陷而引起的局部范围内的应力显著增大的现象。应力集中属于弹性力学中的一类问题，多出现于尖角、孔洞、缺口、沟槽及有刚性约束处及其邻域。它会引起脆性材料断裂，使物体产生疲劳裂纹。在应力集中区域，应力的最大值（峰值应力）与物体的几何形状和加载方式等因素有关，局部增高的应力值随着与峰值应力点的间距的增加而迅速衰减。一般而言，对于受变应力作用的零件，都应该考虑应力集中对其疲劳极限应力的影响。

应力集中现象有许多生活实例：割玻璃时只是在其上划出浅痕，而玻璃在冲击力的作用下在划痕处断开了；各种即食食品的包装袋都开有缺口，以便于撕开；等等。机械零件结构中存在着各种形状的变化和缺陷，所以也必然存在着多种形式的应力集中因素。

（1）零件的理论应力集中系数 α_σ　用弹性理论或实验方法（即把零件材料作为理想的弹性体）求出的、在零件几何不连续处的应力集中系数称为理论应力集中系数。产生应力集中的几何不连续因素称为应力集中源。正应力作用时的理论应力集中系数 α_σ 的定义为

$$\alpha_\sigma = \sigma_{max}/\sigma \tag{2-22}$$

式中：σ_{max}——应力集中源处产生的弹性最大正应力；σ——按材料力学公式求得的公称正应力[②]。

表 2-2 和表 2-3 分别给出了环槽和轴肩圆角处的理论应力集中系数。从表中可见，理论应力集中系数的值将随着结构形状变化的剧烈程度降低而下降。

[①]　需要注意，在不同资料中综合影响系数 K_σ 的计算公式可能不同，所对应的系数自然也不同。在查阅资料时必须注意公式和数据的匹配问题。

[②]　只要将 σ 换作 τ 就可应用于切应力作用的场合。下同。

表 2-2　轴上环槽处的理论应力集中系数

（图：轴上带环槽的轴段，标注有 D、d、r、p）

应力	公称应力公式	r/d	α_σ（拉伸、弯曲）或 α_τ（扭转剪切）D/d									
			∞	2.00	1.50	1.30	1.20	1.10	1.05	1.03	1.02	1.01
拉伸	$\sigma = \dfrac{4F}{\pi d^2}$	0.04	—	—	—	—	—	2.70	2.37	2.15	1.94	1.70
		0.10	2.45	2.39	2.33	2.27	2.18	2.01	1.81	1.68	1.58	1.42
		0.15	2.08	2.04	1.99	1.95	1.90	1.78	1.64	1.55	1.47	1.33
		0.20	1.86	1.83	1.80	1.77	1.73	1.65	1.55	1.46	1.40	1.28
		0.25	1.72	1.69	1.67	1.65	1.62	1.55	1.46	1.40	1.34	1.24
		0.30	1.61	1.59	1.58	1.55	1.53	1.47	1.40	1.36	1.31	1.22
弯曲	$\sigma_{\mathrm b} = \dfrac{32M}{\pi d^3}$	0.04	2.83	2.79	2.74	2.70	2.61	2.45	2.22	2.02	1.88	1.66
		0.10	1.99	1.98	1.96	1.92	1.898	1.81	1.70	1.61	1.53	1.41
		0.15	1.75	1.74	1.72	1.70	1.69	1.63	1.56	1.49	1.42	1.33
		0.20	1.61	1.59	1.58	1.57	1.56	1.51	1.46	1.40	1.34	1.27
		0.25	1.49	1.48	1.47	1.46	1.45	1.42	1.38	1.34	1.29	1.23
		0.30	1.41	1.41	1.40	1.39	1.38	1.36	1.33	1.29	1.24	1.21
扭转	$\sigma_{\mathrm b} = \dfrac{16T}{\pi d^3}$	0.04	1.97	1.93	1.89	1.85	1.74	1.61	1.45	1.33	—	—
		0.10	1.52	1.51	1.48	1.46	1.41	1.35	1.27	1.20	—	—
		0.15	1.39	1.38	1.37	1.35	1.32	1.27	1.21	1.16	—	—
		0.20	1.32	1.31	1.30	1.28	1.26	1.22	1.18	1.14	—	—
		0.25	1.27	1.26	1.25	1.24	1.22	1.19	1.16	1.13	—	—
		0.30	1.22	1.22	1.21	1.20	1.19	1.17	1.15	1.12	—	—

表 2-3　轴肩圆角处的理论应力集中系数

α_σ（拉伸、弯曲）或 α_τ（扭转剪切）

应力	公称应力公式	r/d	D/d										
拉伸	$\sigma = \dfrac{4F}{\pi d^2}$		2.0	1.50	1.30	1.20	1.15	1.10	1.07	1.05	1.02	1.01
		0.04	2.80	2.57	2.39	2.28	2.14	1.99	1.92	1.82	1.565	1.42
		0.10	1.99	1.89	1.79	1.69	1.63	1.56	1.52	1.46	1.33	1.23
		0.15	1.77	1.68	1.59	1.53	1.48	1.44	1.40	1.36	1.26	1.18
		0.20	1.63	1.56	1.49	1.44	1.40	1.37	1.33	1.31	1.22	1.15
		0.25	1.54	1.49	1.43	1.37	1.34	1.31	1.29	1.27	1.20	1.13
		0.30	1.47	1.43	1.39	1.33	1.30	1.28	1.26	1.24	1.19	1.12
弯曲	$\sigma_b = \dfrac{32M}{\pi d^3}$		6.0	3.9	2.0	1.50	1.20	1.10	1.05	1.03	1.02	1.01
		0.04	2.59	2.40	2.33	2.21	2.09	2.00	1.88	1.80	1.72	1.61
		0.10	1.88	1.80	1.73	1.68	1.62	1.59	1.53	1.49	1.44	1.36
		0.15	1.64	1.59	1.55	1.52	1.48	1.46	1.42	1.38	1.34	1.26
		0.20	1.49	1.46	1.44	1.42	1.39	1.38	1.34	1.31	1.27	1.20
		0.25	1.39	1.37	1.35	1.34	1.33	1.31	1.29	1.27	1.22	1.17
		0.30	1.32	1.31	1.30	1.29	1.27	1.26	1.25	1.23	1.20	1.14
扭转	$\tau = \dfrac{16T}{\pi d^3}$		2.0	1.33	1.20	1.09	—	—	—	—	—	—
		0.04	1.84	1.79	1.66	1.32	—	—	—	—	—	—
		0.10	1.46	1.41	1.33	1.17	—	—	—	—	—	—
		0.15	1.34	1.29	1.23	1.13	—	—	—	—	—	—
		0.20	1.26	1.23	1.17	1.11	—	—	—	—	—	—
		0.25	1.21	1.18	1.14	1.09	—	—	—	—	—	—
		0.30	1.18	1.16	1.12	1.09	—	—	—	—	—	—

　　(2)零件的有效应力集中系数　　在有应力集中源的试件上,应力集中对其疲劳强度的影响称为有效应力集中系数 k_σ。有

$$k_\sigma = \sigma_{-1}/\sigma_{-1k} \tag{2-23}$$

式中:σ_{-1}——无应力集中源的光滑试件的对称循环弯曲疲劳极限;σ_{-1k}——有应力集中源试件的对称循环弯曲疲劳极限。

　　试验结果表明 k_σ 总是小于 α_σ。通过大量的试验发现 k_σ 和 α_σ 的关系为

$$k_\sigma = 1 + q(\alpha_\sigma - 1) \tag{2-24}$$

式中:q——材料的敏感系数,可查图 2-8。从图中可以看出:材料强度越高,材料的敏感系数越大,所以在采用高强度材料时更应关注应力集中的问题。而 q 值随着圆角半径增加而增加的事实说明:当应力集中源的影响减弱时,材料敏感性影响的比重增加了。

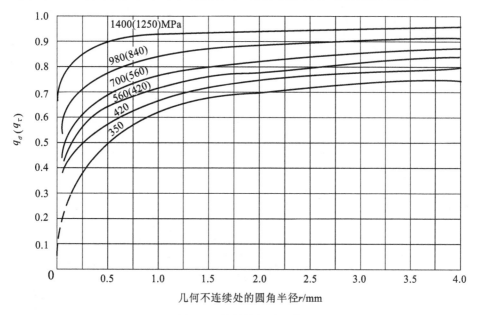

图 2-8　材料的敏感系数

注:曲线上的数字是材料的强度极限,查 q_σ 时用不带括号的数字,查 q_τ 时用带括号的数字。

　　各种典型结构的有效应力集中系数可以在机械设计手册中直接查得。表 2-4 给出了螺纹、键、花键、横孔和过盈配合边缘处的 k_σ、k_τ 值。

2. 尺寸及截面形状系数

　　绝对尺寸及截面形状系数(简称尺寸及截面形状系数)ε_σ 是考虑了零件的真实尺寸和截面形状不同于试件而引入的系数。其定义为

$$\varepsilon_\sigma = \sigma_{-1d}/\sigma_{-1} \tag{2-25}$$

式中:σ_{-1d}——尺寸为 d 的无应力集中截面的弯曲疲劳极限。钢材的尺寸及截面形状系数的值见图 2-9(ε_σ),圆截面钢材的扭转剪切尺寸系数见图 2-10(ε_τ)。由图可见,截面形状系数的值将随着零件尺寸的增加而下降,其原因是随着尺寸增大,零件存在缺陷的可能性也变大。表 2-5 给出了螺纹连接件的尺寸系数(因截面为圆形,所以只有尺寸影响)。

表 2-4 螺纹、键、花键、横孔及配合边缘处的有效应力集中系数 k_σ、k_τ

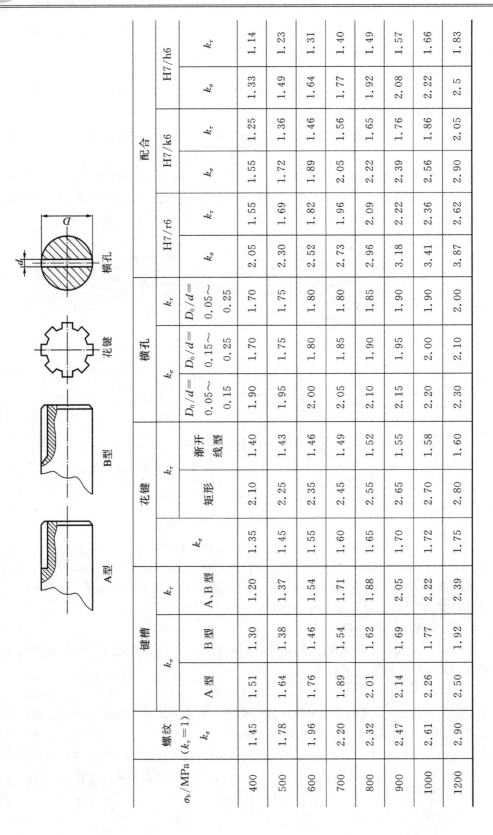

A型　　B型　　花键　　横孔

σ_b/MPa	螺纹 ($k_\tau=1$) k_σ	键槽			花键			横孔			配合					
		A型 k_σ	B型 k_σ	A,B型 k_τ	k_σ	k_τ 矩形	k_τ 渐开线型	k_σ $D_0/d=$ 0.05~0.15	k_σ $D_0/d=$ 0.15~0.25	k_τ $D_0/d=$ 0.05~0.25	H7/r6 k_σ	H7/r6 k_τ	H7/k6 k_σ	H7/k6 k_τ	H7/h6 k_σ	H7/h6 k_τ
400	1.45	1.51	1.30	1.20	1.35	2.10	1.40	1.90	1.70	1.70	2.05	1.55	1.55	1.25	1.33	1.14
500	1.78	1.64	1.38	1.37	1.45	2.25	1.43	1.95	1.75	1.75	2.30	1.69	1.72	1.36	1.49	1.23
600	1.96	1.76	1.46	1.54	1.55	2.35	1.46	2.00	1.80	1.80	2.52	1.82	1.89	1.46	1.64	1.31
700	2.20	1.89	1.54	1.71	1.60	2.45	1.49	2.05	1.85	1.80	2.73	1.96	2.05	1.56	1.77	1.40
800	2.32	2.01	1.62	1.88	1.65	2.55	1.52	2.10	1.90	1.85	2.96	2.09	2.22	1.65	1.92	1.49
900	2.47	2.14	1.69	2.05	1.70	2.65	1.55	2.15	1.95	1.90	3.18	2.22	2.39	1.76	2.08	1.57
1000	2.61	2.26	1.77	2.22	1.72	2.70	1.58	2.20	2.00	1.90	3.41	2.36	2.56	1.86	2.22	1.66
1200	2.90	2.50	1.92	2.39	1.75	2.80	1.60	2.30	2.10	2.00	3.87	2.62	2.90	2.05	2.5	1.83

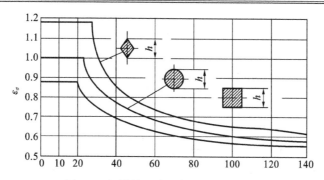

图 2-9　钢材的尺寸及截面形状系数 ε_σ

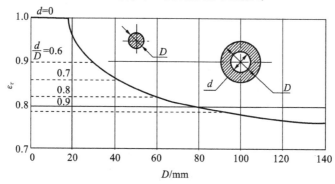

图 2-10　圆截面钢材的扭转剪切尺寸系数 ε_τ

表 2-5　螺纹连接件的尺寸系数 ε_σ

d/mm	$\leqslant 16$	20	24	28	32	40	48	56	64	72	80
ε_σ	1	0.81	0.76	0.71	0.68	0.63	0.60	0.57	0.54	0.52	0.50

3. 表面质量系数

零件的表面质量(主要是指表面粗糙度)对疲劳强度的影响,用表面质量系数 β_σ 表示,其定义为

$$\beta_\sigma = \sigma_{-1\beta}/\sigma_{-1} \tag{2-26}$$

式中: $\sigma_{-1\beta}$ ——不同表面质量零件的弯曲疲劳极限。β_σ 可由图 2-11 查得。β_σ 表征了表面粗糙度对强度的削弱程度,表面粗糙度越大对强度的削弱程度越大(表面质量系数 β_σ 变小);而在表面粗糙度相同时,材料的强度越高则 β_σ 越小,所以用高强度材料制作零件时,应取更小的表面粗糙度值。在缺乏试验数据时,设计时可以取 $\beta_\tau = \beta_\sigma$。

4. 零件表面强化系数

对零件表面进行强化处理,如化学热处理、表面硬化处理、表面淬火等,将有效地提高零件的疲劳强度。强化处理对疲劳强度的

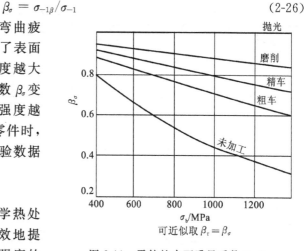

图 2-11　零件的表面质量系数 β_σ、β_τ

影响用强化系数 β_q 表示,有

$$\beta_q = \sigma_{-1q}/\sigma_{-1} \qquad (2-27)$$

式中:σ_{-1q} ——经某种强化处理后试件的弯曲疲劳极限;β_q 可由表 2-6 至表 2-8 查得。从表中可以看出,对存在表面应力集中的零件进行表面强化处理将获得更好的效果。

表 2-6　表面高频淬火的强化系数 β_q

试 件 种 类	试件直径/mm	β_q
无应力集中	7～20	1.3～1.6
	30～40	1.2～1.5
有应力集中	7～20	1.6～2.8
	30～40	1.5～2.5

表 2-7　化学热处理的强化系数 β_q

化学热处理方法	试件种类	试件直径/mm	β_q
渗氮,渗氮层的厚度为 0.1～0.4 mm,表面硬度在 64HRC 以上	无应力集中	8～15	1.15～1.25
		30～40	1.10～1.15
	有应力集中	8～15	1.9～3.0
		30～40	1.3～2.0
渗碳,渗碳层的厚度为 0.2～0.6 mm	无应力集中	8～15	1.2～2.1
		30～40	1.1～1.5
	有应力集中	8～15	1.5～2.5
		30～40	1.2～2.0
液体碳氮共渗,液体碳氮共渗层的厚度为 0.2 mm	无应力集中	10	1.8

表 2-8　表面硬化加工的强化系数 β_q

加工方式	试件种类	试件直径/mm	β_q
滚子滚压	无应力集中	7～20	1.2～1.4
		30～40	1.1～1.25
	有应力集中	7～20	1.5～2.2
		30～40	1.3～1.8
喷丸	无应力集中	7～20	1.1～1.3
		30～40	1.1～1.2
	有应力集中	7～20	1.4～2.5
		30～40	1.1～1.5

5. 零件的极限应力线图

由于机械零件与标准试件间存在着多方面的差异，所以在零件强度计算时应对材料极限应力线图进行修正。实践表明：零件的疲劳极限取决于应力幅，而弯曲（剪切）疲劳极限综合影响系数 K_σ 也只与应力幅有关。据此可以对图 2-7 进行修正（见图 2-12）。

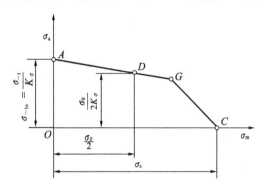

图 2-12　零件的极限应力线图

（1）点 A' 修正为点 A　点 A' 所对应的是对称循环状态的极限应力 σ_{-1}，修正后所得点 A 坐标值为 $(0, \sigma_{-1}/K_\sigma)$。

（2）点 D' 修正为点 D　点 D' 所对应的是脉动循环状态的极限应力 σ_0，其应力幅为 $\sigma_0/2$。修正后所得点 D 的坐标值为 $(\sigma_0/2, \sigma_0/2K_\sigma)$。

（3）点 C 为静应力，保持不变。

依前面的分析，CG' 直线不变。连接 AD，其延长线与 CG' 交于点 G。折线 AGC 就是零件的极限应力线。如零件的应力处于 $OAGC$ 内，则是安全的；如落在 AGC 上，则说明已达到了极限状态；如超过该区域，则是不安全的。

6. 单向稳定变应力下机械零件的疲劳强度计算

如果机械零件在工作过程中所受应力的应力幅和平均应力都是定值，就称该应力状态为稳定变应力状态。稳定变应力状态下的机械零件的疲劳强度不但与最大应力有关，还与应力的变化规律有关；而应力的变化规律则与作用在零件上的载荷变化方式及零件与相邻零件的约束情况有关，常见的有以下三种：①变应力的应力比为常数，即 $r = C$（例如绝大多数转轴中的应力状态）；②变应力的平均应力为常数，即 $\sigma_m = C$（例如振动着的弹簧的应力状态）；③变应力的最小应力为常数，即 $\sigma_{min} = C$（例如紧螺栓受轴向变载荷的情况）。本书主要讨论第一种，即 $r = C$ 的情况。

为计算机械零件的疲劳强度，首先应确定该零件危险截面上的最大工作应力 σ_{max} 和最小工作应力 σ_{min}，并据此计算出平均应力 σ_m 和应力幅 σ_a，然后在零件的极限应力线图上画出工作应力点 $M(\sigma_m, \sigma_a)$（见图 2-13）。

可以证明，OM 线上任何一点的 r 是一定值，即 $r = C$，而 OM 线与直线 AG 的交点 M' $(\sigma'_{me}, \sigma'_{ae})$ 即为其极限应力状态。分析可得 M 的极限应力 σ'_{max} 为

$$\sigma'_{max} = \sigma'_{me} + \sigma'_{ae} = \frac{\sigma_{-1} \sigma_{max}}{K_\sigma \sigma_a + \psi_\sigma \sigma_m} \tag{2-28}$$

计算安全系数及强度条件为

$$S_{ca} = \frac{\sigma_{lim}}{\sigma} = \frac{\sigma'_{max}}{\sigma_{max}} = \frac{\sigma_{-1}}{K_\sigma \sigma_a + \psi_\sigma \sigma_m} \geqslant S \tag{2-29}$$

显然,不同的工作应力与原点 O 的连线与极限应力线图的交点也不同,可能并不交于 AG 段。如图 2-13(b) 中的点 N,ON 的延长线将交于点 N'。此时发生的失效为屈服失效,只需要进行静强度计算。事实上,在应力比等于常数的情况下,只要工作应力点位于 OGC 的三角区域,其极限应力均为屈服极限,都只需要作静强度校核。其计算公式为

$$S_{ca} = \frac{\sigma_{lim}}{\sigma} = \frac{\sigma_s}{\sigma_{max}} = \frac{\sigma_s}{\sigma_a + \sigma_m} \geqslant S \tag{2-30}$$

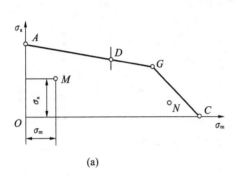 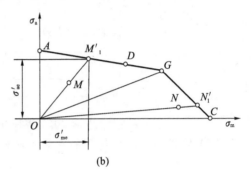

(a)　　　　　　　　　　　　　　　(b)

图 2-13　$r = C$ 时极限应力确定示意

(a)工作点;(b)极限应力

对于 $\sigma_m = C$ 和 $\sigma_{min} = C$ 时极限应力的确定可参看图 2-14 和图 2-15。

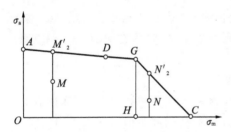
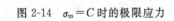

图 2-14　$\sigma_m = C$ 时的极限应力

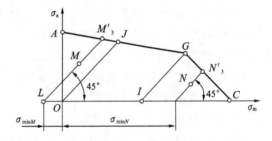

图 2-15　$\sigma_{min} = C$ 时的极限应力

(1)$\sigma_m = C$ 时的安全系数计算公式为

$$S_{ca} = \frac{\sigma_{lim}}{\sigma} = \frac{\sigma'_{max}}{\sigma_{max}} = \frac{\sigma_{-1} + (K_\sigma - \psi_\sigma)\sigma_m}{K_\sigma(\sigma_a + \sigma_m)} \geqslant S \tag{2-31}$$

当工作应力点落在 GHC 区域时按静应力进行计算。

(2)$\sigma_{min} = C$ 时的安全系数计算公式为

$$S_{ca} = \frac{\sigma_{lim}}{\sigma} = \frac{\sigma'_{max}}{\sigma_{max}} = \frac{\sigma_{-1} + (K_\sigma - \psi_\sigma)\sigma_{min}}{(K_\sigma + \psi_\sigma)\sigma_a} \geqslant S \tag{2-32}$$

当工作应力点落在 GIC 区域时按静应力进行计算。

7. 双向稳定变应力下机械零件疲劳强度的计算

机械零件上同时作用有法向及切向稳定变应力的情况,称为双向稳定变应力作用状态。对此,一般的处理方法是先求出 $S_{\sigma ca}$ 和 $S_{\tau ca}$(简记为 S_σ 和 S_τ)。然后根据式(2-32)确定计算安全系数:

$$S_\sigma = \frac{\sigma_{-1}}{K_\sigma \sigma_a + \psi_\sigma \sigma_m} \quad 或 \quad S_\tau = \frac{\tau_{-1}}{K_\sigma \tau_a + \psi_\sigma \tau_m} \tag{2-33}$$

$$S_{ca} = \frac{S_o S_\tau}{\sqrt{S_\sigma^2 + S_\tau^2 K_\sigma}} \tag{2-34}$$

8. 不稳定变应力的处理

不稳定变应力状态是指应力幅和平均应力中至少有一个不是定值的应力状态。不稳定变应力可以分为两类:非规律性不稳定变应力和规律性不稳定变应力。

(1)非规律性不稳定变应力　非规律性不稳定变应力的应力参数变化受各种偶然性因素的影响,始终处于随机变化之中。如汽车板弹簧上所受的应力不但与路面状况有关,还与驾驶员的操作、轮胎的充气状态、载重量、车速等有关。对于这类问题,由于无法确定在某一时刻零件所受应力的大小,也不清楚它将如何发展,所以只能通过大量的试验,获取载荷和应力的分布规律,然后用统计的方法加以解决。

(2)规律性的不稳定变应力　规律性不稳定变应力的应力参数变化是有规律的,并可以用图或公式进行简单表述的,如机床主轴箱上的齿轮的受力等。

本书仅讨论规律性不稳定变应力的处理。

图 2-16 给出了在使用寿命范围内一规律性不稳定变应力的幅值和作用次数的示意图。变应力 σ_1(对称循环变应力的最大应力,或不对称循环应力的等效对称循环应力的应力幅,下同)作用了 n_1 次,变应力 σ_2 作用了 n_2 次,依此类推,变应力 σ_i 作用了 n_i 次。将上述应力图逐个地放到材料的 $\sigma_r\text{-}N$ 曲线上(见图 2-17),均有 $n_1 < N_1 , n_2 < N_2 , n_i < N_i$,也就是说它们之中任何单个应力的作用都不至于引起零件的失效。

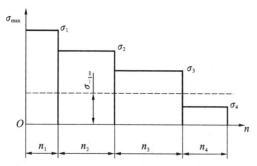

图 2-16　规律性不稳定变应力示意

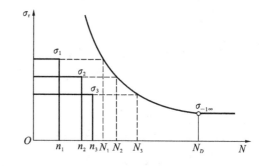

图 2-17　规律性不稳定变应力与有限应力曲线

显然:①尽管作用的单个应力都不能造成零件的失效,但只要应力值达到一定的数值,那么它对零件的损伤应该是存在的;②由于每个应力的幅值不同,作用次数也不一样,所以在安全性计算时不能用某个应力的幅值直接地代替其他应力的幅值,也不能用某个应力的循环次数去代替别的应力的循环次数。这就引出了这样的问题:如何才能利用前述稳定变应力的解决方法解决这样一类问题。

疲劳损伤累积假说(常称为 Miner 法则)是解决这类问题的常用方法。它的基本思想是:如果零件所受的应力大于 σ_∞,那么它必然会对零件产生某种程度的损伤,而当这种损伤累积到一定的程度时,零件就会发生失效。

假设每一次应力循环对零件所产生的损伤相同,则应力 σ_1 循环 1 次对零件的损伤率为

$1/N_1$，由于 σ_1 循环了 n_1 次，所以它造成的损伤为 n_1/N_1。如此类推，循环 n_2 次的 σ_2 造成的损伤为 n_2/N_2……因为当损伤率达到 100 ％时零件将被破坏，所以有失效准则

$$\sum_{i=1}^{z} \frac{n_i}{N_i} = 1 \tag{2-35}$$

如果作用应力 $\sigma_i \leqslant \sigma_{r\infty}$，由于在这样的应力值下，它可循环无限次而不引起失效（每次循环引起的损伤为零），所以在计算过程中可以不予考虑。对实际零件而言，由于综合影响系数 K_σ 的存在，只有当 $\sigma_i \cdot K_\sigma \leqslant \sigma_{r\infty}$ 时才可以忽略该应力对损伤的影响。

式(2-35)是疲劳损伤累积假说的数学表达式。自该假设提出后，研究者进行了大量的实验以证明该假设的正确性。试验表明，如各组作用应力的应力幅无巨大差别且无短时强烈过载时，该规律是正确的。当各组应力的作用次序为先最大，然后依次降低时，式(2-35)右边的值将小于1；而当各组应力的作用次序为先最小，然后依次增加时，式(2-35)右边的值将大于1。其基本解释是：首先加入的高应力更易于引起初始裂纹，所以在作用应力由高至低时，每一次的应力的损伤作用将大于 $1/N_i$。大量实验表明，对于受非稳定变应力作用的零件，存在的关系为

$$\sum_{i=1}^{z} \frac{n_i}{N_i} = 0.7 \sim 2.2 \tag{2-36}$$

由式(2-12)中 σ_{rN} 和 N 的关系，可得不稳定变应力时的计算应力表达式为

$$\sigma_{ca} = \sqrt[m]{\frac{1}{N_0} \sum_{i=1}^{z} n_i \sigma_i^m} \tag{2-37}$$

计算安全系数及强度条件为

$$S_{ca} = \frac{\sigma_{-1}}{\sigma_{ca}} \geqslant S \tag{2-38}$$

9. 提高机械零件疲劳强度的措施

所有提高强度的措施都是从该强度要求所对应的失效形式，以及影响失效发生的因素出发的。影响机械零件疲劳强度的因素包括应力幅的大小、应力集中、零件表面质量、表面强化等，所以提高机械零件疲劳强度的措施也必然与这几点有关。基本的改善措施如下。

(1)尽可能降低零件上应力集中源的影响　这是提高疲劳强度的首要措施，具体方法有：尽量减小尺寸突变(在尺寸变化处加入过渡圆角、增大过渡圆角的半径等)，在较大过盈配合的位置加入卸荷槽等。

(2)选择疲劳强度较高的材料和采用能够提高材料疲劳强度的热处理方法和强化工艺。

(3)提高零件表面的质量　如减小表面粗糙度，对在腐蚀环境下工作的零件进行表面保护等。对于高强度材料，这一点尤为重要。

(4)尽可能减少或消除零件上的初始裂纹　应该在设计图样上给出具体的检测方法和标准。

2.5　机械零件的抗断裂强度

在工程实际中存在这样的现象：按常规强度理论计算满足强度条件(即实际应力小于许

用应力)的机件在实际使用中发生了突然性断裂。人们称这种工作应力小于许用应力时发生的突然断裂为低应力脆断。大量的事故分析表明,大部分低应力脆断发生在应用了高强度钢材或大型的焊接件中,如飞机构件、机器中的重载构件以及高压容器等结构。实验研究表明:高强度材料尽管强度高,但它抵抗裂纹扩展的能力却随着强度的增高而有所下降。

　　断裂力学是研究带有裂纹或带有缺口的结构或构件的强度和变形规律的科学。与传统的强度理论运用应力和许用应力控制结构的强度和安全不同,在断裂力学中运用了应力强度因子 $K_{\mathrm{I}}(K_{\mathrm{II}}、K_{\mathrm{III}})$ 和平面应变断裂韧度的 $K_{\mathrm{I}e}(K_{\mathrm{II}e}、K_{\mathrm{III}e})$ 两个新度量指标。应力强度因子表征了裂纹顶端附近应力场的强弱,K_{I} 越大则应力场越强。平面应变断裂韧度的 $K_{\mathrm{I}e}$ 反映了阻止裂纹失稳扩展的能力。如果 $K_{\mathrm{I}} < K_{\mathrm{I}e}$,则裂纹不会失稳扩展;如果 $K_{\mathrm{I}} \geqslant K_{\mathrm{I}e}$,则裂纹失稳扩展。

　　目前断裂力学主要应用于估计含裂纹构件的安全性和使用寿命,以及确定构件在工作条件下所允许的最大裂纹尺寸上。用断裂力学进行强度分析和安全性评价所采用的是破损-安全设计准则,通常要做以下几方面的工作。

　　(1)分析确定裂纹的形状、大小及分布,通常用无损探伤精确确定构件的初始裂纹尺寸 σ_0。

　　(2)对构件的工作载荷进行详细和充分的分析,运用断裂力学的知识,确定裂纹顶端的应力强度因子 K_{I}。

　　(3)通过断裂力学实验确定构件材料的断裂韧度 $K_{\mathrm{I}e}$。

　　(4)对构件进行安全性判断。

2.6　机械零件的表面强度

　　零件间力的传递是通过其表面间的接触完成的。从几何接触形态来看,零件表面间的接触可以分为两类:①共形曲面接触(面接触),如平面与平面的接触、直径相同的外圆柱面和内圆柱面的接触等;②异形曲面接触(点、线接触),如球与平面、外圆柱面与外圆柱面(或与公称直径不同的内圆柱面)的接触等。通常将与表面接触有关的强度称为机械零件的表面强度,可分为三类:①表面接触强度;②表面挤压强度;③表面磨损强度。在机械设计中,接触强度特指点、线接触情况下的强度问题,而将面接触的表面强度称为挤压强度。下面对表面接触强度进行分析。

1. 表面接触应力

　　对于以点、线接触的零件,由于存在着表面变形,所以其实际接触部分并不是点或线,而是一个小区域。两圆柱体(线接触)和两球接触时的接触区域和接触应力可按赫兹接触公式计算(见表 2-9)。

2. 表面接触强度

　　表面接触强度也可分为静强度和疲劳强度。当表面接触时的最大应力超过零件材料的屈服极限时,就将产生塑性变形,而过大的塑性变形将影响零件的正常工作导致失效。下面所讨论的是更为常见的、在反复交变接触应力作用下的表面材料的点蚀或剥落现象,即表面疲劳强度问题。

表 2-9 点、线接触时的计算公式

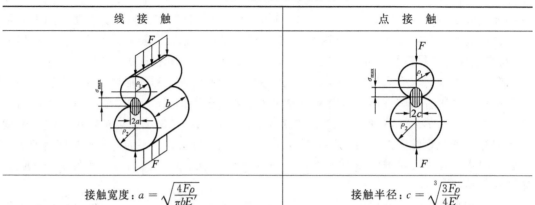

线 接 触	点 接 触
接触宽度：$a = \sqrt{\dfrac{4F\rho}{\pi b E'}}$	接触半径：$c = \sqrt[3]{\dfrac{3F\rho}{4E'}}$
最大接触应力：$\sigma_{Hmax} = \dfrac{4}{\pi}\dfrac{F}{2ab} = \sqrt{\dfrac{4FE'}{\pi b\rho}}$	最大接触应力：$\sigma_{Hmax} = \dfrac{3F}{2\pi c^2} = \dfrac{1}{\pi}\sqrt[3]{\dfrac{6FE'^2}{\rho^2}}$

式中：$\dfrac{1}{E'} = \dfrac{1-\mu_1^2}{E_1} + \dfrac{1-\mu_2^2}{E_2}$，其中 E_1、E_2、μ_1、μ_2 分别是两接触材料的弹性模量和泊松比；$\dfrac{1}{\rho} = \dfrac{1}{\rho_1} \pm \dfrac{1}{\rho_2}$，其中 ρ_1、ρ_2 分别两物体接触处的曲率半径。正号用于外接触，负号用于内接触，对平面取 $\rho_2 = \infty$，ρ 常称为综合曲率半径。

当 $\mu_1 = \mu_2 = 0.3$ 和 $E_1 = E_2 = E$ 时，两式可简化如下：

$\sigma_{Hmax} \approx 0.418\sqrt{\dfrac{FE}{b\rho}}$	$\sigma_{Hmax} = 0.388\sqrt[3]{\dfrac{FE^2}{\rho^2}}$

(1)疲劳点蚀　受法向和切向变应力的反复作用，在表面的应力集中源（如切削痕、碰伤、腐蚀或其他磨损的痕迹等）处将出现初始裂纹，该裂纹以与表面成锐角方向向内扩伸，到达某一深度后又越出表面，最后以贝壳状的小片脱落（见图 2-18）。这种现象称为疲劳点蚀。在这一过程中，如果有润滑油存在，润滑油将被挤入裂纹中。当接触发生在裂口处时，裂口会被封住，使裂纹内的润滑油产生很大压力而加速裂纹的扩展。润滑油黏度越低，越容易被挤入，点蚀发展得也越快。如果接触处没有润滑油存在，将发生磨粒磨损。因磨粒磨损的速度通常远大于裂纹扩展的速度，故在无润滑（或润滑不足）时点蚀通常来不及发生。

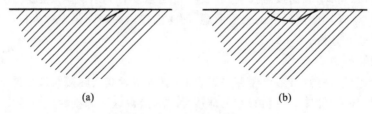

(a)　　　　　　　　　　　(b)

图 2-18 点蚀发生示意
(a)初始裂纹；(b)裂纹扩展

(2)鳞剥　两点（线）接触的摩擦副表面的最大切应力发生在距表面 $0.786a$（a 是点或线接触区宽度的一半）处。在最大切应力处，因受交变应力的作用该处材料局部弱化而出现裂纹。裂纹首先顺滚动方向平行于表面扩展，然后分叉延伸到表面，使表面材料呈片状剥落而形成浅凹坑，造成表面疲劳磨损，通常称为鳞剥。

3. 提高表面接触强度的措施

根据产生表面接触失效的原因,可以从以下几个方面入手,以提高表面接触强度。

(1)尽量减少接触应力　从表 2-9 的计算公式可知,可以通过以下措施减少最大接触应力:①增加接触面的综合曲率半径,可以增加各接触表面的曲率半径,也可以在可能的情况下将外接触改为内接触(使某个表面的曲率半径为负);②在结构设计中将点接触改为线接触;③对于线接触,改善在接触线方向上的接触精度,使得载荷分布更均匀。

(2)提高接触表面的硬度,以增加许用接触应力。

(3)减少表面裂纹出现的可能性　提高表面的加工质量,或减少材料的缺陷。

(4)尽可能地采用黏度较高的润滑油,这样不但可以减少润滑油渗入裂纹的可能性,而且较高黏度的润滑油在表面形成的接触面积更大,可以有效减少接触应力。

2.7　机械零件的材料和毛坯选择

能进行机械零件的强度和刚度计算的先决条件是零件的材料已经确定。机械零件的实体性决定了材料选择在机械零件设计过程中的重要性。随着工程实际对机械零件提出的要求越来越高以及材料科学的不断发展,在了解不同材料特征的基础上选择合适的材料对提高机器质量、降低成本的作用将愈来愈重要。

2.7.1　常用材料的类型

机械制造产品中最常用的材料是钢铁金属(占 90 ％以上),其次是非铁金属以及一些非金属材料等,这些材料的牌号和性能大多有国家标准或部颁标准,可由机械设计手册查得。

1. 钢铁金属

钢铁金属也称黑色金属,主要指铁、锰、铬及其合金,如各种钢和铸铁等。钢铁金属的产量约占世界金属总产量的 95％。钢是碳的质量分数 $w(C) < 2\%$ 的铁碳合金。按用途不同钢可以分为建筑及工程用钢,结构钢(如机械制造用钢、弹簧钢、轴承钢等),工具钢,专业用钢(如桥梁用钢、船舶用钢、锅炉用钢等);按不同的质量和化学成分钢可以分碳素钢和合金钢,碳素钢又可以分为普通碳素结构钢和优质碳素结构钢。

(1)普通碳素钢　常用的普通碳素结构钢如 Q195、Q215、Q235、Q255、Q275 等。它们的牌号以材料的屈服强度命名,如 Q235 的屈服强度约为 235 MPa。普通碳素钢一般只保证机械强度而不保证化学成分,不适宜作热处理,所以通常只用于不太重要的或不需要作热处理的机件。

(2)优质碳素钢　常用的优质碳素结构钢如 25、35、45、55 钢等。它们的牌号以钢的碳含量多少命名,如 45 钢碳的质量分数 $w(C)$ 为 0.45 ％等。优质碳素钢既保证机械强度也保证化学成分,一般用来制造需进行热处理的、较重要的机件。

碳的质量分数 $w(C) \leqslant 0.25\%$ 的称为低碳钢,$0.25\% < w(C) \leqslant 0.60\%$ 的称为中碳钢,$w(C) > 0.60\%$ 的称为高碳钢。低碳钢的可淬性较差,一般用于正火状态下强度要求不高的机件,如螺钉、螺母、小轴等,也用做锻件和焊接件。为增加低碳钢材料的强度,可以采用渗碳淬火或渗氮处理,所以有时也称渗碳钢或渗氮钢。中碳钢的可淬性和综合力学性能均较好,可以进行淬火、调质或正火处理,用于制造受力较大的螺栓、键、轴、齿轮等机件。高碳钢的可淬性更好,经热处理可获得更高的硬度和强度,常用于制造弹簧、钢丝绳等机件。碳的质量分数 $w(C)<0.4$ ％的钢焊接性好,而 $w(C)>0.5$ ％的钢焊接性差。

(3)合金钢　合金钢按合金含量的高低分为:低合金钢(合金元素总质量分数≤5％),中合金钢(合金元素总质量分数为 5 ％～10 ％),高合金钢(合金元素总质量分数>10 ％)。合金元素不同,合金钢的力学性能将有较大的变动并具有各种特殊性质。如铬能提高钢的硬度和强度并具有较好的高温下的防锈耐酸性;镍能使钢具有更高的强度、塑性和韧度;锰能使钢具有良好的淬透性、耐磨性;少量的钒能使钢具有较高的弹性极限。同时含有几种合金元素的合金钢,如铬锰钢、铬钒钢等,其性能的改善则更为明显。合金钢以碳含量和所含的合金元素命名。常用的合金钢如 20Cr、30Cr、40Cr、35SiMn 等,对此可查阅有关的手册。

与碳素钢相比,合金钢的价格较高,对应力集中也较敏感,所以只有在碳素钢不能满足要求时,才选择合金钢。必须指出,为了充分发挥合金钢的作用,必须进行合适的热处理,否则合金钢的力学性能与碳素钢相差无几。

(4)铸铁　碳的质量分数 $w(C)\geqslant2$ ％的铁碳合金称为铸铁,常用的铸铁有灰铸铁(HT)和球墨铸铁(QT)。灰铸铁以材料的抗拉强度命名,如 HT200 的抗拉强度为 200 MPa,常用的有 HT150、HT200、HT250 等。球墨铸铁以材料的抗拉强度和延伸率命名,QT500-7 的抗拉强度约为 500 MPa,延伸率为 7 ％。灰铸铁属于脆性材料,不能碾压和锻造,不易焊接,而球墨铸铁强度较灰铸铁高且具有一定的塑性。铸铁的最大优点是具有适当的易熔性和良好的液态流动性,可以用来铸造出复杂结构形状的铸件。除此以外,铸铁还具有良好的抗压性、耐磨性、减摩性和减振性,对应力集中的敏感性低,虽强度不及钢,但价格便宜,通常被广泛地用于制作机架或壳座,其中球墨铸铁已被用来部分地代替铸钢和锻钢。

(5)钢的热处理　热处理对钢的力学性能有着至关重要的作用。对优质碳素钢和合金钢而言,在不确定热处理方式的情况下讨论其力学性能的优劣是没有意义的。表 2-10 给出了钢材的常用热处理方法和相关应用。

表 2-10　钢的常用热处理方法和作用

方　式	主　要　作　用
退火	消除铸、锻、焊零件的内应力;降低硬度以便于切削加工;细化金属晶粒,增加韧度
正火	细化组织,增加强度与韧度,减少内应力,改善切削性能
淬火	提高钢材的硬度和强度极限,但淬火的内应力使钢变脆,所以淬火后通常需要回火
回火	用来消除淬火后的脆性和内应力,提高钢的塑性和冲击韧度。有高温和低温回火之分
调质	淬火后高温回火称为调质,用来使钢件的塑性和冲击韧度提高
表面淬火	使零件表面层具有高的硬度和耐磨性,而心部保持原有的强度和韧度
渗碳淬火	通过渗碳增加表层碳含量,淬火后表面的硬度和耐磨性增加,而心部塑性和冲击韧度较好

2.非铁金属及其合金

除钢铁材料以外的所有金属称为非铁金属。非铁金属具有某些特殊的性能,如良好的减摩性、耐蚀性、抗磁性、导电性等。在机械制造中常用的非铁金属有铜合金、轴承合金、轻合金等。

（1）铜合金 铜合金可分为黄铜和青铜两类。黄铜为铜锌合金，具有不易生锈、耐腐蚀、较好的减摩性和耐磨性、良好的塑性和液态流动性等特性，能碾压和铸造成各种型材和机件。青铜有锡青铜和无锡青铜。锡青铜是铜和锡的合金，具有比黄铜更好的减摩性和耐磨性，而且铸造和切削加工性能良好，常用铸造方法制造耐磨机件，如滑动轴承、蜗轮等。无锡青铜是铜与铝、铁、锰等元素的合金，其强度较锡青铜高，耐热性等也很好，但耐磨性不如锡青铜，在相对滑动速度较小时可以代替锡青铜。

（2）轴承合金 轴承合金是滑动轴承的专用材料，它是铜、锡、铅、锑的合金，具有优秀的减摩性、抗胶合性和导热性，但强度低且价贵，通常把它浇注在强度较高的基体金属表面上形成减摩表层来使用。

（3）轻合金 密度小于 2.9 的合金称为轻合金。机械制造中常用的是铝合金，它具有足够的强度、塑度和良好的耐腐蚀能力，且大部分铝合金可用热处理方法使之强化。常用于制造一些要求重量轻且强度高的机件，如飞机和汽车上的机件。

3. 非金属材料

非金属材料是由非金属元素或化合物构成的材料。自 19 世纪以来，随着生产和科学技术的进步，尤其是无机化学和有机化学工业的发展，人类以天然的矿物、植物、石油等为原料，制造和合成了许多新型非金属材料，如水泥、人造石墨、特种陶瓷、合成橡胶、合成树脂（塑料）、合成纤维等。这些非金属材料因具有各种优异的性能，为天然的非金属材料和某些金属材料所不及，从而在近代工业中的用途不断扩大，并迅速发展。

（1）高分子材料 以高分子化合物为基础的材料称为高分子材料，包括橡胶、塑料、纤维等。高分子材料按来源可分为天然、半合成（改性天然高分子材料）和合成高分子材料。高分子材料独特的结构和易改性、易加工特点，使其具有其他材料不可比拟、不可取代的优异性能。

与金属相比，高分子材料具有密度小（平均为钢的 1/6）、耐蚀性好、具有自润滑性能等优点。在适当的温度范围内高分子材料具有良好的弹性。高分子材料的主要缺点是容易老化，耐热性差，其中不少材料的阻燃性差。

（2）陶瓷材料 陶瓷材料是用天然或合成化合物经过成形和高温烧结制成的无机非金属材料，具有熔点、硬度、耐磨性高且耐氧化等优点，可用做结构材料、刀具材料。由于陶瓷还具有某些特殊的性能，又可作为功能材料。

陶瓷材料是工程材料中刚度最好、硬度最高的材料，常被形容为"像钢一样强、像钻石一样硬、像铝一样轻"，具有抗压强度高、熔点高，高温下的化学稳定性好等特点。由于陶瓷的线膨胀系数比金属低，所以当温度发生变化时，陶瓷具有良好的尺寸稳定性。此外，陶瓷还是良好的隔热材料。

陶瓷材料的最大缺点是抗拉强度较低，塑性很差，韧度较低。

4. 复合材料

复合材料是由两种或两种以上不同性质的材料，通过物理或化学的方法，在宏观上组成的具有新性能的材料。各种材料在性能上互相取长补短，产生协同效应，使复合材料的综合性能优于原组成材料而满足各种不同的要求。复合材料的基体材料分为金属和非金属两大类。金属基体常用的有铝、镁、铜、钛及其合金。非金属基体主要有合成树脂、橡胶、陶瓷、石墨、碳等。增强材料主要有玻璃纤维、碳纤维、硼纤维、芳纶纤维、碳化硅纤维、石棉纤维、晶须、金属丝和硬质细粒等。

复合材料中以纤维增强材料应用最广、用量最大。其特点是密度小、比强度和比模量大。例如碳纤维与环氧树脂复合的材料，其比强度和比模量均比钢和铝合金大数倍，还具有优良的化学稳定性、减摩耐磨、自润滑、耐热、耐疲劳、耐蠕变、消声、电绝缘等性能。石墨纤维与树脂复合可得到膨胀系数几乎等于零的材料。用碳纤维和玻璃纤维混合制成的复合材料片弹簧，其刚度和承载能力与比其重 5 倍多的钢片弹簧相当。

5. 功能材料

功能材料是指那些具有优良的电学、磁学、光学、热学、声学、力学、化学、生物医学功能，特殊的物理、化学、生物学效应，能完成功能相互转化，主要用来制造各种功能元器件而被广泛应用于各类高科技领域的高新技术材料，如超导材料、生物医用材料、能源材料、生态环境材料、智能材料等。功能材料的优势是显然的——如果材料本身能够实现某种功能，那么机械设计的结果将为变得更为简洁。

2.7.2　机械零件的材料选择原则

选择材料是机械零件设计的重要环节。同一功能要求的零件，如采用的材料不同，则零件尺寸、加工方法、工艺要求都会有所不同。选择材料时主要应考虑使用要求、工艺要求和经济要求。

1. 使用要求

使用要求一般包括：①零件的受载情况和工作情况；②对零件尺寸和重量的限制；③零件的重要程度。使用要求是材料选择时应满足的基本要求，选择的一般性原则如下。

(1)若零件尺寸取决于强度，且尺寸和重量受到限制　此时应注重考虑如何在较小的尺寸和重量下获得较高的强度，高强度材料是其首选。由于零件的强度有静强度和疲劳强度之分，所以在材料选择时也应该作出针对性的思考：在静应力下工作的零件，应取屈服强度较高的材料；在变应力下工作的零件，应选择疲劳强度较高的材料。另外，针对不同的强度，要求有针对性地选择不同的热处理方式。

(2)若零件的尺寸取决于刚度，则应选择弹性模量较大的材料　碳素钢与合金钢的弹性模量相差不大，所以选择合金钢对提高零件刚度并没有实质性意义。通常情况下，在截面积相同时改变零件结构能使刚度得到较大的改善。

(3)若零件的尺寸取决于接触强度，则应选用能进行表面强化处理的材料　如调质钢、渗碳钢、渗氮钢。以齿轮传动为例，经渗碳、渗氮和碳氮共渗后，其表面强度将得到大幅度提高。

另外：对于在滑动摩擦状态下工作的零件，应选用减摩性能好的材料；对于在高温下工作的零件，应选择耐热性好的材料；对于在低温下工作的零件，应选择耐低温性好的材料；对于工作温度变化较大的零件，还应该考虑到它的线膨胀系数；对于在腐蚀介质中工作的零件，应选择耐蚀性强的材料；等等。

由上面的分析可知，在根据使用要求选择材料时，首先应该对其中的关键因素进行分析,然后才能做出合理的选择。

2. 工艺性要求

选择材料时,对工艺性要求的考虑主要是与零件的毛坯类型有关的,虽然在有些场合也需要考虑其后续加工的便利和可能性。一般而言,形状复杂、尺寸较大的零件难以锻造,如要采用焊接或铸造,则需要保证所选择的材料具有良好的焊接性或铸造性能。除此以外,在选择材料时还必须考虑热处理工艺性能,如淬硬性、淬透性、变形开裂倾向性、回火脆性等。

3. 材料的经济性

关于材料经济性的指标主要有以下几个。

(1)材料的相对价格　经济性首先表现为材料的相对价格。表 2-11 给出了常用钢铁材料的大致价格比值。由于材料的价格处于不断地变化之中,所以对于设计者而言,应时刻关注当前材料市场的价格变化趋势。

表 2-11　常用钢铁材料的相对价格

材　　料	种 类、规 格	相 对 价 格
热轧圆钢	普通碳素钢 Q235($\phi 33\sim 42$ mm)	1
	优质碳素钢($\phi 29\sim 50$ mm)	$1.5\sim 1.8$
	合金结构钢($\phi 29\sim 50$ mm)	$1.7\sim 2.5$
	滚动轴承钢($\phi 29\sim 50$ mm)	3
	合金工具钢($\phi 29\sim 50$ mm)	$3\sim 20$
铸件	灰铸铁铸件	0.85
	碳素钢铸件	1.7

(2)材料的加工成本　当零件材料用量不大但加工量很大时,加工费用在零部件成本中所占份额将变大。在这种情况下,选择材料要考虑的经济因素将不是材料的相对价格而是加工性能。一方面,采用加工量较小或无加工的毛坯,可以有效地减少加工成本的份额,同时也提高了材料的利用率,减少了材料的直接成本;另一方面,每个机械加工厂都有自己的生产习惯,贸然改变材料将引起产品合格率的下降,而导致零件加工成本的上升。

(3)材料性能的针对性应用　在很多情况下,零件不同的部位对材料有着不同的要求,要想选择一种材料以满足各种不同要求几乎是不可能的,或价格将十分昂贵。这时可以根据局部品质原则,在不同的部位上采用不同的材料或采用不同的热处理工艺,使各种局部的要求得到满足(可以是零件也可以是组件)。例如,蜗轮的轮齿必须具有良好的耐磨性和抗胶合能力,可以采用在铸铁芯外套以青铜圈的方式。

机械零件的局部品质也可以用渗碳、表面淬火、表面喷镀、表面辗压等方式获得。有目的地在合适的时候运用局部品质原则能获得良好的经济性。

(4)材料的供应情况　尽量少用稀有的材料,如在可能时用铝青铜代替锡青铜。应该了解当地的材料供应情况,为简化供应和贮存的材料品种,对使用量较少的零件,应尽可能采用现有材料,并尽量减少同一部机器中使用材料的种类。

2.7.3　毛坯的选择

获得零件毛坯的方式包括铸造、锻造、冲压、焊接等,也可采用型材。毛坯的选择将直接影响零件的成本和质量。

1. 不同毛坯类型的基本特点

(1)型材　如能选用与零件形状和尺寸相近的型材,就可直接进行切削加工,既节约材料,又降低工时。而且因型材由轧制而成,组织致密,力学性能好。

(2)锻件　锻造可改变型材的流线组织方向,使零件受力合理,常用于受重载、动载及复杂载荷的重要零件。但锻造要求原材料的塑性好、变形抗力小,一般采用低、中碳钢和合金结构钢。

(3)铸件　铸造能满足形状复杂的、大中型零件毛坯的成形要求,但铸件晶粒粗大、组织疏松、成分不匀、有内应力、力学性能差。铸件的减振性能和耐磨性一般较好,可用于受力不大或以承受压应力为主的零件。

(4)焊接件　焊接可用于连接各种结构件,尺寸和形状都不受太大限制;而铸-焊,锻-焊、冲压-焊的结合还可以弥补毛坯制造方法的不足。

(5)冲压件　在机械零件中,冲压件所占的成分有增大的趋势,薄壁零件大都用冲压方法制造。冲压毛坯的尺寸偏差为 $0.05\sim0.5$ mm,表面粗糙度 Ra 可达 3.2 μm,可以不再进行机械加工或只进行精加工,生产效率很高。

(6)冷挤压件　冷挤压零件的尺寸精度可达 IT7～IT6 公差等级,表面粗糙度可达 Ra $=3.2\sim0.4$ μm,许多冷挤压零件不需切削加工便可使用,适用于批量大、形状简单、尺寸小的零件或半成品。

(7)粉末冶金制件　粉末冶金是以金属粉末为原料,用压制成形和高温烧结而成。尺寸精度可达 IT6 级,表面粗糙度为 $Ra=0.4\sim0.2$ μm,零件成形后不需切削,节省材料,工艺设备较简单,适用于大批大量生产。但对结构复杂及薄壁、有锐角等零件成形困难。

2. 毛坯的成本

对于毛坯的成本主要需考虑以下三个方面的内容。

(1)材料成本　在铸造零件中,铸铁的成本最低,铸钢较贵,铸造非铁合金则更贵。

(2)制造毛坯的成本　若直接由型材开料,成本最低,但只适合于形状简单的毛坯。铸造、模锻、冲压的生产率高,生产费用也较低。其中模锻、冲压的生产率高,毛坯质量也最好,但必须具有专用的设备,在单件或小批量生产时成本过高。自由锻和焊接毛坯的生产率低,但用于单件或小批量生产是经济的。对于大型设备的机座,如以焊接代替铸造,其生产费用将降低。

(3)加工毛坯的成本　由毛坯到零件成品需要切削加工完成,其加工成本由毛坯材料的加工性能、毛坯的形状和尺寸、加工余量和表面质量等确定。铸铁的加工性能好,而钢的加工性能则随着强度和硬度的升高而降低。加工余量越大,则加工成本越高,采用无切削或少切削的毛坯将可以使加工费用大幅度下降,这也是当前毛坯制造的发展趋势之一。

2.8 机械零件设计中的标准化

标准化是机械零件设计中的一项重要工作。所谓零件的标准化就是对零件的尺寸、结构要素、材料性能、检验方法、图样表达等制定出大家共同遵守的标准。机械零件的标准化具有以下几大优点。

(1)能对用途广泛的零件组织专业化生产,增加了先进加工方法使用的可能性,能在提高产品质量的同时降低成本。

(2)在设计中采用标准的结构和零 部件,可简化设计工作,缩短设计周期,提高设计质量,标准零部件的使用也简化了机器的维修工作。

(3)材料和零件性能的标准化增加了相互之间的可比性,可以较好地保证零件的可靠性。

(4)图样表达的标准化保证了工程语言的统一,使设计者之间的交流更为方便,为各种设计之间的比较、利用提供了便利。

以运用范围进行区分,可将机械零件的标准分为以下三类。

(1)国家标准 国家标准分为强制性国标(GB)和推荐性国标(GB/T)。强制性国标是保障人体健康、人身、财产安全的标准和法律及行政法规规定强制执行的国家标准;推荐性国标用于生产、检验、使用等方面,是通过经济手段或市场调节而自愿采用的国家标准。

(2)行业标准 由我国各主管部、委(局)批准发布,在该部门范围内统一使用的标准,称为行业标准。行业标准也分为强制性和推荐性标准,如机械工业部的推荐性标准为JB/T。

(3)企业标准 对已有国家或行业标准的产品,企业应遵照执行;对尚无上级标准的,应当制定产品的企业标准。

习 题

2-1 机械零件的损伤性失效主要有哪些?它们分别对应与怎样的应力和工作状态?

2-2 试述疲劳累积损伤假设的基本含义。

2-3 某材料的对称循环弯曲疲劳极限为 307 MPa,$m=9$,$N_0=5\times10^6$。试求循环次数分别为 $N=1.23\times10^6$、$N=3.5\times10^6$、$N=8.5\times10^6$ 时的寿命系数和有限寿命弯曲疲劳极限。

2-4 一圆轴环槽处的尺寸为 $D=70$ mm,$d=66$ mm,$r=8$ mm,$\sigma_b=720$ MPa,试计算轴环处的有效应力集中系数。

2-5 一圆轴上有一 B 型键槽,直径 $D=32$ mm,$\sigma_b=450$ MPa,轴磨削加工,表面未经强化处理,试求综合影响系数 K_σ。

第3章 摩擦学概论

本章介绍摩擦、磨损、润滑的基本概念、特征和三者之间相互关系;摩擦的几种基本状态和判据;润滑剂的主要性能;动压润滑理论的基本概念。

摩擦学是研究存在相对运动的相互作用表面间的摩擦、润滑和磨损,以及三者间相互关系的基础理论和实践(包括设计和计算、润滑材料和润滑方法、摩擦材料和表面状态,以及摩擦故障诊断、监测和预报等)的一门边缘学科。

世界上使用的能源大约有 $1/3 \sim 1/2$ 消耗于摩擦,如果能够尽量减少无用的摩擦消耗,便可节省大量能源。另外,机械产品的易损零件大部分是由于磨损超过限度而报废和需要更换的,如果能控制和减少磨损,不但能减少设备维修次数和费用,还能节省制造零件及其所需材料的费用。而控制摩擦磨损的最有效的手段就是润滑。

本章将简略地介绍机械设计中与摩擦学有关的一些基本知识。

3.1 摩擦

摩擦是对两相互作用表面间的相对运动所产生的一种阻碍作用。在存在正压力的条件下,如果两相互接触的物体之间存在着相对运动或相对运动趋势,就存在着摩擦。摩擦既有有利的一面,也有有害的一面。譬如:在将螺纹作为连接件使用时,为提高螺纹的防松性能,通常希望增加摩擦以减小螺纹副相对运动的可能性;而在将螺纹作为传动件使用时,为提高传动效率,又希望减少摩擦。所以,在机械设计中对摩擦进行研究的目的是为了更好地控制摩擦,而不一定是减少摩擦。

摩擦有多种分类方法。

(1)按摩擦发生的位置,摩擦可分为外摩擦和内摩擦 外摩擦发生于物体的接触界面,其作用是阻碍宏观的相对运动;内摩擦发生于物体内部,是对分子运动的阻碍。干摩擦和边界摩擦属于外摩擦,流体摩擦属于内摩擦。

(2)按摩擦副的相对运动形式,摩擦可分为滑动摩擦和滚动摩擦,前者是两相互接触表面有相对滑动或有相对滑动趋势时的摩擦,后者是两相互接触表面有相对滚动或有相对滚动趋势时的摩擦 一般而言,滚动摩擦因数远小于滑动摩擦因数。

(3)按摩擦表面是否存在宏观运动可为分静摩擦和动摩擦 仅有相对运动趋势的摩擦称为静摩擦,而当相互接触的两物体越过静止临界状态而发生相对运动时的摩擦称为动摩擦。

(4)按摩擦表面的润滑状态,摩擦可分为干摩擦、边界摩擦、混合摩擦(也称非完全流体摩擦)和流体摩擦(见图 3-1)。一般用膜厚比 λ 来判断滑动表面所处的摩擦状态。

$$\lambda = \frac{h_{\min}}{(R_{q1}^2 + R_{q2}^2)^{1/2}} \tag{3-1}$$

式中：$h_{\min}$——两粗糙表面间的公称油膜厚度（在两粗糙表面轮廓的中位线进行度量），μm；
R_{q1}、R_{q2}——两表面的均方根误差（约为算术平均值 Ra_1、Ra_2 的 1.20～1.25 倍。Ra 为工程中表面粗糙度的标注值），μm。

通常认为当 $\lambda \leqslant 1$ 时为边界摩擦（润滑）状态，$\lambda > 3$ 时为流体摩擦（润滑）状态，$1 < \lambda \leqslant 3$ 时为混合摩擦（润滑）状态。

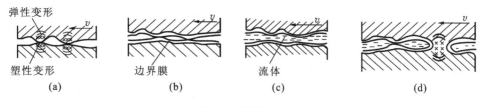

图 3-1　摩擦状态
(a)干摩擦；(b)边界摩擦（润滑）；(c)边界摩擦（润滑）；(d)混合摩擦（润滑）

1. 干摩擦

干摩擦是指两接触表面之间不存在任何润滑剂和保护膜状态下的摩擦。严格地说，在工程实际中并不存在真正的干摩擦状态。因为任何零件的表面都会存在因氧化而成的氧化膜，也或多或少地存在着灰尘、水汽、油污等，所以通常只是将没有人为地添加润滑剂时的摩擦称为干摩擦。这种干摩擦与真正意义上的干摩擦有很大的差别，如钢对钢的摩擦因数在大气中为 0.15～0.20，而在洁净表面可达 0.7～0.8。根据英国的 F. P. 鲍登等人的研究，极为洁净的金属（表面上的气体用加热、电子轰击等方法排除）在高真空度的实验条件下，表面接触处被咬死，摩擦因数可高达 100。

由于摩擦存在的普遍性，人们在很早以前就对固体之间的摩擦进行了系统地研究，最具代表性的是达芬奇在 1785 完成的"古典摩擦定律"：

(1)摩擦力的方向总是与接触表面相对运动的方向相反，其大小于正压力成正比；

(2)摩擦力的大小与物体的表面接触面积无关；

(3)摩擦因数大小取决于材料性质，与滑动速度和载荷大小无关；

(4)静摩擦因数大于动摩擦因数。

虽然"古典摩擦定律"的有关结论目前尚在使用，但事实上存在着很大的局限性和不确切性。譬如：①"摩擦力的大小与相接触物体间的表面名义接触面积无关"的结论基本适用于具有较大屈服强度的材料，如金属等，而不适用于弹性材料和黏弹性体，如橡胶等；后者的摩擦力明显与名义接触面积有关；②"摩擦因数大小与滑动速度无关"不符合大多数材料的实际情况，实践表明，多数材料的摩擦因数随着速度的增加而减小；③某些黏弹性材料存在着动摩擦因数大于静摩擦因数的情况。

对摩擦的成因研究是从研究物体表面开始的。所有表面都是粗糙的，图 3-2 给出了两表面接触时的基本形态。根据这一形态，众多研究者给出了各自对摩擦成因的理解。

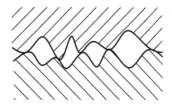

图 3-2　粗糙表面接触示意

(1)机械互锁学说 该学说认为摩擦是由粗糙接触表面间的机械互锁产生的。当两表面相对滑动时,由于粗糙不平的表面在不平处相互嵌入,因而产生了阻抗物体运动的阻力。该学说能够解释表面越粗糙摩擦因数越大的一类情况,但是不能解释经过超精加工的表面摩擦因数反而增大,表面覆盖一层极薄的润滑剂即可以明显降低摩擦因数的情况。

(2)分子引力学说 该学说认为摩擦力是由于接触表面间的分子作用引起的。这个学说能够解释前述机械互锁学说不能解释的问题,但由此学说推出的"在载荷不大时,愈粗糙的表面实际接触面愈小,所以摩擦力愈小"的结论与实际不符。

(3)分子-机械学说 这是前苏联科学家克拉盖尔斯基在 1939 年提出的学说。该学说强调了摩擦的双重本质,认为两接触表面作相对运动时,既要克服机械变形的阻力,又要克服分子之间相互作用的阻力,所以总阻力是两者之和。这种学说考虑的因素较多,能适合多种材料。

(4)黏附学说 简单黏附学说由英国著名学者鲍登于 20 世纪 40 年代后期提出。他认为当两表面接触时,界面的接触并不发生在整个名义接触面积上,而只是若干个微凸体的相互接触,这些相接触的微凸体所构成的面积之和称为真实接触面积(见图 3-3)。由于真实接触面积很小,所以在载荷作用下压力很大,使这些点发生了黏着(或称冷焊)。当两表面发生相对运动时,黏着点被切断,如果一个表面比另一个表面硬,则较硬的微凸体还将在较软的表面上产生犁沟。剪切这些黏着点的力和犁沟的力之和就是摩擦力,由于犁沟的力较小,通常可以忽略不计。该学说的最大优点是摩擦因数的计算公式特别简单,即

$$f = \frac{F_f}{F_N} = \frac{\tau_b}{\sigma_{sy}} \tag{3-2}$$

式中:F_f——摩擦力;F_N——正压力;τ_b——较软材料的剪切强度极限;σ_{sy}——材料接触时的较软材料的抗压屈服强度。

但这一学说不能解释这样的事实:对于多数金属 τ_b 约为 $0.2\sigma_{sy}$,但实验中很多金属在正常大气中摩擦因数就达 0.6,在真空情况下则更高,而按式(3-2)计算所得的只有 0.2。因此,在 20 世纪 50 年代后有许多研究者对黏着理论进行了完善。

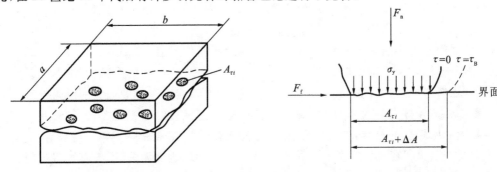

图 3-3 摩擦副的接触面积示意图   图 3-4 结点增大示意图

(5)修正黏着理论 与简单的黏着理论相比,修正理论考虑了更多的影响因素。

①结点增大的效应 认为在有相对运动或趋势存在时,必然存在切向力,而这一切向力的存在将使得真实接触面积增大(见图 3-4),从而影响摩擦力。对于纯净金属表面,考虑结点增大后的真实接触面积要比简单黏着理论时高得多,而且滑动表层还存在被硬化的可能,所以摩擦因数要高得多。

②表面膜的效应　由于表面膜的存在,所以剪断不一定发生在金属内部,而是全部或部分地发生在表面膜处,这种情况将使摩擦因数有大幅度的下降。

③犁沟的效应　认为在一般情况下犁沟的效应是可以被忽略的,但当微凸体比较尖锐时,其作用就不可以忽略了。

修正后黏着理论的摩擦因数计算公式为

$$f = \frac{F_f}{F_N} = \frac{\tau_{bj}}{\sigma_{sy}} \tag{3-3}$$

式中:τ_{bj}——界面剪切强度极限,当剪断发生在表面膜处时为表面膜的剪切强度极限,当剪断发生在较软金属内部时为较软金属的剪切强度极限,当由于表面膜破坏发生金属直接接触而形成结点时为处于较软金属的剪切强度极限和表面膜的剪切强度极限间的某一个值。

还有许多有关修正黏着理论的研究。如有人认为黏着点的面积不仅取决于塑性变形的过程,而且也受表面吸引力的影响,即由于表面黏着能也能使实际接触面积增加,等等。有兴趣的读者可以参见文献[32]。

摩擦理论的上述发展进程表明了这样一个事实:工程中许多理论的产生是从观察开始的,而它是否可行则需要实践的验证。当理论与实践有较大的差距时,分析产生误差的原因、更为综合地分析问题则是理论发展的关键。

不同的材料配对,干摩擦因子的数值可以有很大的差别。表 3-1 给了几种材料在不同摩擦状态下摩擦因数的大致数值。

表 3-1　不同摩擦状态下的摩擦因数(大致值)

干　摩　擦		边　界　润　滑	
相同金属: 　　黄铜-黄铜; 　　青铜-青铜	0.8~1.5	矿物油湿润表面 加油性添加剂 的油润滑:	0.15~0.30
异种金属:		钢-钢;尼龙-钢	0.05~0.10
铜铅合金-钢	0.15~0.3	尼龙-尼龙	0.10~0.20
巴氏合金-钢	0.15~0.3	流　体　润　滑	
非金属:		液体动力润滑	0.01~0.001
橡胶-其他材料	0.6~0.9	液体静力润滑	<0.001
聚四氟乙烯-其他 材料	0.04~0.12		(与设计参数有关)
固　体　润　滑		滚　动　润　滑	
石墨-二硫化钼润滑	0.06~0.20	圆柱在平面上纯滚动	0.001~0.00001
铅膜润滑	0.08~0.20	一般滚动轴承	0.01~0.001

2. 边界摩擦

当运动副的两表面被边界膜隔开时,其摩擦性能主要由边界膜决定的摩擦状态称为边界摩擦状态。在边界摩擦状态下,摩擦力主要由边界膜的剪断而产生(也存在部分的金属直接接触)。按边界膜的形成机理,边界膜分为吸附膜和反应膜。

(1)吸附膜 吸附膜有物理吸附膜和化学吸附膜之分。因润滑油(脂)中的脂肪酸的极性分子与金属表面的吸附作用而产生的吸附膜称为物理吸附膜;因润滑油(脂)中的分子受化学键作用而与金属表面发生吸附而产生的吸附膜称为化学吸附膜。吸附膜的强度将随温度的上升而下降。当温度达到一定值时,将出现软化、失向和脱吸现象,从而使润滑性能变差。

(2)反应膜 反应膜是润滑油(脂)中存在的硫、氯、磷等原子在较高温度(150~200 ℃下与表面金属发生化学反应而生成的各类化合物在表面上生成的薄膜。化学反应膜具有高温稳定性,而且温度越高,反应膜的厚度也越大。

由于两类吸附膜的形成机理和工作温度不同,为了改善润滑剂的边界润滑性能,经常采用加入添加剂的方法,如加入油性添加剂改善吸附膜的生成性能,加入极压添加剂改善其反应膜的生成性能等。

3. 混合摩擦

当摩擦表面处于边界摩擦和流体摩擦的中间状态时,称为混合摩擦,也称不完全流体摩擦。在混合摩擦状态下,流体承载的比例随膜厚的增加而增加。混合摩擦状态仍存在着磨损。需要特别注意,对机器的大部分运动部件而言,混合摩擦几乎是不可避免的。如动压滑动轴承的启动和停止过程,等等。

4. 流体摩擦

如果两表面间的润滑膜足够厚而可以将两表面的粗糙轮廓峰完全分开,那么两表面将不再存在金属间的直接接触,摩擦只发生于流体的分子间,这种状态称为流体摩擦。在流体摩擦状态下,表面间摩擦因数很小[①](<0.01),气体润滑时的摩擦因数将更小;由于没有金属间的直接接触,所以几乎不会有磨损发生。流体摩擦是相对运动表面间理想的摩擦状态,也是在机械设计时希望达到的摩擦状态。

3.2 磨损

使摩擦材料表面的物质不断损失和转移的现象称为磨损。尽管在某些场合磨损存在有利的作用,如在跑合过程中磨损可使两相互作用表面更好地接触,磨削加工也是一种磨损过程等,但在更多的场合磨损是有害的,它将导致零件的损坏。所以,在机械设计中应该尽力减少和避免磨损。

3.2.1 磨损分类

按照表面破坏机理特征,磨损可以分为磨粒磨损、黏着磨损、表面疲劳磨损、微动磨损和化学磨损等。前三种是磨损的基本类型,后两种只在特定条件下才会发生。

1. 磨粒磨损

物体表面与硬质颗粒或硬质凸出物(包括硬金属)相对运动引起材料从其表面分离的现

---

① 在需要增加摩擦的场合常采用特种油品,如牵引油等,此时的摩擦系数可以大于 0.2。

象称为磨粒磨损。磨粒磨损的主要机理是犁沟作用,即硬质凸出物或颗粒在较软的表面通过犁沟方式产生了材料转移。根据磨粒与表面的相对位置不同,磨粒磨损可分为二体磨损和三体磨损。

(1)二体磨损　二体磨损是指两粗糙表面间直接发生作用时的一种磨损方式。两原始表面间的磨粒磨损通常始于二体磨损。

(2)三体磨损　在有外界颗粒侵入或在二体磨损产生了磨屑以后,两表面之间就存在了磨粒。这时的磨损就不一定是两表面之间的直接作用,而是有了中间物(磨粒)。这种磨损称为三体磨损。

为减少磨粒磨损,除减小表面粗糙度、避免磨粒存在(如提高过滤精度)以外,选择高硬度和高韧度的材料将有效地地提高抗磨粒磨损的能力。

2. 黏着磨损

因固相焊合而造成的接触面材料损耗,称为黏着磨损。黏着产生的原因在前面已做了说明:无论是有油或无油状态,只有当表面膜(或污染膜)被破坏而引起新表面直接接触时才可能发生黏着。载荷越大,温度越高,黏着就越严重。按金属转移的程度不同,黏着磨损可分为以下几种。

(1)轻微磨损　剪切破坏发生在界面上,表面材料的转移极为轻微。

(2)涂抹　剪切发生在软金属浅层,并转移到硬金属表面。

(3)擦伤　剪切发生在软金属表层,硬金属表面可能被划伤。

(4)撕脱　剪切发生在摩擦副的一方或双方基体、金属较深的地方。

(5)咬死　黏着严重,运动停止。

第(4)、第(5)种磨损统称胶合。为减轻黏着磨损,必须减少黏着发生的可能性,常见措施如下。

(1)选择合适的摩擦副材料配对　从抗黏着角度出发:异种金属优于同种金属,多相金属优于单相向金属,脆性材料优于塑性材料。除此以外,采用表面处理(如电镀、表面热处理、喷涂等)可有效地防止黏着磨损发生,如在巴氏合金上电镀金或铟。

(2)采用含有油性和极压添加剂的润滑剂。

(3)限制摩擦表面的温度和压强。

3. 表面疲劳磨损

摩擦副两表面作滚动或滚滑复合运动时,由于交变接触应力的作用,使表面材料疲劳破损而形成点蚀或剥落的现象,称为表面疲劳磨损(或接触疲劳磨损)。与黏着和磨粒磨损不同,不管摩擦副两表面是否被润滑膜完全隔开以及是否有磨粒存在,只要是高副接触并受交变接触压应力作用,表面疲劳磨损均有可能发生。

4. 其他类型磨损

(1)微动磨损　两接触表面间没有宏观相对运动,但有小振幅的相对振动(小于$100\ \mu m$)。此时,在接触表面间会产生大量的微小氧化物磨损粉末,这种磨损称为微动磨损。

(2)化学磨损　零件表面在摩擦的过程中,表面金属与周围介质发生化学或电化学反应,因而出现的物质损失称为化学磨损,也称腐蚀磨损。为了防止和减轻腐蚀磨损,可从表面处理工艺、润滑材料及添加剂的选择等方面采取措施。

(3)气蚀磨损和冲蚀磨损 ①对于作相对运动的零件与液体,如果接触面附近的局部压力低于相应温度时液体的饱和蒸汽压,液体就会加速汽化而产生大量气泡(液体中原含的空气也会游离出来形成气泡);当气泡流经过高压区时,将瞬间溃灭并产生极大的冲击力和高温。在这样的反复作用下,零件表面将出疲劳破坏,称为气蚀磨损。②当高速小液滴落到金属表面时,会产生冲击应力,从而造成冲刷或点蚀,这种由液体束冲击固体表面所造成的磨损称为冲蚀磨损。含有硬质颗粒的液体束冲击固体表面所造成的磨损也属于冲蚀磨损。

3.2.2 磨损过程的特点和表征参数

1.磨损过程

机械零件的磨损不是常态不变的,从图 3-5 给出的典型磨损量曲线可以看出磨损可分为三个阶段[①]。

(1)磨合阶段 运行初期,由于对偶表面的粗糙度值较大及加工和装配过程中的误差,实际接触面积较小,导致磨损率较大。通过磨合,两表面的贴合情况得到改善,实际接触面积增大,接触点数增多,磨损率降低,为稳定磨损阶段创造了条件。为了避免磨合阶段损坏摩擦副,在磨合阶段多采取空车或低负荷运行;为缩短磨合时间,也可采用含添加剂和固体润滑剂的润滑材料,在一定负荷和较高速度下进行磨合。磨合结束后,应进行清洗并换上新的润滑材料。

(2)稳定磨损阶段 这一阶段磨损缓慢且稳定,磨损率基本保持不变,属正常工作阶段。为增加零件的寿命,应尽量延长这一段的长度。

(3)剧烈磨损阶段 在长时间工作后,摩擦副对偶表面间发生了突变,磨损率急增,机械效率下降,精度丧失,产生异常振动和噪声,摩擦副温度迅速升高,最终导致摩擦副完全失效。

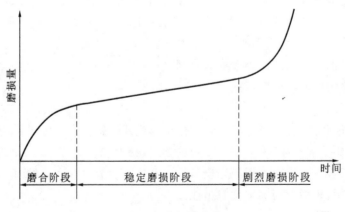

图 3-5 磨损量曲线

---

① 在某些场合也会出现以下情况:a.在跑合磨损与稳定磨损阶段无明显磨损,当表层达到疲劳极限后,就产生剧烈磨损,如滚动轴承;b.跑合磨损阶段磨损较快,但在转入稳定磨损阶段后的很长时间内磨损甚微,无明显的剧烈磨损阶段,如特硬材料(刀具等);c.某些摩擦副从一开始就有逐渐加速磨损的现象,如阀门等。

2. 材料磨损的主要表征参数

为表征零件的磨损特性,通常采用如下参数。

(1)磨损量　由磨损引起的材料损失量称为磨损量。它可通过测量长度、体积或质量的变化得到,并分别称为线磨损量、体积磨损量和质量磨损量。

(2)磨损率　磨损率为单位时间内材料的磨损量。如 V 为磨损量,t 为时间,则磨损率 $I = dV/dt$。

(3)磨损度　磨损度为单位滑移距离内材料的磨损量。如 L 为滑移距离,则磨损度 $E = dV/dL$。

(4)耐磨性　耐磨性所指的是材料抵抗磨损的能力,以规定摩擦条件下的磨损率或磨损度的倒数来表示。

3.2.3　摩擦和磨损的相互关系

因相对运动引起的磨损与摩擦密切相关,但两者却不存在量之间的必然关联性,即在摩擦很大时,磨损可以很小,或相反。如以相对运动为根,则磨损与摩擦的关系是一种伴生关系:两者互有联系但不相互决定,下面举例说明之。

如前所述,是否存在黏着和磨粒磨损取决于金属间是否存在着直接接触,如不存在直接接触,就不存在上述类型的磨损。为了在保证高寿命的同时获得高的牵引力,人们开发了专用的润滑油,其牵引系数(类似于摩擦因数)可达 0.20,远大于钢-钢材料对在边界润滑时的摩擦因数,但由于能够形成完整的润滑膜,所以磨损量很小。又如当钢-尼龙组成摩擦副时,钢的粗糙表面将使尼龙产生较大的磨粒磨损,但由于尼龙的剪切强度较低,摩擦因数并不大。

3.3　润滑剂、添加剂和润滑方法

解决摩擦、磨损最有效和直接的方法就是采用润滑,而要润滑就少不了各种润滑剂和润滑方法的选择。

3.3.1　润滑剂

润滑剂大致可以分为三大类:流体润滑剂、半固体润滑剂、固体润滑剂。

流体润滑剂有气体和液体的两类。气体润滑剂中用的最多的是空气,空气具有取之不尽、不会污染环境等众多优点,在高速滑动轴承和静压轴承中有广泛的应用;液体润滑剂主要是各种润滑油,也是使用范围最广的一种润滑剂。流体润滑剂除能起到润滑作用以外,还有良好的冷却作用。半固体润滑剂主要指各种润滑脂,它是润滑油和稠化物的稳定混合物。固体润滑剂是任何可以在零件表面形成低摩擦阻力的固体。下面将对各种润滑剂进行介绍。

1. 润滑油

润滑油按其来源可分为三类:动、植物油,石油润滑油和化学合成油。动、植物油的油性较好,但由于较易变质、稳定性差,且来源有限,所以使用不多。石油润滑油来源广泛、成本低、适用范围广、稳定性好,应用最为广泛,其用量占润滑油总用量的 97% 以上。化学合成油是通过化学合成方法制成的润滑油,主要针对采用普通矿物油不能满足要求的场合,如高温、低温、高速、高压和有其他一些特殊条件的场合,但价格较贵。通常只被有针对性地用于一些特殊场合,如涡轮增压型发动机上使用的润滑油、金属带式无级变速器上使用的牵引油等。

润滑油的主要作用是减少运动部件表面间的摩擦和磨损,同时对机器设备具有冷却、密封、缓冲、防腐、绝缘、功率传送、清洗杂质等作用。对润滑油的评判指标主要有以下几项。

1)黏度

黏度反映了润滑油的内摩擦力,是表示润滑油流动性的一项指标。一般而言,润滑油的黏度越大,则流动性越差。

(1)动力黏度 如图 3-6 所示,在两平行板间充满了具有一定黏体的流体,若平板 A 以速度 v 移动,另一平板 B 静止。由于流体分子的黏附作用,与平板 A 相贴合的流体层将以速度 v 移动,而与另一平板 B 相贴合的流体层将保持静止。其他的各层的流速 u 则按直线规律分布。这种流动是油层受到剪切作用而产生的,所以称为剪切流。平板各层的速度不同,也就是说流体中存在了速度梯度。流动较慢的液层将阻滞较快液层的流动,液体产生了运动阻力。

牛顿在 1687 年提出了黏性液体的摩擦定律(黏性定律),即在流体的任意点处的切应力均与该点处的流体的速度梯度成正比。牛顿黏性定律的数学表达式为

$$\tau = -\eta \frac{\mathrm{d}u}{\mathrm{d}y} \tag{3-4}$$

式中:τ——流体单位面积上的剪切阻力,即切应力;$\mathrm{d}u/\mathrm{d}y$——垂直于运动方向的速度梯度;η——流体的动力黏度。

式中的负号表示剪切阻力与运动速度相反。

摩擦学中将所有服从牛顿黏性定律的流体统称为牛顿流体,而将其余流体称为非牛顿流体。对于牛顿流体而言,黏度与切变速率无关。一般的矿物油可视作牛顿流体。

在国际单位制中,动力黏度的单位为 N·s/m² 或 Pa·s。其基本含义为将两块面积为 1 m² 的板浸于液体中,两板距离为 1 m,若加 1 N 的切应力,两板之间的相对速率为 1 m/s,则此液体的黏度为 1 Pa·s(见图 3-7)。

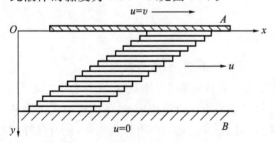

图 3-6 平板间流体的层流流动

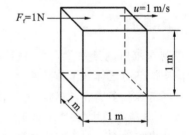

图 3-7 流体的动力黏度示意

在绝对单位制(C.G.S 制)中,动力黏度的单位为泊(P),百分之一泊称为厘泊(cP)。泊、厘泊与 Pa·s 的转换关系可取为

$$1 \text{ P} = 0.1 \text{ Pa·s}, \quad 1 \text{ cP} = 0.001 \text{ Pa·s} \tag{3-5}$$

(2)运动黏度 工程上常用动力黏度 η 与该流体在同温度下的密度 ρ 之比表示流体的

黏度,称为运动黏度 ν,有

$$\nu = \eta/\rho \tag{3-6}$$

在绝对单位制(C.G.S 制)中,动力黏度的单位为斯(St),$1St=1\ cm^2/s$。百分之一斯称为厘斯(cSt)。GB/T314—1994 规定采用润滑油在 40 ℃时运动黏度(cSt)的中间值作为润滑油牌号(旧标准为 50 ℃),实际的运动黏度在相应中心黏度值的 $\pm 10\ \%$ 偏差以内。常用工业润滑油的分类及相应的黏度值见表3-2。例如牌号为 L-AN32 的全损耗系统用油(旧名20 号机械油)在 40℃时运动黏度的中间值为 32cSt。

表 3-2　润滑油牌号与黏度值的对应关系

黏度牌号	运动黏度中心值/cSt	运动黏度范围/cSt	黏度牌号	运动黏度中心值/cSt	运动黏度范围/cSt
2	2.2	1.98~2.42	68	68	61.2~74.8
3	3.2	2.88~3.52	100	100	90.0~110
5	4.6	4.14~5.06	150	150	135~165
7	6.8	6.12~7.48	220	220	198~242
10	10	9.00~11.0	320	320	288~352
15	15	13.5~16.5	460	460	414~506
22	22	19.8~24.2	680	680	612~748
32	32	28.8~35.2	1000	1000	900~1100
46	46	41.4~50.6	1500	1500	1350~1650

(3)条件黏度　条件黏度是指在一定的条件下采用特定黏度计所测得的以条件单位表示的黏度,各国通常用的条件黏度有以下三种。

①恩氏黏度,又称恩格勒(Engler)黏度。其测定方式是将一定量的试样,在一定温度下,从恩氏黏度计流出 200 mL 试样所需的时间与蒸馏水在 20 ℃流出相同体积所需要的时间(s)之比。温度 t ℃时,恩氏黏度用符号 Et 表示。恩氏黏度是一种相对黏度的标述。

②赛氏黏度,又称赛波特(Sagbolt)黏度。它是一定量的试样在规定温度下,从赛氏黏度计流出 200 mL 所需的时间,以"s"为单位。

③雷氏黏度,即雷德乌德(Redwood)黏度。它是一定量的试样在规定温度下,从雷氏度计流出 50 mL 所需的时间,以"s"为单位。

上述三种条件黏度测定法在欧美各国常用。我国除采用恩氏黏度计测定深色润滑油及残渣油外,其余两种黏度计很少使用。三种条件黏度表示方法和单位各不相同,但它们之间的关系可通过图表进行换算。恩氏黏度与运动黏度的换算如下。

$$\left.\begin{array}{ll} \text{当} 1.35 < \eta_E \leqslant 3.2 \text{ 时,} & \nu_t = 8.0\eta_E - \dfrac{8.64}{\eta_E} \\[2mm] \text{当} 3.2 < \eta_E \leqslant 16.2 \text{ 时,} & \nu_t = 7.6\eta_E - \dfrac{4.0}{\eta_E} \\[2mm] \text{当} \eta_E > 16.2 \text{ 时,} & \nu_t = 7.41\eta_E \end{array}\right\} \tag{3-7}$$

式中:ν_t——温度为 t 时的运动黏度;η_E——该温度时的恩氏黏度。

(4)润滑油的黏温和黏压特性　润滑油的黏度将随着温度的升高而快速地下降,润滑油的黏度与温度的关系称为润滑油的黏温特性。润滑油黏温特性的数学表达为

$$\eta = \eta_0 e^{-\beta \Delta t} \tag{3-8}$$

式中：η——润滑油的动力黏度，$Pa \cdot s$；η_0——测试温度（40 ℃）时动力黏度，$Pa \cdot s$；β——黏温系数，$1/℃$；Δt——与测试温度的差值，℃。

温度对黏度影响常用黏度指数来表征。黏度指数越高，表示油品黏度受温度的影响越小，其黏温性能越好；反之则越差。根据黏度指数不同，可将润滑油分为三级：35～80 为中黏度指数润滑油；80～110 为高黏度指数润滑油；110 以上为特高级黏度指数润滑油。黏度指数高于 100～170 的机油为高档次多级润滑油。

图 3-8 给出了几种全损耗系统用油运动黏度的黏温曲线。

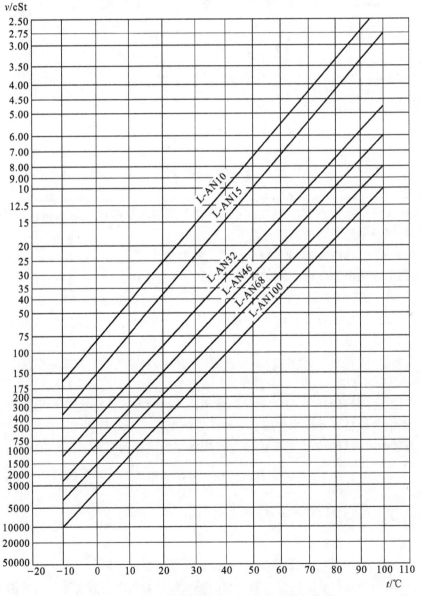

图 3-8　几种全损耗系统用油运动黏度的黏温曲线

与温度对黏度的影响不同,润滑油的黏度将随着压力的升高而上升,润滑油的黏度与压力的关系称为润滑油的黏压特性,如式 3-9 所示。

$$\eta = \eta_0 \, e^{\alpha \Delta p} \tag{3-9}$$

式中:η_p——润滑油在压力 p 时的动力黏度,Pa·s;η_0——测试压力(10^5 Pa)时的动力黏度,Pa·s;α——润滑油的压黏系数,m²/N,对于一般的矿物油,$\alpha \approx (1 \sim 3) \times 10^{-8}$ m²/N;Δp——与测试压力的差值,N/m²。

润滑油黏度受压力的影响远小于受温度的影响。在压力较低(小于 100 MPa)时,每增加 20 MPa,润滑油的黏度增加不超过 1 %。所以在一般情况下,可以不考虑压力对润滑油黏度的影响。但当压力很高时,润滑油可能从常压时的液态变为半固态,如在齿轮传动时,啮合区的压力可达 4 000 MPa 以上,此时就必须考虑压力对黏度的影响。

2)油性和极压性

油性表征了润滑油在金属表面上形成坚固的物理、化学吸附膜的能力,油性越强,则形成物理、化学吸附膜的能力越强。极压性指的是润滑油在表面金属形成低熔点、软质极压膜的能力。油性和极压性是表征润滑油边界润滑性能优劣的重要指标。

3)闪点

闪点是指在标准仪器中蒸发的油气,遇明火即燃的温度,它表示了油品的蒸发性。油品的危险等级是根据闪点划分的,闪点在 45 ℃以下的为易燃品,在 45℃以上的为可燃品。在选用润滑油时应保证闪点温度比使用温度高 20～30 ℃,以保证安全。

4)凝点

凝点是指在规定的冷却条件下油品停止流动的最高温度。润滑油的凝点是表示润滑油低温流动性的一个重要质量指标,对于生产、运输和使用都有重要意义。一般说来,润滑油的凝点应比使用环境的最低温度低 5～7℃。

5)氧化稳定性和热安定性

氧化稳定性说明了润滑油的抗老化性能,对使用寿命较长的工业润滑油都有此项指标要求。热安定性表示油品的耐高温能力,也就是润滑油对热分解的抵抗能力,即热分解温度。一些高质量的抗磨液压油、压缩机油等都有热安定性的要求。

2. 润滑脂

润滑脂主要是由稠化剂、基础油、添加剂三部分组成。一般润滑脂中稠化剂含量为 10%～20%,基础油含量为 75%～90%,添加剂及填料的含量在 5% 以下。

根据稠化剂的不同,润滑脂可分为皂基脂和非皂基脂两类。皂基脂的稠化剂常用锂、钠、钙、铝、锌等金属皂,也有钾、钡、铅、锰等金属皂。非皂基脂的稠化剂是石墨、炭黑、石棉等。

GB/T 7631.8—1990 给出了润滑脂代号的命名方法。如代号为 L-XBCHA1 表示润滑脂为锂基润滑脂,最低操作温度 −20 ℃,最高操作温度 120 ℃,具有经水洗条件下的防锈性,负荷条件为非极压型,稠度等级为 1 号。稠度等级的数值越大,润滑脂越硬。润滑脂的具体性能可查看有关手册。

与润滑油相比,润滑脂具有以下优点:①具有更高的承载能力和更好的阻尼减振能力;②在缺油脂润滑状态下,特别是在高温和长周期运行中,具有更好的特性;③具有一定的密封作用,可防止固体或流体污染物的侵入,能在敞开的或密封不良的摩擦部件上工作;④可简化设备的设计与维护,等等。但润滑脂也存在一些主要缺点,如冷却散热性能差,内摩擦阻力较大,供脂换脂不如油方便等。

1)润滑脂的性能及其评定指标

对润滑脂的基本要求是:适当的稠度,良好的高低温性能,良好的极压、抗磨性,良好的抗水、防腐、防锈和安定性等。

(1)稠度 润滑脂的稠度常用锥入度来表示。润滑脂的锥入度是指在规定时间(5s)、规定温度(25℃)条件下,规定重量(1.5N)的标准锥体穿入润滑脂试样的深度,以(1/10)mm表示。锥入度反映了润滑脂在低剪切速率条件下的变形与流动性能。锥入度越高,脂越软,即稠度越小,越易变形和流动。润滑脂按稠度分为000、00、0、1、2、3、4、5、6等级别,稠度依次升高。

(2)滴点 润滑脂的滴点是指在规定条件下达到一定流动性时的最低温度,以℃表示。滴点没有绝对的物理意义,它的数值因设备与加热速率不同而异。润滑脂的滴点主要取决于稠化剂的种类与含量,润滑脂的滴点可大致反映其使用温度的上限。润滑脂一般应在滴点以下 20～30 ℃或更低的温度条件下使用。

(3)极压性与抗磨性 金属表面上由润滑脂所形成的脂膜能承受负荷的特性称为润滑脂的极压性。一般而言,在基础油中添加皂基稠化剂后,润滑脂的极压性就会增强。在苛刻条件下使用的润滑脂常添加有极压剂,以增强其极压性。

2)常用润滑脂种类

在各类润滑脂中皂基润滑脂使用最广泛,占润滑脂产量的 90% 左右。下面简单地介绍几种最常用的皂基润滑脂。

(1)钙基润滑脂 该类润滑脂的滴点在 75～100 ℃之间,使用温度一般不能超过 60 ℃。具有良好的抗水性,适用于潮湿环境或与水接触的各种机械部件的润滑。

(2)钠基润滑脂 可以使用在振动较大、温度较高的滚动或滑动轴承上,使用温度可达120 ℃,但抗水性差。

(3)锂基润滑脂 锂基润滑脂的抗水性和高温性能良好。滴点高于 180 ℃,能长期在120 ℃左右环境下使用。同时具有良好的力学安定性、化学安定性和低温性,是一种多用途的润滑脂。

(4)铝基润滑脂 铝基润滑脂具有优良的抗水性,与金属的吸附性好,防锈性能好。

除此以外,还有钙钠基润滑脂、复合钙基润滑脂、复合铝基润滑脂、复合锂基润滑脂等。

3)润滑脂的选用

在润滑脂选择时,应注意以下几个原则。

(1)在强化学介质环境下,应选用氟碳润滑脂之类的抗化学介质的合成油润滑脂。

(2)应与摩擦副的供脂方式相适应 集中供脂时,应选择 00～1 号润滑脂;对于定期用脂枪、脂杯等加注脂的部位,应选择 1～3 号润滑脂;对于长期使用而不换脂的部位,应选用2 号或 3 号润滑脂。

(3)应与摩擦副的工作状态相适应 在振动较大时,应用稠度高、黏附性和减振性好的脂,如高稠度环烷基或混合基润滑油稠化的复合皂基润滑脂。

（4）应与使用目的相适应　必须按摩擦副的类型、工况、工作状态、环境条件和供脂方式等的不同而作具体选择；对于保护用的脂，应能有效地保护金属免受腐蚀。对于密封用脂，应注意其抵抗被密封介质溶解的能力。

（5）应尽量减少所选润滑脂的品种　在满足要求的情况下，尽量选用锂基脂、复合皂基脂、聚脲脂等多效通用的润滑脂，以减少脂的品种，简化脂的管理。另外，由于多效脂的使用寿命长又可降低用脂成本，减少维修费用。

3. 固体润滑剂

固体润滑是指利用固体粉末、薄膜或某些整体材料来减少两表面间的摩擦和磨损的润滑方法，所用的润滑材料称为固体润滑剂。固体润滑通常用于不能或不便应用润滑油或润滑脂的场合；但在采用润滑油或润滑脂润滑的情况下，如能同时存在固体润滑通常是有利的。

对固体润滑剂的基本性能要求为：①能与摩擦表面牢固地附着并具有良好的成膜能力；②抗剪强度较低；③稳定性好，包括物理热稳定、化学热稳定和时效稳定，同时不产生腐蚀及其他有害的作用；④有较高的承载能力，能在严酷工况与环境条件下工作。

常用的固体润滑材料有以下几类。

（1）二硫化钼　具有低摩擦特性、高承载能力、良好的热稳定性、强的化学稳定性、抗辐照性、耐高真空性能。

（2）石墨　石墨在摩擦状态下，能沿着晶体层间滑移，并沿着摩擦方向定向。有良好的黏附能力，但是，当吸附膜解吸后，石墨的摩擦磨损性能会变坏。所以，一般倾向于在氧化的钢或铜的表面上以石墨做润滑剂。

（3）氟化石墨　与石墨或二硫化钼相比，氟化石墨的耐磨性好，由于氟的引入，它在高温、高速、高负荷条件下的性能优于石墨或二硫化钼，改善了石墨在没有水汽条件下的润滑性能。

几乎所有的高分子有机材料都可以作为固体润滑材料，如聚四氟乙烯、尼龙、聚甲醛、聚酰亚胺、聚对羟基苯甲酸酯等，而聚四氟乙烯是其中的杰出代表。聚四氟乙烯有很好的化学稳定性和热稳定性，在高温下与浓酸、浓碱、强氧化剂均不发生反应，即使在王水中煮沸，其重量及性能都没有变化，具有良好的温度和环境适应性。

除上述固体材料以外，一些软金属，如金、银、锡、铅、镁、铟等也可作为固体润滑剂使用。软金属应用方法有两种：①以薄膜的形式应用，即将铅、锌、锡等低熔点软金属、合金作为干膜使用；②将软金属添加到合金或粉末合金中作为润滑成分以利用其润滑效果，如白合金（轴承合金）、烧结合金摩擦材料等中即添加有软金属。

4. 添加剂

润滑添加剂是指加入润滑剂中的一种或几种化合物，它可以使润滑剂得到某种新的特性或改善润滑剂的已有特性。添加剂按功能可分为抗氧化剂、抗磨剂、油性剂、极压剂、清净剂、分散剂、泡沫抑制剂、防腐防锈剂、流点改善剂、黏度指数增进剂等。

（1）极压剂　大部分都是硫化物、氯化物、磷化物，在高温下能与金属反应生成有润滑性的物质，用于改善有润滑剂的极压性能。

（2）油性剂　通常是带有极性分子的活性物质，能改善润滑剂的油性，以加强润滑剂在金属表面形成牢固的吸附膜的能力,提高在边界润滑状态下的性能。

(3)增黏剂 又称增稠剂。增黏剂不仅可以增加油品的黏度,还可改善油品的黏温性能。

(4)抗氧抗腐剂 它用于提高油品氧化安全性,防止金属氧化、催化陈旧,延缓油品氧化速度,隔绝腐蚀性物质与金属接触,生成具有抗磨性的保护膜。

3.3.2 润滑方式

选定了润滑剂也就决定了润滑的基本类型:油润滑、脂润滑、固定润滑等。除润滑作用以外,选择润滑方法时需要考虑的另一个重要因素是冷却。润滑油具有较好的循环性能,而且多种可选的供油方式使它能适合更广泛的场合。

1. 油润滑

油润滑可分为人工定期加油、滴油、浸油、压力供油等多种方式。人工定期加油用油壶或油枪向注油杯(见图 3-9、图 3-10)内注油,加油方式是间歇性的。只能用于小型、轻载、低速的运动部件,对于重要的运动部件应该采用连续加油方式。

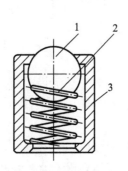

图 3-9 压配式注油杯
1—钢球;2—弹簧;3—杯体

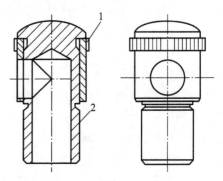

图 3-10 旋套注油杯
1—旋套;2—杯体

常用的连续供油方式如下。

(1)滴油润滑 滴油润滑是间歇而有规律地滴油至摩擦表面以保持润滑的一种润滑方式,多用于数量不多而又容易靠近的摩擦副上,如机床导轨、齿轮、链条等。滴油润滑采用针阀油杯或油芯油杯给需要润滑的部位滴油。采用针阀油杯供油时滴油速度可调,在停车时可以关闭针阀停止供油。图 3-11 给出了针阀油杯的实物图。滴油润滑的供油量可以保证润滑的需要,但冷却效果较差,而且由于堵塞等原因,不能用于高黏度润滑油的供给。

(2)飞溅(油池)润滑 通过浸于油池中的运动部件(零件本身或附加的甩油环)将油搅动,使之飞溅至需要润滑的部位。飞溅润滑是闭式箱体中的齿轮传动、蜗轮传动、链条传动等常用的循环润滑方式,由于供油量较大,其冷却效果优于滴油润滑;而且通过设置合适的油沟结构,该方法也可用于润滑滚动轴承。为减少搅油功率损失和保证润滑的有效性,在采用飞溅润滑应控制零件的浸泡深度和速度。

图 3-11 针阀油杯

　　(3)油环与油链润滑　　依靠套在轴上的油环或油链将油从油池带到润滑部位。如图3-12所示,套在轴颈上的油环下部在油池中,当轴旋转时靠摩擦力带动油环将油带入滑动轴承中实现润滑。

　　(4)压力润滑　　压力润滑通过油泵进行压力供油,可分为几种方式:①在飞溅润滑不可用的场合通过油泵提升润滑油实现润滑,如机床主轴箱齿轮润滑;②保证一定的供油压力,如滑动轴承润滑时的压力供油;③压力油雾润滑。在高速情况下,摩擦表面的温升很大,采用压力油雾润滑不但可以保证供油量,而且当油雾与炽热表面接触时将发生汽化而吸收大量的热量,从而更好地起到冷却的作用。

　　2. 脂润滑

　　脂润滑只能采用间歇加润滑脂的方法(定期加油方式),常用的装置如图3-13所示。当杯中装有润滑脂时,旋动上盖就可以将润滑脂挤入轴承。与油润滑相比,脂润滑的维护性能较好,但散热效果差。

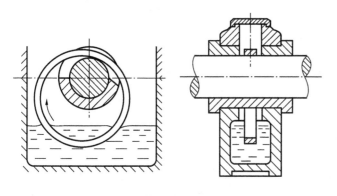

图 3-12　油环润滑

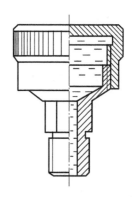

图 3-13　旋盖式油杯

3.4　流体润滑原理

　　根据摩擦表面间润滑膜的形成机理,流体润滑可分为流体动力润滑和流体静力润滑。前者通过摩擦表面间的相对运动产生润滑膜,而后者则依靠外部压力流体的输入而产生润滑膜。当两个点、线接触表面作滚/滑运动(如滚动轴承和齿轮啮合时的情况)时,如条件合适也能产生润滑膜,由于这种润滑膜的产生与接触区的弹性变形有关,所以称为弹性流体动力润滑。

3.4.1　流体动力润滑

　　1886 年,英国的 O. Reynolds(雷诺)从 B. Tower(托尔)的"卓越的实验"[①]中发现了液体润滑中所存在的现象,通过数学分析和推导,得出了雷诺方程,从此奠定了流体动压润滑理论的基础。从数学观点来看,雷诺所给出的以他的名字命名的雷诺方程只是

　　① B. Tower 是英国工程师,他在研究马车轮轴的摩擦力时发现堵塞油孔的塞子经常会脱落,从而意识到轴和轮毂间存在着油压,于是他设计实验证明了油膜压力的存在,并测出油膜压力的分布曲线。

Navier-Stokes方程的一种特殊形式,但对于工程界而言,两者不可同日而语:雷诺方程揭示了流体动压润滑的基本规律,直到如今,雷诺方程仍是流体动力润滑的经典理论。

雷诺对流体动力润滑的研究表明:如图 3-14 所示,如果两板平行,由于各个截面的剪切流相同的,所以各截面的流量相等;但是当两平板相互倾斜形成楔形间隙,且移动件的运动方向是将润滑剂带向两板的收敛侧时,如只存在剪切流动(如图 3-14(b)中的虚线所示),则进口的流量将大于出口的流量,但质量守恒定律和润滑油的不可压缩性决定这是不可能的。也就是说,当存在上述条件时,润滑剂除剪切流动之外必然还存着压力流动,也就是说两板间的润滑剂存在着压力;当润滑剂为可压缩流体(如气体)时,则同时存在流体的压缩和压力流。

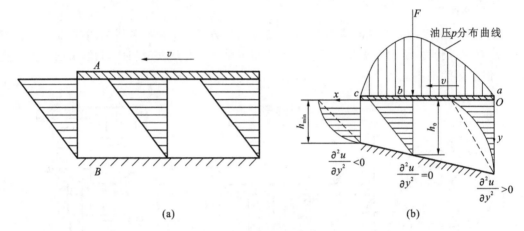

图 3-14　动压产生示意图

在对两表面的位置、润滑油的黏性、速度等参数的影响进行综合考虑,并在一系列的假设下,雷诺对 Navier-Stokes 方程进行了简化,得出了雷诺方程。由于气体存在着可压缩性,所以气体的雷诺方程要比液体的复杂。

3.4.2　弹性流体动力润滑

生产实践证明,在点、线接触的高副机构(如齿轮、滚动轴承和凸轮等)中,也能建立分隔摩擦表面的油膜,形成动压润滑[①]。在点、线接触状态下,接触区内压强很高(比低副接触大1000 倍左右),这就会使接触处产生相当大的弹性变形,同时也使其间的润滑剂黏度大为增加。考虑弹性变形和压力对黏度的影响这两个因素的流体动力润滑称为弹性流体动力润滑,简称"弹流"(EHL)。

由于任何表面都是粗糙的,当弹流润滑膜很薄时,接触表面的粗糙度对润滑性能具有决定性的作用。一般认为要保证完全的弹流润滑,其膜厚比 λ 应该大于 3～4。当 λ<3 时,由于总是存在部分的微凸体接触,所以称这种状态为部分弹性流体润滑。在实际使用中,大部分齿轮和滚动轴承都是在部分弹流润滑状态下工作的。

两个圆柱面接触(线接触)的油膜厚度与压力分布如图 3-15 所示。道森给出了在缩颈

---

①　人们通过许多使用多年的齿轮表面几乎没有磨损的现象认识到其中必然有润滑膜存在,但这种润滑膜根本不可能用现有的雷诺方程进行解释,从而开创了一个新的理论:弹性流体动力润滑理论。

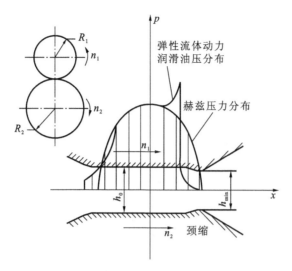

图 3-15 弹流润滑

处的油膜厚度的计算公式(道森公式),即

$$h_{min} = 2.65\alpha^{0.54}(\eta_0 U)^{0.7} R^{0.43} E'^{-0.03} p^{-0.13} \tag{3-10}$$

式中:$U = (U_1 + U_2)/2$,其中 U_1、U_2 分别为两圆柱的线速度;$R = \left(\dfrac{1}{R_1} + \dfrac{1}{R_2}\right)^{-1}$,其中 R_1、R_2 分别为两圆柱的半径;$E' = \left[\dfrac{1}{2}\left(\dfrac{1-\mu_1^2}{E_1} + \dfrac{1-\mu_2^2}{E_2}\right)\right]^{-1}$,其中 μ_1、μ_2 和 E_1、E_2 分别为两圆柱材料的泊松比和杨氏弹性模量;α——润滑油的压黏系数。

3.4.3 流体静压润滑

根据所用的流体不同,流体静压润滑可分为气体静压润滑和液体静压润滑。两者的原理相同,即都是通过外部装置导入高压的气(液),在两表面产生可以承受一定载荷的润滑膜。

流体静压润滑的主要优点如下:①承载能力与润滑剂的黏度无关,而只与润滑剂的供应压力有关,所以可以使各种低黏度的流体作为润滑剂,从而在高承载力的情况具有较小的摩擦系数和摩擦损耗;②润滑膜的建立与速度无关,所以在速度很小(甚至是静止时)都可以得到完整的润滑膜;③通过合理的设计可以使静压支承具有很高的刚度(理论上可以达到无穷大)。

流体静压润滑的最大缺点就是必须有一套外加的加压设备,装置较为复杂。

习 题

3-1 摩擦的主要状态有哪几种,流体摩擦状态的特点是什么?

3-2 常压下的 48 号全损耗系统润滑油在 40 ℃时的运动黏度分别是多少? 如 40 ℃时润滑油的密度为 880 kg/m³,求其动力黏度。

3-3 A、B 两台机器中分别使用了 32 号和 48 号全损耗系统润滑油,请问在工作过程中,A 机器中润滑油的黏度是否肯定小于 B 机器中的,为什么?

3-4 试举一例说明脂润滑在生活中的应用。

第2篇 连 接

机器由机械零件间的相互连接而构成,依靠各构件间的相对运动而动作。为保证各构件和零件间具有确定的位置关系,需要用到连接。

根据被连接后两零件之间是否允许有相对运动,可将机械连接分为机械动连接和机械静连接。前者如各种运动副(转动副、移动副、螺旋副、球面副等),后者如螺栓连接、键连接、焊接等。由于两种连接的工作要求、连接件与被连接件之间的相对运动状态不同,所以两者的具体设计过程和方法以及失效形式都有很大的差异。在没有特别说明的情况下,本篇所作的讨论是针对机械静连接的。

连接分为可拆连接和不可拆连接两种类型。允许多次装拆而无损于使用性能的连接称为可拆连接,如螺纹连接、键连接和销连接;若不损坏组成零件就不能拆开的连接则称为不可拆连接,如焊接、黏接和铆接。需要注意的是,某类连接是否属于可拆连接具有一定的相对性,它只是针对大部分同类连接而言的。在构型不同或者是在不同的装拆条件下,通常意义上的可拆连接可以变为不可拆连接,而不可拆连接也可能成为可拆连接。例如:①螺纹连接通常被认为是可拆连接,但只要对头部作某些特殊的处理,就可以将其变为不可拆连接;如果以某种方式改变原来的螺纹副,这种改变将更为明显,如加冲点破坏螺纹副,加焊接等等;②黏接通常是不可拆的,但将黏接件放在特殊的溶液中,以溶化其黏接剂,则黏接也可以是可拆的(当然重新连接时需要再行加入黏接剂,所以也可以认为连接件已经被破坏)。另外,有些连接类型本身就具有双重性,最为典型的如过盈连接。虽然在一般情况下将过盈连接归为不可拆连接,但过盈连接并不是不可拆,而是由于在拆开的过程中因表面微凸体被压平而影响连接强度。所以如果采用合适的拆开方式,过盈连接就是可拆的。

就静连接而言,连接是指被连接零件之间的固定接合。零件之间的相互连接如轴与轴上零件(如齿轮、飞轮等)的连接、轮缘与轮芯的连接、箱体与箱盖的连接、焊接零件中的钢板与型钢的连接,等等。对于连接,其主要的作用是保证两个或以上的被连接件之间具有正确的相对位置,并能承受一定的力。所以,能够承受更大的力和可靠地保证被连接零件之间的相对位置是在连接设计时必须认真考虑的两个问题。

除上述基本要求以外,在某些场合(如在压力容器中)还需要满足紧密性的要求。在强度设计时,必须同时注意连接的强度和被连接件的强度,使两者都得到满足。除载荷大小以外,载荷分配的不均匀性、应力在连接零件上的分布不均性、附加应力、应力集中等都将影响连接强度,所以在设计时必须从材料、结构、连接件的布置、装配工艺等多个方面进行综合的考虑,以提高连接强度。当存在多个危险截面时,必须以最薄弱的部分决定连接的工作能力。此外,如有可能的话,应保证连接件和被连接件具有相同的强度裕度,即进行所谓的等强度设计。

专门用于连接的零件称为连接件,也称紧固件,如螺栓、螺母、销等;有些连接则没有专门的紧固件,如靠被连接本身变形组成的过盈连接、利用分子结合力组成的焊接和黏接等。

不同连接方式的特点不同,在选择连接类型时不但要考虑定位精度和传力能力,还需要考虑连接的加工条件和被连接件的材料、形状、尺寸等因素。例如,板件与板件的连接多采用螺纹连接、铆接、黏接、焊接;轴与轮毂的连接多采用键、销、花键、紧定螺钉连接;杆件连接常采用螺纹连接等;在许多情况下几种连接形式可以结合使用,如焊接、胶接与螺纹连接,过盈连接与键连接等。

本篇分三章:螺纹连接,键、花键、无键连接和销连接,其他连接。

第4章 螺纹连接

本章介绍螺纹的基本类型和参数、螺纹连接件的基本类型、强度和有关的结构设计问题。重点讨论螺纹连接的失效类型和预防措施，螺纹类型、基本参数、螺纹连接件类型选择对螺纹连接性能的影响，以及提高螺纹连接强度的措施。

4.1 螺纹

4.1.1 螺纹的形成

如图 4-1 所示，将一与水平面倾斜角为 λ（称为升角）的直线绕在圆柱体上，即可形成一条螺旋线，而将平面图形沿着螺旋线运动，在运动时使该平面图形始终通过轴线，就可以形成螺纹，不同的平面图形就形成不同牙形的螺纹。按形成螺纹的螺旋线数目，可将螺纹分为单线螺纹和多线螺纹。

4.1.2 螺纹的基本类型和特点

螺纹有内螺纹和外螺纹之分，它们共同组成螺旋副。主要起连接作用的螺纹称为连接螺纹，而起传动作用的螺纹称为传动螺纹。螺纹有米制和英制之分，国际上通用的是米制螺纹，我国除管螺纹外，都采用米制螺纹。

螺纹的类型由螺纹的牙型和母体形状确定。常用的螺纹牙型有普通螺纹、米制锥螺纹、管螺纹、梯形螺纹、矩形螺纹和锯齿形螺纹，表 4-1 给出了常用螺纹的牙型。

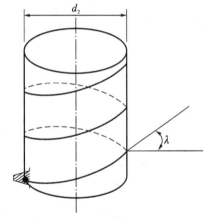

图 4-1　螺纹成形示意

表 4-1　常用的螺纹牙型

	普通螺纹	非螺纹密封的管螺纹	螺纹密封的管螺纹	米制锥螺纹
连接螺纹	内螺纹 60° 外螺纹 d d_2 d_1 P	接头 55° d d_2 d_1 P 管子	基面 接头 55° d d_2 d_1 P 管子 φ	基面 接头 60° d d_2 d_1 P 管子 φ

	矩形螺纹	梯形螺纹	锯齿形螺纹
传动螺纹			

1. 螺纹副的摩擦力、牙型角和螺纹升角的关系

螺纹副之间的摩擦力不但与轴向力的大小有关,而且也与螺纹副的材料配对、螺纹牙型角和螺纹升角有关。

(1)螺纹牙侧角对摩擦力的影响 螺纹轴向截面内,牙型两侧边的夹角称为牙型角,用 α 表示;螺纹牙型的侧边与螺纹轴线的垂直平面夹角称为牙侧角,用 β 表示,对称牙型的牙侧角 $\beta=\alpha/2$。在一定的工况下,如确定了材料配对则它们之间的摩擦因数也基本确定了。除矩形螺纹以外,其他牙形螺纹的牙侧角都不等于零。在轴向载荷一定时,为考虑不同牙型角对摩擦力的影响,引入当量摩擦因数 f_v。根据图 4-2,可得 f_v 的计算公式为

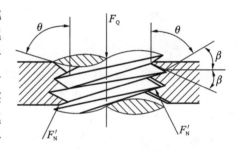

图 4-2 当量摩擦因数和牙型角的关系

$$f_v = \frac{f}{\sin(90-\beta)} = \frac{f}{\cos\beta} \tag{4-1}$$

式中:β——螺纹工作面的牙侧角(对称牙型时等于牙型角的一半);f——材料配对的摩擦因数。

由式 4-1 可知,受力处的牙侧角 β 越大,则当量摩擦因数越大。

(2)螺纹升角对摩擦力的影响 如图 4-3 所示,在轴向力 F_Q 的作用下,摩擦面上的法向

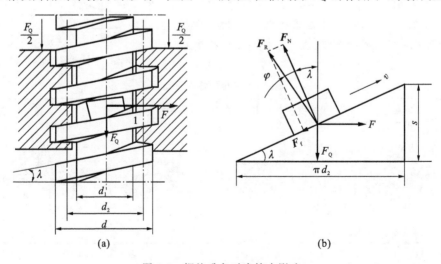

(a)   (b)

图 4-3 螺纹升角对摩擦力影响

力 F_N 的大小于螺纹升角 λ 有关,而摩擦力 F_f 可表示为

$$F_f = f_v \cdot \cos\lambda \cdot F_Q \qquad (4\text{-}2)$$

由式(4-2)可知,在当量摩擦因数 f_v 一定时,升角 λ 越大,摩擦力越小。

2. 常用的连接螺纹

对连接螺纹而言,连接可靠、具有良好的自锁和防松性能是其主要目标。所以在连接螺纹副的类型选择时,获得更大的摩擦力是考虑的重点,常用的原则是:①采用单线螺纹以减小升角;②以较大的牙侧角获得较高的当量摩擦因数;③在有密封要求时利用锥形母体获得较强的紧密性;等等。

常用的连接螺纹有普通螺纹、米制锥螺纹、管螺纹几种(见表 4-1)。

(1)普通米制螺纹　普通螺纹(也称为三角螺纹)的牙型为等边三角形,牙型角为 60°。

(2)米制锥螺纹　米制锥螺纹牙型角 $\alpha = 60°$,螺纹牙顶为平顶,螺纹分布在锥度为 1:16 的圆锥管壁上,用于气体或液体管路等需依靠螺纹进行密封的螺纹连接。

(3)管螺纹　管螺纹可分为非螺纹密封的管螺纹和螺纹密封的管螺纹,牙型为等腰三角形,牙型角 $\alpha = 55°$,牙顶有较大的圆角。

①非螺纹密封的管螺纹　内外螺纹旋合后无径向间隙,管螺纹为英制细牙螺纹,尺寸代号为管子的外螺纹大径。适用于管接头、旋塞、阀门及其他附件。若要求连接后具有密封性,可压紧被连接件螺纹副外的密封面,也可在密封面间添加密封物。

②螺纹密封的管螺纹　螺纹分布在锥度为 1:16 的圆锥管壁上。它包括圆锥内螺纹与圆锥外螺纹连接、圆柱内螺纹与圆锥外螺纹连接两种形式。螺纹旋合后,利用本身的变形就可以保证连接的紧密性,不需要任何填料,密封简单。适用于管子、管接头、旋塞、阀门和其他螺纹连接的附件。

各种管螺纹的主要几何参数可查阅有关标准。

3. 常用的传动螺纹

较高的传动效率是传动螺纹设计的主要目标之一,由于传动螺纹副存在相对滑动,所以还需要关注螺纹在磨损后的可修复性问题。

(1)矩形螺纹　矩形螺纹的牙型为矩形,牙型角为 0°,所以传动效率较高。但矩形螺纹的齿根强度较低,并且在螺旋副磨损后,间隙难以修复和补偿,现以逐渐为梯形螺纹所代替。

(2)梯形螺纹　梯形螺纹的牙型为等腰梯形,牙型角为 30°,是应用最广泛的一种传动螺纹。由于牙侧角较大($\beta = 15°$),所以当量摩擦因数较大,传动效率比矩形螺纹稍低,但工艺性好,牙根强度高,对中性好。在采用剖分螺母时,可调整间隙或对磨损量进行补偿。

(3)锯齿形螺纹　锯齿形螺纹的牙型为不等腰梯形,受力侧的牙侧角为 $\beta = 3°$,另一侧的为 30°。锯齿形螺纹可看成是矩形和梯形螺纹综合后的改型牙型。其不等称的牙形保证了在牙侧角较小的承载面可获得较高效率,而另一面的大侧角则增加了牙根强度并保证了间隙的可调性。需要注意,锯齿形螺纹通常只用于单向受载的场合。

机械中常用的螺纹多为标准螺纹,但为了适应各行业的特殊工作要求,还设计了一些特殊用途的螺纹,如多用于排污设备的圆弧形螺纹、水闸闸门的传动螺旋和玻璃器皿的瓶口螺纹等,选用时可参照相关的专用标准。

4.1.3　螺纹的主要参数

根据螺纹各参数在螺纹结构表征中的层次,可将其分为基本参数和导出参数(见图 4-4)。

1. 螺纹的基本参数

螺纹的基本参数是螺纹的表征参数,在给出这些
参数后,其余参数也就随之确定了。螺纹的基本参数
如下。

(1)大径 d　螺纹的大径(外径)是螺纹的公称直
径,其尺寸为与螺纹牙顶相重合的假想圆柱面的
直径。

(2)螺距 P　螺纹的螺距是标准值,需从手册中查
得。其尺寸为螺纹相邻两个牙上对应点间的轴向距
离。螺距越大,螺纹牙越厚、强度越大,螺纹高度也越
大。一定公称直径的螺纹,可以有不同螺距。如连接
螺纹按螺距不同可分为细牙和粗牙,在公称尺寸给定

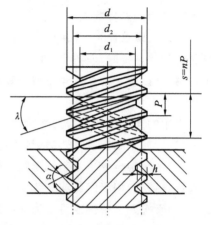

图 4-4　螺纹参数

时粗牙螺纹的螺距是唯一的,但细牙螺纹的螺距(小于粗牙)可有多种选择。由于细牙螺纹
较粗牙螺纹的螺距小,所以螺纹升角小,自锁性更好。但细牙螺纹牙薄,强度较低,容易滑
扣,常用于薄壁零件的连接。对于粗牙连接螺纹,标注时不必标出螺距;而细牙螺纹则应标
出螺距。如 M20 表示外径为 20 mm 的粗牙螺纹;而 M20×1.5 表示外径为 20 mm,螺距为
1.5 mm 的细牙螺纹。

(3)线数 n　螺纹线数表示形成螺纹的螺旋线数目。在螺距和外径相同时,螺纹的线数越
多则升角越大,传动效率也越高,所以传动螺纹多用双线或三线螺纹,为便于制造,线数 $n \leqslant 4$。

(4)旋向　螺纹有左旋和右旋之分,常用的螺旋为右旋螺纹。在标注时右旋螺纹不必标
出,左旋螺纹则需标出。

2. 螺纹的导出参数

在螺纹的基本参数确定后,其余参数均可以通过计算或从手册中获得。

(1)小径 d_1　与螺纹牙底相重合的假想圆柱面直径,即螺纹的最小直径,在强度计算中
常以小径作为计算直径。

(2)中径 d_2　螺纹中径是一个假想圆柱的直径,该圆柱的母线通过牙型上沟槽和凸起
宽度相等的地方。在计算中,许多参数以螺纹中径为基础,如升角、受载分析,等等。所以螺
纹中径是螺纹连接和传动时确定几何参数和配合性质的直径尺寸。

(3)导程 s　导程是螺纹上任一点沿同一螺旋线转一周所移动的轴向距离。对单线螺
纹 $s = P$;对多线螺纹 $s = nP$。即导程 s 与螺纹线数 n 和螺距 P 成正比。

(4)螺纹升角 λ　螺纹升角是中径圆柱上螺旋线的切线与垂直于螺纹轴线的平面间的
夹角,其计算式为

$$\tan \lambda = \frac{s}{\pi d_2} = \frac{nP}{\pi d_2} \tag{4-3}$$

在当量摩擦因数确定时,升角是表征螺纹传动效率的直接参数:λ 越大,传动效率越高。

4.2　螺纹连接的种类和标准连接件

4.2.1　螺纹连接的基本种类和结构设计要点

常见螺纹的连接类型有螺栓连接、双头螺柱连接、螺钉连接等。这些连接各有自己的特点,设计时应根据具体工作条件加以选用。

1. 螺栓连接

按连接时螺母是否拧紧,螺栓连接可分为紧螺栓和松螺栓连接。

(1)松螺栓连接(见图 4-5)　在连接时螺母不需要拧紧的螺栓连接称为松螺栓连接。对松螺栓连接,在承受工作载荷之前螺栓不受力。这种连接的应用范围十分有限,常见的如拉杆、起重吊钩等。松螺栓连接通常采用机械或焊、黏、冲点等方式防止螺母松脱。

(2)紧螺栓连接　紧螺栓连接是最为常见的螺纹连接方式,常用于被连接件不太厚可在其上开设通孔的场合。工作时先插入螺栓,然后在螺栓的另一端拧上螺母,螺母被拧紧。根据螺栓的受力方式,可分为受拉螺栓连接和受剪螺栓连接。

①受拉螺栓连接　受拉螺栓连接又称普通螺栓连接。连接时,通孔和螺杆间留有间隙(见图 4-6(a)),受拉螺栓连接方式对通孔的加工要求低,结构简单,装拆方便,应用极其广泛。因其在承受横向载荷时所依靠的是结合面间的摩擦力,而螺杆所承受的是拉应力,所以称为受拉螺栓连接。

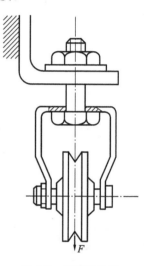

图 4-5　松螺栓连接

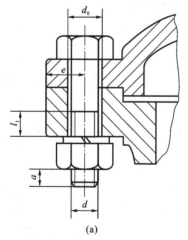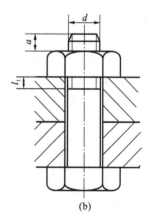

(a)　　　　　　　　　　(b)

螺纹余留长度 l_1:静载荷 $l_1 \geqslant (0.3 \sim 0.5)d$,变载荷 $l_1 \geqslant 0.75d$;冲击载荷或弯曲载荷 $l_1 \geqslant d$;
受剪螺栓连接时 $l_1 \approx d$。螺纹伸出长度 $a \geqslant (0.2 \sim 0.3)d$,螺栓轴线到边缘的距离 $e = d + (3 \sim 6)$ mm。

图 4-6　螺栓连接
(a)受拉螺栓连接;(b)受剪螺栓连接

②受剪螺栓连接 受剪螺栓连接的通孔和螺杆间采用基孔制过渡配合（H7/m6、H7/n6等，见图4-6(b)）。受剪螺栓连接可获得较好的定位精度，但加工和装拆不如受拉螺栓连接方便，由于通孔需要铰制并采用专门的铰制孔螺栓，所以也称铰制孔螺栓连接。因其承受横向载荷的机理是利用螺杆的剪切变形，故称受剪螺栓连接。

由于上述三种螺栓连接的受力情况各不相同，所以强度计算时所采用的方法也不同。

2. 双头螺柱连接

双头螺柱两端均制有螺纹，一端拧入基体，而另一端则与螺母旋合。由于在拆卸双头螺柱连接时不需拆下螺柱，所以不易损坏螺柱和被连接件的螺纹连接部位。双头螺柱连接（见图4-7a）主要使用于以下场合：①连接件太厚而不宜制成通孔；②需要经常拆装且被连接基体较软，采用螺钉连接因拆装可能损坏螺柱和被连接件的螺纹部位而导致连接不可靠。

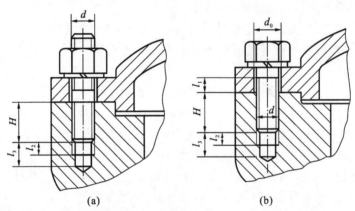

(a)　　　　　　　　　　　　(b)

座端拧入深度 H 与螺孔材料类型有关。对于钢或青铜，$H \approx d$；对于铸铁，$H = (1.25 \sim 1.5)d$；对于铝合金，$H = (1.5 \sim 2.5)d$。螺纹孔深度 $l_2 = (2 \sim 2.5)P$；钻孔深度 $l_3 = (0.5 \sim 1)d$；l_1、a、e 值同图4-6。

图 4-7　双头螺柱连接和普通螺钉连接

(a)双头螺柱连接；(b)普通螺钉连接

3. 螺钉连接

螺钉连接的常见形式有普通螺钉连接、紧定螺钉连接和骑缝螺钉。

(1)普通螺钉连接 普通螺钉连接的结构如图4-7b所示，在连接时将螺钉直接拧入被连接件的螺纹孔中。与双头螺柱相比，普通螺钉连接结构更为简单、紧凑；但在经常拆装时螺纹孔易损坏，因此多用于受力不大或不需要经常拆装的场合。

(2)紧定螺钉连接 如图4-8所示，此连接用拧入螺纹孔中的螺钉末端顶住另一零件表面或顶入相应的凹坑中（如有凹坑通常采用配作方式），用以固定两零件的相对位置，可传递不大的力与扭矩，多用于轴上零件连接，又称定位螺钉，例如导向平键在轴上的固定。

(3)骑缝螺钉 两零件之间装配后，为防止其移动（多为转动），在两零件结合面处安装紧定螺钉（螺纹孔在两零件上各有一半），因为安装在结合缝上，所以俗称骑缝螺钉（见图4-9）。加工时要注意两零件的硬度差异，在存在硬度差时要将孔中心向较硬材料作适当的偏移，以防将孔钻歪。

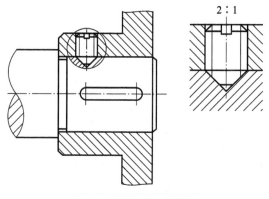

图 4-8　紧定螺钉示意图

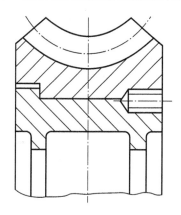

图 4-9　骑缝螺钉

4. 其他螺纹连接

除上述基本形式外,还有一些特殊的螺纹连接形式,如主要用于将机座或机架固定在地基上的地脚螺栓连接(见图 4-10)、用于起吊装置的吊环螺钉连接(见图 4-11)、用于工装设备中的 T 形槽螺栓连接(见图 4-12)等。

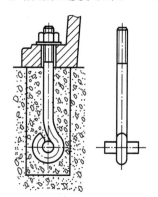

图 4-10　地脚螺栓连接

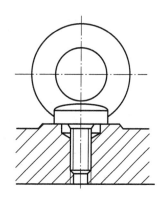

图 4-11　吊环螺钉连接

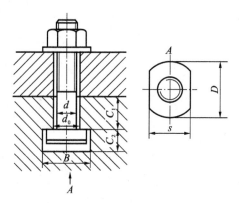

$$d_0 = 1.1d ; C_1 = (1 \sim 1.5)d ;$$
$$C_2 = (0.7 \sim 0.9)d ; B = (1.75 \sim 2.0)d$$

图 4-12　T 形槽螺栓连接

4.2.2 标准螺纹连接件

螺纹连接的种类很多,在机械制造中常见的螺纹连接件有螺栓、双头螺柱、螺钉、螺母和垫圈等。此类零件的结构形式和尺寸都已标准化,设计时可根据有关标准选用。普通用的螺纹紧固件,按制造精度分为粗制、精制两类。粗制的螺纹紧固件多用于建筑木结构及其他次要的场合,精制的广泛应用于机器设备中。常用的螺纹连接件见表 4-2。

表 4-2　常用的螺纹连接件

类　型		结构特点与应用
螺栓		螺栓头部的形状很多,最常用的是六角头和内六角头螺栓。精度分为 A、B、C 三种。其中 A 级精度最高,常用于要求配合精确、能防止振动等重要零件的连接;B 级精度多用于受载较大且经常拆卸、调整或承受变载荷的连接;常用的连接一般选用 C 级精度。螺栓头部可只制出一段螺纹或制成全螺纹,螺纹可用粗牙或细牙
双头螺柱		双头螺柱两端均制有螺纹,一端拧入基体,而另一端则与螺母旋合
螺钉、紧定螺钉		螺钉、紧定螺钉的头部有内六角头、十字槽头等多种形式,以适应不同的拧紧程度。紧定螺钉末端要顶住被连接件之一的表面或相应的凹坑,其末端具有平端、锥端、圆尖端等各种形状

续表

类　型	结构特点与应用
自攻螺钉	自攻螺钉多用于薄的金属板（如钢板、锯板等）之间的连接。螺钉头部形状有圆头、平头、半沉头及沉头等
螺母	螺母的形状有六角形、圆形、蝶形等。六角螺母有三种不同厚度，薄螺母用于尺寸受到限制的地方，厚螺母用于经常装拆易于磨损之处。与螺栓相同，螺母制造精度等级也分为A、B、C 三级，分别与不同级别的螺栓配用。圆螺母常用于轴上零件的轴向固定，通常与止动垫圈配合使用
垫圈	

类　　型	结构特点与应用
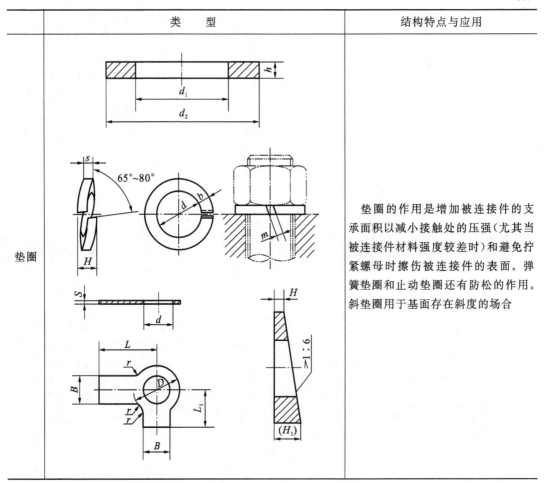	垫圈的作用是增加被连接件的支承面积以减小接触处的压强(尤其当被连接件材料强度较差时)和避免拧紧螺母时擦伤被连接件的表面。弹簧垫圈和止动垫圈还有防松的作用。斜垫圈用于基面存在斜度的场合

4.3 螺纹连接的预紧与防松

4.3.1 预紧与防松的作用

除松螺栓连接外,所有螺纹连接都需要被拧紧,即使得螺纹连接在受工作载荷之前预先受到力的作用。这一过程称为螺纹的预紧,预加的作用力称为预紧力。一般而言,螺纹预紧有以下几方面的作用。

(1)保证连接面之间紧密性,增强连接的可靠性　在螺纹受轴向载荷作用时,如预紧力不够,受载后被连接件的结合面可能出现缝隙;而对于普通螺栓连接,在受横向载荷作用时,必须通过施以预紧力以获得足够的摩擦力,从而保证结合面在横向载荷作用下不发生相对位移。

(2)防松　预紧后螺纹副表面间的摩擦力将有助于防止螺纹连接松动。所谓防松就是防止螺纹连接件的螺纹副发生相对转动。当相对转动发生时,所加的预紧力就会减少甚至消失,从而出现被连接件结合不紧密和不可靠等现象。所以,螺纹松动是螺纹连接的一种失效形式,防松就是要阻止这种非损伤失效的发生。

(3)其他　经验证明,适当选用较大的预紧力对螺纹连接的可靠性及连接件的疲劳强度是有利的。

4.3.2　预紧力的控制

预紧对绝大多数螺纹连接是必须的,但过大的预紧力又会使螺纹连接件在装配或偶然过载时被拉断,因此在装配时要设法控制预紧力。预紧力的具体数值应根据载荷性质、连接刚度等具体工作条件确定,受变载荷螺栓连接的预紧力应比受静载荷时大些。通常规定,拧紧后螺纹连接件的预紧力 F_0 不得超过其材料屈服强度 σ_s 的 80% 。对于一般钢制螺栓,可采用下面的推荐值:

碳素钢螺栓 　　　　　　　　　$F_0 \leqslant (0.6 \sim 0.7) \sigma_s A_1$

合金钢螺栓 　　　　　　　　　$F_0 \leqslant (0.5 \sim 0.6) \sigma_s A_1$

式中:σ_s——螺栓材料的屈服强度,MPa;A_1——螺栓最小截面面积,mm^2,$A_1 = 0.25\pi d_1^2$ 。

控制预紧力的方法很多,可以凭手感控制或用专用工具实现。对于重要场合通常借助定力矩扳手或测力矩扳手。测力矩扳手(见图 4-13)的工作原理:在拧紧力的作用下,扳手上弹性元件的弹性变形增加,可通过控制该变形量达到控制拧紧力矩大小的目的;定力矩扳手(见图 4-14)的工作原理:随着拧紧力矩增加,弹簧的压缩量将增加。当拧紧力矩超过规定值时扳手卡盘和圆柱销之间将出现打滑,卡盘不再转动,从而保证力矩不超过预定值。

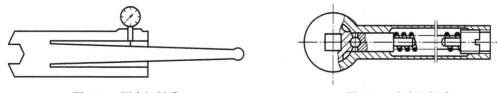

图 4-13　测力矩扳手　　　　　　　　　　　图 4-14　定力矩扳手

对于无润滑条件下的 M10 至 M64 的粗牙普通螺纹钢制螺栓,在知道螺栓的公称直径和所要求的预紧力 F_0 后,可根据式(4-4)确定扳手的拧紧力矩。

$$T \approx 0.2 F_0 d \tag{4-4}$$

采用测力矩或定力矩扳手控制预紧力的方法操作简单,但摩擦因数随温度及润滑等条件波动,准确性差,所以对于大型的螺栓连接,通常采用测定螺栓伸长量的方法来控制预紧力。对于重要的螺纹连接,应尽量避免采用直径过小的螺栓(如 $d < 12$ mm),以防止螺栓被拧断;如必须采用时,应严格控制预紧力。

4.3.3　螺纹连接的防松方法

连接螺纹一般都能满足自锁条件,而螺母环形端面与被连接件(或垫圈)支承面间的摩擦力也可起到防松作用。因此在静载荷和工作温度变化不大时,如螺纹已被拧紧则通常不会自行松动。但在冲击、振动或变载荷作用下,螺旋副间的摩擦力可能减小或瞬间消失,多次重复后就会使连接松动;在高温或温度变化较大的情况下,由于螺纹连接和被连接件的材料发生蠕变和应力松弛,也会使连接中的预紧力和摩擦力逐渐减小,最终导致连接松动。为保证连接安全可靠,必须采取有效措施进行螺纹防松。

螺纹的防松方法按工作原理可分为摩擦放松、机械防松和永久性防松(破坏螺纹副防松)。其中,摩擦防松的基本思想是使螺纹副间始终保持一定的摩擦力,从而达到防松的作用,具有简单、方便的特点,但其可靠性不及直接锁住螺纹副使其不能相对转动的机械防松方式;永久性防松则是在破坏了螺纹连接的可拆性而实现防松的。各种具体的防松方法见表4-3。

表 4-3 常用的螺纹防松方法

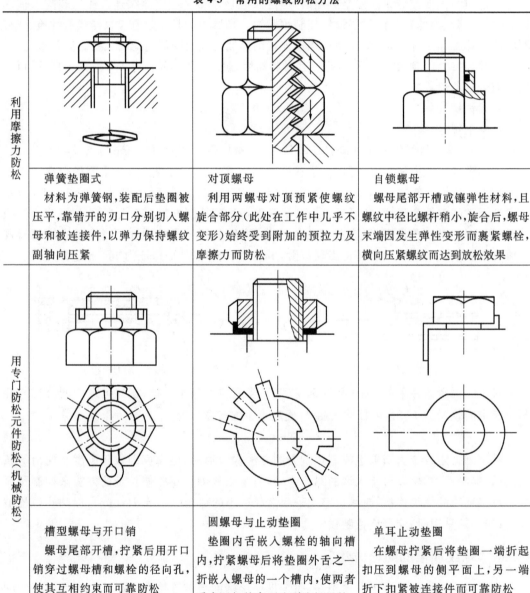

利用摩擦力防松	弹簧垫圈式 材料为弹簧钢,装配后垫圈被压平,靠错开的刃口分别切入螺母和被连接件,以弹力保持螺纹副轴向压紧	对顶螺母 利用两螺母对顶预紧使螺纹旋合部分(此处在工作中几乎不变形)始终受到附加的预拉力及摩擦力而防松	自锁螺母 螺母尾部开槽或镶弹性材料,且螺纹中径比螺杆稍小,旋合后,螺母末端因发生弹性变形而裹紧螺栓,横向压紧螺纹而达到放松效果
用专门防松元件防松(机械防松)	槽型螺母与开口销 螺母尾部开槽,拧紧后用开口销穿过螺母槽和螺栓的径向孔,使其互相约束而可靠防松	圆螺母与止动垫圈 垫圈内舌嵌入螺栓的轴向槽内,拧紧螺母后将垫圈外舌之一折嵌入螺母的一个槽内,使两者受力互相约束而达到防松目的	单耳止动垫圈 在螺母拧紧后将垫圈一端折起扣压到螺母的侧平面上,另一端折下扣紧被连接件而可靠防松

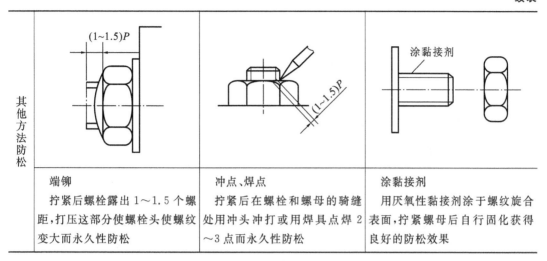

其他方法防松		
端铆	冲点、焊点	涂黏接剂
拧紧后螺栓露出 1～1.5 个螺距,打压这部分使螺栓头使螺纹变大而永久性防松	拧紧后在螺栓和螺母的骑缝处用冲头冲打或用焊具点焊 2～3 点而永久性防松	用厌氧性黏接剂涂于螺纹旋合表面,拧紧螺母后自行固化获得良好的防松效果

4.4　螺纹连接的强度计算

螺纹连接强度计算的目的是通过对危险截面进行强度分析,以确定螺栓或螺钉公称直径的大小或判断连接的安全性。对普通螺栓连接,通常以螺纹的小径①为计算直径,而对铰制孔螺栓则以光杆处的直径为计算直径。由于螺栓的其他部分(如螺纹牙、螺栓头等)和螺母、垫圈的结构尺寸是根据等强度条件及使用经验规定的,通常不需要进行强度计算而按螺栓公称直径在标准中选定。

4.4.1　螺纹连接的失效形式

零件在工作时的失效类型与零件的工作特点、实际工作环境、载荷性质等因素有关。前面已对螺纹连接的非损伤性失效——螺纹松动及其预防的方法进行了分析,下面主要分析螺纹的损伤性失效。

不同螺纹连接形式下螺栓的受力情况各不相同,如普通螺栓连接在工作时主要受拉伸载荷,而铰制孔螺栓则受剪切和挤压载荷的作用,由于两者受力不同,所以必然对应着不同的失效形式。统计分析表明:在静载荷作用时,只有当出现严重过载时螺纹连接才发生破坏,而 90％的螺纹失效源于疲劳破坏。另外,潮湿的空气、与水和气及其他腐蚀性介质的接触等也会腐蚀钢制螺纹。

4.4.2　松螺栓连接的强度计算

在装配松螺栓连接时,螺母不需要拧紧,不存在拧紧力矩。在工作载荷作用前,除有关零件的自重外,螺栓不受力,因自重很小,一般在强度计算时可略去不计。以图 4-5 所示的滑

---

① 以螺纹小径作为危险截面是一种偏于安全的设计方法。较精确的是取 $d_c=(d_1+d_2-H/6)/2$。其中 H 为螺纹牙全高。

轮架连接为例,当螺栓承受轴向工作载荷 F(单位 N)时,其强度校核公式为

$$\sigma = \frac{F}{\pi d_1^2/4} \leqslant [\sigma] \tag{4-5}$$

设计公式为

$$d_1 \geqslant \sqrt{\frac{4F}{\pi[\sigma]}} \tag{4-6}$$

式中:d_1——螺纹小径,mm;$[\sigma]$——松连接螺栓的许用拉应力,MPa。

4.4.3 受拉紧螺栓连接的强度计算

受拉紧螺栓连接按受力情况可分为三类:①只受预紧力;②同时受预紧力和静工作拉力作用;③受预紧力和变工作拉力作用。

1. 仅受预紧力的受拉紧螺栓连接

这种螺栓连接常见于普通螺栓预紧后受横向力的场合。由于在螺纹拧紧过程中,螺栓除受拉应力作用以外,还受螺纹副处摩擦力矩产生的扭转切应力的作用,即此时螺栓处于拉伸和扭转的复合应力作用之下。通过对摩擦力矩的分析并根据第四强度理论可得:对于无润滑条件下的 M10～M64 的粗牙普通螺纹钢制螺栓,其强度校核公式和设计公式分别为

$$\sigma = \frac{1.3F_0}{\pi d_1^2/4} \leqslant [\sigma] \tag{4-7}$$

$$d_1 \geqslant \sqrt{\frac{4 \times 1.3F_0}{\pi[\sigma]}} \tag{4-8}$$

式中:F_0——预紧拉力,N;其余参数含义同前。

由此可见,对于只承受预紧拉力的普通螺栓,虽同时受拉伸和剪切的作用,但在强度计算时可按拉伸进行,同时将预紧力增加 30% 以考虑扭转力矩的影响。

由图 4-15 可知,普通螺栓连接在承受横向载荷时,靠预紧后在接合面间产生摩擦力来抵抗工作载荷 F。如表面间的摩擦因数 $f=0.2$,为保证有足够的摩擦力,由 $F_0 > F/f$ 可知 $F_0 > 5F$。由此可见,这种连接通常需要较大的预紧力,螺栓的结构尺寸较大;另外,因摩擦因数 f 会随使用环境的改变而变化,降低连接的可靠性。对此通常可考虑用各种减载零件承担横向工作载荷。

承受横向载荷的普通螺栓连接所需的预紧力还与被连接件的结合面数有关,结合面越多,参与工作的摩擦面越多。如图 4-16 所示,在有两个结合面($m=2$)时,所需要的预紧力将下降一半左右。

2. 承受预紧力和工作拉力的紧螺栓连接

图 4-17 所示为压力容器的连接螺栓承受预紧力和轴向工作载荷的典型实例。这种连接在拧紧后螺栓受预紧力 F_0 作用,而在工作时还受工作载荷 F 的作用,螺栓和被连接件受载前后的变形如图 4-18 所示。这是紧螺栓连接中最常见的一种方式,也是螺栓强度分析中的重点。

显然在作用有工作载荷后螺栓所受的总载荷不同于未受工作载荷时的值。但由于存在着螺栓和被连接件的弹性变形,螺栓的总载荷 F_2 也不等于工作载荷 F 与预紧力 F_0 之和。现详细分析如下。

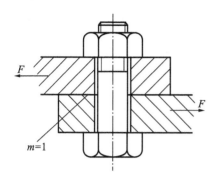

图 4-15 承受横向载荷的普通螺纹连接

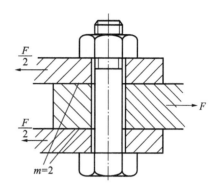

图 4-16 普通螺纹连接的结合面

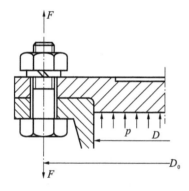

图 4-17 气缸盖螺栓受力

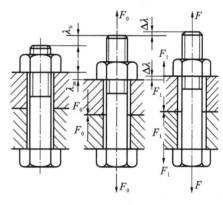

图 4-18 单个紧螺栓受轴向力变形示意

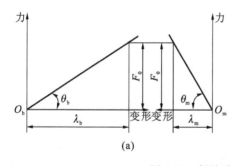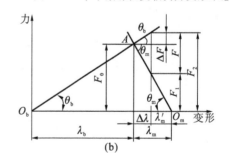

图 4-19 螺栓受力与变形关系图

(1) 如图 4-19a 所示，在拧紧螺母的过程中，螺栓受拉力而被连接件受压力作用，两者在受力后发生弹性变形：螺栓被拉伸 λ_b，而被连接件被压缩 λ_m。由于变形在弹性范围内，所以变形曲线为直线。

(2) 在拧紧至预紧力 F_0 但尚未承受工作拉力时，整个连接系统所受外力为零，所以连接件受的拉力和被连接件所受的压力相等，均为 F_0。将图 4-19a 螺栓和被连接件的变形图合并后可得图 4-19b。

(3) 在螺栓受工作拉力 F 后，连接件螺栓在工作载荷作用下沿 O_bA 线被继续拉伸；由于螺栓的拉伸，原来被压缩的被连接件得到放松 (沿 O_mA 线)。如被连接件和连接件仍保持贴合状态,则根据变形协调条件,螺栓的拉伸增加量等于被连接件的压缩减少量,均为 $\Delta\lambda$ 。此时,整个连接系统的受力包括三个组分:①螺栓的总拉力 F_2;②被连接件放松后的剩余预紧力 F_1;③所受的工作载荷 F。根据力平衡要求,有

$$F_2 = F_1 + F \tag{4-9}$$

令 $\tan\theta_b = C_b$,$\tan\theta_m = C_m$,由图 4-19b 可得

$$\Delta\lambda = \frac{F}{C_b + C_m} \tag{4-10}$$

$$F_2 = F_0 + \Delta\lambda\tan\theta_b = F_0 + \Delta\lambda C_b = F_0 + \frac{C_b}{C_b + C_m}F \tag{4-11}$$

$$F_1 = F_0 - \Delta\lambda\tan\theta_m = F_0 - \Delta\lambda C_m = F_0 - \frac{C_m}{C_b + C_m}F \tag{4-12}$$

由式(4-11)可知,在有工作载荷作用时,工作载荷只是部分地加在被预紧的螺栓上,其幅值与螺栓的相对刚度系数 $C_b/(C_b + C_m)$ 有关。相对刚度系数越小,所加的幅值越小。表 4-4 给出了不同螺栓及被连接件的材料、尺寸和结构的相对刚度值。

表 4-4 螺栓的相对刚度系数

垫片类别	金属垫片或无垫片	皮革垫片	铜皮石棉垫片	橡胶垫片
$C_b/(C_b + C_m)$	0.2~0.3	0.7	0.8	0.9

(4)如工作拉力进一步增大,剩余预紧力 F_1 将进一步减少。为了保证被连接件的接合面不出现缝隙,剩余预紧力 F_1 应大于零。当工作载荷 F 没有变化时,可取 $F_1 = (0.2\sim0.6)F$;当 F 有变化时,取 $F_1 = (0.6\sim1.0)F$;对于有紧密性要求的连接(如压力容器的螺栓连接),取 $F_1 = (1.5\sim1.8)F$。设计时,通常在求出 F 后根据连接的工作要求选择 F_1,然后由式(4-11)求 F_2 以计算螺栓的强度。

考虑到在特殊情况可能需在工作载荷下补充拧紧,仿照前面推导,可将总拉力增加30%以考虑扭转切应力的影响,可得

校核公式:

$$\sigma = \frac{1.3F_2}{\pi d_1^2/4} \leqslant [\sigma] \tag{4-13}$$

设计公式:

$$d_1 \geqslant \sqrt{\frac{4 \times 1.3F_2}{\pi[\sigma]}} \tag{4-14}$$

3. 紧螺栓连接的疲劳强度

因为当螺栓的工作载荷为零时,螺栓的工作点为 A,而当工作载荷为 F 时,螺栓所受的总载荷为 F_2。所以当螺栓的工作载荷在零与 F 之间变化时,螺栓的拉力将在 F_2 与 F_0 之间变化,螺栓所受的最小拉力为 F_0,即当普通紧螺栓连接受轴向变载荷作用时的应力变化规律为最小应力 σ_{min} 为常数,且

$$\sigma_{min} = \frac{F_0}{\pi d_1^2/4} \tag{4-15}$$

螺栓的应力幅为

$$\sigma_{a} = \frac{C_{b}}{C_{b} + C_{m}} \frac{2F}{\pi d_{1}^{2}} \tag{4-16}$$

对于受轴向变载荷的重要连接,除进行静强度校核外还应进行疲劳强度校核。参考变应力作用情况下螺栓的最大应力,安全系数。

$$S_{ca} = \frac{2\sigma_{-1te} + (K_{\sigma} - \psi_{\sigma})\sigma_{min}}{(K_{\sigma} + \psi_{\sigma})(2\sigma_{a} + \sigma_{min})} \geqslant S \tag{4-17}$$

式中:σ_{-1te}——螺栓材料的对称循环拉压疲劳极限(见表 4-5),MPa;ψ_{σ}——试件的材料系数,即循环应力中平均应力的折算系数,对于碳素钢,$\psi_{\sigma} = 0.1 \sim 0.2$,对于合金钢,$\psi_{\sigma} = 0.2 \sim 0.3$;$K_{\sigma}$——拉压疲劳综合影响系数,如忽略加工方法的影响,则 $K_{\sigma} = k_{\sigma}/\varepsilon_{\sigma}$,此处 k_{σ} 为有效应力集中系数,见表 2-4,ε_{σ}——尺寸系数,见表 2-5;S——安全系数,见表 4-6。

表 4-5　螺纹连接件常用材料的疲劳极限(摘自 GB/T38—1976)

材　　料	疲劳极限/MPa		材　　料	疲劳极限/MPa	
	σ_{-1}	σ_{-1te}		σ_{-1}	σ_{-1te}
10	$160 \sim 220$	$120 \sim 150$	45	$250 \sim 340$	$190 \sim 250$
Q215	$170 \sim 220$	$120 \sim 160$	40Cr	$320 \sim 440$	$240 \sim 340$
35	$220 \sim 300$	$170 \sim 220$			

4. 受剪紧螺栓连接

除受拉螺栓连接外,铰制孔螺栓连接也常被用于承受横向载荷。与受拉螺栓连接相比,在传递相同的载荷,铰制孔螺栓的结构尺寸更小。铰制孔用螺栓的螺栓杆与螺孔之间为过渡配合,在工作时两者发生直接接触。连接的可能失效形式有两种:①螺杆受剪面的塑性变形或剪断;②螺杆与被连接件中较弱者的挤压面被压溃。在设计时需同时加以考虑。

设螺栓所受的剪力为 F_{s},则螺栓杆的抗剪切强度条件为

$$\tau = \frac{F_{s}}{\frac{\pi}{4} d_{0}^{2} m} \leqslant [\tau] \tag{4-18}$$

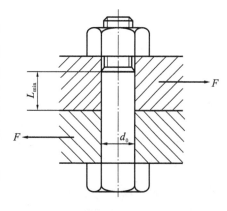

图 4-20　受横向载荷的受剪螺栓连接

螺栓杆与被连接件孔壁的抗挤压强度条件为

$$\sigma_{p} = \frac{F_{s}}{d_{0} L_{min}} \leqslant [\sigma_{p}] \tag{4-19}$$

式中:d_{0}——螺栓抗剪面直径,mm;m——螺栓抗剪面数目,图 4-20 中的 $m=1$;L_{min}——栓杆与孔壁挤压面最小高度;$[\tau]$——螺栓的许用切应力,MPa;$[\sigma_{p}]$——栓杆或孔壁材料中强度较弱者的许用挤压应力,MPa。

5. 安全系数和许用应力确定

螺纹连接件的许用应力与载荷性质(静、变载荷)、装配情况(松连接或紧连接)以及螺纹连接件的材料、结构尺寸等因素有关。可根据具体情况在表 4-6 中选择合适的安全系数。

表 4-6　螺纹连接的安全系数 S

受载类型			静 载 荷			变 载 荷		
松螺栓连接			1.2～1.7					
紧螺栓连接	受轴向及横向载荷的普通螺栓连接	不控制预紧力的计算	M6～M16	M16～M30	M30～M60	M6～M16	M16～M30	M30～M60
		碳钢	5～4	4～2.5	2.5～2	碳钢 12.8～8.5	8.5	8.5～12.5
		合金钢	5.7～5	5～3.4	3.4～3	合金钢 10～6.8	6.8	6.8～10
		控制预紧力的计算	1.2～1.5			1.2～1.5		
	铰制孔用螺栓连接		钢：$S_\tau=2.5,S_p=1.25$ 铸铁：$S_p=2.0～2.5$			钢：$S_\tau=3.5～5,S_p=1.5$ 铸铁：$S_p=2.5～3.0$		

螺纹连接件的许用拉应力

$$[\sigma]=\frac{\sigma_s}{S} \tag{4-20}$$

螺纹连接件的许用切应力

$$[\tau]=\frac{\sigma_s}{S_\tau} \tag{4-21}$$

许用挤压应力 $[\sigma_p]$ 分别

对于钢：
$$[\sigma_p]=\frac{\sigma_s}{S_p} \tag{4-22}$$

对于铸铁：
$$[\sigma_p]=\frac{\sigma_b}{S_p} \tag{4-23}$$

式中：σ_s、σ_b——螺纹连接件材料的屈服强度（见表 4-5）、抗拉强度，常用铸铁连接件的 σ_b 可取 200～250 MPa；S、S_τ、S_p——安全系数，见表 4-6。

4.4.4　螺纹连接的类比选择法

除计算方法外，另一种在螺纹连接中常用的方法是类比法。类比法可分为两种，一种是根据同类实物中螺栓连接件的尺寸进行对比选用；另一种是利用手册和资料中针对某类机械所推荐的螺栓选择经验公式确定连接件的有关尺寸。

对于一般的设计，在用类比法确定螺栓尺寸后通常不必再行校核，但对于重要的螺栓连接，或受载情况恶劣，则在类比选择后还应进行校核计算，甚至进行实验验证。

4.5　提高螺纹连接强度的措施

工程中螺栓连接多为疲劳失效，其通常发生的部位如图 4-21 所示：螺纹根部（图 4-21 中 B 处）约占 25%；旋合的第一圈螺纹处（图 4-21 中 C 处），约占 65%；螺栓头与光杆的交接处（图 4-21 中 A 处），约为 15%。

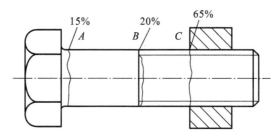

图 4-21　螺栓疲劳断裂部位

改善螺纹连接的强度可从材料、结构尺寸和减小螺栓所受实际载荷的大小等几个方面进行考虑。改变螺纹连接结构尺寸的主要方式是改变螺栓的公称尺寸和改变螺栓的数量，对此可参见 4.4 节的螺栓强度分析和 4.6 节的螺栓组设计。下面主要从材料和合理的结构设计等方面介绍提高螺栓强度的常见措施。

4.5.1　螺纹连接件的材料及许用应力

螺栓可用不同的材料制造，也可以采用不同的热处理方式。常用的螺栓材料有 Q215、Q235、25、35 和 45 钢，重要和特殊用途的螺纹连接件可采用 15Cr、40Cr、30CrMnSi 等力学性能较高的合金钢。国家标准规定螺纹连接件按其力学性能进行分级（见表 4-7、表 4-8）。在设计时应根据具体需要选择合适的螺纹连接件的性能等级，以有效提高螺纹连接的强度。

表 4-7　螺栓、螺钉和螺柱的性能等级

性能等级（标记）	3.6	4.6	4.8	5.6	5.8	6.8	8.8	9.8	10.9	12.9
抗拉强度 σ_b/MPa	300	400		500		600	800	900	1 000	1 200
屈服强度 σ_s（或 $\sigma_{0.2}$）/MPa	180	240	320	300	400	480	640	720	900	1 080
硬度 HBS_{min}	90	114	124	147	152	181	238	276	304	366

表 4-8　螺母的性能等级

性能等级（标记）	4	5	6	8	9	10	12
螺母保证最小应力 σ_{min}/MPa	510 $d \geqslant 16 \sim 39$	520 $d \geqslant 3 \sim 4$ 右同	600	800	900	1 040	1 150
相配螺栓的性能等级	3.6,4.6,4.8 （$d > 16$）	3.6,4.6,4.8　$d \leqslant 16$； 5.6,5.8	6.8	8.8	8.8($d > 16 \sim 39$)； 9.8($d \leqslant 16$)	10.9	12.9

除选择不同的材料以外，制造工艺的合理选择也对螺栓的强度有很大影响，对采取冷镦头部和碾压螺纹的螺栓，由于螺栓的金属流线是连续的，因而其疲劳强度比车制螺栓约高 30%，热处理后再进行滚压螺纹，效果更佳，强度提高 70～100%。滚压螺纹加工属于无屑加工，具有优质、高产、低消耗功能。此外，液体碳氮共渗、渗氮等表面硬化处理也能提高螺栓的疲劳强度。

4.5.2 合理的结构设计以减少螺栓受力

1.降低应力幅

如前所述,影响零件疲劳强度的主要因素是应力幅。在最小应力不变时,应力幅越小,零件的疲劳强度越高。由式(4-11)可知,当螺栓所受的轴向工作载荷在 $0 \sim F$ 之间变化时,螺栓总的拉伸载荷将在 $F_0 \sim F_2$ 之间变化,而差值 $\Delta F = F_2 - F_0$ 既与 F 的大小有关,也与相对刚度有关,相对刚度越小则 ΔF 越小。显然,所有能够降低相对刚度的方法(减小螺栓刚度 C_b、增大被连接件刚度 C_m,或双管齐下)都可以降低应力幅,提高螺栓的疲劳强度,如图 4-22 所示。

但在 F_0 一定时,相对刚度的减小将使残余预紧力减小,从而降低连接的紧密性;为保证连接紧密性,应适当增大预紧力 F_0。这将涉及高强度螺栓的使用问题,即需要保证预紧应力与螺栓强度之比不能太大,以免削弱螺栓的静强度。图 4-27c 给出了同时采用三种方法后的效果。

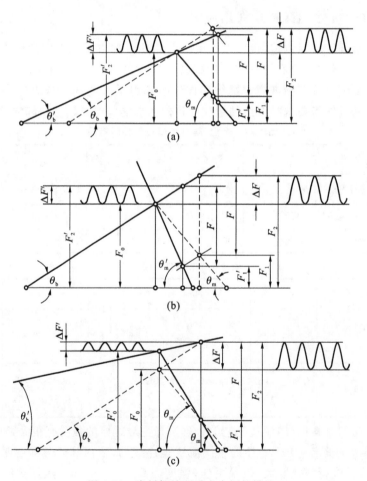

图 4-22 降低螺栓所受应力幅的措施

(a)降低 C_b;(b)增大 C_m;(c)同时采用三种措施(降低 C_b、增大 C_m 及预紧力)

(1)减小螺栓刚度的措施有:适当增加螺栓的长度,或采用腰状杆螺栓或空心螺栓(见图

4-23）。或在螺母下面安装上弹性元件（见图 4-24）。柔性螺纹连接件还具有良好的缓冲吸振作用，有利于在振动、冲击场合下的使用。

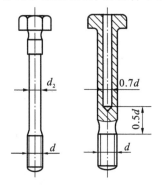

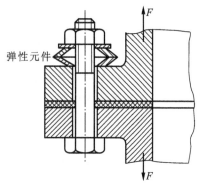

图 4-23　腰杆状螺栓与空心螺栓　　　　　　　图 4-24　弹性元件

（2）为了增大被连接件刚度，可以不用垫片或采用刚度较大的垫片。对于有紧密性要求的连接，从增大被连接件刚度角度来看，应尽量避免采用较软的气缸垫片，可采用刚度较大的金属垫片或密封环实现密封功能。图 4-25 所示为气缸密封的示意图。

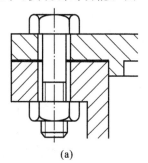
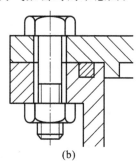

(a)　　　　　　　　　　　　(b)

图 4-25　气缸密封

（a）金属垫片密封；（b）密封环

2. 增加辅助受力（减载）零件

为减少受拉紧螺栓连接在受横向力场合时的螺栓结构尺寸，增加可靠性，可以考虑在连接中采用减载零件，如图 4-26 所示。采用减载零件的结构设计有利于减小螺栓所需要的预紧力，但结构的工艺和复杂性也将增加。

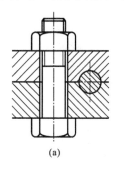
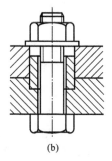
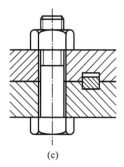

(a)　　　　　　　　　　(b)　　　　　　　　　(c)

图 4-26　螺纹连接中的辅助受力（减载）零件

（a）加减载销；（b）加减载套筒；（c）加减载键

3. 改善载荷分布不匀

螺纹连接受载时,螺栓受拉伸而螺距增大,螺母受压缩而螺距减小,螺栓和螺母将因变形方向不同而存在螺距差。根据受力分析可知,在螺纹旋合的第一圈处,螺栓所受的拉力最大而螺母所受的压力也最大,即在该处的螺距差最大。由于在螺纹连接工作时,各螺纹牙是相互贴合的,螺栓和螺母间的螺距差需要由螺纹牙的变形来补偿(见图 4-27)。实践表明,螺纹旋合第一圈处承受的载荷最大(约占总载荷的 1/3),以后各圈螺纹的载荷依次递减,而增加螺母的高度对第一圈的受载影响不大,如图 4-28 所示。所以如能改善螺纹牙上载荷分布的不均匀性,减少第一圈所受的载荷,将大大提高螺栓的强度。

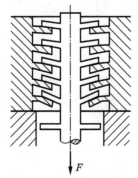

图 4-27　旋合螺纹变形示意图

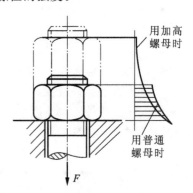

图 4-28　螺纹牙载荷分布

分析引起各圈螺纹牙受力不均匀的原因,可得解决载荷分配不均匀的方法为:①尽可能地减少变形后的螺距差;②使变形较大的螺纹牙更易于变形(同样变形时的受载较小);③两种方法结合使用。

(1)尽可能地减少螺距差　减小螺距差的有效办法之一是使螺栓和螺母具有相同的变形方向,即使螺栓受拉伸螺母亦受拉伸;其二是采用变螺距方式,即在加工时就使第一圈螺母具有较大的螺距,依次递减。对于一般的连接螺纹通常采用第一种方法。常用方法如下。

①采用悬置螺母(见图 4-29a)　螺母的旋合部分全部受拉,与螺栓具有相同的变形性质,从而可减小两者的螺距变化差,使螺纹牙上的载荷分布趋于均匀,强度约提高 40%。

②采用环槽螺母(见图 4-29b)　这种结构可使螺母内缘下端(螺栓旋入端)局部受拉,其作用和悬置螺母相似,强度约提高 30%。

(2)使变形较大的螺纹牙更易于变形　分以下两种情形讨论。

①采用内斜螺母(见图 4-29c)　螺母下端(螺栓旋入端)受力大的几圈螺纹处制成 10°～15° 的斜角,使螺栓螺纹牙的受力由下而上逐渐外移,螺栓旋合段下端的螺纹牙在载荷作用下更容易变形,而将载荷转移至上部的螺纹牙处,使螺纹牙受力趋于均匀,强度约提高 20%。

②采用钢丝螺套(见图 4-29d)　它主要用来旋入轻合金的螺纹孔内,旋入后将安装柄根在缺口处折断,然后旋入螺栓(或其他螺纹连接件),因它具有一定弹性,可以起到均载作用,再加上它还有减振的作用,故能显著提高螺纹连接件的疲劳强度,强度约提高 40%。

(3)减少螺距差的同时增加易变形性　如图 4-29e 所示的特殊均载螺母兼有环槽螺母和内斜螺母的作用,强度约提高 40%。

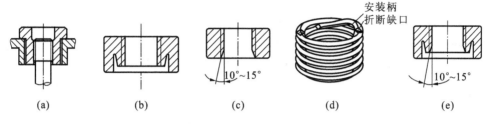

图 4-29　改善螺纹牙上载荷分布不均匀性的措施
(a)悬置螺纹;(b)环槽螺母;(c)内斜螺母;(d)钢丝螺套;(e)特殊均载螺母

4. 减少应力集中

螺纹的牙根、螺栓头部与栓杆交接处均有应力集中,是产生断裂的危险部位,其中螺纹牙根的应力集中对螺栓的疲劳强度影响很大。可采取增大螺纹牙根的圆角半径、在螺栓头过渡部分加大圆角(见图 4-30a)或切制卸载槽(图 4-30b、c)等措施来减少应力集中。

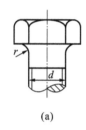

(a)

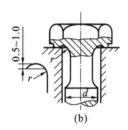

(b)

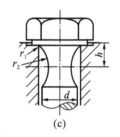

(c)

图 4-30　减少应力集中

5. 避免或减小附加应力

由于设计、制造或安装上的疏忽,有可能使螺栓受到附加弯曲应力。如支承面不平(见图 4-31a),被连接件刚度太小(见图 4-31b);又如图 4-16c 所示的钩头螺栓,在 $e \approx d_1$ 时,弯曲应力约为拉应力的 8 倍,严重地影响了螺栓的强度。

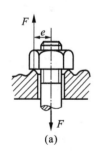

(a)

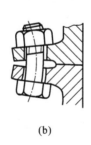

(b)

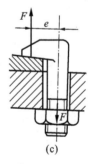

(c)

图 4-31　螺栓附加应力
(a)支承面不平;(b)被连接件刚度小;(c)钩头螺栓连接

常用的解决方法如在铸件或锻件等未加工表面上安装螺栓时,采用凸台或沉头座等结构,经切削加工后可获得平整支承面,或采用斜垫圈、球面垫圈(见图 4-32a、b),并尽量避免使用钩头螺栓。

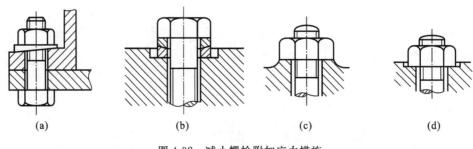

图 4-32　减小螺栓附加应力措施

(a)斜垫圈；(b)球面垫圈；(c)凸台；(d)沉头座

4.6　螺栓组设计简介

绝大多数螺栓都是成组使用的。设计螺栓组连接时，首先应根据连接用途、被连接件结构和受载情况，确定螺栓数目和布置形式。对于一般螺栓连接，其螺栓尺寸可用类比法确定；对于重要的连接，应分析螺栓组的受载情况，找出受载最大的螺栓，并求出工作载荷，以便对螺栓进行强度计算。

4.6.1　螺栓组连接的结构设计

螺栓组结构设计的目的主要是合理确定螺栓数目和布置形式。基本原则是力求各螺栓和连接接合面受力均匀，便于加工和装配，具体应考虑以下几方面问题。

(1)连接接合面的几何形状通常都设计成轴对称的简单几何形状，如圆形、环形、矩形、框形、三角形等，这样不但便于制造，而且使螺栓组的对称中心和连接接合面的形心重合，从而保证连接接合面受力比较均匀。

(2)螺栓排列应有合理间距、边距，以便扳手转动，图 4-33 给出了几种常见的扳手空间示例，设计时应查阅相关设计手册。对于压力容器等具有紧密性要求的连接，螺栓间距的设置应能保证紧密性要求，并严格按照设计规范执行。

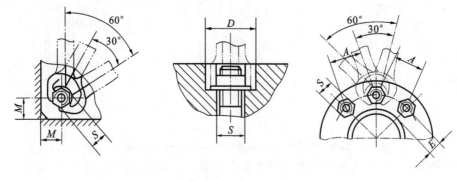

图 4-33　扳手空间示例

(3)分布在同一圆周上的螺栓数目，应取成 4、6、8 等偶数，以便于分度画线和加工，同一组螺栓中螺栓的材料、直径和长度均应相同。

（4）当连接受转矩或倾覆力矩作用时，螺栓的布置应靠近边缘，以减小螺栓的受力，如图 4-34 所示。受横向载荷采用铰制孔螺栓时，在载荷方向上螺栓的排数不应大于 8，以使螺栓受载比较均匀。

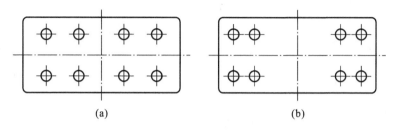

图 4-34　接合面受倾覆力矩或转矩时螺栓的布置

(a)不合理；(b)合理

4.6.2　螺栓组连接受力分析示例

在进行螺栓组连接受力分析时通常做以下假设：

（1）被连接件为刚体；

（2）各螺栓的拉伸刚度或剪切刚度（即各螺栓的材料、直径和长度）及预紧力都相同；

（3）螺栓应变没有超出弹性范围。

下面介绍几种典型螺栓组的受力计算方法。

1. 受轴向力 F_z 的螺栓组连接

如图 4-17 所示的气缸盖螺栓组连接，其载荷通过螺栓组形心，因此各螺栓分担的工作载荷 F 相等。设螺栓数目为 z，总载荷为 F_z，则单个螺栓所受的载荷为

$$F = \frac{F_z}{z} \tag{4-24}$$

在确定工作载荷后可按本章第 4.4.3 节介绍的方法确定螺栓尺寸。

2. 受横向载荷 F_R 的螺栓组连接

受拉和受剪螺栓组连接在受横向载荷作用（见图 4-35）时的差异与单个螺栓的情况类似。

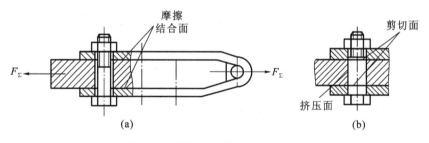

图 4-35　受横向载荷的螺栓组连接

(a)受拉螺栓连接；(b)受剪螺栓连接

（1）受拉螺栓连接　假设各螺栓连接接合面的摩擦力相等并集中在中心处，则根据板的平衡条件，可得各螺栓的预紧力 F_0，有

$$fF_0mz \geqslant K_sF_\Sigma \quad 或 \quad F_0 \geqslant \frac{K_sF_\Sigma}{fmz} \tag{4-25}$$

式中：f——接合面摩擦因数（见表 4-9）；m——接合面数目；z——螺栓数目；K_s——考虑摩擦传力的防滑系数，$K_s = 1.1 \sim 1.5$；F_Σ——总载荷。

表 4-9　连接接合面的摩擦因数 f

被连接件	接合面的表面状态	摩擦因数
钢或铸铁零件	干燥的加工表面	0.10～0.16
	有油的加工表面	0.06～0.10
钢结构件	轧制表面、钢丝刷清理浮锈	0.30～0.35
	涂富锌漆	0.35～0.40
	喷砂处理	0.45～0.55
铸铁对砖料、混凝土或木材	干燥表面	0.40～0.45

（2）受剪螺栓连接　受剪螺栓靠螺栓受剪和螺栓与被连接件相互挤压时的变形来传递载荷。连接中的预紧力和摩擦力一般忽略不计。假设各螺栓均匀受载 F_s，则根据板的静力平衡条件得单个螺栓所承受的剪力为

$$zF_s = F_\Sigma \quad 或 \quad F_s = \frac{F_\Sigma}{z} \tag{4-26}$$

在计算时必须注意实际的剪切面数和挤压面积，如图 4-35b 所示的受剪螺栓就有两个剪切面。

3. 受扭转力矩 T 时的螺栓组连接

在底座受旋转力矩 T 作用时将有绕螺栓组形心轴线 O—O 旋转的趋势（见图 4-36），可以采用普通螺栓也可以采用铰制孔螺栓以承受旋转力矩 T，其传力方式类似于受横向载荷的螺栓组连接。

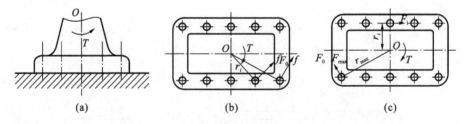

图 4-36　受扭转力矩时的螺栓受力分析
(a)受力示意；(b)受拉螺栓连接；(c)受剪螺栓连接

根据所用的螺栓类型，可得单个螺栓的受力。

（1）受拉螺栓连接时

$$F_0 \geqslant \frac{K_sT}{f(r_1 + r_2 + \cdots + r_z)} = \frac{K_sT}{f\sum\limits_{i=1}^{z} r_i} \tag{4-27}$$

式中：F_0——螺栓需要的预紧力；$r_1, r_2, \cdots, r_z$——各螺栓中心至底板旋转中心的距离，下角标代表螺栓序号。

(2)受剪螺栓连接时,受剪力最大的螺栓受力为

$$F_{\max} = \frac{T r_{\max}}{\sum_{i=1}^{z} r_i^2} \qquad (4\text{-}28)$$

4. 受翻转力矩 M 的螺栓组连接

图 4-37 所示为受翻转力矩的螺栓组连接,假设被连接件是弹性体,其接合面始终保持为一平面,采用受拉螺栓作为连接件。

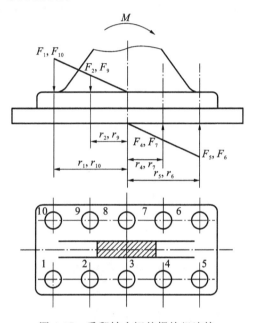

图 4-37 受翻转力矩的螺栓组连接

根据受力后的变形分析,距底板翻转轴线越远,螺栓的受力越大。图 4-37 中左边的螺栓 1、10 将受最大拉力,最大拉力的计算公式为

$$F_{\max} = \frac{M L_{\max}}{\sum_{i=1}^{z} L_i^2} \qquad (4\text{-}29)$$

式中:z——总的螺栓个数;L_i——各螺栓轴线到底板轴线 O—O 的距离,mm;$L_{\max}$——L_i 中的最大值,mm。

由于接合面在翻转力矩作用下,被压缩部分受挤压作用而拉伸部分则可能出现缝隙。为防止接合面被压碎或出现缝隙,应使受载后接合面压力的最大值不超过允许值,最小值不小于零,即保证

$$\sigma_{\text{pmax}} = \sigma_{\text{p}} + \Delta\sigma_{\text{pmax}} \leqslant [\sigma_{\text{p}}] \qquad (4\text{-}30)$$

$$\sigma_{\text{pmin}} = \sigma_{\text{p}} - \Delta\sigma_{\text{pmax}} \geqslant 0 \qquad (4\text{-}31)$$

式中:σ_{p}——受载前由预紧力而产生挤压应力,MPa,$\sigma_{\text{p}} = z F_0 / A$,$A$ 为接合面的面积;$\Delta\sigma_{\text{pmax}}$——由 M 在地基接合面处产生的附加压力最大值,$\Delta\sigma_{\text{pmax}} \approx M/W$。对于刚度大的地基,螺栓刚度较小,影响可忽略,可用 $\Delta\sigma_{\text{pmax}} \approx M/W$ 近似表达,其中 M 为翻转力矩,W 为接合面的有效抗弯截面系数。连接接合面的许用压应力 $[\sigma]_{\text{p}}$ 可查表 4-10。

表 4-10　连接接合面材料的许用挤压应力

材料	钢	铸铁	混凝土	砖(水泥浆缝)	木材
$[\sigma]_p$/MPa	$0.8\sigma_s$	$(0.4\sim0.5)\sigma_b$	$2.0\sim3.0$	$1.5\sim2.0$	$2.0\sim4.0$

5. 计算实例

【**例 3-1**】　图 4-38 所示为铸铁托架。用一组螺栓固定在砖墙上,托架轴孔中心受一斜向力 $F_p=15\ 000$ N,力 F_p 与铅垂线夹角 $\alpha=55°$,砖墙的许用挤压应力 $[\sigma]_p=2$ MPa,接合面摩擦因数 $f=0.3$,相对刚度系数 $C_1/(C_1+C_2)=0.3$,$L_1=200$ mm,$L_2=400$ mm,$L_3=150$ mm,$L=320$ mm,$h=250$ mm,试求螺栓的最小直径,并校核螺栓组接合面的工作能力。

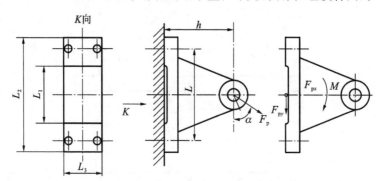

图 4-38　铸铁托架

解　(1)螺栓组受力分析。

将斜向力 F_p 分解为水平和铅垂分力,并移至接合面上,可得翻转力矩 M、横向力 F_{py} 与轴向力 F_{px}。

①轴向力 F_{px}(作用于螺栓组形心,水平向右)为

$$F_{px}=F_p \sin\alpha = 15\ 000 \times \sin 55° = 12\ 287 \text{ N}$$

②横向力(作用于接合面,垂直向下)为

$$F_{py}=F_p \cos\alpha = 15\ 000 \times \cos 55° = 8\ 604 \text{ N}$$

③翻转力矩(绕 O 轴,顺时针方向)为

$$M=F_{py} \cdot h = 8\ 604 \times 150 \text{ N} \cdot \text{mm} = 1\ 290\ 600 \text{ N} \cdot \text{mm}$$

(2)确定单个螺栓的工作载荷。

①在横向力 F_{py} 作用下,底板在连接接合面处可能产生滑移。为保证板接合面不发生滑移,残余预紧力产生的摩擦力满足

$$f\left(zF_0 - \frac{C_2}{C_1+C_2}F_{px}\right) \geqslant K_s F_{py}$$

取 $K_s=1.1$,$f=0.3$(铸铁对砖墙),由相对刚度系数 $\dfrac{C_1}{C_1+C_2}=0.3$,可得

$$F_0 \geqslant \frac{1}{z}\left(\frac{K_s P_Y}{f} + \frac{C_2}{C_1+C_2}F_{px}\right) = \frac{1}{4} \times \left(\frac{1.1 \times 8\ 604}{0.3} + 0.7 \times 12\ 287\right) \text{ N} = 10\ 037 \text{ N}$$

②计算螺栓的工作拉力　在水平分力 F_{px} 作用下,螺栓所受到的工作拉力为

$$F_1 = \frac{F_{px}}{z} = \frac{12\ 287}{4} \text{ N} = 3\ 072 \text{ N}$$

在翻转力矩 M 作用下,螺栓所受到的工作拉力为

$$F_{max} = \frac{ML_{max}}{\sum\limits_{i=1}^{4} L_i^2} = \frac{1\,290\,600 \times 160}{4 \times 160^2}\ \text{N} = 2\,017\ \text{N}$$

受力最大的螺栓上作用的工作拉力为

$$F = F_1 + F_{max} = (3\,072 + 2\,017)\ \text{N} = 5\,089\ \text{N}$$

③计算螺栓的总拉力为

$$F_2 = F_0 + \frac{C_1}{C_1 + C_2} F = (10\,037 + 0.3 \times 5\,089)\ \text{N} = 11\,564\ \text{N}$$

(3)强度计算。

①计算许用拉应力 $[\sigma]$ 选 4.8 级螺栓,查表 4-7 知 $\sigma_s = 320$ MPa,考虑不需严格控制预紧力,初估直径为 16~30 mm,取 $S = 4$,则,$[\sigma] = 80$ MPa。

②计算螺栓直径。

$$d_1 \geqslant \sqrt{\frac{4 \times 1.3 \times 11\,564}{85\pi}} = 15.0\ \text{mm}$$

查国标(GB/T 196—2003)知,M18 的 d_1 为 15.294,选 M18 满足强度要求。

(3)校核接合面上的挤压应力,保证下端结合面不被压溃。

$$\sigma_{p\,max} = \sigma_p + \Delta\sigma_{p\,max} = \frac{zF_0}{A} + \frac{M}{W} \leqslant [\sigma_p]$$

$$A = L_3 \times (L_2 - L_1) = 150 \times (400 - 200)\ \text{mm}^2 = 30\,000\ \text{mm}^2$$

$$W = \frac{L_3}{6 \times L_2} \times (L_2^3 - L_1^3) = \frac{150}{6 \times 400} \times (400^3 - 200^3)\ \text{mm}^3 = 3.5 \times 10^6\ \text{mm}^3$$

可得

$$\sigma_{p\,max} = \frac{zF_0}{A} + \frac{M}{W} = \left(\frac{4 \times 10\,037}{30\,000} + \frac{1\,290\,600}{3.5 \times 10^6}\right)\ \text{N/mm}^2 = 1.71\ \text{N/mm}^2 \leqslant [\sigma_p] = 2\ \text{N/mm}^2$$

故挤压表面安全。

(4)保证上端接合面不出现缝隙,即残余的最小压力大于零。

$$\sigma_{p\,min} = \frac{zF_0}{A} - \frac{M}{W} = \left(\frac{4 \times 10\,037}{30\,000} - \frac{1\,290\,600}{3.5 \times 10^6}\right)\ \text{N/mm}^2 = 0.970\ \text{N/mm}^2 \geqslant 0$$

满足要求。

习　题

4-1　螺纹按牙型不同可分为哪几种?各有何特点?各适用于何种场合?

4-2　螺栓、双头螺柱和螺钉在应用上有何不同?

4-3　为何螺纹连接通常要采用防松措施?有哪些防松措施?

4-4　为什么大多数螺纹连接都要拧紧?

4-5　有哪些提高螺栓连接强度的措施?

4-6　试利用螺栓和被连接件的受力与变形关系图来说明在螺母下加弹性元件对螺栓疲劳强度的影响。

4-7　如图 4-39 所示的薄钢板采用两个铰制孔螺栓连接在机架上,板受力 $F = 10$ kN,螺栓的许用拉应力 $[\sigma] = 80$ MPa,许用剪应力 $[\tau] = 96$ MPa,板间摩擦因数 $f = 0.3$,防滑系

数 $K_s = 1.2$,试确定:

(1)此螺栓连接可能出现的失效形式;

(2)螺栓所受的力;

(3)设计螺栓的最小直径;

(4)若改用两个普通螺栓连接,直径需要取多大?

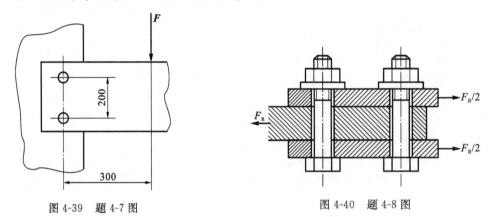

图 4-39 题 4-7 图   图 4-40 题 4-8 图

4-8   如图 4-40 所示为普通螺栓连接,采用两个 M10 的螺栓,螺栓的许用应力 $[\sigma] = 160$ MPa,被连接件接合面间的摩擦因数 $f = 0.4$,若取防滑系数 $K_s = 1.1$,试计算该连接允许的最大静载荷 F_R。

4-9   如图 4-41 所示气缸的压强 $p = 2$ MPa,气缸内径 $D = 200$ mm,气缸与气缸盖的螺栓分布圆直径 $D_0 = 300$ mm,为保证紧密性要求,螺栓间距不得大于 60 mm,试选择螺栓材料,确定螺栓的数目及最小直径(气缸与气缸盖间按无垫片设计)。

4-10   如图 4-42 所示的吊车跑道托架,用 4 只普通螺栓安装在钢制横梁上,试选择螺栓材料,确定螺栓的型号。

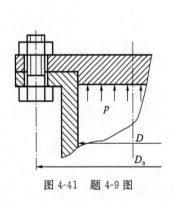

图 4-41 题 4-9 图

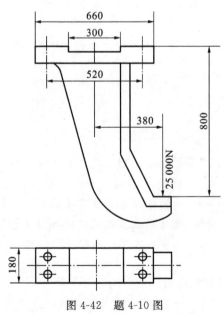

图 4-42 题 4-10 图

第5章　键、花键、无键连接和销连接

本章介绍键、花键、无键连接和销连接的功能、主要参数及结构要点。重点为平键和销连接的有关内容。

5.1　键连接

5.1.1　键连接的功能、分类和结构设计特点

键常用于轴上零件和轴的连接。对轴上零件的定位要求包括以下三点:周向定位、径向定位、轴向定位。键最基本的定位功能是实现周向定位,即连接轴和轴上零件(如齿轮、皮带轮等)以传递扭矩和旋转运动;部分键还可以用于轴上零件的轴向定位和轴向滑动时的导向。根据对连接件的基本要求,键连接设计时需考虑的主要问题包括:①传递动力的大小;②定位精度的高低,特别是对径向定位精度的影响;③对轴的强度削弱程度的大小;④加工、装配的便利性;⑤制造成本等。

键连接有动连接和静连接之分,如在工作过程被连接零件与轴之间存在轴向移动则称为动连接键,否则称为静连接键。由于受力和运动方式不同,两者的失效方式也有所不同,在动连接时,必须考虑可能存在的磨损失效。键是标准件,有多种类型,如平键、半圆键和楔键等。不同类型的键其结构形式不同,工作面也不同。

1. 平键

平键有普通平键、薄形平键、导向平键和滑键之分,其中普通平键是应用最广的键。平键的工作面为两侧面,上表面与轮毂槽底之间留有间隙,在连接时不会出现径向力,可以保证轴与轮毂的径向定位精度不受到影响,定位精度较高。工作时,靠键与键槽的互相挤压传递转矩;公称尺寸是其横截面尺寸(宽度×高度),应根据轴的直径在手册中查取[①];其长度应参考轮毂长确定(稍短于轮毂长)。

普通平键与薄型平键用于静连接,其端部形状可制成圆头(A型)、方头(B型)或单圆头(C型),如图 5-1 所示。圆头键的轴槽用指形铣刀加工,键在槽中固定良好;方头键轴槽用盘形铣刀加工,键卧于槽中(必要时用螺钉紧固);单圆头键常用于轴端。薄型平键与普通平键的区别在于前者的厚度是后者的 60%～70%。所以,薄型平键传递扭矩能力较低,常用于薄壁结构、空心轴及一些径向尺寸受限制的场合。为了增加传力能力,可以采用多个平键。在用多个平键进行连接时,平键的通常布置方式为:双键作 180° 对称布置,三键作 120° 均匀布置。

---

① 在键的强度足够时,可取比手册推荐值较小的标准截面尺寸;而从等强度角度出发,一般不可取比推荐值大的尺寸。

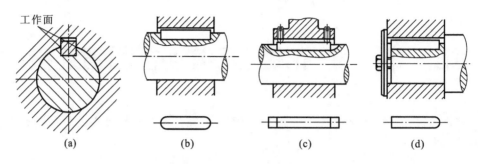

图 5-1　平键类型及工作面

(a)平键工作面;(b)A 型键;(c)B 型键;(d)C 型键

　　导向平键和滑键都用于动连接。按端部形状,导向平键分为圆头(A 型)和方头(B 型)两种。导向平键一般用螺钉固定在轴槽中(见图 5-2),与轮毂的键槽采用间隙配合,轮毂可沿导向平键轴向移动。为了导向平键装拆方便,在键的中间设有起键螺孔。导向平键适用于轮毂移动距离不大的场合。当轮毂轴向移动距离较大时,如仍采用导向平键则不但因键长度增大使得加工困难而且耗材也较多,此时可采用滑键。滑键固定在轮毂上,在轴上应铣出长键槽,滑键随轮毂一起沿轴上的键槽移动(见图 5-3)。滑键结构依固定方式而定,图 5-3 给出了两种典型的结构。

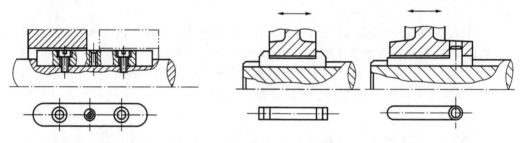

图 5-2　导向平键连接　　　　　　　　图 5-3　滑键连接

　　平键的标记方法为:键"头部类型""键宽 b"×"键长 L""国标号"。如宽度为 8 mm、长度为 100 mm 的方头普通平键标注为:键 B 8×100GB/T 1096—2003,A 型头部可不标出。不同类型平键的国标号不同。

2. 半圆键

　　半圆键(见图 5-4)的工作原理与平键相同:两侧面为工作面,工作时靠键与键槽侧面的挤压传递转矩。轴上键槽用尺寸与半圆键相同的半圆键槽铣刀铣出。与平键相比,半圆键制造简单,由于键可以在槽中绕键的几何中心摆动,具有较好的导向性,装拆方便;其缺点是轴上键槽较深,对轴的强度削弱较大,应力集中也较大。半圆键常用于载荷较小的连接或锥形轴端与轮毂的连接(见图 5-5)。为了减少键槽对轴的削弱,在需要采用多个半圆键以获得较大承载力时,这些半圆键应该分布在同一母线上。

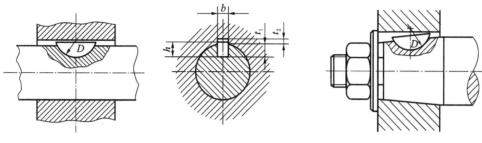

图 5-4　半圆键连接　　　　　　　　　　图 5-5　半圆键连接示例

半圆键的公称尺寸为键的宽度、高度和半径,根据轴的直径确定。宽度 $b=6$ mm、高度 $h=10$ mm、半径 $D=25$ mm 的半圆键的标记方式为:键 6×25 GB/T 1099—2003。

半圆键与平键的工作原理类似,可以保证轴与轮毂的径向定位精度不受到影响,定位精度较高。

3. 楔键

楔键用于静连接,工作面为楔键的上下表面(见图 5-6)。楔键及与其相配合的轮毂键槽底部均有 $1:100$ 的斜度。在装配时将键打入轴和毂槽后,两接触表面将产生很大的预紧力 F_n,由于斜度很小能保证有效的自锁;楔键在工作时主要靠摩擦力 $f\cdot F_n$(f 为接触面间的摩擦因数)传递转矩 T,并能承受单向轴向力。当过载而导致轴与轮毂发生相对转动时,楔键两侧面能像平键侧面那样参加工作[1],不过这一特点只在单向受载荷且无冲击时才能被利用。

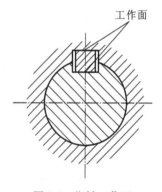

图 5-6　楔键工作面

楔键连接在传递有冲击、振动和较大转矩时,仍能保证连接的可靠性,并具有单向轴向定位功能;但在楔紧时,径向力的存在会破坏轴与轮毂的对中性,使轴产生偏心,所以不宜用于对中要求严格或高速、精密的配合,而只适用与对中性要求不高、低速、轻载、载荷平稳的场合。

楔键分为普通楔键和钩头楔键两种。普通楔键有圆头(A 型,见图 5-7a)、方头(B 型,见图 5-7b)或单圆头(C 型)三种。钩头楔键便于拆卸,最好用于轴端,并注意留出拆卸空间(见图 5-7c)。在采用两个楔键时,一般成 $120°$ 分布。在安装时,键的斜面与轮毂槽的斜面必须紧密贴合。

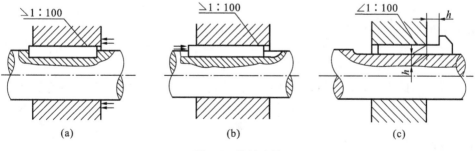

图 5-7　楔键连接

(a)圆头普通楔键连接;(b)方头普通楔键连接;(c)钩头楔键连接

---

[1]　一般情况下,轴与轮毂的周向定位要求不高,所以微小的周向位移通常是被允许的。

楔键的公称尺寸为宽度 b 和高度 h。宽度 $b=16$ mm,高度 $h=10$ mm,长度 $L=100$ mm 的圆头普通楔键(A 型)的标记方式为:键 16×100GB/T 1564—2003。

4. 切向键

切向键由一对斜度为 1:100 的楔键组成,被连接的轴和轮毂都制有相应的键槽。装配时,两个楔键分别从轴的两端打入,沿斜面拼合,楔紧后两键沿轴的切线方向合成为切向键(见图 5-8)。切向键的工作面是拼合后两相互平行的窄面,其中一个面必须在通过轴心线的平面内。切向键能传递很大的单向转矩;当传递双向转矩时,应使用两对切向键(成 120°~130°角分布,如果安装有困难也可以成 180°角安装)。由于存在径向分力,采用切向键将破坏轮毂与轴的对心性,定心精度不高。由于切向键对轴的削弱较大,因此常用在直径大于 100 mm 的轴上,例如大型带轮、飞轮、矿山用大型绞车的卷筒及齿轮等轴的连接。

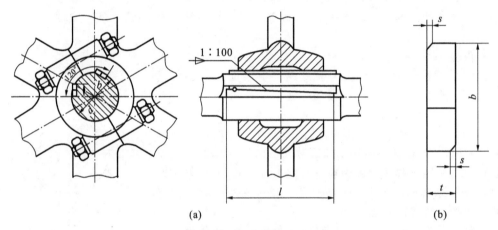

图 5-8　切向键连接
(a)切向键布置;(b)两楔键组成切向键

计算厚度 $t=8$ mm,计算宽度 $b=24$ mm,长度 $l=100$ mm 普通切向键的标记为:切向键 8×24×100GB/T 1974—2003。

5.1.2　键连接的强度计算

设计键连接时,被连接件的材料、构造和尺寸通常已初步决定,连接的载荷也已求得。其设计过程一般是首先根据连接的结构特点、使用要求和工作条件选择键的类型,再根据轴径从标准中查得键的截面尺寸并根据具体的键类型确定其余参数(如长度等),然后根据键工作时的可能失效形式对键进行强度计算,并在必要时作出适当的参数调整。

键的材料一般采用抗拉强度不低于 600 MPa 的碳素钢,常用 45 钢;如果轮毂材料用非铁金属或非金属材料,则键可以采用 20 或 Q235 钢。

键传递动力的主要方式是键的挤压或楔紧后的摩擦力。根据键的受力情况,静连接键的主要失效形式为贴合面的挤压失效(压溃)和剪切面的剪切失效(剪断);对于动连接键则应考虑磨损、胶合等失效问题。下面以常用的平键和半圆键为例对键的强度校核问题进行分析。

1. 平键的连接强度计算

在工作时,平键的两侧面受正压力 F_N 的作用。平键的可能失效形式包括:①较弱零件(通常为轮毂)的工作面被压溃或磨损(动连接,特别是在带载移动的场合);②键沿图 5-9 中的 $a-a$ 截面的剪断。就实际采用的材料和平键的标准尺寸而言,平键连接时抗压溃和磨损的能力较低,只有在严重过载时才有可能出现剪断,所以在一般情况下平键连接只作挤压强度或耐磨性计算[①]。

设压力在键的接触长度内均匀分布,取 $y \approx d/2$,由图 5-9 可得平键连接的挤压和耐磨性的条件计算公式:

静连接　　$\sigma_p = \dfrac{2T}{kld} \leqslant [\sigma]_p$ 　　　　(5-1)

动连接　　$p = \dfrac{2T}{kld} \leqslant [p]$ 　　　　(5-2)

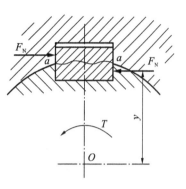

图 5-9　平键受力图

式中:T——转矩,N·mm;d——轴径,mm;k——键与轮毂键槽的接触高度,$k \approx 0.5h$,h 为键的高度,mm;l——键的实际接触长度(mm),由于圆头部分不参与接触,所以当键的长度 L 相同时,l 值并不相同,对于 A 型平键 $l = L - b$,对于 B 型平键 $l = L$,对于 C 型平键 $l = L - b/2$,b 为键的宽度;$[\sigma]_p$——键、轴、轮毂三者中最弱材料的许用挤压应力,MPa;$[p]$——键、轴、轮毂三者中最弱材料的许用压力,MPa,见表 5-1。

表 5-1　键连接的许用挤压应力和许用压力　　　　　　　　　　　　单位:MPa

许用值	轮毂材料	载荷性质		
		静载荷	轻微冲击	冲击
$[\sigma]_p$	钢	120~150	100~120	60~90
	铸铁	70~80	50~60	30~45
$[p]$	钢	50	40	30

计算后若发现键的余量很大,可减小 L 或选较小尺寸的键。若发现强度不足,可适当增加键和轮毂的长度(但长度不应超过 $2.5d$);或采用多键布置。由于多键布置时,各键的受力不均,所以每键按承载能力的 75% 计算,如两个平键按 1.5 个键计算。对于多键布置的半圆键和楔键,计算时也可按此例进行。表 5-2 给出了普通平键的主要尺寸。

表 5-2　普通平键的主要尺寸(摘自 GB/T1096—2003)

轴的直径	>6~8	>8~10	>10~12	>12~17	>17~22	>22~30	>30~38	>38~44
键宽 $b \times$ 键高 h	2×2	3×3	4×4	5×5	6×6	8×7	10×8	12×8
轴的直径	>44~50	>50~58	>58~65	>65~75	>75~85	>85~95	>95~110	>110~130
键宽 $b \times$ 键高 h	14×9	16×10	18×11	20×12	22×14	25×14	28×16	32×18
键的长度系列	6,8,10,12,14,16,18,20,22,25,28,32,36,40,45,50,56,63,70,80,90,100,110,125,140,180,200,220,…							

①　由于冷作强化效应的存在,对轮毂材料由塑料材料制成并且周向定位精度要求不太高时的静连接键,局部的压溃不会影响键的正常工作,而剪切断裂则意味着连接的完全破坏,所以进行剪切强度计算有时还是需要的。计算时可按切应力在剪切面均匀分布,按实际剪切面积进行剪切强度计算。

【例 5-1】 减速器的低速轴与凸缘联轴器采用平键连接,已知轴传递的转矩 $T = 1\ 000$ N·m,凸缘联轴器材料为 HT200,工作时有轻微冲击,连接处轴径:$d = 70$ mm,轮毂长度 $L_1 = 125$ mm,试选择键的类型和尺寸。

解 采用 A 型普通平连接。其计算过程如表 5-3 所示。

表 5-3 计算过程

计算项目	计算内容	计算结果
键的横截面尺寸 $b \times h$	查表 5-2	20 mm×12 mm
键长 L	小于轮毂长度	取 $L = 110$ mm
许用挤压应力 $[\sigma]_p$	查表 5-1	取 $[\sigma]_p = 55$ MPa
强度条件	$\sigma_p = \dfrac{2T}{kld} = \dfrac{2 \times 1000 \times 10^3}{6 \times (110-20) \times 70} = 52.9$	满足要求
选定型号		键 20×100GB/T 1096—2003

2. 半圆键连接强度计算

半圆键只用于静连接,其主要失效形式是工作面被压溃。通常按工作面的挤压应力进行强度校核计算,强度公式为式(5-1)。半圆键的接触高度 k 根据键的尺寸从标准中选取,工作长度近似取为 $l = L$,其中 L 为键的公称长度(见图 5-10)。

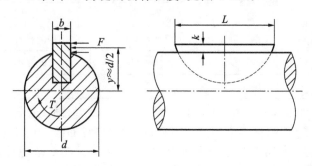

图 5-10 半圆键受力分析图

3. 楔键和切向键的连接强度计算要点

楔键连接的主要失效形式是相互楔紧的工作面被压溃,切向键连接的主要失效是工作面(两相平行的窄面)被压溃,故应校核各工作面的挤压强度。具体计算可参考有关手册。

5.2 花键连接

5.2.1 花键连接的类型和特点

在轴和毂孔周向均布多个键齿构成的连接称为花键连接。花键连接既可用于静连接也可用于动连接。如图 5-11 所示,花键可看成是由多个平键与轴做成一体而形成的,花键齿的工作面是其侧面。与平键相比,花键具有以下特点:

(1)多个齿、槽在轴和毂上直接制出,受力较为均匀;

（2）齿槽浅，对轴的强度削弱和应力集中小；

（3）由多齿传递载荷，承载能力高；

（4）轮毂和轴的定心和导向性能好；

（5）可采用磨削的方法提高加工精度和连接质量；

（6）有时需要用专用设备（如拉床等），加工成本较高。

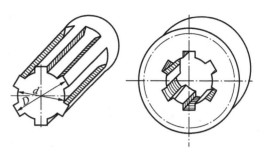

图 5-11　花键连接

因此，花键经常被用于定心精度要求高、载荷大或经常滑移的连接。在飞机、汽车、拖拉机、机床和农业机械中，花键都有广泛的应用。

常用的花键按其齿形不同，可分为矩形花键（见图 5-12）、渐开线花键（见图 5-13）。此外，还有主要做辅助连接之用的三角形花键。花键已标准化，花键连接的齿数、尺寸、配合等均应按标准选取。

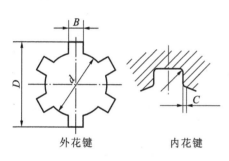

图 5-12　矩形花键

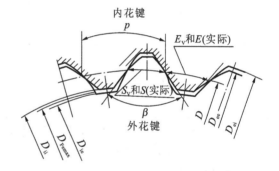

图 5-13　渐开线花键

1. 矩形花键

为适应不同载荷情况，矩形花键按齿高的不同，在标准中规定了两个尺寸系列：轻系列和中系列。轻系列多用于轻载连接或静连接；中系列多用于中载连接。

根据定心要求的不同，矩形花键有三种不同的定心方式：大径 D 定心、小径 d 定心、按键宽 B 定心（侧面定心）。大径定心适用于内花键用拉床拉制的场合，精度由拉刀保证，轮毂材料硬度应小于 HB350；侧面定心能更好地保证键齿的接触，传力性能较好；为了与国际标准规定一致，国家标准 GB/T 1144—2001《矩形花键尺寸、公差和检验》规定矩形花键用小径定心。采用小径定心时，轴、孔的花键定心面均可进行磨削，定心精度高，有利于简化加工工艺，降低生产成本。

矩形花键在图样上的标注内容为键数 N、小径 d、大径 D、键（槽）宽 B 的公差带或配合代号。例如，键数 $N=6$、小径 $d=23$ mm、大径 $D=26$ mm、键（槽）宽 $B=6$ mm 的花键在装配图标注方式为

$$6 \times 23 \frac{H7}{f7} \times 26 \frac{H10}{a11} \times 6 \frac{H11}{d10} \qquad GB/T\ 1144—2001$$

2. 渐开线花键

渐开线花键的齿形为渐开线，可用加工齿轮的方法加工，工艺性较好。渐开线花键齿根

部较厚,键齿强度高;由于采用齿形定心(侧面定心),在各齿面径向力的作用下可实现自动定心,各齿受载均匀;当载荷大且轴径也大时宜采用渐开线花键。但拉制所用的花键孔拉刀的制造成本较高。压力角为45°的渐开线花键由于键齿数多而细小,故适用于轻载和直径较小的静连接,特别适用于薄壁零件的连接。

5.2.2　花键连接的强度计算

花键连接的许用挤压应力、许用压力见表5-4。

表 5-4　花键连接的许用挤压应力、许用压力　　　　　　　　单位:MPa

许用应力	连接工作方式	使用制造情况	齿面未热处理	齿面经热处理
$[\sigma]_p$	静连接	不良	35~50	40~70
		中等	60~100	100~140
		良好	80~120	20~200
$[p]$	空载下移动的动连接	不良	15~20	20~35
		中等	20~30	30~60
		良好	25~40	40~70
	在载荷作用下移动的动连接	不良	—	3~10
		中等	—	5~15
		良好	—	10~20

花键连接的强度计算与平键连接相似,静连接时的主要失效形式为齿面压溃;动连接时的主要失效形式为工作面磨损。计算时,假定载荷在键的工作面上均匀分布,各齿面上压力的合力 F_N 作用在平均直径处,并引入系数 ψ 来考虑实际载荷在各花键齿处分配不均的影响,花键工作时的受力如图5-14所示。花键连接的强度条件计算公式为

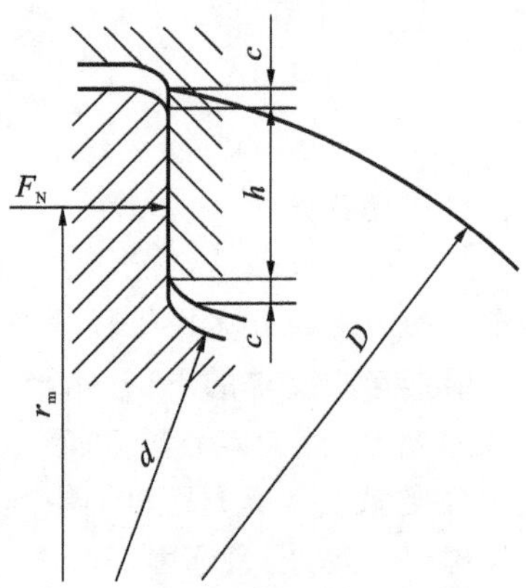

静连接　　　$\sigma_p = \dfrac{2T \times 10^3}{\psi z h l d_m} \leqslant [\sigma]_p$　　　(5-3)

动连接　　　$p = \dfrac{2T \times 10^3}{\psi z h l d_m} \leqslant [p]$　　　(5-4)

图5-14　花键受力情况示意

式中:ψ——载荷分布不均系数,一般 $\psi = 0.7 \sim 0.8$,齿数多时取偏小值;z——花键的齿数;l——齿的工作长度,mm;h——花键齿侧面的工作高度,mm,对于矩形花键,$h = (D-d)/2 - 2C$,其中 D 为外花键大径,d 为内花键的小径,C 为倒角尺寸,对于渐开线花键,$\alpha = 30°$时 $h = m$,$\alpha = 45°$时 $h = 0.8m$,其中 m 为模数;d_m——花键的平均直径,mm,对于矩形花键,$d_m = (D+d)/2$,对于渐开线花键,d_m 为分度圆直径。$[\sigma]_p$、$[p]$——轴、轮毂两者中最弱材料的许用挤压应力、许用压力,MPa,见表5-4。

5.3　成形连接

成形连接又称型面连接,是利用非圆截面的轴与相应的毂孔构成的连接,如图 5-15 所示。轴和毂孔可以做成柱形或锥形的,前者只能传递扭矩,但可以用做动连接(一般是在不带载荷下的移动),而后者除传递扭矩外,还可以传递单方向的轴向力。

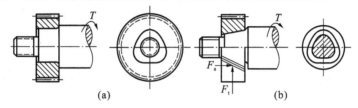

图 5-15　成形连接
(a)轴和轮毂是柱形的;(b)轴和轮毂是锥形的

对成形连接的非圆剖面,轴要先经过车削,然后磨削,毂孔先经镗钻或拉,然后磨削。所以型面要能适应磨削。常用的型面有摆线型面和等距曲线型面等。成形连接装拆方便,在加工精度得到保证时具有良好的对中性能。由于没有键槽及尖角,应力集中小,其与键连接相比可视为一种使轴的整个截面都参与传力的一种连接方式,故可以传递较大的扭矩。

成形连接的加工比较复杂,特别是为了保证配合精度,最后工序多需要在专用机床上进行磨削,成本较高,目前的使用并不普遍。

成形连接的型面也可以采用方形、正六边形及带切口的圆形等,但其定心精度较差。

5.4　弹性环连接

弹性环连接也称胀套连接,是利用以锥面贴合并挤紧在轴-毂之间的内外钢环(胀紧连接套,简称胀套)构成的连接。根据胀套形式的不同,JB/T 7934—1999 规定了五种类型(Z1 至 Z5)。弹性环连接能传递相当大的转矩和轴向力,它没有应力集中,定心性好,装拆方便,但由于要在毂和轴上安装弹性环,它的应用有时受到结构的限制。

采用单个 Z1 型胀套的连接实例如图 5-16a 所示。锁紧时,在锁紧螺母的作用下,外锥套向右运动,对与其锥面贴合并挤紧的内锥套产生挤压,同时该挤压力也使外锥套产生扩张。在内锥套收缩和外锥套扩张的过程中,轴与内锥套、轮毂与外锥套的接触面以及内、外锥套的接触面都发生弹性变形,从而产生足以承受外力和扭矩的摩擦力。为了传递更大的载荷,可以采用多个胀套,图 5-16b 所示为采用两个 Z1 胀套的实例。

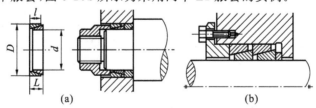

图 5-16　Z1 胀套连接
(a)单个胀套;(b)两个胀套

其他类型胀套的工作原理与 Z1 胀套类似。图 5-17 所示为 Z2 型胀套。如图所示,在锁紧螺栓的作用下,两锥形体相互靠近,它们与内、外锥套接触的锥面使得内、外锥套收缩和扩张,达到连接的作用。

弹性环连接可以视为一种过盈连接,只是在弹性环连接中利用了锥面贴合并挤紧后产生的弹性变形。弹性环连接的强度计算与过盈连接类似,即需要考虑胀套、轴、轮毂的挤压强度。对于已经标准化的胀套,其额定的转矩$[T]$和额定轴向力$[F_a]$均为已知,选用时只需要根据轴和轮毂尺寸以及传递扭矩的大小,查阅手册选择合适的型号和尺寸。

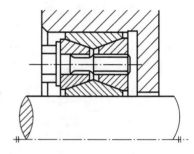

图 5-17 Z2 胀套连接

胀套设计时要满足的条件:

传递转矩时 $\qquad T \leqslant [T]$ $\qquad\qquad$ (5-5)

传递轴向力时 $\qquad F_a \leqslant [F_a]$ $\qquad\qquad$ (5-6)

在同时作用传递转矩和轴向力时

$$F_H = \sqrt{F_a^2 + \left(\frac{2000T}{d}\right)^2} \leqslant [F_a] \qquad\qquad (5-7)$$

式中:T——传递的转矩,$N \cdot m$;$[T]$——单个胀套可以传递的转矩,$N \cdot m$;F_a——传递的轴向力,N;$[F_a]$——单个胀套可以传递的轴向力,N;d——胀套内径,mm。

在使用多个胀套时,可以传递的扭矩和轴向力应扩大 m(胀套的额定载荷系数)倍,具体数据见表 5-5。

表 5-5 胀套的额定载荷系数

连接中胀套的数目	m	
n	Z1 胀套	Z2 胀套
1	1.00	1.00
2	1.56	1.80
3	1.85	2.70
4	2.03	—

胀套弹性环常用 65、70、55Cr2、60Cr2 制造,并经热处理。锥角一般为 12.5°～17°,多为整圆环。为了更易于变形,也可设置纵向缝隙,但纵向开缝时不能保证定心精度。由于胀套尺寸已经标准化,所以轴和轮毂尺寸应该与其相配。

在实际的应用中,也可以根据胀套的工作原理自行设计多种不同的胀套形式,只要能够保证胀套顺利地扩张和收缩即可。

5.5 销连接

5.5.1 销连接的种类和基本功能

销按其主要功能可分为三种:①定位销,主要用于固定零件之间的相对位置(见图 5-18);②连接销,用于轴与毂的连接或其他连接(见图 5-19),可传递不大的载荷;③安全销,作为安全装置中的过载保护元件(见图 5-20)。

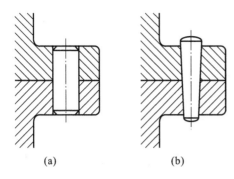

图 5-18　定位销

（a）圆柱销；（b）圆锥销

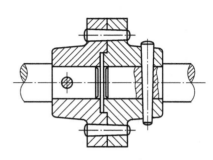

图 5-19　连接销（圆锥）

销根据其外形的不同也可有多种类型，如圆柱销、圆柱销、槽销、销轴、开口销等。

圆柱销靠微量的过盈配合固定在铰光的销孔中，由于装拆时的磨损和残余变形的存在，多次装拆将影响连接的可靠性定位的精确性，不宜于在多次装拆的场合下使用。其中，弹性圆柱销是由弹簧钢带卷制而成的纵向开缝的圆管（见图 5-21），销孔无须铰光，靠材料的弹性变形挤紧在销孔中。这种销比实心销轻，可多次装拆。

圆锥销有 1∶50 的锥度，可自锁，靠圆锥面的挤压作用固定在铰光的销孔中，可以多次装拆。但普通圆锥销在冲击振动下容易出现松脱。

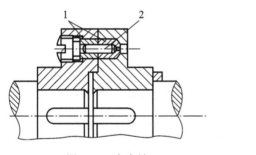

图 5-20　安全销

1—销套；2—安全销

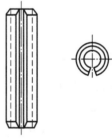

图 5-21　弹性圆柱销

销轴用于两零件的铰接处，以构成铰链连接。销轴通常用开口销锁定（见图 5-22）。

槽销用弹簧钢碾压而成，有三条纵向沟槽（见图 5-23），销孔无须铰光，靠材料的弹性变形挤紧在销孔中。槽销制造比较简单，可多次装拆，多用于传递载荷。

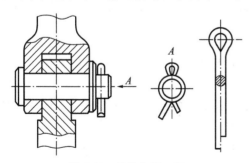

图 5-22　销轴和开口销

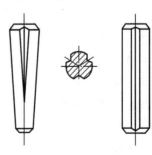

图 5-23　槽销

5.5.2 几种特殊的销

圆柱销和圆锥销是最基本的形式的销,但实际应用中根据不同的使用要求,销的结构也就有了不同的变化。

(1)开尾圆锥销 普通圆锥销在有振动的场合容易松脱,可采用开尾圆锥销(见图5-24),装入销孔后,将末端开口部分撑开,可保证销不致松脱。

(2)带内(外)螺纹圆锥(圆柱)销 对盲孔以及由于结构设计装拆困难时可采用带内(外)螺纹的圆锥或圆柱销,如图5-25所示。另外,在深盲孔销连接中,由于销打入时孔内气体将受到压缩从而产生阻止销进入的阻力,所以应采用加设排气孔,或采用槽销以便于安装。

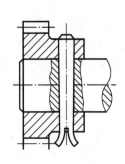

图 5-24 开尾圆锥销

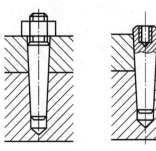

图 5-25 带螺纹的圆锥销

5.5.3 销的强度计算

在进行销连接设计时,可先根据连接的具体结构和工作要求来选择销的类型、材料和尺寸,再进行适当的强度计算。

定位销通常不受载荷或只受很小的载荷,故通常不进行强度计算,其直径按结构确定,一般不小于两个。销装入每一连接件内的长度,为销直径的1~2倍。

连接销的类型可按具体结构选定,其主要失效形式为剪断或压溃,可按实际的剪切面积和挤压面积进行设计校核(可参考铰制孔螺栓)。

安全销的直径应按过载值进行设计,以保证在达到过载值时销可被剪断。

习 题

5-1 两个平键和两个半圆键的布置方式有什么不同?为什么?

5-2 平键、半圆键、销、花键、型面连接都可以传递扭矩。作为一种目标的多种实现方式,你认为其中体现了何种设计思想?

5-3 为什么普通平键连接的长度通常应根据轮毂的长度确定,而不能简单地根据力矩大小进行长度选择?

5-4 销连接有几种主要的用途?请给出其使用实例。

5-5 为什么在采用两个以上胀套时,Z2型的额定载荷系数与Z1型胀套有明显的区别?

5-6　如图 5-26 所示,A 轴段的直径为 50 mm,长度为 70 mm 齿轮装于端部,轴和齿轮均由 45 钢制成。现拟采用平键进行连接,请确定平键的尺寸,并确定能传递的最大扭矩。如齿轮改为灰铸铁制造,请问此时能传递的扭矩又为多少?

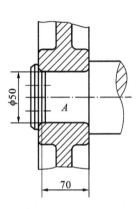

图 5-26　题 5-6 图

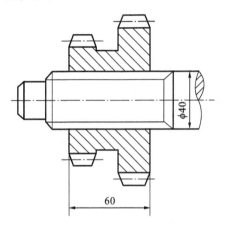

图 5-27　题 5-7 图

5-7　图 5-27 所示为一花键轴滑移齿轮,传递的额定功率为 $P=3.5$ kW,转速 $n=180$ r/min,齿轮空载移动,工作情况良好。花键采用矩形花键,内花键拉削后未经热处理,$N \times d \times D \times B = 8 \times 36$ mm$\times 40$ mm$\times 7$ mm,请校核连接的强度(倒角取为 C 0.2 mm)。

第6章 其他连接

本章主要介绍铆接、焊接、黏接、过盈连接的基本特点和设计时应该注意的问题,并对快动连接进行简单的介绍。

除了前面介绍的螺纹连接,键、销连接以外,在工程中还应用着多种不同形式的连接,本章将对其中常用的几种连接进行简单的介绍。

6.1 铆接

利用铆钉把两个以上元件连接在一起的不可拆连接称为铆钉连接,简称铆接。

铆接具有工艺设备简单、抗振、耐冲击和牢固可靠等优点。其缺点是:结构一般较为笨重,被连接件上所制的铆孔对被连接件的强度也有着较大的削弱;铆接时噪声很大,影响工人健康。铆接应用已有很长的历史,近年来由于焊接、高强度螺栓连接和黏接技术的发展,铆接的应用已逐渐减少。目前在少数受严重冲击载荷或振动的金属结构,由于焊接技术的限制,还采用铆接,如某些起重机和某些铁路桥梁等。另外,在轻金属结构(如飞机结构)中,铆接还是主要的连接方式,非金属元件的连接(如制动闸中的摩擦片闸靴或闸带的连接)有时也需采用铆接。

6.1.1 铆接典型结构和基本种类

1. 铆缝形式

铆接的典型结构如图 6-1 所示。它由铆钉 1 和两连接板 2、3 组成,在两板拼接时还会

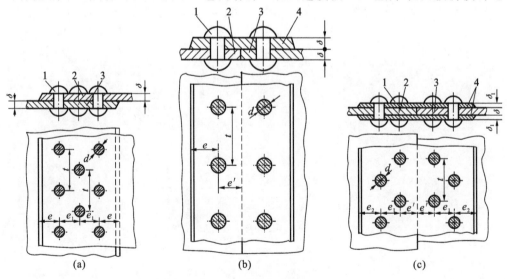

图 6-1 常用铆缝结构

(a)搭接铆缝;(b)单搭板铆缝;(c)双搭板铆缝

使用辅助连接件搭板 4。由这些铆接组件形成连接部分称为**铆接缝**(简称铆缝)。

根据工作要求铆缝分为强固铆缝(如建筑结构中的铆缝)、强密铆缝(如锅炉、压力容器中的铆缝)和紧密铆缝(如水桶、水柜锅炉的铆缝)。本章只介绍强固铆缝。

2. 铆钉

铆钉有空心和实心的两种。空心铆钉用于受力较小的薄板或非金属零件的连接,在轻工业部门用的较多。钢制实心铆钉的式样很多,且已标准化(见 GB/T 863.1—1986～GB/T 876—1986)。常见铆钉及其铆接后的形式如图 6-2 所示。

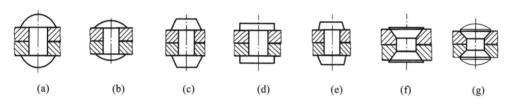

(a)　　　(b)　　　(c)　　　(d)　　　(e)　　　(f)　　　(g)

图 6-2　常见铆钉及其铆接后的形式

如铆钉的直径小于 12 mm,铆合时可不加热,称为冷铆;如大于 12 mm,在铆合时通常需要把铆钉局部加热,称为热铆。为了使铆合时铆钉能容易地穿过钉孔,钉杆直径应比钉孔直径小 0.5～1 mm(直径小于 5 mm 的除外)。在铆合时,钉杆被镦粗而胀满钉孔。

6.1.2　铆接的工作原理和强度分析

冷铆和热铆的工作原理有所不同。冷铆时,钉杆被镦粗而胀满钉孔,但两铆件间的压紧力较小,工作时以铆钉承受剪切为主,摩擦力可以不考虑。热铆时,铆钉是在红热时铆合的,冷却后由于钉杆的纵向收缩,将把铆钉压紧;而由于钉杆的横向收缩,将在钉杆和孔壁间产生少许间隙。热铆件工作时,如果载荷大于接触面可能产生的最大摩擦力,则两铆件间将发生相对滑移,直至钉杆两侧与被铆件接触而发生剪切。对于强密连接,滑移将破坏连接的紧密性,所以不发生滑移应是衡量连接工作能力的准则;对于强固连接,则可以将铆钉的抗剪切能力作为工作能力的判断准则。

设计铆缝时,通常是根据承载情况及具体要求,按照有关专业的技术规范或规程,选出合适的铆缝类型和铆钉规格,进行铆缝的结构设计(如按照铆缝形式和有关要求布置铆钉)。强固铆缝的主要失效形式如图 6-3 所示。

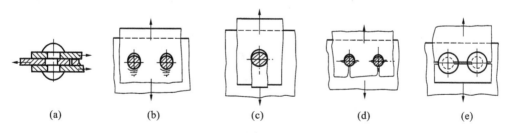

(a)　　　　(b)　　　　(c)　　　　(d)　　　　(e)

图 6-3　强固铆缝的主要失效形式

(a)铆钉被剪断;(b)钉孔接触面被压坏;(c)板边被剪断;(d)板边被撕裂;(e)板沿钉孔被拉断

在进行受力分析和强度计算时,通常做如下假设:①一组铆钉中各铆钉受力均等;②危险截面上的应力为拉应力或切应力、工作面上的挤压应力是均匀分布的;③被铆件贴合面间的摩擦影响可忽略;④铆缝不受弯矩作用。事实上,在弹性变形范围内各铆钉的受力是不相同的;但在塑性变形时,上述假设大致成立。

可以在上述假设下直接按材料力学的基本公式进行强度校核。下面以图 6-4 所示的单排铆缝为例给出铆缝可以承受的载荷。

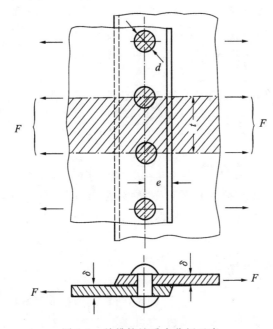

图 6-4　单排铆缝受力分析示意

(1)按被铆件的拉伸条件

$$F_1 = (t-d)\delta[\sigma] \tag{6-1}$$

(2)按被铆件孔壁的挤压条件

$$F_2 = d\delta[\sigma_p] \tag{6-2}$$

(3)按铆钉的剪切条件

$$F_3 = \frac{\pi d^2[\tau]}{4} \tag{6-3}$$

上列三式中:F_1、F_2、F_3 的单位为 N;$[\sigma]$、$[\sigma_p]$、$[\tau]$ 分别为被铆件的许用拉伸应力、许用挤压应力、铆钉的许用剪切应力,MPa。

显然,这段铆缝所能承受的载荷 F 应取 F_1、F_2、F_3 中的最小者。需要特别强调,在实际计算时所用的许用应力应根据有关专业的技术规范或规定。

6.2　焊接

借助加热(有时还要加压)使两个以上的金属元件在连接处以分子间的结合而构成的不可拆连接称为焊连接,简称焊接。焊接的方法很多,在机械制造业中常用属于熔融焊的电焊、气焊与电渣焊,其中尤以电焊应用最广。电焊又分为电阻焊和电弧焊两种。

与铆接相比,焊接具有强度高、工艺简单、增加额外质量少、焊缝比铆缝更容易保证紧密性、工人劳动条件较好的优点。另外,以焊代铸可以节约大量金属,也便于制成不同材料的组合件而节约贵重材料。但焊接在冲击载荷条件下工作时不及铆接可靠,不能像铆接那样可从外部检查连接质量。另外,焊接对技术要求较高,对重要的焊缝除需要按行业的规范进行焊缝尺寸校核和质量检验以外,同时还要规定由一定技术水平的焊工进行焊接。

本节将简单地介绍电弧焊的基本知识和焊缝强度计算的一般方法。

6.2.1　焊接设计的结构要点和材料

1.电弧焊缝的基本形式

焊件经焊接后而形成的结合部分称为焊缝。电弧焊缝的基本形式如图 6-5 所示。除了受力较小时采用如图 6-5e 所示的塞焊缝以外,其他焊缝可以分为对接焊缝和角焊缝两种。前者用于连接位于同一平面内的被焊件;后者用于连接不同平面内的被焊件。

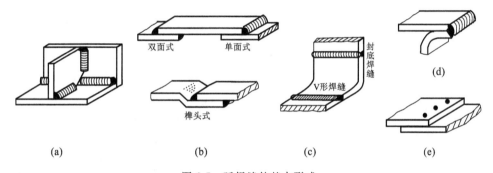

图 6-5　弧焊缝的基本形式

(a)正接角焊缝;(b)搭接角焊缝;(c)对接焊缝;(d)卷边焊缝;(e)塞焊缝

2.常用坡口形式

为了保证焊接的质量,避免出现未焊透或缺焊现象,焊缝应按被焊件的厚度制成坡口(见表 6-1),或进行一般的倒棱修边工艺。在焊接前,通常需要对坡口进行清洗整理。如果焊接处较薄而不便预制坡口,要先后从正、反两面进行焊接(双面焊或补焊)。

表 6-1　常用坡口形式与被焊件的厚度的关系

厚度/mm	坡口形状	厚度/mm	坡口形状
≤5	0~1.5	20~50	
5~40	70° 2~4 2~3	≥50	
12~20	70° 2~4 2~3	20~50	35°~40°

3. 焊接件常用材料及焊条

金属结构焊接件的常用材料为 Q215、Q235、Q255;焊接零件时常用 Q275、15～50 碳钢,以及 50Mn、50Mn2、50SiMn2 等合金钢。在焊接件中广泛采用各种型材、板材和管材。焊条的种类很多,可针对具体要求从手册中选取。常用的焊条有 E4301、E4305、E5001、E5003 等。型号中的数字:字母后的前两位表示熔敷金属的最低抗拉极限强度,如 50 表示 $\sigma_b \geqslant 50$ kgf/mm^2 = 490 MPa;第三位"0"或"1"表示焊条适用于各种位置的焊接(如平焊、立焊、仰焊、横焊等);第四位表示药皮类型及焊接电源。具体可查阅手册。

6.2.2 焊接的失效形式与强度分析要点

对接焊缝主要用来承受作用于被焊件平面内的拉(压)力或弯矩,其主要的破坏形式是沿焊缝断裂(见图 6-6)。

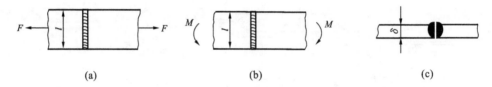

(a)   (b)   (c)

图 6-6 对接焊缝的受力和破坏

(a)被焊件平面内的拉力;(b)被焊件平面内的弯矩;(c)焊缝断裂

在角焊缝中主要有正接角焊缝(见图 6-5a)和搭接角焊缝(见图 6-5b)。搭接角焊缝与受力方向垂直的称为正面角焊缝(见图 6-7a),与受力方向平行的称为侧面角焊缝(见图 6-7b)。正面角焊缝主要承受拉力;侧面角焊缝及混合角焊缝可以承受拉力和弯矩。实践证明,角焊缝的正常破坏均为截面 $A—A$、$B—B$(见图 6-7),一般认为破坏是由于剪切而引起的。

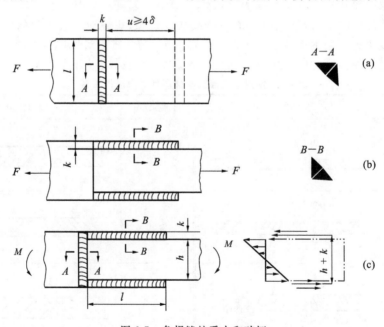

图 6-7 角焊缝的受力和破坏

在计算焊缝强度时通常假设应力均匀分布,并根据实验取定其许用应力,并且不考虑残余应力的影响。基本理由如下:①焊件受载时,焊缝附近的应力分布非常复杂,应力集中及内应力很难准确确定,作上述处理可使计算简化;②被焊接件及焊缝多为塑性较好的材料,对应力集中不大敏感;③在设计制造时,可采取多种措施保证应力集中和内应力不至于过大(如使构件在冷却时有微小自由移动的可能,焊接后进行热处理(退火)以消除残余应力,以及将较厚的板件沿对接部位平滑辗薄等)。

1. 对接焊缝

对接焊缝承受拉力或压力时,其平均应力及强度条件为

$$\frac{F}{\delta l} \leqslant [\sigma] \tag{6-4}$$

式中:F——作用力,N;δ——被焊件厚度(不考虑焊缝加厚),mm;l——焊缝长度,mm;$[\sigma]$——焊缝的许用应力,抗拉和抗压时分别取为$[\sigma]'$和$[\sigma]_y'$,MPa,见表 6-2。

2. 角焊缝

角焊缝的强度分析比较复杂,下面只对受拉力和压力作用下的角焊缝的条件性计算作简单介绍。假设焊缝为等腰三角形,通常按危险截面高度$h = k\cos 45° \approx 0.7k$(见图 6-7)计算焊缝总的截面积。

角焊缝承受拉力或压力时,其平均应力及强度条件为

$$\frac{F}{0.7k \sum l_i} \leqslant [\tau]' \tag{6-5}$$

式中:F——作用力,N;k——焊缝高度,mm;l_i——第 i 段焊缝的长度,mm;$[\tau]$——焊缝的许用应力,抗拉和抗压时分别取为$[\tau]'$,MPa,见表 6-2。

表 6-2　静载荷作用下焊缝的许用应力　　　　　　　　　　　　单位:MPa

应力种类	被焊件材料	
	Q215	Q225,Q235
压应力$[\sigma]_y'$	200	210
拉应力$[\sigma]'$	180(200)	180(210)
切应力$[\tau]'$	140	140

注:本表适用于常用的手工电弧焊条 4303,括号中的数据用于焊缝经精确检查时,对于单面焊接的角钢,各许用应力降低 25%。

【例 6-1】　图 6-7a 所示的焊接件,$l = 300$ mm,板的材料为 Q225,许用拉应力$[\sigma] = 210$ N/mm²,板厚$\delta = 10$ mm,焊缝腰长等于板厚,采用手工电弧焊条 4303,求许用静拉力的大小。

解　板的许用静拉力为

$$\delta l[\sigma] = 10 \times 300 \times 210 \text{ kN} = 630 \text{ kN}$$

焊缝的许用静拉力为

$$0.7k\sum l_i = 0.7 \times 10 \times 2 \times 300 \times 140 \text{ kN} = 588 \text{ kN} < 630 \text{ kN}$$

故该焊接件的许用静拉力为 588 kN。

焊接件有各种结构,其结构设计和强度计算均较为复杂,需要进行全面的考虑,有关的更为详细的内容可参考焊接手册,并注意行业的有关规范。

6.3 胶接

胶接(黏接)是利用胶黏剂在一定的条件下将预制的元件连接在一起的不可拆连接方式。随着各种新型胶黏剂的出现,胶接的使用也日益广泛。目前,胶接在机床、汽车、拖拉机、船舶制造、化工、仪表、航空、航天等工业部门均有广泛的应用。图 6-8 给出了其中的一些应用实例。

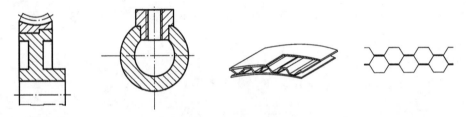

图 6-8 黏接使用实例

与铆接和焊接相比,胶接的主要优点有:①质量较小;②不会引起连接部位的金相组织变化;③应力分布均匀;④能适用于微型件、复杂结构件、薄形件,以及金属和非金属间的连接;⑤设备更简单,操作方便、无噪声;⑥密封性优于铆接;⑦能满足防锈、绝缘、透明的要求;等等。其主要缺点是:①通常不适用于温度过高的场合;②抗剥离、弯曲、冲击能力差;③耐老化和耐介质(如酸、碱等)的性能差;④有缺陷不易发现,目前尚无完善可靠的无损检测方法;⑤有的胶黏剂的操作较为复杂。

6.3.1 常用胶黏剂的种类和使用方法

1. 胶黏剂的种类

常用胶黏剂种类繁多,可以从多个方面进行分类,下面从使用目的出发进行简单的分类。

(1)结构胶黏剂 这类胶黏剂在常温下的抗剪强度一般不低于 8 MPa,在经受一般的高、低温或化学作用后不降低其性能,黏接件的承载能力较大。常用的有:酚醛-缩醛-有机硅胶黏剂、环氧-酚醛胶黏剂和环氧-氯丁橡胶胶黏剂。

(2)非结构胶黏剂 这类胶黏剂在正常使用时有一定的胶接强度,但在高温或重载时性能迅速下降。例如酚醛-氯丁橡胶胶黏剂等。

（3）其他胶黏剂　一些具有特殊性能,用在特殊场合的胶黏剂,如防锈、绝缘、导电、电热、透明、超高温、超低温、耐酸、耐碱等。例如环氧导电胶黏剂、环氧超低温胶黏剂等。

胶黏剂的主要性能是胶接强度（耐热性、耐介质性、耐老化性）、固化条件（温度、压力、时间）、工艺性能（涂布性、流动性、有效贮藏时间等）。其主要选择原则是根据胶接体的使用条件和环境,从胶接强度、工作温度、固化条件等多各个方面进行综合分析后加以选择。如在有冲击、振动的环境,宜选用弹性模量较小的胶黏剂等。

2. 胶接的基本工艺过程

胶接的基本工艺过程包括以下几个步骤。

（1）胶接表面处理　胶接表面一般需经过除油、机械、化学处理,以清除其表面的油污及氧化层,改善表面的粗糙度。表面粗糙度 $Ra \approx 1.6 \sim 3.2\ \mu m$,太低太高都会影响黏接效果。

（2）胶黏剂配制　多数胶黏剂是多组分的,使用时应以合适的比例进行调配。

（3）涂胶　采用适当的方法涂布胶黏剂,如喷涂、刷涂、滚涂、浸渍、贴膜等。要保证胶层厚薄均匀、合适,无气泡。

（4）清理　在涂胶装配后,应清除多余的胶黏剂。如允许在固化后由机械方式去除,则该步骤可移后。

（5）固化　需要根据所用胶黏剂的使用要求,并考虑具体黏接件的结构特点按要求（如温度、压力、时间等）完成固化。

（6）检验　可通过 X 光、超声波探伤、放射性同位素或激光全自息摄影等进行无损检验,以判定黏接处是否存在严重缺陷。

6.3.2　胶接接头设计要点

胶接接头设计时需要关注的问题主要有以下几点:

（1）根据工作条件选择合适的胶接剂;

（2）合理选择接头形状;

（3）适当选择工艺参数;

（4）充分利用胶缝承载特征,尽可能使其受剪切或拉伸,而避免承受扯离特别是剥离载荷;

（5）从结构上适当采用防剥离措施,如加紧固元件,在边缘片采用卷边和加大胶接面积等;

（6）尽量减少接缝处的应力集中,如将胶接端部修斜或使胶黏剂和被胶黏材料的热膨胀系数尽可能相同;

（7）当有较大冲击时,应在胶接面增加玻璃纤维布等缓冲减振材料。

图 6-9 给出了一些常见的黏接结构。

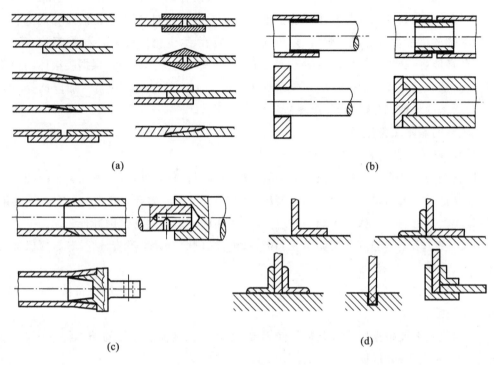

图 6-9　常见的黏接接头结构

(a)板件接头；(b)圆柱形接头；(c)锥形及盲孔接头；(d)角接头

6.4　过盈连接

过盈连接是利用零件的过盈配合来达到连接的一种连接方式。这种连接也称干涉连接或紧配连接。

过盈连接具有结构简单、对中性好、承受冲击性能好、承载能力强、对轴的强度削弱小等特点；但配合面的加工精度要求高，装拆不便，在一般情况下属于不可拆连接。主要用于轴与毂、轮圈与轮芯，以及滚动轴承与轴或座孔的连接。

6.4.1　过盈连接的工作原理和装配方法

过盈连接是将外径为 d_B 的被包容件压入内径为 d_A 的包容件中，如图 6-10 所示。由于配合直径有 $\Delta A + \Delta B$ 的变形量，装配后在装配面上将产生一定的径向压力。当连接承受轴向力或转矩时，配合面上将产生摩擦力或摩擦转矩以抵抗和传递外载荷。

过盈连接的装配方法有压入法和胀缩法两种。

压入法是用压力机将被包容件直接压入包容件中。由于过盈量的存在，配合表面的微凸峰不可避免地要受到擦伤或压平，影响实际过盈量，降低连接的紧固性。为减少这一影响，通常在被包容和包容件上制出如图 6-11 所示的导锥。

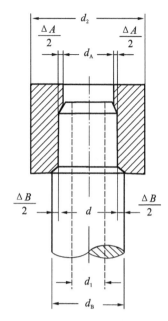

图 6-10　圆柱面过盈连接

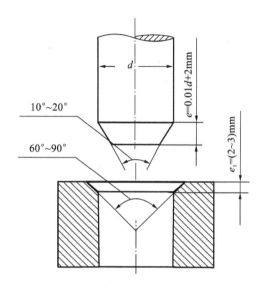

图 6-11　过盈构件的（导锥）结构

对于连接质量要求更高的场合，应采用胀缩法进行装配。通过加热包容件或冷却被包容件，使之既便于装配又能减少或避免损伤配合表面，在常温时达到牢固的连接。胀缩法常采用电加热（过盈量较小时也可采用热油加热），冷却时通常采用液态空气（沸点为−194℃）或干冰（沸点为−79℃）。加热时应防止配合面上产生氧化皮。加热法常用于直径较大时的场合，而冷却法常用于直径较小时。

由于多次装拆配合面会受到严重的损伤，除采用加热包容件进行拆卸外，经常采用预先在包容和被包容件上设计拆卸结构，利用液压拆卸。如图 6-12 所示，齿轮和轴上制有进、出油孔，轴上制有环沟。当高压油从进油孔 1 注入时，齿轮孔径将被扩大，轴径将缩小，从而使拆卸顺利进行（高压油从出油孔 2 排出）。

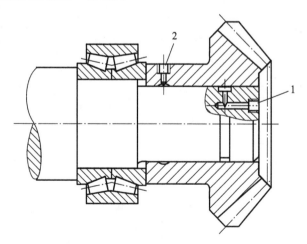

图 6-12　液压拆卸结构示意

6.4.2 过盈连接计算简述

过盈连接计算的假设条件是:连接零件中的应力处于平面应力状态(即轴向应力为零),应变均在弹性范围内;材料的弹性模量为常数;配合面的压力为均匀分布。基本计算工作主要包括以下两方面:

(1)在已知载荷的条件下,计算配合面间所需要产生的压力和产生这一压力所需的过盈量;

(2)在选定的标准过盈配合下,校核相关连接零件在最大过盈量时的强度。

此外,在采用胀缩法装配时还应计算出加热或冷却温度、装拆时的压入力及压出力。必要时还应算出装配后包容件外径的胀大量及被包容件内径的缩小量。

1. 配合面所需的径向压力 p

配合面所需径向压力的大小与配合面间的摩擦因数和所传递的载荷大小和类型有关。

(1)传递轴向力 $F(\text{N})$ 时

$$p \geqslant \frac{F}{\pi dl f} \tag{6-6}$$

(2)传递扭矩 $T(\text{N} \cdot \text{mm})$ 时

$$p \geqslant \frac{2T}{\pi d^2 l f} \tag{6-7}$$

(3)承受轴向力 F 传递扭矩 T 时

$$p \geqslant \frac{\sqrt{F^2 + \left(\dfrac{2T}{d}\right)^2}}{\pi dl f} \tag{6-8}$$

式(6-5)至式(6-8)中: p——配合面所需的径向压力,MPa; d——配合面的公称直径,mm; l——配合长度,mm; f——配合面的摩擦因数,见表 6-3。

表 6-3 摩擦因数 f

压 入 法			胀 缩 法		
连接零件材料	无润滑时 f	有润滑时 f	连接零件材料	结合及润滑方式	f
钢-铸钢	0.11	0.08	钢-钢	油压扩孔,压力油为矿物油	0.125
钢-结构钢	0.10	0.07		油压扩孔,压力油为甘油,结合面排油干净	0.18
钢-优质结构钢	0.11	0.08		在电炉中加热包容至 300℃	0.14
钢-青铜	0.15~0.20	0.03~0.06		在电炉中加热包容至 300℃后接合面脱脂	0.2
钢-铸铁	0.12~0.15	0.05~0.10	钢-铸铁	油压扩孔,压力油为矿物油	0.1
铸铁-铸铁	0.15~0.25	0.05~0.10	钢-铝镁合金	无润滑	0.10~0.15

2. 过盈量和最小有效过盈量[①]

根据材料力学厚壁筒计算理论可得，为获得所需的径向压力 p，过盈连接所需的最小过盈量 $\Delta_{\min}(\mu m)$ 为

$$\Delta_{\min} \geqslant pd\left(\frac{C_1}{E_1} + \frac{C_2}{E_2}\right) \times 10^3 \tag{6-9}$$

式中：C_1——被包容件的刚性系数，$C_1 = (d^2 + d_1^2)/(d^2 - d_1^2) - \mu_1$；$C_2$——包容件的刚性系数，$C_2 = (d_2^2 + d^2)/(d_2^2 - d^2) + \mu_2$；$\mu_1$、$\mu_2$——被包容件和包容件材料的泊松比，对于钢和青铜可取 $\mu = 0.3$，对于铸铁可取 $\mu = 0.25$；E_1、E_2——被包容件和包容件的弹性模量，对于钢可取 $E = 2.1 \times 10^5$ MPa，对铸铁和青铜可取 $E = 1.05 \times 10^5$ MPa。

由式(6-6)至式(6-8)可知，配合长度越短，径向压力越大。为了避免径向压力影响装配和零件强度，通常取 $l \approx 0.9d$；但 l 也不应太大，否则将造成配合面上的应力分布不均匀。一般当 $l > 0.8d$ 时需要考虑过盈配合两端所产生的应力集中的问题，可以通过加设卸荷槽等方式减少这一影响（可参考第 15 章）。

在用胀缩法进行装配时，可按式(6-9)计算所需要的最小过盈量。由于式(6-9)中没有考虑表面微凸峰被擦去和压平的问题，所以在采用压入法装配时应对其进行修正，修正后的过盈量

$$\delta_{\min} = \Delta_{\min} + 2u = \Delta_{\min} + 0.8(\delta_1 + \delta_2) \tag{6-10}$$

式中：δ_1 和 δ_2——包容件和被包容件配合表面的微观不平度，见表 6-4，μm。$2u = 0.8(\delta_1 + \delta_2)$，为压入法装配时的擦去部分。

表 6-4　不同加工方式的表面微观不平度

加工方法	精车或精镗，中等磨光，刮（每平方厘米内有 1.5～3 个点）		铰，精磨，刮（每平方厘米内有 3～5 个点）		钻石刀头镗镗磨		研磨，抛光，超精加工等		
表面粗糙度代号	$\sqrt{Ra3.2}$	$\sqrt{Ra1.6}$	$\sqrt{Ra0.8}$	$\sqrt{Ra0.4}$	$\sqrt{Ra0.2}$	$\sqrt{Ra0.1}$	$\sqrt{Ra0.05}$	$\sqrt{Ra0.025}$	$\sqrt{Ra0.012}$
$\delta/\mu m$	10	6.3	3.2	1.6	0.8	0.4	0.2	0.1	0.05

3. 过盈连接的强度计算

过盈连接的强度按材料力学厚壁筒进行计算。如材料为脆性材料，应按第一强度理论进行强度计算（对包容件校核其最大拉应力，对被包容件校核其最大压应力）；如材料为塑性材料则应保证其不发生塑性变形。

由材料力学知识，最大压力与最大过盈量之间的关系为

---

① 标准配合选定后，与该配合相对应的最小过盈量和最大过盈量也就确定了。但对于实际零件对，有：最小过盈量≤实际过盈量≤最大过盈量。从偏于安全角度出发，在传力能力确定时应按最小过盈量计算，而在进行强度分析时应按最大过盈量计算。对单个的过盈连接也可按实际的过盈量进行传力能力和强度计算。

$$p_{\max} = \frac{\delta_{\max}}{d\left(\dfrac{C_1}{E_1} + \dfrac{C_2}{E_2}\right) \times 10^3} \tag{6-11}$$

式中：$\delta_{\max}$——选定标准配合的最大过盈量，对于压入装配在计算时应减去被擦去部分 $2u = 0.8(\delta_1 + \delta_2)$。

（1）材料为脆性材料时的计算公式如下。

对于被包容件 $\qquad\qquad p_{\max} \leqslant \dfrac{d^2 - d_1^2}{2d^2} \cdot \dfrac{\sigma_{b1}}{2 \sim 3}$ $\qquad$ (6-12a)

对于包容件 $\qquad\qquad p_{\max} \leqslant \dfrac{d_2^2 - d^2}{d_2^2 + d^2} \cdot \dfrac{\sigma_{b2}}{2 \sim 3}$ $\qquad$ (6-12b)

（2）不发生塑性变形条件下的检验公式如下。

对于被包容件 $\qquad\qquad p_{\max} \leqslant \dfrac{d^2 - d_1^2}{2d^2}\sigma_{s1}$ $\qquad$ (6-13a)

对于包容件 $\qquad\qquad p_{\max} \leqslant \dfrac{d_2^2 - d^2}{\sqrt{3d_2^4 + d^4}}\sigma_{s2}$ $\qquad$ (6-13b)

式中：d_1——被包容件的内径，如为实体件则取 $d_1 = 0$，mm；d_2——包容件的外径，mm；d——配合处的公称直径，mm；σ_{s1}、σ_{s2}——包容件、被包容件的屈服强度，MPa。

4. 过盈连接的最大压入压出力

在采用装配法进行过盈连接的装拆时，可按式（6-14）和式（6-15）进行压入和压出力计算，并据此确定压力机的大小。

（1）最大压入力

$$F_i = f\pi dl p_{\max} \tag{6-14}$$

（2）最大压出力

$$F_o = (1.3 \sim 1.5)F_i = (1.3 \sim 1.5)f\pi dl p_{\max} \tag{6-15}$$

5. 包容件加热温度和被包容件冷却温度

在用胀缩法进行装配时，包容件加热温度 t_2 和被包容件冷却温度 t_1（单位均为℃）可按式（6-16）和式（6-17）计算，即

$$t_2 = \frac{\delta_{\max} + \Delta_0}{\alpha_2 d \times 10^3} + t_0 \tag{6-16}$$

$$t_1 = \frac{\delta_{\max} + \Delta_0}{\alpha_1 d \times 10^3} + t_0 \tag{6-17}$$

式中：$\delta_{\max}$——所选标准配合在装配前的最大变形量，μm；Δ_0——为避免装配时擦伤配合面间所需的最小间隙，通常取为 H7/g6 配合的最小间隙，μm；d——配合的公称尺寸，mm；α_1、α_2——被包容件和包容件材料的线膨胀系数，1/℃；t_0——装配时的环境温度，℃。

6. 包容件外径的胀大量及被包容件内径的缩小量

在装配过程中，包容件的外径将增大而有内孔的被包容件的内孔将缩小，其计算式分别为

$$\Delta d_{2\max} = \frac{2p_{\max}d_2 d^2}{E_2(d_2^2 - d^2)} \tag{6-18}$$

$$\Delta d_{1\max} = \frac{2p_{\max}d_1 d^2}{E_1(d^2 - d_1^2)} \tag{6-19}$$

式中：$\Delta d_{2\max}$、$\Delta d_{1\max}$ 的单位是 mm。

【例 6-2】　图 6-13 所示的铸锡磷青铜蜗轮与灰铸铁蜗轮轮圈采用过盈连接，所选用的标准配合为 H7/r6，轴的表面粗糙度 $Ra_1 = 1.6~\mu m$，孔的表面粗糙度 $Ra_2 = 3.2~\mu m$，采用压配方式，试从过盈连接的强度出发分析该连接允许传递的最大扭矩（摩擦因数 $f = 0.10$），铸铁和铸锡磷青铜的弹性模量均取为 1.05×10^5 N/mm²。

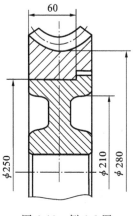

图 6-13　例 6-2 图

解　（1）确定最小有效过盈量。

① 标准过盈量　查公差配合表可得 $\phi 250 \dfrac{\text{H7}}{\text{r6}}$ 的孔公差为 $\phi 250_{0}^{0.052}$，轴公差为 $\phi 250_{0.094}^{0.126}$。此标准配合可能产生的最大过盈量为 0.126 mm，最小过盈量为 0.042 mm。从偏于安全的角度出发，该连接允许传递的最大扭矩应按标准配合所产生最小过盈量进行计算。

② 有效过盈量　由表 6-3 可得：对于轴，$\delta_1 = 10~\mu m$；对于孔，$\delta_2 = 6.3~\mu m$，最小有效过盈量为

$$\Delta = \delta - 0.8(\delta_1 + \delta_2) = [42 - 0.8 \times (10 + 6.3)]~\mu m = 28.96~\mu m$$

（2）确定压力。

被包容件和包容件的相对刚性系数分别为

$$C_1 = \frac{d^2 + d_1^2}{d^2 - d_1^2} - \mu_1 = \frac{250^2 + 210^2}{250^2 - 210^2} - 0.25 = 5.543$$

$$C_2 = \frac{d_2^2 + d^2}{d_2^2 - d^2} - \mu_2 = \frac{280^2 + 250^2}{280^2 - 250^2} + 0.3 = 9.162$$

$$p = \frac{\Delta}{d\left(\dfrac{C_1}{E_1} + \dfrac{C_2}{E_2}\right) \times 10^3} = \frac{28.96}{250 \times \left(\dfrac{5.543}{1.05 \times 10^5} + \dfrac{9.162}{1.05 \times 10^5}\right) \times 10^3}~\text{MPa} = 0.788~\text{MPa}$$

（3）确定能够传递的扭矩。

$$T = \frac{f \pi d^2 l p}{2} = \frac{0.1 \pi \times 250^2 \times 60 \times 0.788}{2}~\text{N} \cdot \text{mm} = 464\,170~\text{N} \cdot \text{mm}$$

（4）计算强度。

$$\Delta = \delta - 0.8(\delta_1 + \delta_2) = [126 - 0.8 \times (10 + 6.3)]~\mu m = 112.96~\mu m$$

$$p_{\max} = \frac{112.96}{28.96} \times 0.788~\text{MPa} = 3.074~\text{MPa}$$

由手册查得铸锡磷青铜的屈服强度为 $\sigma_{0.2} = 33.3$ MPa，由式（6-13b）可得

$$[p] = \frac{d_2^2 - d^2}{\sqrt{3 d_2^4 + d^4}} \sigma_{s2} = \frac{280^2 - 250^2}{\sqrt{3 \times 280^4 + 250^4}} \times 33.3~\text{MPa} = 3.530~\text{MPa} > 3.074~\text{MPa}$$

所以青铜齿圈的强度足够，由于灰铸铁的抗压强度很高，不必进行校验。

6.5 快动连接

连接是机械设计时不可或缺和被经常提及的功能需求。对于需要经常装拆的零部件，不但需要连接可靠，而且还要求装拆方便。快动连接就是在原有传统连接的基础上，根据某些特定的需要而开发出的一种新型连接方式。

在进行快动连接设计时，如何利用零件的弹性是其中考虑的要点之一。如图 6-14b 所示的结构就是对如图 6-14a 所示的螺纹连接进行改型所得到的一种快动连接。显然，零件 1 中具有弹性的搭钩 3 和支承座 2 既保证了快速连接的实现，又保证了零件 1 与基板 4 紧密和可靠的连接。为了使连接件具有较好的弹性，多采用塑料或薄板金属材料，如采用其他材料也应通过结构设计减小其刚度，使其易于变形。

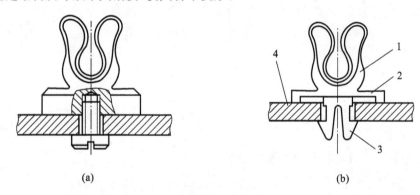

图 6-14　快动连接结构

图 6-15 所示为几种易装、拆的吊钩结构，其中也利用了材料的弹性。图 6-16 给出利用弹性将螺纹连接变为弹性连接的几种实例。

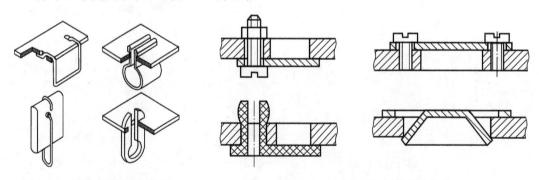

图 6-15　易装、拆的吊钩结构　　　　　图 6-16　利用弹性实现的结构改进

图 6-17 所示为一种快速的螺纹连接结构。螺栓两侧被铣平成为不完全螺纹，螺纹孔中制出相应的缺口。安装时螺栓可直接插入螺孔中，相对旋转较小的角度就可以拧紧。

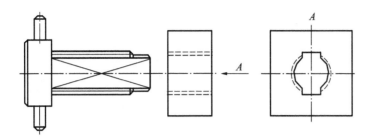

图 6-17　快速螺纹连接结构

快动连接的类型很多,只要注意观察就可以发现更多有意思的结构形式。

习　题

6-1　铆接、焊接和黏接各有什么特点? 分别适用于什么情况?

6-2　为什么通常将过盈连接归为不可拆连接? 在什么条件下,过盈连接是可拆的?

6-3　焊接时为什么要设置坡口? 如何消除焊接过程中产生的残余应力?

6-4　如图 6-18 所示的焊接结构,材料均为 Q235,许用拉应力 $[\sigma]=210$ MPa,用 E4303 手工焊接,$b=170$ mm,$b_1=80$ mm,$\delta=10$ mm,传递的载荷 $F=380$ kN,角焊缝腰高 $k=\delta$,试校核连接强度。

6-5　图 6-19 所示为采用过盈连接的组合齿轮结构,齿圈和轮芯的材料分别为钢和铸铁,齿轮传递的扭矩为 750 N·m,装配后不再拆开。试计算所需的最小过盈量(钢和铸铁的弹性模量分别取为 2.1×10^5 N/mm² 和 1.05×10^5 N/mm²,泊松比分别为 0.3 和 0.25;结合面的摩擦因数取为 $f=0.12$。

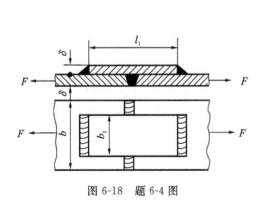

图 6-18　题 6-4 图

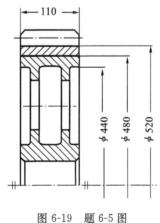

图 6-19　题 6-5 图

第3篇 传 动

传动装置是一种在一定距离间传递动力的装置,其主要作用是:进行能量分配;实现速度改变;实现运动形式的改变;等等。

从能量传递的路线来看,传动可分为单流、分流和汇流(见图1)。单流传动应用最广,传动时全部能量通过每个零件传递,故尺寸较大。单流传动在动力机与工作机速度相同时可省去传动装置。当工作机的工作机构较多,但总功率不大时可以采用分流传动,分流传动较容易实现各工作机动作的同步性。为了减小机器的体积、重量和惯性,对低速、重载、大功率的工作机可以采用多个动力机共同驱动一个工作机的汇流传动。

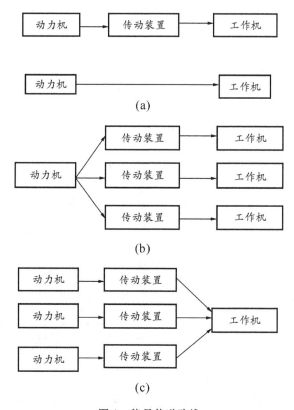

图1 能量传递路线

(a)单流传动;(b)分流传动;(c)汇流传动

根据所传递能量的形式不同,传动可分为机械传动、流体传动和电传动。在机械传动和流体传动中,输入的是机械能,输出的也是机械能,但在流体传动过程中,经历了机械能→压力能→机械能的能量变换;而在电传动中则把电能变为机械能或把机械能变为电能。机械传动分为摩擦传动和啮合传动；流体传动分为液压传动和气压传动。

　　对传动的优劣有多个评价指标，表 1 从能量、动力和运动传递、制造和使用及维护等几个方面给出了各类传动的基本特点。需要注意，上述的特点描述是相对的，譬如流体传动相对于机械传动有良好的远程运动传递和可控制性，但显然差于电力传动。

表 1　各类传动的特点

特　　点		电传动	机械传动		流体传动	
			啮合传动	摩擦传动	液压传动	气压传动
能量	能集中供应能量	+	—	—	+	+
	便于远距离输送能量	+	—	—	+	+
	易于储蓄能量	+	—	—	+	+
动力、运动	动力分配和传递容易	+	—	—	+	—
	可用于高转速	+	—	+	+	+
	易于实现直线运动	—	+	+	+	+
	能保持准确的传动比	—	+	—	—	—
	易于实现无级变速	+	—	+	+	+
	传动系统结构简单	+	+	+	—	—
	传动效率较高	+	+	—	—	—
	可产生较大的作用力	—	+	—	+	—
使用、制造、维护	易于操纵（自动和远程操纵）	+	—	—	+	+
	制造容易、精度要求一般	+	+	+	—	—
	安装布置较容易	+	—	—	+	+
	制造成本较低	+	+	+	—	—
	维修方便	+	+	+	—	—
其他	有过载保护作用	—	—	+	+	+
	噪声较低	+	—	—	+	—
	重量较轻，体积较小	—	—	—	+	+

　　本篇仅讨论机械传动中的啮合传动和摩擦传动。摩擦传动和啮合传动的形式很多，近年来各种新型的高速、大功率或大传动比的传动不断涌现，本书介绍的只是最基本的几种传动形式。

1. 摩擦传动和啮合传动的比较

　　摩擦传动和啮合传动都可分为直接接触和有中间挠性件的两种。有中间挠性件的传动称为挠性传动，而无挠性件的传动则称为刚性传动。

　　(1)摩擦传动以机件间的摩擦力实现运动和力的传递，必须提供较大的压紧力，以获得所需的有效工作力，所以工作时的压轴力较大，在同样结构尺寸时传递的功率较小。由于工作时不可避免地存在弹性滑动现象，所以传动效率较低，传动比不能保持恒定，甚至有可能出现因打滑而丧失传动能力的现象。但摩擦传动的回转体远比啮合传动简单,即使要求精度很高,制造也不困难。此外,摩擦传动运行平稳,具有缓冲吸振能力,噪声小,而且大部分摩擦传动可以借助接触零件的打滑限制传递的最大扭矩,起到安全保护的作用。摩擦传动的另一优点是易于实现无级调速,无级变速装置中以摩擦传动为基础的很多。

(2)啮合传动具有外廓尺寸小、效率高(蜗杆和螺旋传动除外)、平均传动比恒定、功率范围广等优点。因为靠金属齿传递动力,所以即使有很小的制造误差及齿廓变形,在高速时也将引起冲击和噪声(对金属齿非连续贴合的传动类型,如齿轮、滚子链而言;蜗杆和螺旋传动在工作时啮合齿间为连续贴合,所以传动平稳、噪声小),这也是啮合传动的主要缺点。通过提高制造精度和改用螺旋齿(齿轮)可以改善这一缺点,但不能完全消除。另外,啮合传动没有安全保护功能。

(3)挠性传动由于中间机件的存在,所以与刚性传动相比更适合于中心距较大的场合。中间挠性件的存在降低了对传动件加工和安装的精度要求,而具有弹性的中间件(如同步带传动中的同步带)也提高了缓冲吸振的能力。

常见机械传动的类型见图 2,其基本特点见表 2。

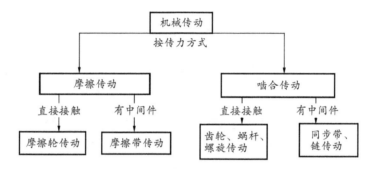

图 2　机械传动种类

表 2　各种机械传动的特点

特　　点	摩 擦 传 动			啮 合 传 动			
	摩擦轮传动	平带传动	V带传动	齿轮传动	蜗杆传动	链传动	同步带传动
传动效率/(%)	80~90	94~98	90~96	95~99	50~90	92~98	95~98
圆周速度/(m/s)	25(20)	60(10~30)	30(10~20)	150(15)	35(15)	40(5~20)	100(50)
单级最大传动比 i	20(5~12)	6	10(7)	8(10)	750(50)	15(8)	20(10)
传动功率/kW	200(20)	3 500(20)	500	40 000	750(50)	3 600(100)	300(1)
中心距大小	小	大	中	小	小	中	中
传动比的准确性	否	否	否	是	是	是(平均)	是
能否无级调速	能	能	能	否	否	否	否
能否过载保护	能	能	能	否	否	否	否
缓冲、减振能力	因轮质而异	好	好	差	差	有一些	中
寿命长短	因轮质而异	短(能换带)	短(能换带)	长	中	中	中
噪声	小	小	小	大	小	大	小
价格,包括轮子	中等	廉	廉	较贵	较贵	中等	中等

2. 传动比的可调性

主动轮的转速 n_1 和从动轮的转速 n_2 之比称为传动比 i，$i=n_1/n_2$。传动比可以是固定的，也可以是可调的；可以是有级可调的，也可以是无级可调的。

当调节传动比时，如果传动比不能连续变化，而只能从某个数值跳到另一个数值，则称为有级调速；能连续变化的则称为无级调速。摩擦传动和啮合传动都能实现有级调速，而无级调速通常采用摩擦传动。啮合传动也能实现无级调速，但需要采用特殊的结构，如链条无级变速器。

用机器调节传动比的目的主要有以下两点：①根据工作条件选择最经济有效的工作速度，例如，在切削金属时，需要根据材料、硬度、刀具特性、加工要求选择适当的切削速度，又如，在驾驶汽车时，需要根据道路情况、坡度大小选择适当的行驶速度；②通过速度可调保证某种机器的通用性。

3. 固定传动比的传动

固定传动比传动是指在传动过程中变化不大，而且不能调节的传动类型。摩擦传动由于有弹性滑动的存在，所以工作时的传动比是不确定的（减速传动时随载荷增大而增大）；啮合传动在理论上具有确定的传动比，但由于齿形误差和传动本身的运动特点（链传动），瞬时传动比也不能严格地保持不变。在后面的分析中可以得知，滚子链传动的速度波动是不可避免和较为明显的。

固定传动比传动是最常见的传动类型。在设计固定传动比传动时，至少需要具备下列数据：①传动功率或主、从动轮上的转矩；②主、从动轮的转速或某一轮的转速和传动比；③主、从动轮的空间布置位置及对中心距的要求；④转矩和转速按时间的变化规律。

在明确了上述要求后，可以从效率、体积、重量、维护、价格等方面进行全面的比较，参考表 3 给出传动方案。

(1) 效率　效率 η 是评价传动的重要指标之一，它表示了传动在工作过程中对能量的利用率。损失率 $\xi=1-\eta$ 表示能量的损耗程度。损失率不但表征了非生产能量的大小，也间接地表征了传动过程中的磨损和发热。对于大功率的传动，非生产能量的消耗以及为磨损、发热而付出的维护费通常是很高的。

在各种机械传动中，齿轮的传动效率最高，依次为链传动、平带传动、V 带传动、摩擦轮传动、蜗杆和螺纹传动。

(2) 传动比 i　传动可以做成多级和单级的。多级传动的传动比等于各级传动比的连乘积。除齿轮和蜗杆传动外，其他传动很少做成多级的。传动比的大小通常受到结构尺寸和包角等因素的限制，采用多级传动通常能缩小总体的结构尺寸。表 2 给出了常用传动的最大传动比。

机械传动中以减速传动（$i>1$）为多。这主要有以下几方面的原因：①在通常的工作范围内，动力机（如电动机）的转速越高，结构尺寸越小、价格越低，所以在可能的情况下所选择的动力机转速常高于工作机；②增速传动时传动的工作质量变差，特别是在啮合传动时；而高转速的动力机因其批量和专业技术，通常能保证优良的高速性能。

(3) 圆周速度　在一般工作情况下各种传动的圆周速度见表 2。限制最大圆周速度的因素视传动类型不同而不同，如：对于齿轮是制造误差；对于带传动是离心力和弯曲频率；对于链传动是进入链轮的冲击。

(4)传动功率 各种传动的最大功率见表2。一般而言,啮合传动传递功率的能力大于摩擦传动;蜗轮传动工作时的发热情况比较严重,因而传递的功率不宜过大;摩擦传动(带、轮)必须具有较大的压紧力。以摩擦轮为例,在传递同样的圆周力时,其压轴力要比齿轮传动大几倍,因而不宜用于大功率的传递。理论上可能通过增加传动件的宽度(或带、链的根数)以达到增加传递功率能力的目的,但宽度越大,载荷分布的不均匀性将加剧。

(5)质量和尺寸 表3以传动功率$7.5\ kW$,传动比为$i=1000/250=4$为例给出了各种传动的尺寸和质量的比较。

表 3 各种传动的尺寸和质量

传动类型	带 传 动			啮 合 传 动		
	平带	有张紧轮的平带	V带传动	链传动	齿轮传动	蜗杆传动
中心距/mm	5000	2300	1800	830	280	280
轮宽/mm	350	250	130	360	160	60
质量/kg	500	550	500	500	600	450
相对成本/(%)	106	125	100	140	165	125

4. 机械传动选择的原则

(1)小功率场合宜选用结构简单、价格便宜、标准化程度高的传动。

(2)大功率场合应充分注意传动效率的高低。

(3)低速大传动比时可根据情况作如下选择:①采用多级传动,此时带宜放在高速级,链放在低速级;②要求结构尺寸小时,可采用多级齿轮传动、齿轮-蜗杆传动或多级蜗杆传动。传动链应力求短,以减少零件数。

(4)链传动只能用于平行轴传动;V带传动主要用于平行轴传动,在功率小、速度低时,也可以用半交叉或交错轴间的传动,但通常采用的是平带;蜗杆传动能用于交错轴间的传动,交错角通常为90°;齿轮传动能适应各种轴线位置。

(5)对于工作中可能过载的设备,最好在传动系统中设置一级摩擦传动(一般放在高速级),以起到保护作用。但摩擦有静电发生,在易爆、易燃的场合,不能采用摩擦传动。

(6)载荷经常变化、频繁换向的传动,宜在传动中设置一级缓冲、吸振的传动,或工作机采用液力(中速)或气力(高速)。

(7)工作温度较高、潮湿、多粉尘、易燃、易爆的场合,宜采用链传动或闭式齿轮传动、蜗杆传动。

(8)要求两轴严格同步时,不能采用摩擦传动、流体传动,只能采用齿轮传动和蜗杆传动。

本篇包括五章内容:带传动,链传动,齿轮传动,蜗杆传动,螺旋传动。

第7章 带 传 动

本章主要介绍带传动的类型、工作原理、特点和 V 带标准;带传动的受力和应力分析;V 带传动的设计准则和设计计算;许用功率、带轮设计和张紧装置。

带传动是机械传动中广泛使用的传动方式。在金属切削机床、汽车柴油机冷却风扇、拖拉机、液压机、破碎机、客车发电机及打印机中都可以发现带传动的应用。带传动属于挠性传动,所以制造和安装精度比刚性传动低、使用方便,适合于在较大中心距的情况下工作。

带传动有摩擦型和啮合型之分。本章以摩擦型带传动的工作原理、特点、应用及标准为重点,主要介绍普通 V 带传动的失效形式、设计准则、设计思路和方法,以及使用和维护方面应注意的问题。在此基础上对其他类型的带传动进行介绍。

7.1　摩擦型带传动的形式和类型

摩擦型带传动依靠带与带轮间的摩擦力传递运动和动力,是带传动中最为常见的类型。摩擦型带传动具有缓冲、吸振、保护的作用;其主要缺点是传动比不是定值而是随负载的大小而变,且由于弹性滑动不可避免,传动效率较低。

在有多级传动的情况下,摩擦型带传动通常用于高速级。主要原因有以下几点:①摩擦型带的传力能力较弱,在高速级可传递更大的功率;②速度越高,冲击和振动的影响越大,摩擦带能更好地发挥自身的作用;③机械传动多为减速传动,将带置于高速级可以更好地起到保护的作用。

7.1.1　基本传动形式

常用的摩擦型带传动的形式和基本特点如表 7-1 所示。

表 7-1　带传动的传动形式

传动形式	开口传动	交叉传动	半交叉传动	张紧轮传动
传动简图				
适用的传动比	$i \leqslant 7$	$i \leqslant 6$	$i \leqslant 3$	$i \leqslant 10$
带速/(m/s)	$v \leqslant 20 \sim 50$	$v \leqslant 15$	$v \leqslant 15$	$v \leqslant 25 \sim 50$
应用场合	两轴平行,回转方向相同	两轴平行,回转方向相反。由于交叉处带的摩擦和扭转。带的寿命短	两轴交错,不能逆转	两轴平行,回转方向相同,不能逆转。用于短中心距、大传动比的传动

注:交叉和半交叉传动只适用于平带,不同的带传动适用范围有所不同。

7.1.2　摩擦带传动类型

摩擦型带传动根据带的截面形状不同可分为平带传动、V 带传动、多楔带传动等(见图 7-1)。带的截面形状对带的传动性能特别是传动能力有很大的影响,可以通过改变带截面的形状以增加有效接触面积和当量摩擦因数,改善多带时的受力均匀性,从而达到提高带传动传动能力的目的。

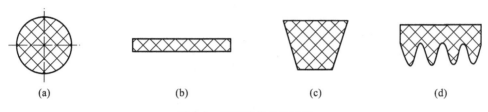

图 7-1　摩擦带传动的类型

(a)圆带;(b)平带;(c)V 带;(d)多楔带

1. 圆带传动

圆带常用皮革、锦纶片复合材料等制成。工作时带与带轮的接触形式为线接触,只能传递很小的功率,通常只用于一些小型机械(如家用缝纫机)中。

2. 平带传动

常用的平带有帆布芯平带、编织平带、锦纶片复合平带等多种。平带的工作表面为内表面,接触面为平面,其传动能力大于圆带。平带传动结构简单,带轮易于制造,带的挠曲性好,可用于表 7-1 所给出的所有传动形式,在传动中心距较大的情况下使用很广。平带的长度可以根据需要截取,然后采用黏结或搭接的方法制成环形。

3. V 带传动

V 带俗称三角带,其工作表面为两侧面,如图 7-2 所示。在受压紧力 F_Q 作用时,其压紧力和侧面的正压力具有如下关系:

$$F_Q = 2F_N\left(\sin\frac{\varphi}{2} + \mu\cos\frac{\varphi}{2}\right)$$

由此得 V 带的摩擦力为

$$F_f = 2\mu F_N = \mu\,\frac{F_Q}{\sin\dfrac{\varphi}{2} + \mu\cos\dfrac{\varphi}{2}} = \mu_V F_Q$$

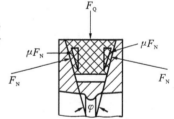

图 7-2　V 带的当量摩擦系数

式中:μ——带与轮槽的摩擦因数;$\mu_V = \mu/\left(\sin\dfrac{\varphi}{2} + \mu\cos\dfrac{\varphi}{2}\right)$,称为 V 带传动的当量摩擦因数。

由于 V 带的当量摩擦因数较大,所以与平带相比在相同的正压力作用下 V 带与带轮表面有较大的摩擦力,在其他条件相同时,能传递较大的功率。V 带结构紧凑,应用广泛。V 带是一个大家族,有各不种同的类型以满足不同的使用场合。常见的 V 带类型如图 7-3 所示。

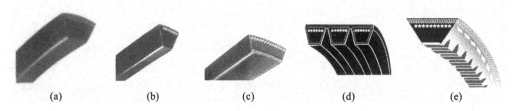

图 7-3 常见的 V 带类型

(a)普通 V 带;(b)窄 V 带;(c)宽 V 带;(d)联组 V 带;(e)齿形 V 带

不同的 V 带具有不同的特点,简介如下。

(1)窄 V 带 窄 V 带采用合成纤维绳或钢丝绳做抗拉层,与普通 V 带比较,当高度相同时,其宽度比普通 V 带小30%(见图 7-4)。窄 V 带传递功率的能力比普通 V 带大,允许速度和挠曲次数高,传动中心距小。适用于传递功率较大同时又要求外形尺寸较小的场合。

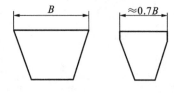

图 7-4 普通 V 带与窄 V 带比较

(2)宽 V 带 宽 V 带相对高度(带厚对带宽之比)为0.3。按其顶面和底面带齿或不带齿,可分为无齿宽 V 带、内齿形宽 V 带、内外齿宽 V 带和截锥形宽 V 带四种。通常应用于带式无级变速器的动力传动。由于其具有结构简单、制造容易、传动平稳、能吸收振动、维修方便、制造成本低等优点而得到广泛应用和迅速发展。

(3)齿形 V 带 齿形 V 带多用于汽车发动机驱动风扇、发电机、水泵、压缩机等辅助设备,也有用于内燃机凸轮轴的驱动,所以也称汽车 V 带。由于上述装置的工作空间有限,工作温度较高,并要求一定寿命,故对带的质量有特定要求。除此以外齿形 V 带更易于弯曲,可以采用较小的带轮。

(4)联组 V 带 联组 V 带是几条普通 V 带或窄 V 带的顶面由连接层连接为一体的 V 带组,分别称为联组普通 V 带和联组窄 V 带。其连接层由具有一定强度的帘线和足够弹性的橡胶组成,它使各单根 V 带连成为整体,可使单根 V 带的非一致性振动互相抵消而减至最低。相邻两根 V 带上部内侧各有一段垂直面,使连接层与带轮外圆表面有足够的空间,以避免连接层与带轮发生摩擦以及因带轮外圆不规则而顶住或撕开连接层,并可容纳杂物。联组带用相同材料一次成形硫化而成,各条 V 带长度一致、整体性好、受力均匀、运行平稳、承载力高、寿命长,适合于大功率传动。

尽管 V 带有多种类型,但使用最广泛的是普通 V 带,其次是窄 V 带。本章主要介绍普通 V 带。

4. 多楔带传动

多楔带是指以平带为基体、内表面排布有等间距纵向 40°梯形楔的环形橡胶传动带,其工作面为楔的侧面。多楔带与带轮的接触面积和摩擦力较大,载荷沿带宽的分布较均匀,因而传动能力更大;由于带体薄而轻、柔性好、结构合理,故工作应力小,可在较小的带轮上工作;多楔带还具有传动振动小、散热快、运转平稳、使用伸长小、传动比大和极限线速度高等特点,因而寿命更长;节能效果明显,传动效率高;传动紧凑,占据空间小。在相同的传动功率情况下,传递装置所占空间比普通 V 带小 25%。

7.1.3 普通 V 带的基本参数

标准普通 V 带由顶胶、抗拉体(承载层)、底胶和包布组成(见图 7-5)。不同材料的抗拉体决定了 V 带的强度。根据抗拉体结构的不同,普通 V 带分为帘布芯 V 带和绳芯 V 带两种。帘布芯 V 带制造方便,绳芯 V 带柔韧性好,主要用于载荷不大和带轮直径较小的场合。

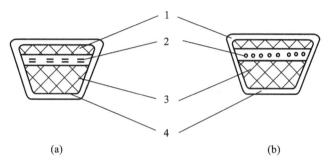

(a)   (b)

图 7-5 V 带的构造

(a)帘布芯结构;(b)绳芯结构

1—顶胶;2—承载层;3—底胶;4—包布

普通 V 带的截面尺寸已标准化,根据截面尺寸的大小分为 Y、Z、A、B、C、D、E 七种,其中 Y 型带的截面尺寸最小,E 型带的截面尺寸最大。不同型号普通 V 带的截面尺寸见表 7-2。

表 7-2 普通 V 带横截面尺寸

型 号	Y	Z	A	B	C	D	E
顶宽 b/mm	6	10	13	17	22	32	38
节宽 b_p/mm	5.3	8.5	11	14	19	21	32
高度 h/mm	4.0	6.0	8.0	11	14	19	25
楔角 φ/(°)	40						
每米带长质量 q/(kg/m)	0.02	0.06	0.10	0.17	0.30	0.62	0.90

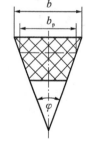

由于 V 带被制成环形,所以在带截面不同高度处的带长是不相同的。V 带的基准长度按照下述方式测量得:当 V 带垂直于其顶面弯曲时,从剖面上看,顶胶变窄,底胶变宽,在顶胶和底胶之间的某个位置处宽度保持不变,这个宽度称为带的节宽 b_p。把 V 带套在规定尺寸的测量带轮上,在规定的张紧力下,沿 V 带的节宽巡行一周,即为 V 带的基准长度 L_d。V 带的基准长度已标准化,在设计时应按标准进行选择。各种型号带的基准长度见表 7-3。

表 7-3 普通 V 带的长度系列和带长修正系数 K_L

基准长度 L_d/mm	K_L					基准长度 L_d/mm	K_L				
	Y	Z	A	B	C		Y	Z	A	B	C
200	0.81	—	—	—	—	2 000	—	1.08	1.03	0.98	0.88
224	0.82	—	—	—	—	2 240	—	1.10	1.06	1.00	0.91
250	0.84	—	—	—	—	2 500	—	1.30	1.09	1.03	0.93
280	0.87	—	—	—	—	2 800	—	—	1.11	1.05	0.95
315	0.89	—	—	—	—	3 150	—	—	1.13	1.07	0.97
355	0.92	—	—	—	—	3 550	—	—	1.17	1.09	0.99
400	0.96	0.79	—	—	—	4 000	—	—	1.19	1.13	1.02
450	1.00	0.80	—	—	—	4 500	—	—	—	1.15	1.04
500	1.02	0.81	—	—	—	5 000	—	—	—	1.18	1.07
560	—	0.82	—	—	—	5 600	—	—	—	—	1.09
630	—	0.84	0.81	—	—	6 300	—	—	—	—	1.12
710	—	0.86	0.83	—	—	7 100	—	—	—	—	1.15
800	—	0.90	0.85	—	—	8 000	—	—	—	—	1.18
900	—	0.92	0.87	0.82	—	9 000	—	—	—	—	1.21
1000	—	0.94	0.89	0.84	—	10 000	—	—	—	—	1.23
1120	—	0.95	0.91	0.86	—	11 200	—	—	—	—	—
1250	—	0.98	0.93	0.88	—	12 500	—	—	—	—	—
1400	—	1.01	0.96	0.90	—	14 000	—	—	—	—	—
1600	—	1.04	0.99	0.92	0.83	16 000	—	—	—	—	—
1800	—	1.06	1.01	0.95	0.86	—					

7.2 摩擦型带动的工作情况分析

7.2.1 受力分析

以开式传动为例,带传动中带呈环形,并以一定的拉力(称为张紧力)F_0 套在一对带轮上(见图 7-6),使带和带轮相互压紧。带传动不工作时,带两边的拉力相等,均为 F_0;而当带传动工作时,为克服阻力矩,带轮两侧的带之间将存在拉力差,形成松紧边,该拉力差由带和带轮间的摩擦力提供。此时,紧边拉力从 F_0 加大到 F_1;松边拉力从 F_0 减小到 F_2。

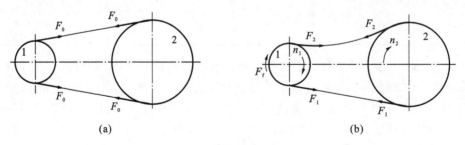

(a)　　　　　　　　　　(b)

图 7-6 带传动的工作原理
(a)不工作时;(b)工作时

设环形带的总长度不变,并假设带为线弹性体,则紧边拉力的增加量 $F_1 - F_0$ 应等于松边拉力的减少量 $F_0 - F_2$,即

$$F_1 - F_0 = F_0 - F_2$$

或
$$F_1 + F_2 = 2F_0 \tag{7-1}$$

以与带轮接触的传动带作为分离体(见图 7-7),并设带接触弧上摩擦力的总和为 F_f,作力平衡可得

$$F_f = F_1 - F_2 \tag{7-2}$$

显然,带轮紧边和松边的拉力差越大,带传动传递的扭矩越大。记该力差为 F,称为带传动的有效圆周力,有

$$F = F_f = F_1 - F_2 \tag{7-3}$$

如以 $v(\text{m/s})$ 表示带速,$P(\text{kW})$ 表示带传递的功率,可得

$$P = Fv/1\ 000 \tag{7-4}$$

由式(7-4)可知,带传动的有效圆周力 F 决定了带传动传递功率的能力,带传递的功率越大,所需要的有效圆周力 F 也越大,其极限值 F_{max} 取决于带和带轮之间可以提供的最大摩擦力。

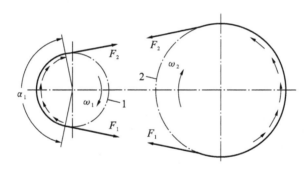

图 7-7　带与带轮的受力分析

由式(7-1)和式(7-2)得

$$\left.\begin{aligned} F_1 &= F_0 + \frac{F}{2} \\ F_2 &= F_0 - \frac{F}{2} \end{aligned}\right\} \tag{7-5}$$

而摩擦力达到最大值时,F_1 与 F_2 之间的关系可用著名的柔韧体摩擦的欧拉公式表示,即

$$\frac{F_1}{F_2} = e^{\mu_v \alpha} \tag{7-6}$$

式中:e——自然对数的底;μ_v——带和带轮间的当量摩擦系数(平带时即材料的摩擦系数);α——带在带轮上的包角。

联立求解式(7-5)、式(7-4)、式(7-2)、式(7-1)可得

$$F_1 = F_{\max} \frac{e^{\mu_v \alpha}}{e^{\mu_v \alpha} - 1}$$

$$F_2 = F_{\max} \frac{1}{e^{\mu_v \alpha} - 1}$$

$$F_{\max} = 2F_0 \frac{1 - 1/e^{\mu_v \alpha}}{1 + 1/e^{\mu_v \alpha}} \tag{7-7}$$

由式(7-7)可知,可以从以下几个方面出发提高带传动的最大有效拉力 $F_{\max}$。

(1)增加带的张紧力 F_0。带传动的最大有效拉力与张紧力 F_0 成正比。带的张紧力越大,带和带轮间的正压力就越大,所以能提供的摩擦力也越大。但如带的张紧力过大,由式(7-5)可知,在有效拉力相同时紧边拉力增大,从而使带因过分拉伸而降低使用寿命,同时还会产生过大的压轴力。

(2)增加当量摩擦系数 μ_v 或包角 α,以增加 $e^{\mu_v \alpha}$ 的值。如 V 带的 $\mu_v \approx \mu/\sin 20° \approx 3f$,故 V 带的传动能力远高于平带。也可在设计时保证带传动有足够大的包角,等等。

7.2.2 应力分析

带传动工作时,带中的应力有以下几种。

1. 拉应力

紧边拉应力

$$\sigma_1 = \frac{F_1}{A}$$

$$\sigma_2 = \frac{F_2}{A} \tag{7-8}$$

式中:A——带的横截面面积。

2. 离心力产生的离心拉应力

当带绕过带轮做圆周运动时,由于自身质量将产生离心力。离心力的大小与带单位长度的质量 q 和带速 v 有关[①]。离心力不但会在带中产生离心拉力,也会减少带和带轮间的正压力。由离心拉力产生的离心拉应力

$$\sigma_c = \frac{qv^2}{A} \tag{7-9}$$

式中:q——单位长度的质量(kg/m);v——带速(m/s)。由式(7-9)可知,单位长度的质量和带速越大,离心拉应力也越大,所以在高速时选择轻型带通常是有利的。

3. 带绕过带轮时产生的弯曲应力

带绕过带轮时,将因弯曲而产生弯曲应力,由材料力学公式可得

$$\sigma_b = \frac{2Ey_0}{d} \tag{7-10}$$

式中:d——带轮直径(mm);E——带的弹性模量(MPa);y_0——带的节面以上的高度(mm)。

---

① 离心拉力还与带轮的半径 R 有关,但绕于带轮上的带微段质量也与 R 有关,两者相约,R 被消去。

由式可知,带轮的直径越小、带截面的高度越大,带的弯曲应力越大。为了使带的弯曲应力不至于过大,带轮的直径不能太小;带的截面高度越大,带轮的直径也应相应增大。

图 7-8 所示为带工作时的应力分布情况,各截面应力的大小用自该处引出的径向线和垂直线的长度来表示。由图可知,带工作时,其上各截面在不同位置时承受的应力是变化的,最大应力发生在紧边进入小带轮处,其值为

$$\sigma_{max} = \sigma_1 + \sigma_{b1} + \sigma_c \tag{7-11}$$

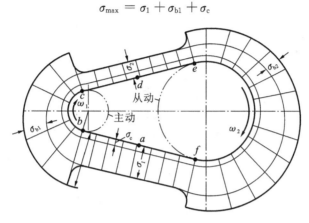

图 7-8　带的应力分布

7.2.3　带传动的打滑和弹性滑动

带是弹性体,在受力时将发生伸长,而截面则变小;带所受的拉力越大,伸长量越大、截面越小。根据质量守恒原理,在同一时刻带在不同截面位置上所通过的质量应该相等。由于带在工作时的紧边拉力大于松边拉力,紧边处的截面积较小,所以带的紧边速度必将大于松边速度,而这一速度差将在绕轮处实现。对主动轮来说,带在绕上主动轮点 b 处,其速度和带轮表面的速度相等;而当它沿弧 bc(见图 7-8)前进时,随着带的拉力由 F_1 降低到 F_2,在某一位置开始,带的拉伸弹性变形减小,带逐渐缩短,带速下降,直至在脱出主动轮时达到与松边同样的速度。对从动轮而言,情况类似,但速度是从松边速度过渡到紧边速度。由于在带绕轮处存在因带的回缩(主动轮处)和拉长(从动轮处)而产生的带和带轮间的速度差,所以带与带轮间存在着相对滑动。这种因带的弹性变形而产生的滑动称为带的弹性滑动。

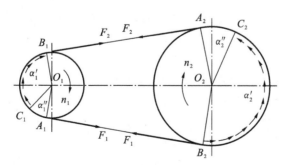

图 7-9　带的弹性滑动

实践表明,弹性滑动总是从带脱离带轮处开始发生的。在带正常工作时,弹性滑动并不是发生在全部接触弧上。根据是否发生弹性滑动,可将接触弧分为滑动弧和静弧两部分;两段弧所对应的中心角分别称为滑动角 α' 和静角 α''(见图 7-9)。传递的载荷越大(松、紧边的拉力差越大),发生弹性滑动的弧段越长,滑动角越大。当滑动角 α' 增大到包角 α 时,弹性滑动将在整段接触弧上出现,带传动的有效拉力达最大值。如工作载荷再进一步增大,则带和带轮间将发生显著的滑动,这种现象称为打滑。打滑将造成带的严重磨损,带的运动处于不稳定状态,从动轮速度急剧下降,甚至出现传动失效。对于开式传动,由于带在大轮上的包角总是大于在小轮上的包角,所以打滑总是在小轮上先开始。

弹性滑动和打滑是两个完全不同的概念。发生弹性滑动是由于带是弹性体,而带传动过程中带与带轮间的摩擦力使带的两边出现传递阻力矩所需的拉力差,从而发生不同程度的带的拉伸变形。所以只要带是弹性体,需要依靠摩擦力传递动力,就会出现紧、松边,出现两侧变形的不同。所以对摩擦型带传动而言,弹性滑动不能避免的。而打滑是由于过载引起的,是带传动的一种失效形式,在设计时应该避免。

带传动中弹性滑动存在的必然性使得其传动比不是一个定值,而是随着载荷的变化而改变。由于弹性滑动而引起的主动轮和从动轮圆速度的差异通常用滑差率 ε 表示。设主动轮的圆周速度为 v_1,从动轮的圆周速度为 v_2,则滑差率 ε 的表达式为

$$\varepsilon = \frac{v_1 - v_2}{v_1} \times 100\,\% \tag{7-12}$$

带传动的传动比为

$$i = \frac{n_1}{n_2} = \frac{d_2}{(1-\varepsilon)d_1} \tag{7-13}$$

V 带传动中弹性滑动不可避免(选用弹性模量大的带材料可以降低弹性滑动),它对带传动性能的影响主要有以下几点:

(1)使得从动轮的圆周速度低于主动轮;

(2)降低带传动的传动效率;

(3)引起带的磨损;

(4)使带的温度升高。

7.2.4 V 带的基本失效形式和设计准则

零件的失效由其工作中所受的应力和相对运动状态决定。如前所述,在工作时带传动受变化的拉应力作用,而且存在着相对滑动。所以带传动的损伤性失效主要有以下两种形式。

(1)疲劳损坏 主要的失效表现为皮带断裂和皮带层间的撕裂。

(2)皮带磨损 正常工作的弹性滑动或打滑引起的带的过度磨损。由于带轮的硬度远高于带,所以通常不会出现因带轮磨损而引起的失效。

带传动的非损伤性失效就是传动过程中的打滑现象。

根据失效分析,可确定带传动的时的设计准则——在保证不打滑的条件下,带传动具有一定的疲劳强度和寿命。

7.3　V 带传动的设计

7.3.1　单根 V 带的传递功率

影响单根带所传递功率大小的主要因素是带所能够传递的有效拉力,而有效拉力的大小与带材料能承受的最大应力有关。根据前面的分析,带在工作过程中所受的最大应力由紧边拉应、小轮处的弯曲应力、离心拉应力组成。在工作条件确定后,为保证带能够正常工作,应满足

$$\sigma_{max} = \sigma_1 + \sigma_{b1} + \sigma_c \leqslant [\sigma] \tag{7-14}$$

式中:$[\sigma]$——根据疲劳寿命决定的带的许用拉应力。由此得带所能传动的最大功率为

$$P_{max} = \frac{F_{max}v}{1\,000} = \frac{(F_1 - qv^2)(1 - \frac{1}{e^{\mu_v a}})v}{1\,000} = \frac{([\sigma] - \sigma_{b1} - \sigma_c)(1 - \frac{1}{e^{\mu_v a}})Av}{1\,000} \tag{7-15}$$

从式(7-15)可以看出,为了增加单根带传递功率的能力,应该尽可能地提高带所能承受的最大应力(高强度带),减少带在工作过程中的弯曲应力和离心拉应力。在速度增加时,离心拉应力以与速度的二次方成正比,而单根带传递的功率与速度成正比,所以速度增加对单根带传递功率的影响比较复杂:低速时速度增加将使得带的功率传递能力增加;在高速时则反之。

1. 单根普通 V 带的基本额定功率

在工程实践中通常通过试验获得单根 V 带的额定传递功率。表 7-4 给出了在实验条件(开式传动、包角 $\alpha = 180°$、特定长度、平稳工作)下单根 V 带能够传递的功率。

表 7-4　单根普通 V 带的基本额定功率 P_0(摘自 GB/T 13575.1-2008)　　　单位:kW

带型	小带轮基准直径 D/mm	小带轮转速 n_1/(r·min)											
		200	400	800	950	1 200	1 450	1 600	1 800	2 000	2 400	2 800	3 200
Z	50	0.04	0.06	0.10	0.12	0.14	0.16	0.17	0.19	0.20	0.22	0.26	0.28
	56	0.04	0.06	0.12	0.14	0.17	0.19	0.20	0.23	0.25	0.30	0.33	0.35
	63	0.05	0.08	0.15	0.18	0.22	0.25	0.27	0.30	0.32	0.37	0.41	0.45
	71	0.06	0.09	0.20	0.23	0.27	0.30	0.33	0.36	0.39	0.46	0.50	0.54
	80	0.10	0.14	0.22	0.26	0.30	0.35	0.39	0.42	0.44	0.50	0.56	0.61
	90	0.10	0.14	0.24	0.28	0.33	0.36	0.40	0.44	0.48	0.54	0.60	0.64
A	75	0.15	0.26	0.45	0.51	0.60	0.68	0.73	0.79	0.84	0.92	1.00	1.04
	90	0.22	0.39	0.68	0.77	0.93	1.07	1.15	1.25	1.34	1.50	1.64	1.75
	100	0.26	0.47	0.83	0.95	1.14	1.32	1.42	1.58	1.66	1.87	2.05	2.19
	112	0.31	0.56	1.00	1.15	1.39	1.61	1.74	1.89	2.04	2.30	2.51	2.68
	125	0.37	0.67	1.19	1.37	1.66	1.92	2.07	2.26	2.44	2.74	2.98	3.15
	140	0.43	0.78	1.41	1.62	1.96	2.28	2.45	2.66	2.87	3.22	3.48	3.65
	160	0.51	0.94	1.69	1.95	2.36	2.73	2.54	2.98	3.42	3.80	4.06	4.19
	180	0.59	1.09	1.97	2.27	2.74	3.16	3.40	3.67	3.93	4.32	4.54	4.58

带型	小带轮基准直径 D/mm	小带轮转速 n_1/(r·min)											
		200	400	800	950	1 200	1 450	1 600	1 800	2 000	2 400	2 800	3 200
B	125	0.48	0.84	1.44	1.64	1.93	2.19	2.33	2.50	2.64	2.85	296	2.94
	140	0.59	1.05	1.82	2.08	2.47	2.82	3.00	3.23	3.42	3.70	3.85	3.83
	160	0.74	1.32	2.32	2.66	3.17	3.62	3.86	4.15	4.40	4.75	4.89	4.80
	180	0.88	1.59	2.81	3.22	3.85	4.39	4.68	5.02	5.30	5.67	5.76	5.52
	200	1.02	1.85	3.30	3.77	4.50	5.13	5.46	5.83	6.13	6.47	6.43	5.95
	224	1.19	2.17	3.86	4.42	5.26	5.97	6.33	6.73	7.02	7.25	6.95	6.05
	250	1.37	2.50	4.46	5.10	6.04	6.82	7.20	7.63	7.87	7.89	7.14	5.60
	280	1.58	2.89	5.13	5.85	6.90	7.76	8.13	8.46	8.60	8.22	6.80	4.26
C	200	1.39	2.41	4.07	4.58	5.29	5.84	6.07	6.28	6.34	6.02	5.01	3.23
	224	1.70	2.99	5.12	5.78	6.17	7.45	7.75	8.00	8.06	7.57	6.08	3.57
	250	2.03	3.62	6.23	7.04	8.21	9.08	9.38	9.63	9.62	8.75	6.56	2.93
	280	2.42	4.32	7.52	8.49	9.81	10.72	11.06	11.22	11.04	9.50	6.13	—
	315	2.84	5.14	8.92	10.05	11.53	12.46	12.72	12.67	12.14	9.43	4.16	—
	355	3.36	6.05	10.46	11.73	13.31	14.12	14.19	13.73	12.59	7.98	—	—
	400	3.91	7.06	12.10	13.48	15.04	15.53	15.24	14.08	11.95	4.34	—	—
	450	4.51	8.20	13.80	15.23	16.59	16.47	15.57	13.29	9.64	—	—	—

2. 影响单根带传动能力的因素

在一般情况下,实际使用条件通常与实验条件不符,所以需要对 P_0 值进行修正。修正时需要考虑的因素包括传动比、带长、包角大小等。

实际使用条件下,单根普通 V 带许用的额定功率 $[P_0]$ 为

$$[P_0] = (P_0 + \Delta P_0)K_\alpha K_L \tag{7-16}$$

式中:P_0——实验条件下单根普通 V 带的基本额定功率,查表 7-4,kW;ΔP_0——传动比不等于 1 时,单根 V 带额定功率的增量,查表 7-5,kW;K_α——当包角不等于 180°时的修正系数,查表 7-6;K_L——当带长不等于实验规定的特定带长时的修正系数,查表 7-3。

表 7-5　单根普通 V 带 $i \neq 1$ 时传动功率的增量 ΔP_0　　　　单位:kW

带型	传动比 i	小 带 轮 转 速 n_1									
		400	730	800	980	1 200	1 460	1 600	2 000	2 400	2 800
Z	1.35~1.51	0.01	0.01	0.01	0.02	0.02	0.02	0.02	0.03	0.03	0.04
	≥2.0	0.01	0.02	0.02	0.02	0.03	0.03	0.03	0.04	0.04	0.04
A	1.35~1.51	0.04	0.07	0.08	0.08	0.11	0.13	0.15	0.19	0.23	0.26
	≥2.0	0.05	0.09	0.10	0.11	0.15	0.17	0.19	0.24	0.29	0.34
B	1.35~1.51	0.10	0.17	0.20	0.23	0.30	0.36	0.39	0.49	0.59	0.69
	≥2.0	0.13	0.22	0.25	0.30	0.38	0.46	0.51	0.63	0.76	0.89
C	1.35~1.51	0.27	0.48	0.55	0.65	0.82	0.99	1.10	1.37	1.65	1.92
	≥2.0	0.35	0.62	0.71	0.83	1.06	1.27	1.41	1.76	2.12	2.47

（1）传动比的影响　当传动比不为 1 时，大带轮的直径大于小带轮，带在大带轮上绕行时的弯曲应力较小。为了考虑实际情况与实验的不同，引入了 ΔP_0 的考虑大带轮弯曲应力变小后功率传递能力的增加。

（2）包角的影响　当包角小于 $180°$ 时，传递动力的能力将下降。

（3）带长的影响　带长越长，在同样的工作周期，带所承受的应力循环次数越小，能传递的功率变大。

表 7-6　包角修正系数 K_α

包角 $\alpha_1/(°)$	180	170	160	150	140	130	120	110	100	90
K_α	1.00	0.98	0.95	0.93	0.89	0.86	0.82	0.78	0.74	0.69

7.3.2　带传动的几何参数

带传动的主要几何参数有：中心距 a；带长 L；带轮直径 d_1、d_2；包角 α_1。这些参数之间的关系如下（见图 7-10）；图中 $\theta = \gamma/2$

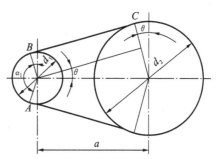

图 7-10　带传动的主要几何参数

$$L = 2a\cos\frac{\gamma}{2} + \frac{\pi(d_1+d_2)}{2} + \gamma\frac{d_2-d_1}{2}$$

式中：$\gamma \approx \dfrac{d_2-d_1}{a}$，$\cos\dfrac{\gamma}{2} = 1 - 2\left(\sin\dfrac{\gamma}{4}\right)^2 \approx 1 - \dfrac{\gamma^2}{8}$，代入上式得

$$L = 2a + \frac{(d_2-d_1)^2}{4a} + \frac{\pi(d_1+d_2)}{2} \tag{7-17}$$

$$\alpha_1 = 180° - \frac{\gamma}{\pi}\times 180° = 180° - 57.3°\times\frac{d_2-d_1}{a} \tag{7-18}$$

对于 V 带传动，带长 L 应为基准长度 L_d（见表 7-3）。

7.3.3　V 带传动的设计项目

设计 V 带传动的已知条件一般为：原动机的性能，传动用途，传递的功率 P，两带轮的转速 n_1、n_2（或传动比 i_{12}），工作条件及外廓尺寸要求等。

设计项目包括：

（1）带的选择　V 带的型号、基准长度 L_d 和根数 z。

（2）带轮设计　确定带轮的材料、基准直径 d_1、d_2 及结构。

（3）带传动相关数据　确定传动的中心距 a、计算初拉力 F_0 及作用在轴上的压力 F_q；根据需要选择张紧方式和装置。

7.3.4　设计步骤

V 带传动的设计计算一般步骤如下。

1. 确定计算功率 P_c

为了使带传动设计时采用的计算功率更接近于实际情况，需要对名义功率进行修正。

$$P_c = K_A P \qquad\qquad (7\text{-}19)$$

式中：P_c——计算功率，kW；K_A——工作情况系数，查表 7-7；P——带传动的名义功率，kW。

表 7-7　工作情况系数 K_A

工作机载和性质	动力机(一天工作时间/h)					
	Ⅰ类			Ⅱ类		
	≤10	10～16	＞16	≤10	10～16	＞16
工作平稳	1	1.1	1.2	1.1	1.2	1.3
载荷变动小	1.1	1.2	1.3	1.2	1.3	1.4
载荷变动较大	1.2	1.3	1.4	1.4	1.5	1.6
冲击载荷	1.3	1.4	1.5	1.5	1.6	1.8

注：① Ⅰ类——直流电动机、Y 系列三相异步电动机、汽轮机、水轮机；
　　② Ⅱ类——交流同步电动机、交流异步滑环电动机、内燃机、蒸汽机。

2. 选择 V 带的型号

根据计算功率 P_c 和小带轮转速 n_1，按图 7-11 选择普通 V 带的型号。当选择的坐标点在两种型号分界线附近时，可按两种型号分别进行计算，然后择优选择。需要注意的是，图 7-11 所给出的只是推荐值，其结果可按具体的使用要求进行调整。如为了减少带的根数，可以取大一号的带，等等。

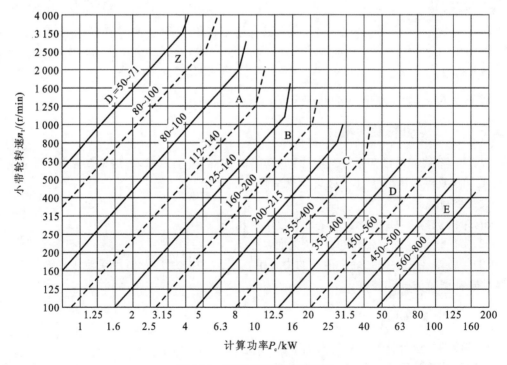

图 7-11　普通 V 带型号的选择

3. 确定带轮的基准直径 d_{d1}、d_{d2}

为使带的弯曲应力不至于过大以影响带的寿命,一般应取 $d_d \geqslant d_{min}$;但 d_{d1} 也不应过大,以免带传动的外廓尺寸过大。表 7-8 规定了带轮的最小基准直径 d_{min}。

表 7-8　普通 V 带轮的最小基准直径　　　　　　　　　　　　　　　单位:mm

带　　型	Y	Z	A	B	C	D	E
最小基准直径 d_{min}	20	50	75	125	200	355	500

在确定了小带轮的基准直径 d_{d1} 后,大带轮的基准直径 d_{d2} 可由下式求得

$$d_{d2} = \frac{n_1}{n_2} d_{d1} (1 - \varepsilon) \tag{7-20}$$

式中:滑差率 ε 可取 $1\% \sim 3\%$。

带轮的基准直径 d_{d1}、d_{d2} 应尽量符合带轮基准直径尺寸系列(见表 7-9)。如根据实际要求不能按基准尺寸选取,也应该进行尺寸圆整。

表 7-9　普通 V 带轮的基准直径系列　　　　　　　　　　　　　　　单位:mm

20	22.4	25	28	31.5	35.5	40	45	50	56	63	67	71	75	80	85	90	95	100
106	112	118	125	132	140	150	160	170	180	200	212	224	236	250	265	280	300
315	355	375	400	425	450	475	500	530	560	600	630	670	710	750	800	900	1000

4. 验算带速 v

$$v = \frac{\pi d_{d1} n_1}{60 \times 1\,000} \text{ m/s} \tag{7-21}$$

式中:d_{d1}——小带轮的基准直径,mm;n_1——小带轮的转速,r/min。

为保证带能传递较大的功率并减少离心应力的影响,带速应控制在 $5 \sim 25$ m/s 范围内。可以通过改变带轮直径实现这一目的。

5. 确定中心距 a **和带的基准长度** L_d

(1)确定中心距　如果设计要求未给出中心距,可按式(7-22)初选中心距 a_0:

$$0.7(d_{d1} + d_{d2}) < a_0 < 2(d_{d1} + d_{d2}) \tag{7-22}$$

如果设计要求中给出了中心距,则应保证该中心距不小于 $0.7(d_{d1} + d_{d2})$,至少应保证两带轮能顺利地安装。

(2)确定带的基准长度 L_d　按下式初步计算带的基准长度 L_{d0}:

$$L_{d0} = 2a_0 + \frac{\pi(d_{d1} + d_{d2})}{2} + \frac{(d_{d2} - d_{d1})^2}{4a_0} \tag{7-23}$$

根据初定的 L_{d0},由表 7-3 选取接近的基准长度 L_d。如带轮的中心距不能调整(设计时给定),应选择大一号的带长,以保证带的安装(可以通过安装张紧轮保证带被张紧)。

(3)确定实际中心距 a　在选定 V 带的标准尺寸后,应计算实际中心距:

$$a \approx a_0 + \frac{L_d - L_{d0}}{2} \tag{7-24}$$

在中心距可调的情况下,考虑安装、张紧和调整等因素,中心距调整范围可按下式确定:

$$\left.\begin{array}{l} a_{max} = a + 0.03 L_d \\ a_{min} = a - 0.015 L_d \end{array}\right\} \tag{7-25}$$

6.验算小带轮包角 α_1

$$\alpha_1 = 180° - 57.3° \times \frac{d_{d2} - d_{d1}}{a} \qquad (7\text{-}26)$$

一般要求 $\alpha_1 \geqslant 120°$，最小不应小于 $90°$。在包角不能满足要求时，可增大中心距或设置张紧轮。

7. 确定带的根数 z

$$z = \frac{P_c}{[P_0]} \qquad (7\text{-}27)$$

式中：P_c——计算功率，kW；$[P_0]$——单根普通 V 带在实际使用条件下的许用额定功率，kW。

带的根数 z 应圆整为整数。为避免带受力不均匀，带的根数不能太多，一般取 $z = 2 \sim 5$，最多不大于 10 根。如带的根数过多，可加大小带轮的基准直径或选择较大型号的 V 带后重新设计。

8. 确定单根 V 带的初拉力 F_0

保持适当的初拉力是带传动正常工作的必要条件。初拉力过小将影响带的传力能力，容易出现打滑；初拉力过大，不但会降低带的寿命，也会增大压轴力，影响轴和轴承的强度。单根 V 带的初拉力为

$$F_0 = 500 \times \frac{(2.5 - K_a)P_c}{K_a z v} + q v^2 \qquad (7\text{-}28)$$

式中：q——每米带长的质量，kg/m，查表 7-2。其他符号同前。

9. 计算作用在带轮轴上的压力 F_Q

为了设计支承带轮的轴和轴承，需求出 V 带作用在轴上的压力 F_Q。F_Q 可按下式计算：

$$F_Q \approx 2z F_0 \sin \frac{a_1}{2} \qquad (7\text{-}29)$$

7.3.5 V 带传动设计示例

【例 7-1】 试设计一鼓风机用普通 V 带传动。所用电动机型号为 Y100L2-4，额定功率 $P = 7.5$ kW，转速 $n_1 = 1\ 440$ r/min。鼓风机转速 $n_2 = 630$ r/min。要求该传动机构紧凑。

解 (1)确定计算功率 P_c 查表 7-7 得 $K_A = 1.2$，由式(7-19)可得

$$P_c = K_A P = 1.2 \times 7.5 \text{ kW} = 9 \text{ kW}$$

(2)选择 V 带的型号 根据 $P_c = 9$ kW，$n_1 = 1\ 440$ r/min，由图 7-11 查得位于 A 型带区域，按 A 型带进行计算。

(3)确定带轮的基准直径 d_{d1}、d_{d2} 由表 7-7，取 $d_{d1} = 125$。

大带轮的基准直径 d_{d2} 为

$$d_{d2} = \frac{n_1}{n_2} d_{d1} = \frac{1\ 440}{630} \times 125 \text{ mm} \approx 286 \text{ mm}$$

按表 7-9 选 $d_{d2} = 280$ mm。

(4)验算带速 v。

$$v = \frac{\pi d_{d1} n_1}{60 \times 1\ 000} = \frac{\pi \times 125 \times 1\ 440}{60 \times 1\ 000} \text{ m/s} = 9.4 \text{ m/s}$$

带速在 5～25 m/s 范围内,合适。

(5)确定中心距 a 和带的基准长度 L_d。

①初步确定中心距 $a_0 = 650$ mm,符合 $0.7(d_{d1} + d_{d2}) < a_0 < 2(d_{d1} + d_{d2})$。

②确定带的基准长度 L_d。可得

$$L_{d0} = 2a_0 + \frac{\pi(d_{d1} + d_{d2})}{2} + \frac{(d_{d2} - d_{d1})^2}{4a_0}$$

$$= \left[2 \times 650 + \pi \times \frac{125 + 280}{2} + \frac{(280 - 125)^2}{4 \times 650}\right] \text{mm} = 1\,945.41 \text{ mm}$$

根据初定的 L_{d0},由表 7-3,选取接近的基准长度 $L_d = 2\,000$ mm。

③确定实际中心距 a

$$a \approx a_0 + \frac{L_d - L_{d0}}{2} = (650 + \frac{2\,000 - 1\,945.41}{2}) \text{ mm} \approx 677 \text{ mm}$$

(6)验算小带轮包角 α_1

$$\alpha_1 = 180° - 57.3° \times \frac{d_{d2} - d_{d1}}{a} = 180° - 57.3° \times \frac{280 - 125}{677} = 166.9° > 120°,合适。$$

(7)确定带的根数 z　查表 7-6,取 $K_\alpha = 0.971$,查表 7-4 得 $P_0 = 1.92$,查表 7-3 得 $K_L = 1.03$,查表得 $\Delta P_0 = 0.17$,则

$$z = \frac{P_c}{[P_0]} = \frac{P_c}{(P_0 + \Delta P_0)K_\alpha K_L} = \frac{9}{(1.92 + 0.17) \times 0.971 \times 1.03} \approx 4.31$$

取 $z = 5$ 根。

(8)确定单根 V 带的初拉力 F_0　查表 7-2 得 $q = 0.10$ kg/m,则

$$F_0 = 500 \times \frac{(2.5 - K_\alpha)P_c}{K_\alpha z v} + q v^2 = \left[500 \times \frac{(2.5 - 0.971) \times 9}{0.971 \times 5 \times 9.4} + 0.10 \times 9.4^2\right] \text{N} = 159.6 \text{ N}$$

(9)计算作用在带轮轴上的压力 F_Q。

$$F_Q \approx 2z F_0 \sin\frac{\alpha_1}{2} = 2 \times 5 \times 159.6 \times \sin\frac{166.9°}{2} \text{ N} = 1\,585.6 \text{ N}$$

7.4 　V 带轮设计

V 带轮的常用材料为铸铁 HT150 或 HT200,允许的最大圆周速度为 25 m/s,在转速较高时宜采用铸钢(或用钢板冲压后焊接而成),在小功率或高速时可用铸铝或塑料。

对于一般的 V 带轮设计,要求:①质量小且质量分布均匀;②有足够的承载能力和良好的结构工艺性;③轮槽工作面要精细加工,以减少带的磨损;④各槽的尺寸和角度应保持一定的精度,以使载荷分布较为均匀等。作为飞轮使用的带轮要求在较小质量的条件下获得最大的转动惯量。

V 带轮的结构一般由轮缘、轮毂、轮辐等部分组成。轮缘是带轮具有轮槽的部分。V 带的轮槽已标准化(见表 7-10),其形状和尺寸与相应型号的带截面尺寸相适应。

表 7-10 普通 V 带的轮槽尺寸

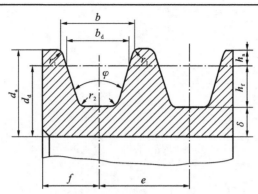

槽型			Y	Z	A	B	C	D	E
b_d			5.3	8.5	11.0	14.0	19.0	27.0	32.0
h_{amin}			1.60	2.00	2.75	3.50	4.80	8.10	9.60
h_{fmin}			4.7	7.0	8.7	10.8	14.3	19.9	23.4
e			8±0.3	12±0.3	15±0.3	19±0.4	25.5±0.5	37±0.6	44.5±0.7
f_{min}			6	7	9	11.5	16	23	28
d_d	对应的 φ	32°	≤60	—	—	—	—	—	—
		34°	—	≤80	≤118	≤190	≤315	—	—
		36°	>60	—	—	—	—	≤475	≤600
		38°	—	>80	>118	>190	>315	>475	>600

　　带轮的典型结构有实心式(见图 7-12a)、腹板式(见图 7-12b)、轮辐式(见图 7-12c)。当带轮基准直径 d_{d1}≤$2.5d_0$(d_0 为安装带轮的轴的直径,mm)时,可采用实心式;当 d_{d1}≤300 mm 时,可采用腹板式;当 d_{d1}>300 mm 时,可采用轮辐式。轮毂与轮辐的尺寸如图7-12所示,按经验公式计算。

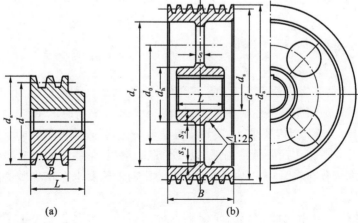

$d_h=(1.8\sim2)d_s$,$d_0=\dfrac{d_h+d_r}{2}$,$d_r=d_a-2(H+\delta)$,H,δ 见表 11-3,$s=(0.2\sim0.3)B$,$s_1\geqslant1.5s$,$s_2\geqslant0.5s$,$L=(1.5\sim2)d_s$

$h_1=290\sqrt[3]{\dfrac{P}{nA}}$,$P$ 为传递功率(kW);n 为带轮转速(r/min);A 为轮辐数,$h_2=0.8h_1$,$a_1=0.4h_1$,$a_2=0.8a_1$,$f_1=0.2h_1$,$f_2=0.2h_2$。

图 7-12　V 带轮的结构

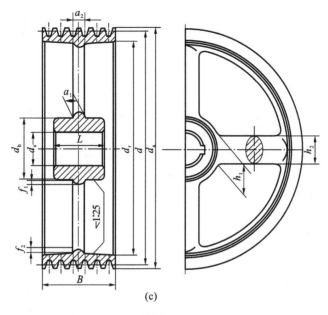

(c)

续图 7-12

图 7-13 所示为典型 V 带轮工作图。

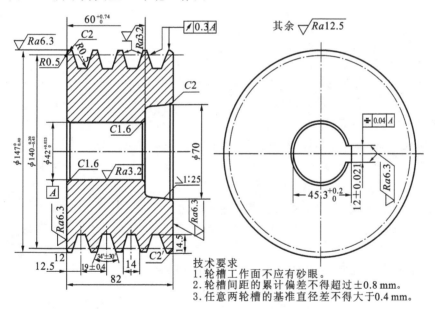

技术要求
1. 轮槽工作面不应有砂眼。
2. 轮槽间距的累计偏差不得超过±0.8 mm。
3. 任意两轮槽的基准直径差不得大于0.4 mm。

图 7-13 普通 V 带轮工作图

7.5 摩擦型带传动的张紧

摩擦型带必须在张紧状态下才能正常工作。除了初次安装时的张紧要求以外,由于 V 带在工作一段时间后会因永久性伸长而松弛,使带的张紧力减小,其传动能力降低,影响带传动的正常工作。为了保证带传动具有足够的工作能力,应采用张紧装置来调整张紧力,常用的张紧方法有定期张紧(见图 7-14)、自动张紧(见图 7-15)和张紧轮张紧(见图 7-16)三种。

1. 定期张紧装置

最常用的张紧方式是根据带传动的松紧程度定期(或不定期)地改变带传动的中心距以调节带的初拉力,使带重新张紧。如图 7-14a 所示的装置用于水平或接近水平的传动:放松固定螺栓,旋转调节螺钉,可使带轮沿导轨移动,调节带的张紧力。当带轮调到合适位置,使带获得所需的张紧力,然后拧紧固定螺栓。如图 7-14b 所示的装置用于垂直或接近垂直的传动:旋转调整螺母,使机座绕转轴转动,将带轮调到合适位置,使带获得所需的张紧力,然后固定机座位置。

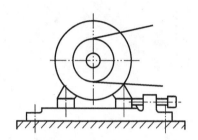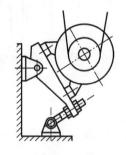

图 7-14 带的定期张紧装置

2. 自动张紧装置

自动张紧装置是利用部件的自重实现带的张紧的。如图 7-15 所示,将装有带轮的电动机安装在浮动的摆架上,利用电动机的自重,使带轮随同电动机绕固定轴摆动,以自动保持初拉力。自动张紧能保证带传动的张紧力基本保持不变,但由于部件自重的限制,难以在需要较大张紧力的情况下使用。

3. 采用张紧轮的张紧装置

当带传动的中心距不能调节时,可采用张紧轮的张紧方式。在用张紧轮张紧时,张紧轮通常安装在带的松边。

张紧轮张紧可分为外侧张紧(见图 7-16)和内侧张紧(见图 7-16)。

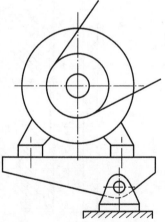

图 7-15 带的自动张紧装置

(1)外侧张紧 采用外侧张紧可以增加带传动的包角。由于在开口传动时,小带轮的包角较小。为增大小带轮上的包角以减少打滑的可能性,张紧轮应尽量安放在靠近小带轮处。尽管外侧张紧能提高带的有效拉力,但由于带传动时将承受交变应力,带的许用应力会减小,影响带传动的寿命。

(2)内侧张紧 内侧张紧将使带传动的包角减小,但能避免带传动承受交变应力。与外侧张紧相比对带的许用应力影响小,带传动的寿命较高。为了减小对包角的影响,张紧轮应置于靠近大带轮处。

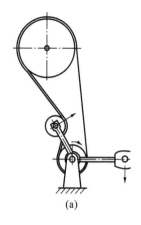
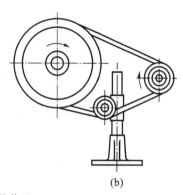

图 7-16　张紧轮装置

(a)外侧张紧；(b)内侧张紧

7.6　高速带传动

带速 $v>30$ m/s,高速轴转速 $n_1=10\,000\sim50\,000$ r/min 的带传动属于高速带传动。这种传动主要用于增速,其增速比可达 $2\sim4$,有时可达 8。

高速带传动要求运转平稳,传动可靠,并有一定的寿命。通常采用质量小、薄而均匀、挠曲性好的环形平带,如用(丝、麻、锦纶等)特制的编织带、薄型锦纶片复合平带等。

高速带轮要求质量小而且分布均匀对称,运转时空气阻力小。带轮各面均应进行精加工,并进行动平衡。高速带轮通常采用钢或铝合金制造。

为防止掉带,大、小轮缘都应加工出凸度,可制成鼓形面或双锥面。在轮缘表面常开环形槽,以防止在带与轮缘表面间形成空气层而降低摩擦因数,影响正常传动。如图 7-17 所示。

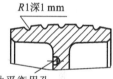

图 7-17　高速带轮轮缘

7.7　同步带传动

同步带的工作面上有齿,带轮的轮缘表面也制有相应的齿槽,是一种由带齿和轮齿的相互啮合实现动力传递的带传动形式(见图 7-18)。

同步带传动兼有带传动和齿轮传动的特点,由于靠啮合进行传动的,故传动比恒定。同步带通常以钢丝绳或玻璃纤维绳等为抗拉层,强度高;带型薄、质量小,可用于较高速度。传动时的线速度可达 50 m/s,传动比可达 10,效率可达 98%。主要应用于要求传动比准确、功率较大、线速度较高的场合,例如数控机床的传动装置等。随着同步带制造技术的发展,其应用也日益广泛。

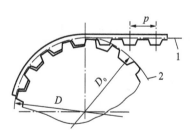

图 7-18　同步带传动

1—同步带节线;2—带轮节圆

7.7.1 同步带的传动特点

(1)传动比准确,传动效率高;

(2)工作平稳,能吸收振动;

(3)不需要润滑、耐油水、耐高温、耐腐蚀,维护保养方便;

(4)中心距要求严格,安装精度要求较高;

(5)制造工艺复杂,成本较高。

7.7.2 同步带的设计步骤和示例

1. 同步带传动的主要参数

同步带传动的主要参数是节距 p 和节线长 L_p(见图 7-18)。

(1)节距 p　在规定张紧力下,相邻两齿中心线的直线距离称为节距,以 p 表示。

(2)节线长 L_p　当同步带垂直其底边弯曲时,在带中保持原长度不变的周线,称为节线,通常位于承载层的中线。节线长以 L_p 表示。

2. 设计步骤

(1)计算功率　$P_c = K_A P_0$(K_A 见表 7-11)。

表 7-11　同步带传动的工作情况系数 K_A

载荷变化情况	瞬时峰值载荷	每天工作小时数/h		
	额定工作载荷	≤10	10～16	＞16
平稳	—	1.20	1.40	1.50
小	≈150%	1.40	1.60	1.70
较大	≥150%～250%	1.60	1.70	1.85
很大	≥250%～400%	1.70	1.85	2.00

注:经常正反转或使用张紧轮时,K_A 乘 1.1;间断性工作,则乘 0.9。

(2)选择带型和节距　查图 7-19 和表 7-12。

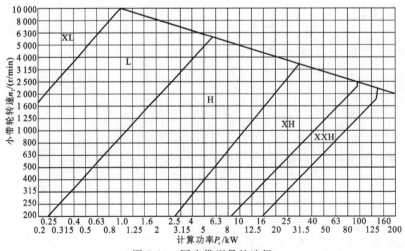

图 7-19　同步带型号的选择

表 7-12 同步带节距 p、基准宽度 b_0、许用工作拉力 F_a、每米质量 q 及小带轮最小齿数 z_{min}

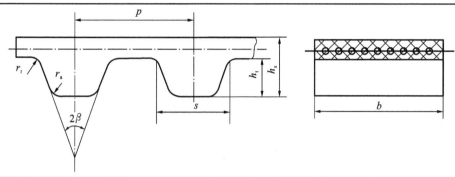

项 目	型 号						
	MXL	XXL	XL	L	H	XH	XXH
节距 p/mm	2.032	3.175	5.08	9.525	12.7	22.225	31.75
基准宽度 b_0/mm	6.4	6.4	9.5	25.4	76.2	101.6	127.0
许用工作拉力 F_a/N	27	31	50	245	2100	4050	6400
每米质量 q/(kg/m)	0.007	0.01	0.022	0.096	0.448	1.484	2.473
n_1(r/min)	小带轮最小齿数 z_{min}						
≤900	10	10	10	12	14	18	18
>900~1 200	12	12	10	12	16	24	24
>1 200~1 800	14	14	12	14	18	26	26
>1 800~3 600	16	16	12	16	20	30	—
≥3 600	18	18	15	18	22	—	—

(3)齿数　$z_1 \geqslant z_{min}$（z_{min} 见表 7-12），$z_2 = iz_1$（圆整为整数）。

(4)带轮节圆直径　$d_1 = \dfrac{z_1 p}{\pi}$ mm，$d_2 = \dfrac{z_2 p}{\pi}$ mm。

(5)带速　$v = \dfrac{\pi d_1 n_1}{60 \times 1\,000} \leqslant v_{max}$ m/s。

(6)初取中心距　$0.7(d_1 + d_2) \leqslant a \leqslant 2(d_1 + d_2)$，或由结构决定。

(7)带长及其齿数　由下式算得初始带长 L_{d0} 后按表 7-13 选取标准节线长度 L_p 及齿数 z。

$$L_{d0} = 2a_0 + \frac{\pi(d_1 + d_2)}{2} + \frac{(d_2 - d_1)^2}{4a_0}$$

(8)实际中心距　$a \approx a_0 + \dfrac{L_p - L_{d0}}{2}$。

(9)小带轮啮合齿数　$z_m = \dfrac{z_1}{2} - \dfrac{p z_1}{20a}(z_2 - z_1)$。

(10)基本额定功率　$P_0 = \dfrac{(F_a - q v^2)v}{1000}$ （kW）。

式中：P_0——同步带基准宽度 b_0 所能传递的功率；F_a——基准宽度为 b_0 同步带的许用工作

拉力,N,见表 7-10;q——基准宽度为 b_0 同步带质量,kg/m(见表 7-10)。

(11)带宽　$b = b_0 \sqrt[1.14]{\dfrac{P_c}{K_z P_0}}$(带宽应按表 7-14 取标准值。一般要求 $b < d_1$)

式中:K_z——啮合齿数系数,根据小带轮啮合齿数。

(12)轴上载荷　$F_Q = \dfrac{1\,000 P_c}{v}$(N)。

表 7-13　同步带节线长度系列

带长代号	节线长度 L_p/mm	节线长上的齿数 z						
		MXL	XXL	XL	L	H	XH	XXH
40	101.60	50	—	—	—	—	—	—
50	127.00	—	40	—	—	—	—	—
60	152.40	75	48	30	—	—	—	—
70	177.80	—	56	35	—	—	—	—
80	203.20	100	64	40	—	—	—	—
100	254.00	125	80	50	—	—	—	—
130	330.20	—	104	65	—	—	—	—
160	406.40	200	128	80	—	—	—	—
200	508.00	250	160	100	—	—	—	—
300	762.00	—	—	—	80	60	—	—
420	1066.80	—	—	—	112	84	—	—
450	1143.00	—	—	—	120	90	—	—
480	1219.20	—	—	—	128	96	—	—
507	1289.05	—	—	—	—	—	58	—
510	1295.40	—	—	—	136	102	—	—
540	1371.60	—	—	—	144	108	—	—
570	1447.80	—	—	—	—	114	—	—
600	1524.00	—	—	—	160	120	—	—
700	1778.00	—	—	—	—	140	80	56
800	2032.00	—	—	—	—	160	—	64
900	2286.00	—	—	—	—	180	—	72
1000	2540.00	—	—	—	—	200	—	80

表 7-14　同步带宽度系列

型　号	宽度 b/mm	代　号
	3.0	012
	4.8	019
	6.4	025
	7.9	031
	9.5	037
	12.7	050
	19.1	075
	25.4	100
	38.1	150
	50.8	200
	76.2	300
	101.6	400
	127.0	500

3. 设计实例

【**例 7-2**】　设计精密车床的同步带传动。电动机为 Y112M-4,其额定功率 $P=4$ kW,额定转速 $n_1=1\,440$ r/min,传动比 $i=2.4$（减速）,轴间距约为 450 mm。每天两班制工作（按16 h计）。

解　(1)计算功率 P_c。

由表 7-11 查得 $K_A=1.6$

$$P_c=K_AP=1.6\times4\ \text{kW}=6.4\ \text{kW}$$

(2)选定带型和节距。

根据计算功率和额定转速,由表确定为 H 型,节距 $p=12.7$ mm

(3)计算小带轮齿数 z_1。

根据带型 H 和小带轮转速 n_1,由表 7-12 查得小带轮的最小齿数 $z_{1\min}=18$,此处取 $z_1=20$。

(4)计算小带轮节圆直径 d_1。

$$d_1=\frac{z_1p}{\pi}=\frac{20\times12.7}{\pi}\ \text{mm}=80.85\ \text{mm}$$

(5)计算大带轮齿数 z_2。

$$z_2=iz_1=2.4\times20=48$$

(6)计算大带轮节圆直径 d_2。

$$d_2=\frac{z_2p}{\pi}=\frac{48\times12.7}{\pi}\ \text{mm}=194.04\ \text{mm}$$

(7)计算带速 v。

$$v=\frac{\pi d_1n_1}{60\times1\,000}=\frac{\pi\times80.85\times1\,440}{60\times1\,000}\ \text{m/s}=6.1\ \text{m/s}$$

(8)初定中心距 a_0,取 $a_0=450$ mm。

(9)计算带长及其齿数。

$$L_{d0}=2a_0+\frac{\pi(d_1+d_2)}{2}+\frac{(d_2-d_1)^2}{4a_0}$$

$$=\left[2\times450+\frac{\pi(80.85+194.04)}{2}+\frac{(194.04-80.85)^2}{4\times450}\right]\ \text{mm}$$

$$=1\,338.91\ \text{mm}$$

由表 7-13 查得应选用带长代号为 510 的 H 型同步带,其节线长 $L_p=1\,295.4$ mm,节线长上的齿数 $z=102$。

(10)计算实际中心距 a。

此结构的中心距可调整为

$$a\approx a_0+\frac{L_p-L_0}{2}=\left(450+\frac{1\,295.4-1\,338.91}{2}\right)\ \text{mm}=428.25\ \text{mm}$$

(11)计算小带轮啮合齿数。

$$z_m=\frac{z_1}{2}-\frac{pz_1}{20a}(z_2-z_1)=\frac{20}{2}-\frac{12.7\times20}{2\pi^2\times428.25}(48-20)\approx9$$

(12)计算基本额定功率 P_0。

查表得 $F_a=2\,100$ N,$q=0.448$ kg/m,故有

$$P_0 = \frac{(F_a - qv^2)v}{1\ 000} = \frac{(2\ 100 - 0.448 \times 6.1^2) \times 6.1}{1\ 000}\ kW = 12.71\ kW$$

(13)计算所需带宽 b。

由表查得 H 型带 $b_0 = 76.2\ mm, z_m = 9, K_z = 1$,故有

$$b = b_0 \sqrt[1.14]{\frac{P_c}{k_z P_0}} = 76.2 \times \sqrt[1.14]{\frac{6.4}{12.71}}\ mm = 41.74\ mm$$

由表查得,应选带宽代号为 200 的 H 型带,其宽度为 $b = 50.8\ mm$

(14)轴上载荷 F_Q。

$$F_Q = \frac{1\ 000 P_c}{v} = \frac{1\ 000 \times 6.4}{6.1}\ N = 1\ 049.18\ N$$

习 题

7-1 打滑是带传动的失效形式,但打滑一定是有害的吗?

7-2 V 带传动时的带速为什么不宜太高也不宜太低?

7-3 采用张紧轮张紧时,若将张紧轮放置在带的内侧,应靠近哪一个带轮,为什么?

7-4 已知 V 带传动传递的功率 $P = 7.5\ kW$,带速 $v = 10\ m/s$,紧边拉力是松边拉力的两倍,即 $F_1 = 2F_2$,试求紧边拉力 F_1、有效拉力 F 和初拉力 F_0。

7-5 已知一 V 带传动的 $n_1 = 1\ 450\ r/min, n_2 = 400\ r/min, d_1 = 180\ mm$,中心距 $a = 1\ 600\ mm$,V 带为 A 型,根数 $z = 2$,工作时有振动,一天运转 16 h(即两班制),试求带能传递的功率。

7-6 设计一磨面机,用普通 V 带传动。已知电动机额定功率为 $P = 5.5\ kW$,转速 $n_1 = 1\ 420\ r/min, n_2 = 560\ r/min$,允许 n_2 误差 $\pm 5\%$,两班制工作,希望中心距不超过 700 mm。

第8章 链 传 动

本章主要介绍链传动的分类、特点和应用;套筒滚子链的结构和标准;链传动的运动和动力特点;链传动的失效形式;套筒滚子链传动的设计计算及主要参数的选择;链轮的结构、材料,链传动的张紧和润滑。

8.1 链传动的分类、特点及应用

链传动是在两个或多于两个链轮之间用链作为挠性拉曳元件的一种啮合传动,其基本的布置形式如图 8-1 所示。因其经济、可靠,故广泛用于农业、采矿、冶金、起重、运输、石油、化工、纺织等行业的各种机械的动力传动中。

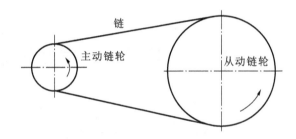

图 8-1 链传动的形式

按照工作性质的不同,链可分为传动链、起重链、曳引链三种。传动链主要用于传递动力,通常都在低、中等速度($v \leqslant 20$ m/s)下工作。起重链主要用在起重机械中提升重物,其工作速度不大于 0.25 m/s。曳引链主要用在运输机械中移动重物,其工作速度在 $2 \sim 4$ m/s 范围内。本章只讨论传动链。

链传动的传动功率一般小于 100 kW,速度小于 15 m/s,推荐的传动比不大于 8[①]。作为柔性的啮合传动,链传动兼有啮合传动和挠性传动的特点。

与带传动相比。链传动的主要优点如下:

(1)具有更大的功率和传动比范围;

(2)没有弹性滑动,平均传动比是定值;

(3)工况相同时,传动尺寸比较紧凑;

(4)不需要很大的张紧力,作用在轴上的载荷较小;

(5)效率较高,$\eta \approx 98\%$;

(6)能在温度较高、湿度较大的环境中使用等。

---

① 目前链传动可达最大功率为 5000 kW,最高速度为 40 m/s,最大传动比为 15,最大中心距为 8 m。

其主要缺点是：

（1）只能用于平行轴间的传动；

（2）没有缓冲、吸振和保护作用，工作时噪声大；

（3）不宜在载荷变化很大和急促反向的传动中应用；

（4）制造费用较摩擦型带高。

因链传动具有中间挠性件（链），和齿轮、蜗杆传动相比，链传动可用于轴间距离较大的场合；但在不考虑任何加工、装配误差时，链传动的理论瞬时速度也不是定值，存在着不可避免的冲击和振动，这决定了它的高速性能不如齿轮和蜗轮传动，也不及具有缓冲、吸振能力的带传动。

8.2 链传动的结构特点和主要参数

传动链的主要形式有套筒滚子链（简称滚子链）、齿形链和无级变速链等（见图 8-2）。本章主要讨论最为常用的滚子链，对齿形链只作简单的介绍。

(a)　　　　　　　　　(b)　　　　　　　　　(c)

图 8-2　常见的传动链
(a)滚子链；(b)齿形链；(c)无级变速链

8.2.1 滚子链

滚子链由五大件，即内链板 4、外链板 5、销轴 3、套筒 2 和滚子 1 组成（见图 8-3）。内链节由内链板、套筒和滚子组成。内链板与套筒之间为过盈配合，套筒与滚子之间为间隙配合，滚子可绕套筒自由转动，其主要作用是减少滚子与链轮齿之间的摩擦和磨损；外链节由外链板和销轴组成，它们之间以过盈配合连接在一起。内链节和外链节通过套筒和销轴实现连接，两者间隙配合构成活动铰链。链条弯曲时，套筒能够绕销轴自由转动。链板均制成"∞"字形，以减轻链条的重量，并使其各横截面的强度大致相同。

套筒滚子链上相邻两销轴中心的距离称为节距，用 p 表示，它是链传动最主要的参数。节距越大，链上各元件的尺寸越大，链所能传递的功率也越大；当链轮齿数一定时，节距增大将使链轮直径增大。因此，在传递功率较大时，为使链传动的外廓尺寸不致过大，可采用小节距的双排链（见图 8-4）或多排链。多排链由单排链组合而成，其承载能力与排数接近正比，但限于链的制造和装配精度，各排链受载大小难以一致，故排数不宜过多，四排以上的套筒滚子链目前很少应用。

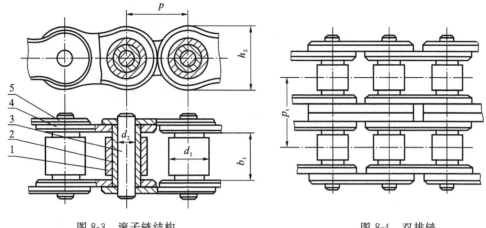

图 8-3 滚子链结构   图 8-4 双排链

链条的长度以链节数表示。当链节数为偶数时,接口处为内、外链节相对,可用弹簧卡片(见图 8-5a)或开口销(见图 8-5b)固定,为便于拆装,其中一侧的外链节与销轴采用过渡配合;当链节数为奇数时,接口片将出现两内链节(或两外链节)相对的情况,需要采用过渡链节(见图 8-5c)来实现互联。由于过渡链节的链板在工作时要受到附加的弯曲应力,强度较差,所以应尽量避免使用奇数链节。

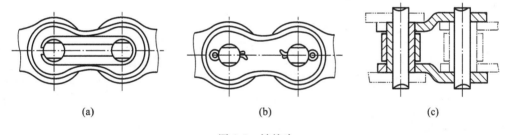

(a)   (b)   (c)

图 8-5 链接头

除节距 P 以外,滚子外径 d_1 和内链节内宽 b_1 以及多排链时的排距 P_t(见图 8-4)也是滚子链的基本参数[①]。链的使用寿命在很大程度上取决于链的材料及热处理方法。因此,组成链的所有元件均需要经过热处理,以提高其强度、耐磨性和冲击韧度。

考虑到历史的延续性以及国际上链条的使用情况,我国链条标准 GB/T 1243—1997 中规定节距用英制折算成米制的单位。表 8-1 列出了标准规定的几种规格的滚子链的主要尺寸和抗拉载荷。表中的链号和相应的标准链号一致,链号数×25.4/16 即为节距值。后缀 A 或 B 分别表示 A 或 B 系列,其中 A 系列适用于以美国为中心的西半球区域,B 系列适用于欧洲区域。本章介绍我国主要使用的 A 系列滚子链传动的设计。

---

① 当链节距相等时,滚子外径和内链节内宽可以不等,所以从设计角度出发需明确其数值。

表 8-1 滚子链规格和主要参数(摘自 GB/T 1243—1997)

ISO 链号	节距 p	滚子直径 d_{1max}	内链节内宽 b_{1min}	销轴直径 d_{2max}	内链板高度 h_{2max}	排距 p_t	抗拉载荷 单排 min	抗拉载荷 双排 min
			/mm				/kN	
05B	8	5	3	2.31	7.11	5.64	4.4	7.8
06B	9.525	6.35	5.72	3.28	8.26	10.24	8.9	16.9
08A	12.7	7.92	7.85	3.98	12.07	14.38	13.8	27.6
08B	12.7	8.51	7.75	4.45	11.81	13.92	17.8	31.1
10A	15.875	10.16	9.4	5.09	15.09	18.11	21.8	43.6
12A	19.05	11.91	12.57	5.96	18.08	22.78	31.1	62.3
16A	25.4	15.88	15.75	7.94	24.13	29.29	55.6	111.2
20A	31.75	19.05	18.9	9.54	30.18	35.76	86.7	173.5
24A	38.1	22.23	25.22	11.11	36.2	45.44	124.6	249.1
28A	44.45	25.4	25.22	12.71	42.24	48.87	169	338.1
32A	50.8	28.58	31.55	14.29	48.26	58.55	222.4	444.8
36A	57.15	35.71	35.48	17.46	54.31	65.84	280.2	560.5
40A	63.5	39.68	37.85	19.85	60.33	71.55	347	693.9

滚子链的标记以:"链号"—"排数"—"整链链节数""标准编号"表示。

例如:08A—1—88 GB/T 1243—1997 表示 A 系列、节距 12.7 mm、单排、88 节的滚子链。

8.2.2 齿形链

齿形链由彼此用铰链连接起来的齿形链板组成,链板两工作侧面间的夹角为 60°,齿形链的铰链形式有圆销式、轴瓦式、滚柱式三种(见图 8-6)。

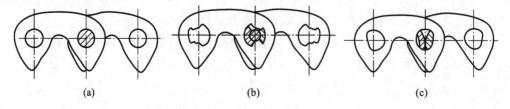

图 8-6 齿形链
(a)圆销式;(b)轴瓦式;(c)滚柱式

(1)圆销式 其链板孔与销轴为间隙配合。

(2)轴瓦式 在链板销孔两侧有长、短扇形圆弧槽各一条。由于相邻链板左右相间排列,所以长、短扇形槽也是相间排列。在销孔中装入销轴后,就在销轴左、右两边的槽中嵌入与短槽相配的轴瓦。这就使得相邻链节在作屈伸运动时,左、右轴瓦分别在各自的长槽中摆动,同时轴瓦内面又沿销轴表面滑动。

(3)滚柱式　没有销轴,在链板孔上做有直边,相邻链板也是左右相间排列,孔中嵌入摇块。滚柱式齿形链的特点是当链节屈伸时,两摇块间的运动为滚动摩擦。

和滚子链相比,齿形链具有工作平稳、噪声较小、允许链速较高、承受冲击载荷能力较好(有严重冲击载荷时,最好采用带传动)和轮齿受力均匀等优点;但其价格较贵、质量较大并且对安装和维护的要求也较高。

8.3　滚子链传动的运动特性

8.3.1　链传动的多边形效应

链是由刚性链节通过销轴铰接的,当链绕在链轮上时,其链节与相应的轮齿啮合后,这一段链条将曲折成正多边形的一部分(见图 8-7)。该正多边形的边长等于链条的节距 p,边数等于链轮齿数 z,链轮每转过一圈,链条走过 $z \cdot p$ 长度,所以链的平均速度 v(m/s)为

$$v = \frac{z_1 n_1 p}{60 \times 1\,000} = \frac{z_2 n_2 p}{60 \times 1\,000} \tag{8-1}$$

式中:z_1、z_2——主、从链轮的齿数;n_1、n_2——主、从链轮的转速,r/min。

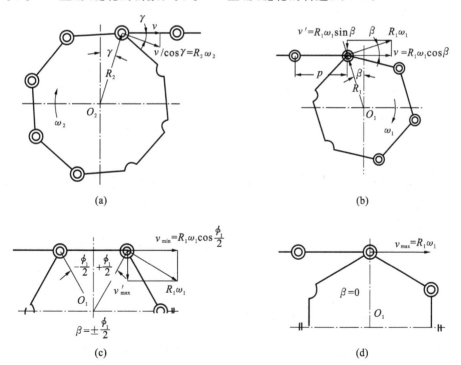

图 8-7　链传动的运动图

利用上式,可求得链传动的平均传动比

$$i = \frac{n_1}{n_2} = \frac{z_2}{z_1} \qquad (8\text{-}2)$$

由以上两式求得的链速和传动比都是平均值。事实上,即使主动轮的角速度 ω_1 = 常数,链速 v 和从动轮角速度 ω_2 都将是变化的,瞬时传动比在一般情况下也不是定值。现分析如下。

(1)假设紧边在传动时总是处于水平位置,$\phi_1 = 360°/z_1$。当链节进入主动轮时,其销轴将随着链轮的转动而不断改变其位置。当位于 β 角的瞬时(见图 8-7a),链速 v 应为销轴圆周速度($R_1\omega_1$)在水平方向上的分速度,即 $v = R_1\omega_1\cos\beta$。由于 β 角在 $-\phi_1/2 \sim +\phi_1/2$ 之间变化,因而即使 ω_1 = 常数,v 也不可能是常数。当 $\beta = \pm\phi_1/2$ 时链速最小,$v_{min} = R_1\omega_1\cos(\phi_1/2)$(见图 8-7c);当 $\beta = 0$ 时链速最大,$v_{max} = R_1\omega_1$(见图 8-7d)。由此可知,链速始终作着由小至大、又由大至小的变化,而且每转过一个链节就要重复上述变化一次(见图 8-8a)。

(2)通过同样的分析可得从动链轮的角速度 $\omega_2 = v/R_2\cos\gamma$。由于链速 $v \neq$ 常数和 γ 角(见图 8-7b)的不断变化,因而角速度 ω_2 也是变化的。根据传动比的定义可得链传动的瞬时传动比:

$$i = \frac{\omega_1}{\omega_2} = \frac{R_2\cos\gamma}{R_1\cos\beta} \qquad (8\text{-}3)$$

由于 $\cos\gamma/\cos\beta$ 在一般情况下不是一个定值,所以链传动的瞬时传动比不是恒定值[①]。

(3)链在水平方向作周期性速度变化的同时,在垂直方向还要作上下移动($v' = R_1\omega_1\sin\beta$)。开始时以减速上升($-\phi_1/2 < \beta < 0$),随后又以增速下降($0 < \beta < \phi_1/2$)(见图 8-8b)。

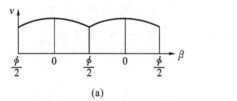 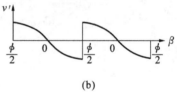

(a) (b)

图 8-8 链速的变化
(a)水平速度变化;(b)垂直速度变化

根据以上分析可知,在工作过程中链节的运动始终是忽下忽上、忽快忽慢的,其瞬时传动比也是变化的。由于这种现象是由链条绕在链轮上的多边形特征引起的,所以也被称为链传动的多边形效应。

链传动的特点决定了它在工作运动过程中的多边形效应是不可避免的,而由此带来的冲击、振动、传动比波动也是不可避免的,这也是滚子链传动通常用于速度较低场合的主要原因。一般情况下,在有带、齿轮、蜗轮、链存在的多级传动时,链传动常被用于低速级。

8.3.2 链传动的动载荷和影响因素分析

在链的传动过程中,链条和从动链轮都作周期性的变速运动,从而使与从动链轮相连的零件也作周期性的变速运动,产生动载荷。动载荷的大小与回转零件的质量和链传动产生

---

① 只有当传动比为1,且中心距为链节距的整数倍时,因 $\gamma \equiv \beta$,才有瞬时传动比为定值。

的速度不均匀性的大小有关。分析可得如下结论。

(1)链条前进的加速度引起的动载荷为 $F_{q1}(N)$ 为

$$F_{q1} = ma_c \tag{8-4}$$

式中：m——紧边链条的质量，kg；a_c——链条的加速度，m/s^2，当 $\beta = \pm \phi_1/2$ 时达到最大值 a_{cmax}，有

$$a_{cmax} = \mp R_1 \omega_1^2 \sin\frac{180°}{z_1} = \mp \frac{\omega_1^2 p}{2} \tag{8-5}$$

式中：p——为链节距，mm；ω_1——主动轮的角速度，rad/s。

(2)从动轮角加速度引起的动载荷 $F_{q2}(N)$ 为

$$F_{q2} = \frac{J}{R_2}\frac{d\omega_2}{dt} \tag{8-6}$$

式中：J——从动系统转化到从动链轮轴的转动惯量，kg·m^2；ω_2——从动轮的角速度，rad/s；R_2——大链轮的半径，m。

上面各式表明，转速越高，链节距越大，齿数越少(在链轮直径相同的情况下)，链传动的动载荷也越大。所以选择较大的小链轮齿数和较小的链节距通常是有利的，在高速时尤其如此。

另一方面，当链节进入链轮的瞬间，链轮和链节间存在一定的相对速度，这将使链轮受到冲击而产生附加动载荷。链节对轮齿的冲击动能越大，对传动的破坏作用也越大。因此从减少冲击动能的角度出发，应采用较小的链节距并限制链的极限转速。

8.4　滚子链传动的受力和失效分析

8.4.1　链传动的受力和应力分析

链传动安装时也需要张紧，以使链条保持适当的垂度。避免因松边过松而出现链条的不正常啮合、跳齿或脱链现象。链传动为啮合传动，不需要依靠压紧力以产生传动所需的摩擦力，所以与带传动相比，链传动所需的张紧力要小得多，通常可忽略不计。

链传动工作时，紧边拉力远大于松边拉力。若不计动载荷，在链传动工作时的紧边拉力 F_1 由有效拉力 F_e，离心拉力 F_c，垂度拉力 F_f 组成。

(1)有效拉力 F_e　它取决于传动功率 $P(kW)$ 和链速 $v(m/s)$，即

$$F_e = \frac{1\,000P}{v} \quad (N) \tag{8-7}$$

(2)离心拉力 F_c　它取决于每米链长的质量 q 和链速 v(链速 $v > 7$ m/s 时，离心力不可忽略)，有

$$F_c = qv^2 \quad (N) \tag{8-8}$$

(3)垂度拉力 F_f　它取决于传动的布置方式及链在工作时允许的垂度。若允许垂度过小，则为了保证张紧 F_f 将很大，增加了链的磨损和轴承载荷；如允许垂度过大，则又会使链传动的啮合情况变坏。可按照悬索拉力求法获得垂度拉力(计算简图见图 8-9)。

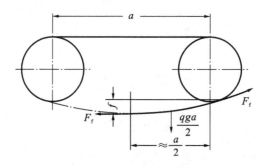

图 8-9　垂度拉力的计算简图

$$F_f \approx \frac{1}{f}\left(\frac{qga}{2} \times \frac{a}{4}\right) = \frac{qga}{8f/a} = k_f qga \quad (N) \tag{8-9}$$

式中：g——重力加速度，m/s^2；a——中心距，m；q——单位长度链的质量，kg/m；k_f——垂度系数，对于水平传动取 $k_f \approx 6$（允许 $f/a \approx 0.02$，f 为悬索垂度），对于倾斜角（两链轮中心连线与水平面所成的角）小于 $40°$ 的传动取 $k_f = 4$，大于 $40°$ 的传动取 $k_f = 2$；垂直传动取 $k_f = 1$。

由此得链紧边和松边拉力为

$$\left.\begin{array}{l}\text{紧边总拉力} \qquad\qquad F_1 = F_e + F_c + F_f \\ \text{松边总拉力} \qquad\qquad F_2 = F_c + F_f\end{array}\right\} \tag{8-10}$$

作用在轴上的载荷 F_Q 可近似地取为紧边和松边总拉力之和，两侧的离心拉力相互平衡，对它没有影响，由此得 $F_Q \approx F_e + 2F_f$。由于垂度拉力不大，压轴力 F_Q 可近似取为

$$F_Q \approx K_{FQ} F_e \tag{8-11}$$

式中：K_{FQ}——压轴力因数，对于水平传动取 $K_{FQ} = 1.15$（冲击载荷时取为 1.30）；对于垂直传动取 $K_{FQ} = 1.05$（冲击载荷时取为 1.15）。

8.4.2　链传动的基本失效形式

链传动在工作时承受变载荷作用并伴有较大的冲击载荷，套筒与销轴、滚子与套筒等元件间存在相对滑动。这些特点决定了链传动的主要失效为链条各元件的疲劳和磨损失效。

(1)链的疲劳破坏　链在运动过程中，其上的各个元件都在变应力作用下工作，经过一定循环次数后，链板将会因疲劳而断裂；套筒、滚子表面将会因冲击而出现疲劳点蚀。

(2)链条铰链的磨损　链条在工作过程中，铰链中的销轴与套筒间不仅承受较大的压力，而且还有相对转动，导致铰链磨损，其结果使链节距增大，链条总长度增加，从而使链的松边垂度发生变化，同时增大了运动的不均匀性和动载荷，引起跳齿。

(3)链条铰链的胶合　当链速较高时，链节受到的冲击增大，铰链中的销轴和套筒在高压下直接接触，同时两者相对转动产生摩擦热，从而导致胶合。因此，胶合在一定程度上限制了链传动的极限转速。

对于链速较低($v < 0.6$ m/s)的链传动，链条有可能出现静力破坏，一般以是否发生塑性变形作为判断准则。除此之外，由于张紧不当的原因引起的脱链和跳齿则是链传动的非损伤性失效类型。

为了保证链传动的正常工作,通常根据实验获得链传动的极限功率曲线,特定的实验条件为:小链轮齿数 $z_1 = 19$;链长 $l_p = 100$ 节;载荷平稳,按图 8-10 的润滑方式;工作寿命 15000 h;链条因磨损而引起的相对伸长量不超过 3%。图 8-11 给出了典型的极限功率曲线和许用功率曲线。如果润滑不良、工作条件恶劣,链所能传递的功率要比润滑良好的链传动低得多(见图 8-11 中的虚线)。

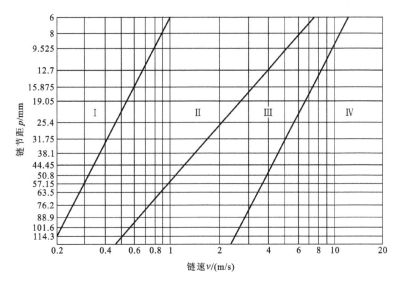

图 8-10　建议使用的润滑方法

1—定期人工润滑;2—滴油润滑;3—油池润滑或油盘飞溅润滑;4—压力供油润滑

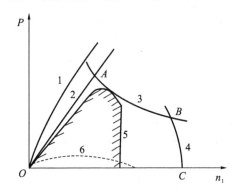

图 8-11　极限功率曲线

1—在正常润滑条件下,铰链磨损限定的极限功率;2—链板疲劳强度限定的极限功率;
3—套筒、滚子冲击疲劳强度限制的极限功率;4—铰链胶合限定的极限功率;5—实际使用的区域

8.5　滚子链链轮结构和材料

8.5.1　链轮齿形

对链轮齿形的基本要求是:链条滚子能平稳、自由地进入啮合和退出啮合;啮合时滚子

与齿面接触良好;允许链条节距有较大的增量;齿形应简单,便于加工。国家标准中只规定了链轮的最大齿槽形状和最小齿槽形状,只要链轮的实际端面齿形在最大和最小齿槽形状之间并满足齿形基本要求,就是可用齿形。

常用的滚子链链轮端面齿形为三圆弧一直线齿形,它由弧 aa、ab、cd 和直线 $\overline{bc}$ 组成,$abcd$ 为齿廓工作段(见图 8-12)。如设计时采用的端面齿形为三圆弧一直线齿形,在工作图中可不必画出,否则应画出链轮的端面齿形。

滚子链链轮轴向齿廓如图 8-13 所示,齿形两侧呈圆弧状,以便于链节进入或退出啮合。

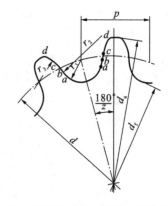

图 8-12 链轮端面的三圆弧一直线齿形

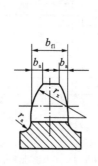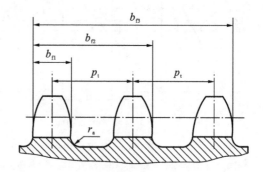

图 8-13 滚子链链轮轴向齿廓

8.5.2 链轮基本结构形式

1. 链轮的结构

链轮的具体结构形式主要由直径大小确定。直径较小的链轮制成实心式(见图 8-14a);直径中等的链轮制成孔板式(见图 8-14b);直径较大的链轮制成组合式结构,通过焊接、螺栓连接(见图 8-14c)、铆接等方式将轮缘和轮毂联成一体。

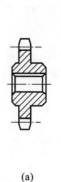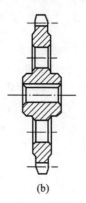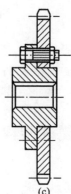

(a)　　　　　　(b)　　　　　　(c)

图 8-14 链轮的结构

2. 链轮的基本参数和主要尺寸

链轮的基本参数是配用链条的节距 p、套筒的最大外径 d_1、排距 p_t 和齿数 z。链轮的主要尺寸和计算公式见表 8-2。

表 8-2 链轮的主要尺寸及计算公式 单位:mm

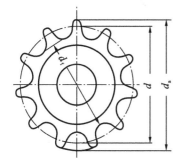 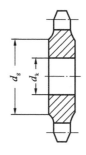 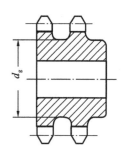

名 称	代号	计 算 公 式	备 注
分度圆直径	d	$d = \dfrac{p}{\sin\left(\dfrac{180°}{z}\right)}$	—
齿顶圆直径	d_a	$d_a = p\left(0.54 + \cot\dfrac{180°}{z}\right)$ $d_{amin} = d + p\left(1 - \dfrac{1.6}{z}\right) - d_1$ $d_{amax} = d + 1.25p - d_1$	可在 $d_{amin} \sim d_{amax}$ 范围内任意选取，但 d_{amax} 受到刀具限制
齿根圆直径	d_f	$d_f = d - d_1$	—
齿高	h_a	$h_{amin} = 0.5(p - d_1)$ $h_{amax} = 0.625p - 0.5d_1 + \dfrac{0.8p}{z}$	h_a 为节距多边形以上部分的齿高，用于绘制放大尺寸的齿槽形状
齿侧凸缘直径	d_g	$d_g \leqslant p\cot\dfrac{180°}{z} - 1.04h_2 - 0.76$	h_2 为内链板高度，见表 8-1

8.5.3 链轮的常用材料

链轮常用材料及齿面硬度如表 8-3 所示。

表 8-3 链轮常用材料及齿面硬度

材 料	齿面硬度	应 用 范 围
15,20	渗碳淬火 50~60HRC	$z \leqslant 25$ 的高速、重载、有冲击载荷的链轮
35	正火 160~200HBS	$z > 25$ 的低速、轻载、平稳传动的链轮
45,50,ZG45	淬火 40~45HRC	低、中速、轻、重载，无剧烈冲击的链轮
15Cr,20Cr	渗碳淬火 50~60HRC	$z < 25$ 有动载荷及传递较大功率的重要链轮
35SiMn,35CrMo,40Cr	淬火 40~45HRC	高速、重载、有冲击、连续工作的链轮
Q235,Q275	140HBS	中速、传递中等功率的链轮，较大链轮
普通灰铸铁	260~280HBS	载荷平稳、速度较低、齿数较多($z > 50$)的从动链轮
夹布胶木	—	功率小于 6 kW、速度较高、要求传动平稳和噪声小的链轮

在链轮材料选择时应保证链轮轮齿具有足够的强度和较好的耐磨性,同时注意降低成本。因为与大链轮相比,小链轮的啮合次数多,磨损较重,受冲击较大,所以小链轮所用材料的性能应优于大链轮。可参考表 8-3 中材料的应用范围,根据链轮的工作条件,在综合考虑后选择链轮材料。

8.5.4 链轮工作图示例

链轮工作图如图 8-15 所示。

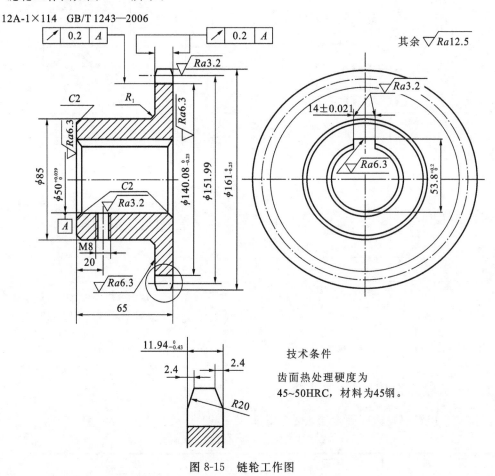

图 8-15 链轮工作图

8.6 滚子链传动的设计计算

8.6.1 设计项目

链传动在设计时的已知条件通常包括:链传动的工作条件、传动位置与总体尺寸限制、所需传递的功率 P、主动链轮转速 n_1、从动链轮转速 n_2 或传动比 i。

设计内容包括:确定链条型号、链节数 L_p 和排数,链轮齿数 z_1、z_2 及链轮的结构、材料和几何尺寸,链传动的中心距 a、压轴力 F_Q、润滑方式和张紧装置等。

8.6.2 设计参数对滚子链传动性能的影响

1. 传动比 i

链传动的传动比 i 一般不大于 8，常取 $i=2\sim3.5$。如传动比过大，由于链条在小链轮上的包角过小将使得参与啮合的齿数变少，每个轮齿承受的载荷增大，加速轮齿的磨损，且易出现跳齿和脱链现象。

2. 链轮齿数 z_1、z_2

根据前面的分析可知，增加小链轮齿数 z_1 可以有效地减少链传动的运动不均匀性和动载荷，对传动是有利的，链速越高，小链轮的齿数应越多。一般规定，小链轮的齿数 $z_1 \geqslant 9$。具体选择根据链速确定，见表 8-4。

表 8-4　小链轮齿数 z_1 与线速度的关系

链速 $v/(m/s)$	<0.6	$0.6\sim3$	$3\sim8$	>8	>25
齿数 z_1	$\geqslant13$	$\geqslant17$	$\geqslant21$	$\geqslant25$	$\geqslant35$

但小链轮齿数过大，不但会使链传动的结构尺寸过大，而且在传动比一定时将使得大链轮齿数 z_2 过大，使跳链和脱链容易发生，从而限制了链条的使用寿命。基本解释如下：链轮齿数越多，链轮上一个链节所对的圆心角就越小，同样的链节增长量 Δp（磨损量）所引起的铰链所在圆的直径增加量 Δd 越大，铰链更接近齿顶，从而增大了跳链和脱链的可能性（见图 8-16）。为了避免这一现象，通常限定链轮的最大齿数 $z_{max} \leqslant 120$。

在选取链轮齿数时，应同时考虑到均匀磨损的问题。由于链节数通常选用偶数，所以链轮齿数最好选质数或不能整除链节数的数。

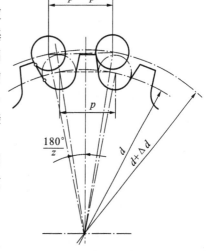

3. 链节距 p

链节距 p 越大，链和链轮轮齿各部分尺寸也越大，链的拉曳能力也越大，但传动的速度不均匀性、动载荷、　图 8-16　链节距增长量和铰链外移量
噪声等都将增加。因此在承载能力足够时，应尽量选取较小节距的链。对于节距选择可以归结为：高速选择小节距，低速可选小节距；增加所传载荷可采用大节距和多排链。如在高速重载时，可选用小节距的多排链。

4. 中心距 a

中心距对链传动的影响与带传动相似。中心距越小，单位时间内链条的绕转、伸缩和应力循环次数越多，链的磨损和疲劳加剧。由于包角（$i \neq 1$ 时，无张紧轮）随中心距变小而变小，使得各齿所受载荷增大，且易出现跳齿和脱链现象；但中心距太大，松边垂度过大，传动时将造成松边颤动。因此在设计时，若中心距不受其他条件限制，一般可取 $a_0=(30\sim50)p$，最大取 $a_{0max}=80p$。有张紧装置或托板时，a_{0max} 可大于 $80p$；若中心距不能调整，取 $a_{0max}\approx30p$。

8.6.3 设计计算过程及示例

1.设计步骤

(1)选择链轮齿数 z_1、z_2,确定实际传动比　假定转速范围,按表 8-4 确定小链轮的齿数 z_1;然后根据传动比确定大链轮齿数 z_2,并圆整至整数。在链轮齿轮确定后进行实际传动比计算,应保证其在设计要求的范围之内。

(2)计算单排链的当量计算功率 P_c　根据链传动的工作情况、主动链轮齿数和链条排数,确定单排链的当量计算功率 P_c。

$$P_c = \frac{K_A K_z}{K_p} P \tag{8-12}$$

式中:K_A——工况系数(见表 8-5);K_z——主动链轮齿数系数(见表 8-6)。当工作点落在图 8-16 中曲线顶点左侧时,取表中 K_z 值,当工作点落在曲线顶点右侧时,取表中 $K_z{}'$ 值;K_p——多排链系数(见表 8-7);P——传递的名义功率,kW。

表 8-5　工作情况系数 K_A

载荷种类	原　动　机	
	电动机或汽轮机	内　燃　机
载荷平稳	1.0	1.2
中等冲击	1.3	1.4
较大冲击	1.5	1.7

表 8-6　主动链轮齿数系数 K_z

z_1	9	11	13	15	17	19	21	23	25	27	29	31	33	35
K_z	0.446	0.554	0.664	0.775	0.887	1.00	1.11	1.23	1.34	1.46	1.58	1.70	1.82	1.93
$K_z{}'$	0.326	0.441	0.566	0.701	0.846	1.00	1.16	1.33	1.51	1.69	1.89	2.08	2.29	2.50

表 8-7　多排链的排数系数 K_p

排数 Z_p	1	2	3	4	5
K_p	1	1.7	2.5	3.3	4.1

(3)确定链条型号和节距 p　根据单排链的当量计算功率 P_c 和主动链轮转速 n_1,由图 8-17 选择链的型号,然后由表 8-1 确定链条节距 p。

(4)计算链节数和中心距　初选中心距 $a_0=(30\sim50)p$,按下式计算链节数 L_{p0}:

$$L_{p0} = 2\frac{a_0}{p} + \frac{z_1+z_2}{2} + \left(\frac{z_2-z_1}{2\pi}\right)^2 \frac{p}{a_0} \tag{8-13}$$

计算后 L_{p0} 值应圆整。为了避免使用过渡链节,最好取链节数 L_{p0} 为偶数。然后根据圆整后的链节用下式计算实际中心距:

$$a = \frac{p}{4}\left[\left(L_p - \frac{z_1+z_2}{2}\right) + \sqrt{\left(L_p - \frac{z_1+z_2}{2}\right)^2 - 8\left(\frac{z_2-z_1}{2\pi}\right)^2}\right] \tag{8-14}$$

(5)计算链速 v　如链速与原先假设的相差较大,应重新回到第(1)步进行修正计算。

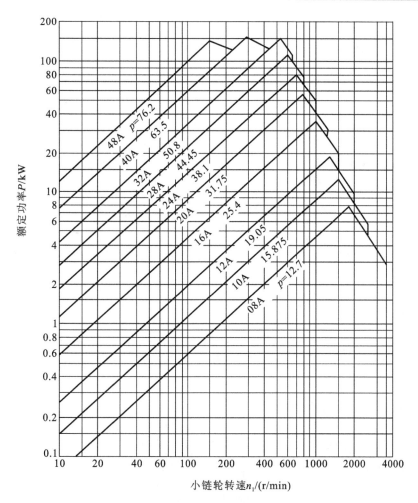

图 8-17　滚子链传动额定功率曲线（A 系列）

$$v = \frac{z_1 n_1 p}{60 \times 1\,000} = \frac{z_2 n_2 p}{60 \times 1\,000} \tag{8-15}$$

（6）确定润滑方式　根据链速按图 8-16 选择合适的润滑方式。

（7）按式（8-15）计算链传动作用在轴上的压轴力 F_Q。

2. 设计计算示例

【例 8-1】　设计一螺旋输送机用套筒滚子链传动，选用 $P = 5.5$ kW，$n = 1\,450$ r/min 的电动机驱动、载荷平稳、中心线水平布置，传动比 $i = 3.2$。

解　（1）确定链轮齿数。

假定带的工作速度为 $3 \sim 8$ m，由表 8-4 选 $z_1 = 21$；大链轮齿数 $z_2 = iz_1 = 3.2 \times 21 = 67.2$，取 $z_2 = 67$。则实际传动比为

$$i = \frac{67}{21} = 3.19$$

（2）确定计算功率。

因传动平稳，由表 8-5 可知 $K_A = 1.0$，由表 8-6 查得 $K_z = 1.11$，由表 8-7 查得单排链 K_p

=1.0,则计算功率为

$$P_c = \frac{K_A K_z P}{K_p} = 1.0 \times 1.11 \times 5.5 \text{ kW} \approx 6.11 \text{ kW}$$

(3)确定链条型号和节距。

根据 $P_c = 6.11$ kW 及 $n_1 = 1\ 450$ r/min 查图 8-17 可选 08A—1。查表 8-1,链条节距 $p = 12.7$ mm。

(4)计算链节数和中心距。

初选中心距 $a_0 = (30 \sim 50)p = (30 \sim 50) \times 12.7$ mm $= 381 \sim 635$ mm。取 $a_0 = 500$ mm,相应的链长节数为

$$L_{p0} = 2\frac{a_0}{p} + \frac{z_1 + z_2}{2} + \left(\frac{z_1 - z_2}{2\pi}\right)^2 \frac{p}{a_0}$$

$$= \left[2 \times \frac{500}{12.7} + \frac{21 + 67}{2} + \left(\frac{67 - 21}{2 \times 3.14}\right)^2 \times \frac{12.7}{500}\right] \text{ mm} \approx 124.1 \text{ mm}$$

取链节数 $L_p = 124$。则链传动的最大中心距为

$$a = \frac{p}{4}\left[\left(L_p - \frac{z_1 + z_2}{2}\right) + \sqrt{\left(L_p - \frac{z_1 + z_2}{2}\right)^2 - 8\left(\frac{z_2 - z_1}{2\pi}\right)^2}\right]$$

$$= \frac{12.7}{4} \times \left[\left(124 - \frac{21 + 67}{2}\right) + \sqrt{\left(124 - \frac{21 + 67}{2}\right)^2 - 8 \times \left(\frac{67 - 21}{2 \times 3.14}\right)^2}\right] \text{ mm}$$

$$= 499.3 \text{ mm}$$

(5)计算链速 v,确定润滑方式

$$v = \frac{z_1 n_1 p}{60 \times 1\ 000} = \frac{21 \times 1\ 450 \times 12.7}{60 \times 1\ 000} \text{ m/s} \approx 6.45 \text{ m/s}$$

与原假设相符。由 $v = 6.45$ m/s 和链号 08A,查图 8-10 可知采用油池润滑或油盘飞溅润滑。

(6)计算压轴力

有效圆周力为 $\qquad F_e = 1\ 000 \times \dfrac{P}{v} = 1\ 000 \times \dfrac{5.5}{6.45}$ N ≈ 853 N

因链轮水平布置,取的压轴力系数 $K_{Qp} = 1.15$,由式(8-1)可得压轴力为

$$F_Q \approx K_{FQ}F_e = 1.15 \times 853 \text{ N} = 981 \text{ N}$$

8.7 齿形链传动设计

齿形链传动具有比滚子链更为优越的高速性能,在高速重载的场合中的应用日趋广泛,下面对齿形链传动过程作一简要的说明。

齿形链传动的主要设计参数有:链轮齿数 z_1、z_2,链条节距 p,链宽 b,传动比 i 等(见图 8-18)。若已知设计条件为:传动功率 P,小链轮和大链轮的转速 n_1、n_2(或 n_1 和传动比 i),原动机种类,载荷性质及传动用途,则齿形链传动的一般设计计算过程如下。

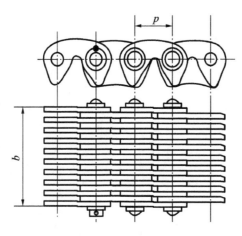

图 8-18　齿形链结构

（1）确定小链轮齿数 z_1　　$z_1 \geqslant z_{min}$，$z_{min} = 15$（理论值为 12）。推荐：$z_1 \approx 38-3i$，通常取 $z_1 \geqslant 21$，并取奇数。

（2）确定传动比 i　　$i = n_1/n_2 = z_2/z_1$。通常 $i \leqslant 7$，推荐 $i = 2 \sim 3.5$，$i_{max} = 10$。

（3）大链轮齿数 z_2　　$z_2 = iz_1$，通常 $z_2 \leqslant 100$，$z_{2max} = 150$。

（4）链条节距选用 p　　可参照小链轮转速 n_1 由表 8-8 选定。

（5）设计功率 P_d。

$$P_d = \frac{K_A P}{K_z}$$

式中：K_A——工况系数，查表 8-5；K_z——小链轮齿数系数，查表 8-9。

（6）每 1 mm 链宽能传递的额定功率 P_o　　根据链条节距 p 和小链轮转速 n_1 由图 8-19 查得。

（7）确定链宽 b　　其计式为

$$b \geqslant \frac{P_d}{P_o} = \frac{K_A P}{K_z P_o}$$

最终查表 8-8 确定链宽。

表 8-8　齿形链链宽和小链轮转速范围

链　号	C095		C127		C158		C190		C254		C317	
节距 p	9.525		12.7		15.875		19.05		25.4		31.75	
链宽 b	13.5	16.5	19.5	22.5	30	8	38	46	46	54	57	69
	19.5	22.5	25.5	28.5	46	54	54	62	62	70	81	93
	28.5	34.5	34.5	40.5	62	70	70	78	78	86		
	40.5	46.5	46.5	52.5								
转速 n_1 /(r/min)	2 000~5 000		1 500~3 000		1 200~2 500		1 000~2 000		800~1 500		600~1 200	

表 8-9　齿形链齿数系数

Z_1	17	19	21	23	25	27	29	31	33	35
K_z	0.77	0.89	1.0	1.11	1.22	1.34	1.45	1.56	1.66	1.77

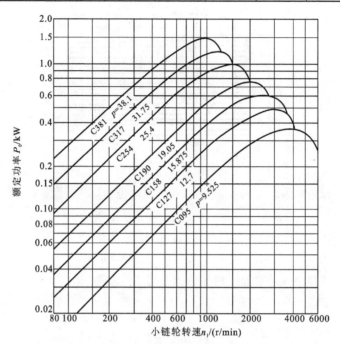

图 8-19　齿形链传动额定功率曲线

($b=1$ mm,$z_1=21$,载荷平稳)

8.8　链传动的布置、张紧和润滑

1. 链传动的布置

链传动布置时,链轮必须位于铅垂面内,两链轮共面,否则易使链条脱落和产生不正常的磨损。两链轮的中心线最好是水平的,或与水平面成 45°以下的倾斜角,应尽量避免垂直布置。一般情况下,链传动时应使紧边在上、松边在下,以免松边在上时因下垂量过大而阻碍链轮的顺利运行,在下列两种情况下更应如此(图 8-20):①中心距 $a \leqslant 30p$ 和 $i \geqslant 2$(见图 8-20a);或中心距 $a \geqslant 60p$、传动比 $i \leqslant 1.5$ 和链轮齿数 $z_1 \leqslant 25$ 的水平传动(见图 8-20b);②倾斜角相当大的传动(见图 8-20c)。

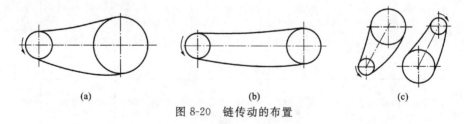

(a)　　　　　　　　　　　　　(b)　　　　　　　　　　　(c)

图 8-20　链传动的布置

2. 链传动的张紧方法

链传动张紧的目的主要是为了避免因链条的松边垂度过大而产生啮合不良和链条的振动现象,同时也为了增加链条与链轮的啮合包角。当中心线与水平线的夹角大于 60°时,通常设有张紧装置。

张紧方法有很多,最常见的是调整两轮的中心距。如中心距不可调,也可以采用张紧轮(见图 8-21a、b)。张紧轮应装在靠近主动链轮的松边上。不论是带齿的还是不带齿的张紧轮,其分度圆直径都最好与小链轮的分度圆直径相近。不带齿的张紧轮可以用夹布胶木制成,宽度应比链约宽 5 mm。此外还可用压板或托板张紧(见图 8-21c、d)。中心距特别大的链传动,用托板控制垂度更为合理。

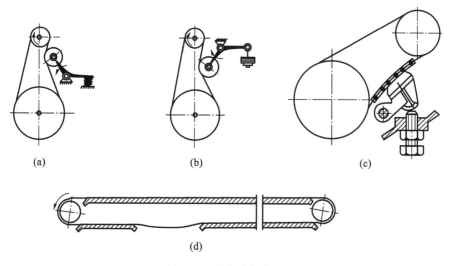

(a)　　　　　　　　(b)　　　　　　　　(c)

(d)

图 8-21　链的张紧装置

3. 链传动的润滑

因磨损和胶合是链传动的主要失效形式,所以润滑对链传动能否正常工作十分重要,在高速、重载时尤其如此。良好的润滑有利于缓和冲击、减小摩擦和降低磨损,延长链条的使用寿命。链传动的润滑方法应按图 8-10 选取。

润滑时,应设法将油注入链条活动关节间的缝隙中,并均匀分布于链宽上。润滑油应加在松边上,因这时链节处于松弛状态,润滑油容易进入各摩擦面之间。在高速时采用油雾润滑是有利的,它不但能保证润滑顺利进行缝隙,而且由于油雾汽化而吸引的热量将有效地减小接触处的温升。

链传动使用的润滑油,其运动黏度在运转温度下为 20～40 cSt。只有转速很慢又无法供油的地方,才可以用油脂代替。

4. 链传动的防护

为了防止工作人员无意中碰到链传动装置中的运动部件而使其受到伤害,应该用防护罩将其封闭。防护罩还可以将链传动与灰尘隔离,以维持正常的润滑状态。

习 题

8-1 滚子链传动为什么会产生运动不均匀性？如何减轻运动的不均匀性？

8-2 滚子链传动有哪些失效形式？在小链轮和大链轮齿数选取时应考虑哪些问题？

8-3 某滚子链传动传递的功率 $P=1$ kW，主动链轮转速 $n_1=48$ r/min，从动链轮转速 $n_2=14$ r/min，载荷平稳，定期人工润滑，试设计此链传动。

8-4 已知主动链轮转速 $n_1=850$ r/min，齿数 $z_1=21$，从动链轮齿数 $z_2=99$，中心距 $a=900$ mm，滚子链极限拉伸载荷为 55.6 kN，工作情况系数 $K_A=1$，试求链条所能传递的功率。

8-5 设计一往复式压气机上的滚子链传动，已知发动机转速 $n_1=960$ r/min，$P=3$ kW，压气机转速 $n_2=330$ r/min。试确定大、小链轮齿数，链条节距和链节数。

第9章 齿轮传动

　　本章介绍了齿轮传动的基本种类、使用特点和使用场合。讨论了圆柱齿轮和圆锥齿轮的主要参数的设计计算和结构设计问题。本章的重点是掌握齿轮的主要失效形式及不同的工作条件(开/半开/闭式)、不同的齿面(软/硬)对失效的影响,齿轮的力分析,齿轮主参数、材料和热处理方式的合理选择。

9.1　齿轮传动概述

　　齿轮传动是机械传动中最重要和常用的类型之一,属于刚性、啮合传动。齿轮传动的适用范围很广,圆周速度可达 150 m/s(最高可达 300 m/s),传递功率可达数万千瓦,单级传动比可达 8 或更大,直径可做到 10 m 以上。

　　与其他机械传动相比,机械传动的主要优点是:工作可靠,使用寿命长;瞬时传动比为常数;传动效率高(可达 98% 以上);结构紧凑;适用的功率和速度范围大。其缺点是:需要采用专用设备加工,成本较高;精度低时,振动和噪声大;不宜用于轴间距大的传动等。

　　齿轮传动可以实现转动-转动、转动-移动、移动-转动的运动形式变换;两传动轴可布置为平行轴、相交轴、相错轴。表 9-1 给出了齿轮传动的基本类型。

表 9-1　齿轮传动的分类

圆柱齿轮			两轴相交(圆锥齿轮)		两轴相错	
平面齿轮传动(两轴平行)			空间齿轮传动(两轴不平行)			
直齿		斜齿	直齿		螺旋齿轮传动	
内啮合			斜齿		双曲线圆锥齿轮传动	
齿轮齿条		人字齿	曲线			

　　按工作条件,齿轮传动以可分为开式传动、半开式传动和闭式传动。开式传动时齿轮完全暴露在外,不可能保证良好的润滑,也不能防止杂物进入齿轮啮合区,所以通常磨损较大。当传动装置封闭于箱壳内,并能保证良好润滑时称为闭式传动。闭式传动具有良好的润滑和防护条件,重要的齿轮传动通常采用闭式传动。半开式传动介于开式和闭式传动之间,通常是将齿轮浸入油池并安装简单的防护罩。

9.2 齿轮传动的失效形式与设计准则

9.2.1 齿轮传动的失效形式

　　零件的失效形式与它所承受的载荷和应力状态,以及工作表面的运动形式有关。齿轮传动的工作过程有如下特点:①轮齿类似于悬臂梁,其根部主要受弯矩作用;②由于是高副接触,在接触处承受着大的接触应力;③轮齿是渐次啮入的,所以作用点和作用距离在工作过程中将发生变化,也就是说齿根所受的弯矩和表面的接触应力是在不断地变化的;④除节圆处,齿面的不同位置都存在程度不同的相对滑动;对于主动轮和从动轮,以节圆为界(相对滑动速度为零),主动轮上的滑动速度方向为远离节圆而从动轮上的滑动速度则指向节圆;⑤在传动过程中存在着因啮合引起的冲击载荷。

　　根据齿轮传动的工作的特点,可知齿轮的主要失效形式有如下几种。

　　1. 表面失效

　　齿轮的表面失效包括:齿面点蚀、齿面磨损、齿面胶合(可看成是严重的齿面黏着磨损)和齿面的塑性变形。

　　(1)齿面点蚀　点蚀是一种齿面疲劳损伤,是润滑良好的齿轮传动中常见的失效形式。点蚀的形成过程可以参考第3章的有关内容。

　　当轮齿在靠近节点处接触时,由于滑动速度较低,啮合齿对数少(对直齿齿轮通常为一对齿接触),轮齿受力最大,所以发生点蚀的可能性也越大。实践表明,轮齿的点蚀通常首先发生在靠近节线的齿根面上,然后向其他部位扩展,如图9-1所示。

　　提高齿轮抗点蚀能力的最有效的手段是增加齿轮的硬度,而在合理的范围内增加润滑油的黏度也有利于减缓裂纹的扩展速度,起到提高抗点蚀能力的作用。

　　(2)齿面磨损　齿轮磨损是开式和半开式齿轮的一种常见失效形式。当啮合齿面间存在磨粒性物质(如砂粒、铁屑等)时,齿面将被逐渐磨损(见图9-2)。对于传动精度要求不高的齿轮,磨损是否导致失效取决于磨损后齿根强度变弱引发的断裂失效;而对于传动精度要求较高的齿轮,是否失效则取决于因磨损后表面质量下降所引起的振动和传动精度下降。对于闭式齿轮,如润滑油的过滤装置不能达到所需要求,也将出现过度磨损的问题。齿面磨损虽不属于疲劳失效,但失效的发生却与时间有关,只有当磨损到达一定程度时失效才发生。

图 9-1　齿面点蚀

图 9-2　齿面磨粒磨损

避免齿面磨损最有效的办法是采用合适的装置防止杂物进入(如改开式为闭式,提高密封性能,增加过滤精度等);此外,提高齿面硬度、减少硬齿面的粗糙度也可有效地减少磨损的发生。

(3)齿面胶合　对于高速重载的齿轮(如航空发动机减速器的主传动齿轮),齿面的接触压力大,相对滑动速度大,瞬时温升大。如在此状态下发生了表面膜失效,将发生两齿面间严重黏着并在相对运动时被撕脱的现象,即发生胶合(见图 9-3)。

胶合是一种严重的表面失效形式。一般而言,一旦发生胶合就意味着发生了失效。避免胶合发生的通常方法是选择合适的润滑油(如硫化油),通过在润滑油中加入提高抗胶合能力的极压添加剂可以防止或减轻齿面胶合的发生。

一些低速重载的齿轮传动,在齿面间油膜破坏时也会发生胶合失效,称为冷胶合。

(4)塑性变形　塑性变形是由于在较大应力作用下,齿轮材料处于屈服状态而产生的齿面(或齿体)的塑性流动。塑性变形在硬度较低的齿轮中较为多见。

齿轮的塑性变形可分为滚压塑变和锤击塑变。滚压塑变因轮齿的相互滚压产生,由于材料的流动方向和摩擦力的方向相同,而在齿轮传动过程中主动轮和从动轮分别存在着以节圆为界的远离节圆和指向节圆的相对滑动,如材料较软将会出现如图 9-4 所示的脊棱和沟槽。锤击塑变是在伴有较大冲击的情况下发生的,其特征是在齿面上出现了浅的沟槽,且沟槽的取向与轮齿的接触线相一致。提高齿轮表面的硬度将有助于减缓塑性变形的发生;另外,高黏度的润滑油或加有极压添加剂的润滑油可以有效地减小摩擦力,增加齿面的有效接触面积,也能起到减少塑性变形的作用。

图 9-3　齿面胶合

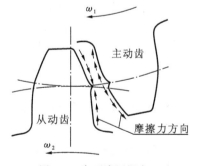

图 9-4　齿面滚压塑变

2. 整体失效

齿轮的整体失效主要为轮齿的折断。轮齿的折断有多种形式,在正常工作情况下主要是齿根处的弯曲疲劳折断。这是因为在轮齿受载荷时齿根处的弯曲应力最大,而且存在因齿根处的截面突变和加工痕迹等引起的应力集中。当轮齿受变应力作用时齿根处将出现裂纹,最终出现疲劳断裂,如图9-5所示。

此外,在轮齿受到突然过载时可能出现过载折断或剪断[①];轮齿经严重磨损后齿厚变薄时也会在正常载荷下发生折断。

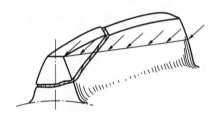

图 9-5　轮齿疲劳断裂　　　　　　　　图 9-6　斜齿轮局部断裂

在斜齿轮传动中,齿轮工作面的接触线为一斜线,如此时为单齿接触,则有可能出现局部断裂(见图9-6)。若制造、安装不良或轴的变形过大,导致齿间或齿向的载荷分配不匀,就是直齿轮也可能发生局部断裂。

3. 齿轮失效与工作条件和材料的关系

如前所述,齿轮有开式、半开式、闭式之分。对于开式或半开式齿轮传动,由于齿轮磨损较大,来不及发生点蚀失效,所以失效通常以磨损以及后续的轮齿断裂为主;对于闭式齿轮,如为硬齿面(硬度大于350HBS或38HRC),因表面强度较高,表面点蚀不容易发生,发生弯曲断裂的可能性较大(如整体淬火、齿面硬度较高的钢齿轮或铸铁齿轮等);而对于软齿面齿轮,发生点蚀的可能性则较大。

除了上述失效形式以外,还存在因侵蚀、电蚀和其他原因产生的腐蚀和裂纹。对此,可以参看有关资料。

9.2.2　齿轮传动的设计准则

零件的设计准则根据其可能的失效形式而定,但由于对齿轮传动中的磨损、塑性变形等失效还没有建立起可以在工程设计中使用的、行之有效的计算方法和设计数据,所以在一般齿轮设计时通常采用齿根弯曲疲劳强度和齿面接触疲劳强度两个准则进行设计。对于高速大功率的齿轮传动,还需要保证齿面的抗胶合能力。

由于闭式软齿面齿轮以疲劳点蚀失效为主,所以设计时通常首先以接触疲劳强度公式确定主参数,然后以弯曲疲劳强度进行校核。但对于齿面硬度很高、齿心强度又低的齿轮,或材质较脆的齿轮,较容易出现轮齿断裂,设计时通常首先以弯曲疲劳强度确定主参数,然后以接触疲劳强度公式进行校核。

由于齿轮的传动效率较高,所以一般不需要作热平衡计算。但对于大功率(如输入功率超过75 kW)的闭式齿轮,因发热量大,易于导致润滑不良而发生胶合,则通常需要进行散热计算。

---

① 在动力机械中齿轮的模数不能取得太小,以免出现意外折断。

对于开式和闭式齿轮,通常只按弯曲疲劳强度进行设计计算,为使它在一定的磨损后还有足够的强度,可根据具体要求放大齿厚(加大模数)。

9.3　齿轮的材料及其选择原则

由齿轮的失效形式可知,在选择齿轮材料时应考虑以下要求:①轮齿的表面应具有较高的硬度和耐磨性以保证足够的表面强度;②在变载荷和冲击作用下有足够的弯曲强度;③具有良好的加工和热处理性能以保证能达到所需的精度。其中①、②两点可简单地表述为:齿面要硬、心部要韧。

制造齿轮最常用的材料是各种锻钢,其次是铸铁、铸钢和非金属材料。

1. 钢制硬齿面齿轮的常用热处理和化学热处理方法

(1)整体淬火　整体淬火后再低温回火的齿轮,在整个齿轮剖面上的硬度接近一致。由于变形较大,所以在整体淬火后需进行磨削、研磨等精加工工序。常用材料有 40Cr、40CrNi、40CrNiMoA 等,硬度可达 50HRC。由于整体淬火不能达到"齿面硬、心部韧"的要求,抗冲击强度较差,所以目前趋向于用表面热处理或化学热处理代替整体淬火。

(2)表面淬火　承受中等冲击载荷的齿轮常采用表面淬火。对中、小齿轮通常采用高频淬火,而对于大尺寸的齿轮一般采用乙炔火焰加热淬火。表面淬火只对表面层进行加热,所以淬火后变形不大,对于精度要求不是很高的齿轮常不需要磨齿。表面淬火齿轮的常用材料为 45 和 40Cr 钢。表面硬度可达 50～55HRC。

(3)渗碳淬火　冲击载荷很大时应采用渗碳淬火。通常采用低碳钢或低碳合金钢作为齿轮材料。常用的有 15、25、15Cr、20Cr、20CrMnTi 和 20CrMnMo 等钢,由于 15、25 低碳钢渗碳淬火后的齿轮心部强度较低,与高硬度的渗碳层不能很好地结合,所以通常不用于重要的齿轮,特别是过载和冲击载荷较大的齿轮。渗碳层厚度一般取齿根厚度的 10%～15%,但不大于 1.5。表面硬度可达 58～63HRC。

(4)渗氮　氮化可以获得很高的硬度和表层强度,表面变形很小,不需要进行最后的磨削加工。但由于硬化层很薄(0.1～0.3 mm),承载能力不及渗碳淬火齿轮。渗氮的齿轮的抗冲击能力差,由于渗氮层有被压碎的危险,所以也不能用于有严重磨损的场合。常用的齿轮渗氮钢有 20Cr、20CrMoAlA 等钢。

(5)液体碳氮共渗　适用于中碳钢齿轮,硬化层也很薄(0.1～0.3 mm)。其主要优点是比渗碳和渗氮价廉。

2. 钢制软齿面齿轮的常用热处理方法

软齿面齿轮(硬度不大于 350HBS)的常用热处理方法有正火(常化)和调质两种。

(1)调质　调质热处理适用于以下几种情况:①以机械强度为主而对硬度要求不高;②载荷循环次数不多,淬火的高硬度不能获得明显的优越性;③需要在热处理后进行精密切削。调质齿轮常用中碳钢或中碳合金钢,常用的材料有 40、45、38SiMnMo、40Cr、40CrNi 等钢。调质齿轮具有良好的综合力学性能和加工性能。

(2)正火　用于载荷平稳或轻度冲击的条件下工作的,对机械强度要求不高的齿轮。主要材料为 Q235、Q325 钢,少数采用 40、45、50 钢。

3. 铸钢和铸铁材料

对于不能采用锻造毛坯的大型齿轮,通常采用铸钢和铸铁制造。

(1)铸钢 铸钢的耐磨性和强度较好,一般应经正火处理以消除齿轮中的残余应力和硬度差异,必要时也可以调质。常用的铸钢为 ZG35~ZG55。

(2)铸铁 铸铁主要用于制造大直径的低速齿轮,其抗弯强度、抗冲击能力较低,但具有良好的抗胶合和抗点蚀能力。由于铸铁较脆,为避免载荷集中而引起的齿端局部断裂,齿宽一般应取小些。齿轮常用的铸铁材料有 HT200、HT300、HT350、QT500-5、QT600-2 等。

4. 非金属材料

在高速、小功率的齿轮传动中,为了减少动载荷和噪声,可采用非金属材料制造齿轮。如夹布胶木和木层塑料等。因塑料的弹性模量低,所以可减轻制造和安装精度不足而带来的不利,在同样的精度条件下,塑料齿轮的噪声小于金属齿轮。非金属材料通常用于载荷和结构尺寸不大的齿轮。

5. 齿轮材料和表面硬度选择

在齿轮材料选择时需要考虑的因素包括强重比要求、毛坯成形的可能性、工作载荷的大小和性质、准备采用的热处理方式等。

表 9-2 给出了齿轮工作齿面的硬度及其组合的应用示例。

表 9-2 齿轮工作齿面的硬度及其组合的应用示例

齿面硬度	齿轮种类	热 处 理		齿面工作硬度差	工作齿面硬度举例	
		小齿轮	大齿轮		小齿轮	大齿轮
软齿面 (HB≤350)	直齿	调质	正火 调质	$20\sim50\geqslant(HB_1)_{min}$ $-(HB_2)_{max}>0$	HB260~290	HB180~210
					HB270~300	HB220~230
	斜齿及 人字齿	正火 正火 调质	正火 调质	$(HB_1)_{min}-(HB_2)_{max}$ $\geqslant40\sim50$	HB240~270	HB160~190
					HB260~290	HB180~210
					HB270~300	HB220~230
软、硬齿面组合 (HB₁>350, HB₂≤350)	斜齿及 人字齿	表面淬火	调质	齿面硬度差很大	HRC45~50	HB270~300
						HB200~230
		渗氮, 渗碳淬火	调质		HRC56~62	HB270~300
						HB200~230
硬齿面 (HB>350)	直齿、斜齿 及人字齿	表面淬火	表面淬火	齿面硬度大致相同	HRC45~50	
		渗氮, 渗碳淬火	渗碳淬火		HRC56~62	

注:①对于经滚刀和插齿刀切制即为成品的齿轮,齿面硬度一般不应超过 300HB(个别情况下允许对尺寸较小的齿轮将其硬度提高到 320~350HB;

②重要齿轮的表面淬火,应采用高频感应淬火,模数较大时,应沿齿沟加热和淬火;

③为提高抗胶合性能,建议小齿轮和大齿轮采用不同牌号的钢制造。

9.4　齿轮传动的精度和加工方式

齿轮及齿轮副的精度分为 12 级，1 级最高、12 级最低，一般机械常用的齿轮精度为 6～9 级。对齿轮的精度要求分为以下三类。

(1)传递运动准确性要求(Ⅰ类)　表征了当主动齿轮转过一定角度时从动轮按传动比转过的实际角度与理论角度之间的差异。

(2)工作平稳性要求(Ⅱ类)　表征了齿轮在转动一周时多次重复出现的速度波动，以及由此引起的在高速传动出现的振动、冲击和噪声。

(3)载荷分布均匀性要求(Ⅲ类)　表征了齿轮传动时沿齿长线方向载荷分布的均匀性。

在选择齿轮精度时，对上述各类精度的要求应有所侧重。如：对于重载齿轮更应考虑载荷分布均匀性；对于精密计量机械则应将传递运动的准确性要求放在首位；对动力机械而言，齿轮的工作平稳性要求和载荷分布均匀性要求要高于传递运动的准确性要求，所以在动力机械的齿轮设计时应遵循一个基本原则，即Ⅰ类精度不能高于Ⅱ、Ⅲ类精度，通常为低一级，也可取为同级。齿轮副中两齿轮的精度等级一般取成相同，也允许取成不同。

除了三个公差组精度外，还应考虑齿轮的齿隙要求。标准中规定了 14 种齿厚极限偏差，分别用代号 C、D、E……S 表示。其中"D"为基准(偏差为零)，"E"～"S"都是负偏差，且偏差值依次递增。在齿轮传动中，为了防止由于齿轮的制造误差和热变形而使轮齿卡住，且齿廓间能存留润滑油，要求有一定的齿侧间隙。对于在高速、高温、重载条件下工作的闭式或开式齿轮传动，应选取较大的齿侧间隙；对于在一般条件下工作的闭式齿轮传动，可选取中等齿侧间隙；对于经常反转而转速又不高的齿轮传动，应选取较小的齿侧间隙。表 9-3 给出了几种常见机器中的齿轮精度。

表 9-3　几类机器中的齿轮精度

机 器 分 类	齿轮精度	机 器 分 类	齿轮精度
测量齿轮	3～5	航空发动机	4～7
一般用途减速器	6～8	起重机械	7～10
透平机用减速器	3～6	轻便汽车	5～8
载重汽车	6～9	矿山用卷扬机	8～10
金属切削机床	3～8	内燃机车和电气机车	5～8
拖拉机及轧钢机的小齿轮	6～10	农业机械	8～11

表 9-4 给出了常见的齿轮加工方法所对应的齿轮加工精度。

表 9-4　齿轮加工的方式和加工精度

齿轮加工方法	普通情况	特殊条件	刀具	适合齿面
滚齿	7～9	5～6	齿轮滚刀	软齿面
插齿	6～8	高于 6	插齿刀	软齿面
剃齿	6～7	4～5	剃齿刀	软齿面
磨齿	5～7	3～4	碟形砂轮	硬齿面
珩齿	6～8	—	珩齿轮	硬齿面

9.5 齿轮传动的受力分析

对齿轮进行受力分析是计算齿轮强度时所必需的,也是计算安装齿轮的轴和支承该轴的轴承的强度和寿命时必需的。由于齿轮通常在润滑状态下工作,摩擦力较小,在作一般的力分析计算时通常不考虑摩擦力的影响。齿轮传动属于高副接触,在不考虑摩擦力的情况下接触处的受力方向为其法线方向,即垂直于齿面的方向,记为 F_n。为分析方便通常将法向力 F_n 分解为三个互相垂直的力:径向力 F_r、周向力 F_t 和轴向力 F_a。下面分别介绍圆柱齿轮和圆锥齿轮的受力分析。

9.5.1 圆柱齿轮的受力分析

圆柱齿轮分为直齿圆柱齿轮和斜齿圆柱齿轮,而直齿圆柱齿轮可视为螺旋角 $\beta = 0$ 的斜齿圆柱齿轮。图 9-7 给出了斜齿轮的受力分析图(图中所示为主动轮)。

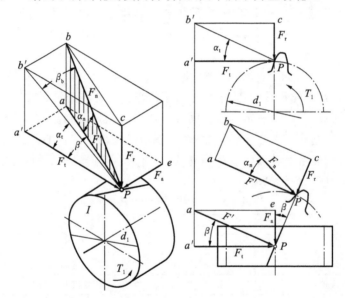

图 9-7 斜齿轮的受力分析

所受各力的计算公式如下。

周向力 F_t $F_t = 2T_1 / d_1$

径向力 F_r $F_r = F_t \tan\alpha_n / \cos\beta$

轴向力 F_a $F_a = F_t \tan\beta$ (9-1)

法向力 F_n $F_n = F_t / \cos\alpha_n \cos\beta = F_t / \cos\alpha_t \cos\beta_b$

式中:T_1——作用于主动轮上的扭矩,N·mm;d_1——主动轮的分度圆直径,mm;β——节圆螺旋角,对于标准斜齿轮即为分度圆螺旋角;β_b——啮合平面的螺旋角,即基圆螺旋角;α_n——法向压力角,对于标准齿轮,$\alpha_n = 20°$;α_t——端面压力角。

只要令 $\beta = 0, \alpha_n = \alpha$ 即可得直齿圆柱齿轮的受力计算公式,读者可作为练习自行得出。由于螺旋角 $\beta = 0$,所以直齿圆柱齿轮没有轴向分力。

　　要确定某齿轮上各分力的方向,必须明确以下信息:齿轮是主动轮还是从动轮,齿轮的转动方向如何;对于斜齿轮则还需要知道齿轮螺旋角的方向。一般的判断方法如下:主动轮上圆周力 F_t 的方向与运动方向相反,从动轮上的则与运动方向相同;径向力 F_r 总是指向各自的轴心;斜齿圆柱齿轮上轴向力 F_a 的方向可用"主动轮左/右手法则"进行判断:①左旋用左手,右旋用右手;②手上除拇指外的四指按主动齿轮的回转方向、环握其轴线;③拇指所指的方向就是主动轮轴向力的方向;④其反方向即为作用于从动齿轮上的轴向力的方向。

　　在斜齿轮中,轴向力的方向、主动/从动、旋向、转动方向这四个因素,只要(只有)知道了三个,就可以确定剩下的一个。

　　【例 9-1】　图 9-8 中齿轮 2 为从动齿轮,转动方向如图所示。要求其轴向力方向向左,请问齿轮 2 的旋向应为何?

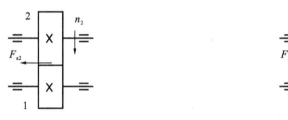

图 9-8　例 9-1 题图　　　　　　　图 9-9　例 9-1 解图

　　解　因为需要判断旋向的齿轮为从动轮,不能直接采用"主动轮左/右手法则"。图中齿轮 1 为主动轮,其轴向力方向应该向右,转动方向与齿轮 2 相反。采用"主动轮左/右手法则"得其旋向为左旋。根据两外啮合斜齿轮螺旋角方向的关系可知:齿轮 2 为右旋。

9.5.2　锥齿轮的受力分析

　　图 9-10 给出了锥齿轮的受力分析图(图中所示为主动轮)。

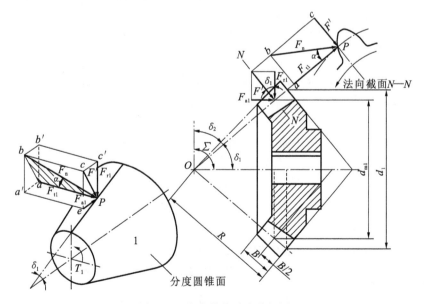

图 9-10　锥齿轮的受力分析图

所受各力的计算公式如下。

周向力 F_t $F_t = 2T_1/d_{m1}$

垂直于圆锥母线的分力 F' $F' = F_1 \tan\alpha$

径向力 F_r $F_{r1} = F'\cos\delta_1 = F_t \tan\alpha\cos\delta_1 = F_{a2}$ (9-2)

轴向力 F_a $F_{a1} = F'\sin\delta_1 = F_t \tan\alpha\sin\delta_1 = F_{r1}$

法向力 F_n $F_n = F_t/\cos\alpha$

式中：T_1——作用于主动轮上的扭矩，N·mm；d_{m1}——主动轮齿宽中点处的分度圆直径，mm；δ——主动轮分度圆锥面圆锥角；α——分度圆压力角，对于标准齿轮，$\alpha_n = 20°$。

锥齿轮传动时的作用力方向判断方法如下：①圆周力和径向力方向的确定方式与圆柱齿轮相同，即圆周力 F_t 的方向在主动轮上与运动方向相反，在从动轮上与运动方向相同；径向力 F_a 总是指向各自的轴心；②锥齿轮上轴向力的方向总是指向大端。

9.6 齿轮传动的计算载荷

在齿轮传动强度的分析计算中，通常取沿齿轮齿面接触线上单位长度的平均载荷 p 作为计算时的名义载荷，即

$$p = \frac{F_n}{L} \quad \text{(N/mm)} \tag{9-3}$$

式中：F_n——作用于齿面接触线上的公称法向载荷，N；L——沿齿面的接触线长度，mm。

在实际的齿轮传动中，由于原动机和工作机性能的不平稳性，以及制造、安装误差和工作时变形的存在，齿轮所受的实际法向载荷将大于其公称载荷；此外，工作时啮合齿对间载荷分配的不均匀性和载荷沿接触线分布的不均匀性也将影响齿轮实际承受的最大载荷。为使计算结果更接近于实际情况，引入载荷系数 K 并将名义载荷 p 修正为计算载荷 p_{ca}，有

$$p_{ca} = Kp = \frac{KF_n}{L} \quad \text{(N/mm)} \tag{9-4}$$

载荷系数 K 包括使用系数 K_A、动载系数 K_v、齿间载荷分配系数 K_α 及齿向载荷分布系数 K_β。

$$K = K_A K_v K_\alpha K_\beta \tag{9-5}$$

由式(9-4)可知，轮齿上的计算载荷与轮齿的接触线长度有关。啮合时的实际接触线长度为

$$L = b\varepsilon_\alpha/\cos\beta \tag{9-6}$$

式中：ε_α——齿轮传动的端面重合度；β——螺旋角（直齿时取为 0）。

1. 使用系数 K_A

采用使用系数 K_A 是基于与齿轮相邻接装置等外部因素引起的动载荷，包括原动机和从动机的特性、质量比、联轴器类型及运行状态，其值可参考表 9-5 选定。

表 9-5　使用系数 K_A

载荷状态	工作机器	原动机			
		电动机、均匀运转的蒸汽机、燃气轮机	蒸汽机、燃气轮机	多缸内燃机	单缸内燃机
均匀平稳	发电机、均匀传送的带式输送机或板式输送机、螺旋输送机、轻型升降机、包装机、机床进给机构、通风机、均匀密度的材料搅拌机等	1.00	1.10	1.25	1.50
轻微冲击	不均匀传送的带式输送机或板式输送机、机床上的主传动机构、重型升降机、工业与矿用风机、重型离心机、变密度的材料搅拌机等	1.25	1.35	1.50	1.75
中等冲击	橡胶挤压机、橡胶和塑料作间断工作的搅拌机、轻型球磨机、木工机械、钢坯初轧机、提升装置、单缸活塞泵等	1.50	1.60	1.75	2.00
严重冲击	挖掘机、重型球磨机、橡胶糅合机、破碎机、重型给水机、旋转式钻探装置、压砖机、带材冷轧机、压坯机等	1.75	1.85	2.00	2.25 或更大

注：表中所列的 K_A 值仅用于减速传动，若为增速传动，K_A 值约为表中值的 1.1 倍；当外部的机械与齿轮装置间为挠性连接时 K_A 值可适当减小。

2. 动载系数 K_v

采用动载系数 K_v 是基于两啮合齿轮之间的基节误差（$p_{b1} \neq p_{b2}$）而产生的动载荷。由机械原理可知，为保证两齿轮正确啮合，应该有 $p_{b1} = p_{b2}$。但由于齿轮制造误差、装配误差（如不平行等）及弹性变形的存在，两齿轮的基节并不能保证完全一致。从而分别出现如图 9-11 和图 9-12 所示的情况：当 $p_{b1} < p_{b2}$ 时，后一对轮齿在没有进入啮合区时就开始了接触；而

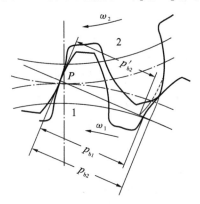

图 9-11　$p_{b1} < p_{b2}$ 啮合情况示意

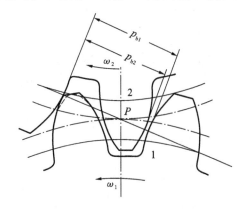

图 9-12　$p_{b1} > p_{b2}$ 啮合情况示意

$p_{b1}>p_{b2}$ 时的情况则相反,在前一对轮齿脱离啮合区时,后一对轮齿还没有开始接触。上述现象的存在将使得齿轮传动的瞬时传动比不能保持恒定,从而产生瞬时加速度、动载荷或冲击。为了计及动载荷的影响,引入了齿轮的动载系数 K_v。

齿轮的制造精度及圆周速度对齿轮的动载系数 K_v 影响很大。对于一般的直齿和斜齿圆柱齿轮传动,其动载系数 K_v 可由图 9-13 获得[①];若为直齿圆锥齿轮传动,应按图中低一级的精度线及圆锥齿轮平均分度圆处的圆周速度 v_m 查取 K_v 值。从图中可得知,提高制造精度,降低圆周速度(如减小齿轮直径)均可减小动载系数 K_v,减少动载荷对齿轮传动的影响。

对于高速齿轮和表面经硬化的齿轮常采用齿顶修缘,即把齿顶一小部分的齿廓曲线(分度圆压力角 $\alpha=20°$)修正为压力角 $\alpha>20°$ 的渐开线,以减少动载荷的影响。齿顶修缘可分为从动轮修缘和主动轮修缘。当 $p_{b1}<p_{b2}$ 时采用从动轮修缘(如图 9-11 中的虚线所示);当 $p_{b1}>p_{b2}$ 时采用主动轮修缘(如图 9-12 中的虚线所示)。

由图可以明显看出,在对从(主)动轮进行修缘后,两齿轮的基节误差变小,动载荷也将变小。

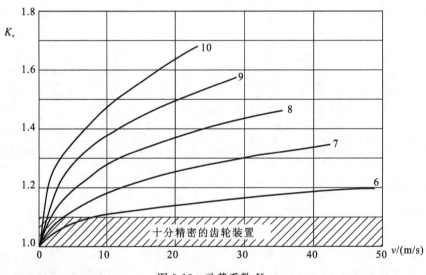

图 9-13　动载系数 K_v

3. 齿间载荷分配系数 K_α

根据连续传动条件,齿轮传动的端面重合度大于 1,这就意味着在齿轮传动时存在两对或以上的齿同时啮合并分担载荷的情况。显然,在有多对轮齿作用时的实际接触线长度将增加,轮齿上所受的载荷变小(在强度计算时用重合度影响系数表征)。但由于制造误差和轮齿弹性变形等原因,载荷在各啮合齿对间的分配不均匀,即存在齿对间的载荷分配问题。为考虑这一影响,引入齿间载荷分配系数 K_α。对于一般不需做精确计算的 $\beta\leqslant30°$ 斜齿圆柱齿轮传动可查表 9-6。

① 对于斜齿圆柱齿轮是一种偏于安全的设计,即实际的动载系数 K_v 比图中值略小。

表 9-6　斜齿轮齿间载荷分配系数 $K_{H\alpha}$ 和 $K_{F\alpha}$

$K_A F_t / b$		≥100 N/mm				<100 N/mm
精度等级Ⅱ组		5	6	7	8	5 级或更低
未经表面硬化的斜齿轮	$K_{H\alpha}$	1.0		1.1	1.2	≥1.4
	$K_{F\alpha}$					
经表面硬化的斜齿轮	$K_{H\alpha}$	1.0	1.1	1.2	1.4	
	$K_{F\alpha}$					

注：①对于修形齿轮,取 $K_{H\alpha}=K_{F\alpha}=1$;
　　②如两齿轮的精度等级不同,按精度等级较低者选取;
　　③$K_{H\alpha}$ 为接触强度计算时的齿间载荷分配系数,$K_{F\alpha}$ 为弯曲强度计算时的齿间载荷分配系数;
　　④齿间载荷分配系数是因为在强度中考虑了重合度对接触线长度的影响,但由于各种的误差存在而使各齿间的载荷分布不均匀而引入的。由于直齿圆柱齿轮轮的重合度系数较小,在一般精度计算时通常不予考虑,所以也就不必考虑齿间载荷分布不均匀的问题,即对于直齿圆柱齿轮可取 $K_{H\alpha}=K_{F\alpha}=1$。

4. 齿向载荷分布系数 K_β

传动工作时,轴的弯曲变形(见图 9-14)和扭转变形(见图 9-15)、支承的弹性位移,以及传动装置制造和安装误差等原因,将导致齿轮副相互倾斜及轮齿扭曲,造成载荷在接触线上分布不均匀,产生载荷集中。为修正这一影响,引入齿向载荷分布系数 K_β。不同的齿轮布置位置(如对称、不对称、悬臂等)、齿宽都对齿向载荷分布的不均匀性有很大影响。一般而言,悬臂布置时最大,对称布置时最小,而齿宽越大则齿向载荷分布的不均匀性越大。

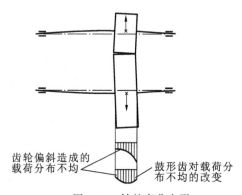

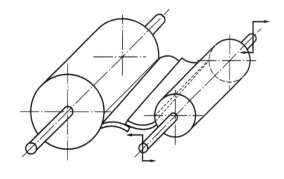

图 9-14　轴的弯曲变形　　　　　　　　图 9-15　轴的扭转变形

为了减轻载荷沿接触线分布不均的程度,可采用的措施有:增大轴、轴承及支座的刚度,适当减少齿轮宽度,降低齿轮相对于支承的不对称程度,尽可能避免齿轮作悬臂布置(如必须悬臂布置,则尽量减少悬臂量)。对比较重要的齿轮,还可制成鼓形齿(见图 9-16),即对轮齿作适当的修形,以减少轮齿两端的载荷集中。

进行接触强度计算和弯曲强度计算时的齿向载荷分布系数分别用 $K_{H\beta}$ 和 $K_{F\beta}$ 表示。

(1)根据齿轮在轴上的支承情况、齿轮的精度等级、齿宽 b 及齿宽系数 ϕ_d(齿宽 b 与小齿轮直径 d 的比值,$\phi_d=b/d$),可以表 9-7 所

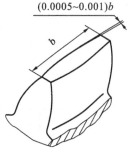

图 9-16　鼓形齿

列的公式计算 $K_{H\beta}$ 值。

表 9-7 接触疲劳强度计算用的齿向载荷分布系数 $K_{H\beta}$

	精度等级		小齿轮相对支承的布置	$K_{H\beta}$
调质齿轮	6		对称	$K_{H\beta} = 1.11 + 0.18\phi_d^2 + 0.15 \times 10^{-3}b$
			非对称	$K_{H\beta} = 1.11 + 0.18(1 + 0.6\phi_d^2)\phi_d^2 + 0.15 \times 10^{-3}b$
			悬臂	$K_{H\beta} = 1.11 + 0.18(1 + 6.7\phi_d^2)\phi_d^2 + 0.15 \times 10^{-3}b$
	7		对称	$K_{H\beta} = 1.12 + 0.18\phi_d^2 + 0.23 \times 10^{-3}b$
			非对称	$K_{H\beta} = 1.11 + 0.18(1 + 0.6\phi_d^2)\phi_d^2 + 0.23 \times 10^{-3}b$
			悬臂	$K_{H\beta} = 1.11 + 0.18(1 + 6.7\phi_d^2)\phi_d^2 + 0.23 \times 10^{-3}b$
	8		对称	$K_{H\beta} = 1.15 + 0.18\phi_d^2 + 0.31 \times 10^{-3}b$
			非对称	$K_{H\beta} = 1.15 + 0.18(1 + 0.6\phi_d^2)\phi_d^2 + 0.31 \times 10^{-3}b$
			悬臂	$K_{H\beta} = 1.15 + 0.18(1 + 6.7\phi_d^2)\phi_d^2 + 0.31 \times 10^{-3}b$
	精度等级	限制条件	小齿轮相对支承的布置	$K_{H\beta}$
硬齿面齿轮	5	$K_{H\beta} \leqslant 1.34$	对称	$K_{H\beta} = 1.05 + 0.26\phi_d^2 + 0.10 \times 10^{-3}b$
			非对称	$K_{H\beta} = 1.05 + 0.26(1 + 0.6\phi_d^2)\phi_d^2 + 0.10 \times 10^{-3}b$
			悬臂	$K_{H\beta} = 1.05 + 0.26(1 + 6.7\phi_d^2)\phi_d^2 + 0.10 \times 10^{-3}b$
		$K_{H\beta} > 1.34$	对称	$K_{H\beta} = 0.99 + 0.31\phi_d^2 + 0.12 \times 10^{-3}b$
			非对称	$K_{H\beta} = 0.99 + 0.31(1 + 0.6\phi_d^2)\phi_d^2 + 0.12 \times 10^{-3}b$
			悬臂	$K_{H\beta} = 0.99 + 0.31(1 + 6.7\phi_d^2)\phi_d^2 + 0.12 \times 10^{-3}b$
	6	$K_{H\beta} \leqslant 1.34$	对称	$K_{H\beta} = 1.05 + 0.26\phi_d^2 + 0.16 \times 10^{-3}b$
			非对称	$K_{H\beta} = 1.05 + 0.26(1 + 0.6\phi_d^2)\phi_d^2 + 0.16 \times 10^{-3}b$
			悬臂	$K_{H\beta} = 1.05 + 0.26(1 + 6.7\phi_d^2)\phi_d^2 + 0.16 \times 10^{-3}b$
		$K_{H\beta} > 1.34$	对称	$K_{H\beta} = 1.0 + 0.31\phi_d^2 + 0.19 \times 10^{-3}b$
			非对称	$K_{H\beta} = 1.0 + 0.31(1 + 0.6\phi_d^2)\phi_d^2 + 0.19 \times 10^{-3}b$
			悬臂	$K_{H\beta} = 1.0 + 0.31(1 + 6.7\phi_d^2)\phi_d^2 + 0.19 \times 10^{-3}b$

(2)弯曲疲劳强度计算用的 $K_{F\beta}$ 可由 $K_{H\beta}$ 值、齿宽 b 与齿高 h 之比(b/h)从图 9-17 中查得。

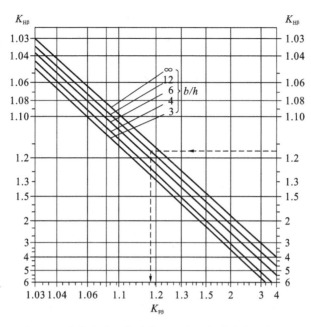

图 9-17 弯曲疲劳强度计算用的齿向载荷分布系数 $K_{F\beta}$

9.7 标准直齿圆柱齿轮传动设计

模数 m、分度圆压力角 α、齿顶高系数 h_a^*、齿根高系数 h_f^* 均为标准值，齿厚 s 等于齿槽宽的齿轮称为标准齿轮。标准齿轮分度圆上的齿厚 s 和齿槽宽 e 的数值为

$$s = e = \frac{p}{2} = \frac{\pi m}{2} \tag{9-7}$$

标准圆柱齿轮传动的参数和几何尺寸计算公式见表 9-8。

表 9-8 渐开线标准圆柱齿轮传动参数及几何尺寸计算公式

名 称	代号	计算公式
分度圆螺旋角	β	直齿轮 $\beta = 0$；外啮合斜齿轮 $\beta_1 = -\beta_2$，内啮合斜齿轮 $\beta_1 = \beta_2$
法面模数	m_n	根据轮齿承载能力和结构需要，取标准值（表 9-9）
端面模数	m_t	$m_t = m_n / \cos\beta$；对直齿轮 $m_t = m_n$
法面压力角	α_n	$\alpha_n = 20°$ 标准值
端面压力角	α_t	$\tan\alpha_t = \tan\alpha_n / \cos\beta$
分度圆直径	d	$d = m_t z = m_n z / \cos\beta$
齿顶高	h_a	$h_a = m_n$
齿根高	h_f	$h_f = 1.25 m_n$
齿顶圆直径	d_a	$d_a = d + 2h_a = m_n (z/\cos\beta + 2)$
齿根圆直径	d_f	$d_f = d - 2h_f = m_n (z/\cos\beta - 2.5)$
标准中心距	a	$a = (d_1 + d_2)/2 = m_t (z_1 + z_2)/2 = m_n (z_1 + z_2)/2\cos\beta$

标准直齿圆柱齿轮传动的主要设计内容是确定齿轮的模数 m（见表 9-9），齿数 z_1、z_2，分度圆直径 d_1、d_2 和齿宽 b_1、b_2 并在此基础上完成齿轮的结构设计。根据齿轮的设计准则，主要的计算工作是进行齿轮齿根弯曲疲劳强度和齿面接触疲劳强度的计算。

表 9-9 标准模数系列（GB/T 1357—1987）

第一系列	1	1.25	1.5	2	2.5	3	4	5	6	8	10
	12	16	20	25	32	40	50				
第二系列	1.75	2.25	2.75	(3.25)	3.5	(3.75)	4.5	5.5	(6.5)	7	9
	(11)	14	18	22	28	36	45				

注：①本表适用于渐开线圆柱齿轮，对斜齿轮是指法面模数；
　　②优先采用第一系列，括号内的模数尽可能不用。

1. 弯曲疲劳强度计算公式

由于齿轮轮缘的刚度较大，故齿轮可看做是宽度为齿宽 b 的悬臂矩形截面梁，齿根处为危险截面，可用 30°切线法确定：作与轮齿中心成 30°角且与齿根过渡曲线相切的直线，截面 AB 即为危险截面（见图 9-18）。

由于齿轮的重合度大于 1，所以理论上载荷应由多对齿分担，但为简化计算，通常假设所有载荷作用于齿顶并只由一对齿承担，另用重合度系数对弯曲应力进行修正。对直齿圆柱齿轮，通常忽略重合度的影响。

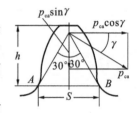

图 9-18 齿根弯曲时的危险截面确定

齿轮的模数越大则齿厚越大，轮齿的弯曲强度也越大。所以将齿轮的模数 m 作为齿轮弯曲强度计算时的主参数。齿根危险截面的弯曲应力校核公式为

$$\sigma_F = \frac{KF_t Y_{Fa} Y_{Sa}}{bm} \leqslant [\sigma_F] \tag{9-8}$$

按弯曲强度的设计公式为

$$m \geqslant \sqrt[3]{\frac{2KT_1}{\phi_d z_1^2} \cdot \frac{Y_{Fa} Y_{Sa}}{[\sigma_F]}} \tag{9-9}$$

两式中：K——载荷系数；F_t——周向力，N，参见式（9-1）；Y_{Fa}——齿形系数，仅与齿形有关，与模数 m 无关，其值由表 9-10 获得；Y_{Sa}——考虑齿根处应力集中的校正系数，由表 9-10 获得；b——齿轮齿宽，mm；m——标准齿轮模数，mm；σ_F——工作弯曲应力，MPa；$[\sigma_F]$——许用弯曲应力，MPa；T_1——小齿轮传递的转矩，N·mm；z_1——小齿轮齿数，一般初选 20～40；ϕ_d——齿宽系数，可查表 9-12。

表 9-10 齿形系数 Y_{Fa} 及齿根应力校正系数 Y_{sa}

$z(z_v)$	17	18	19	20	21	22	23	24	25	26	27	28	29
Y_{Fa}	2.97	2.91	2.85	2.80	2.76	2.72	2.69	2.65	2.62	2.60	2.57	2.55	2.53
Y_{Sa}	1.52	1.53	1.54	1.55	1.56	1.57	1.575	1.58	1.59	1.595	1.60	1.61	1.62
$z(z_v)$	30	35	40	45	50	60	70	80	90	100	150	200	∞
Y_{Fa}	2.52	2.45	2.40	2.35	2.32	2.28	2.24	2.22	2.20	2.18	2.14	2.12	2.06
Y_{Sa}	1.625	1.65	1.67	1.68	1.70	1.73	1.75	1.77	1.78	1.79	1.83	1.865	1.96

注：①基准齿形的参数为 $\alpha = 20°$、$h_a^* = 1$、$c^* = 0.25$、$\rho = 0.38m$（ρ 为齿根圆角半径，m 为模数）；
　　②对内齿轮，当 $\alpha = 20°$、$h_a^* = 1$、$c^* = 0.25$、$\rho = 0.15\,m$　$Y_{Fa} = 2.053$，$Y_{Sa} = 2.65$。

2. 接触疲劳强度计算公式

一对齿轮啮合时,可将其视为一对曲率半径分别为 ρ_1 和 ρ_2 的圆柱体的接触,其中 ρ_1、ρ_2 分别为两齿轮在接触处的曲率半径。根据第 2 章中的赫兹(Hertz)应力的基本公式,可得两圆柱体接触最大接触应力为

$$\sigma_H = \sqrt{\frac{F}{\pi b} \cdot \frac{\dfrac{1}{\rho}}{\pi \left(\dfrac{1-\mu_1^2}{E_1} + \dfrac{1-\mu_2^2}{E_1} \right) L}} \tag{9-10}$$

由图 9-19 可知,两轮齿在不同接触点处的接触应力是不相同的。虽然轮齿在节点处接触时的接触应力并不是最大,但由于在该处一般只有一对齿接触,点蚀也往往在节线附近的齿根表面处出现,因此在接触强度计算时,通常将节点作为接触应力计算点。

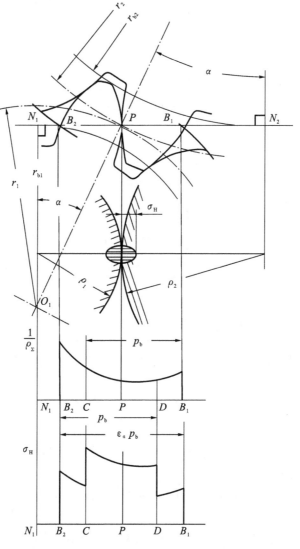

图 9-19 轮齿接触应力示意

分析可知节点处的综合曲率半径 ρ_Σ 为

$$\rho_\Sigma = \frac{d_1 \sin\alpha}{2} \cdot \frac{u}{u \pm 1} \tag{9-11}$$

计算齿面接触疲劳强度的目的是防止齿面出现点蚀。在齿数比一定时，小齿轮的直径越大，综合曲率半径越大，接触应力越小，接触强度越高。所以将小轮的分度圆直径 d 作为设计主参数。将式(9-11)代入式(9-10)，可得

齿面接触疲劳强度的校核公式为

$$\sigma_H = \sqrt{\frac{KF_t}{bd_1} \frac{u \pm 1}{u}} Z_E Z_H \leqslant [\sigma_H] \tag{9-12}$$

齿面接触疲劳强度的设计公式为

$$d_1 \geqslant \sqrt[3]{\frac{2KT_1}{\phi_d} \cdot \frac{u \pm 1}{u} \left(\frac{Z_H Z_E}{[\sigma_H]}\right)^2} \tag{9-13}$$

公式中的"＋"号用于外啮合，"－"号用于内啮合。

式中：K——载荷系数；F_t——周向力，N，参见式(9-1)；b——齿轮齿宽，mm；d_1——小齿轮分度圆直径，mm；u——两齿轮的齿数比，$u = z_1/z_2$；Z_E——弹性影响系数，参见表 9-11；Z_H——区域系数，$Z_H = \sqrt{2/(\sin\alpha\cos\alpha)}$，对于标准直齿圆柱齿轮，$\alpha = 20°$，$Z_H = 2.5$；$[\sigma]_H$——许用接触应力，MPa；$T_1$——小齿轮传递的转矩，N·mm；$z_1$——小齿轮齿数，一般初选 20～40；$\phi_d$——齿宽系数。

表 9-11 弹性影响系数 Z_E　　　　　　　　　　　　　　单位：(MPa$^{1/2}$)

齿轮材料	配对齿轮材料				
	灰铸铁	球墨铸铁	铸钢	锻钢	夹布塑胶
	—	弹性模量 E/MPa			
	11.8×10^4	17.3×10^4	20.2×10^4	20.6×10^4	0.785×10^4
锻钢	162.0	181.4	188.9	189.8	56.4
铸钢	161.4	180.5	188		
球墨铸铁	156.6	173.9		—	—
灰铸铁	143.7	—			

注：表中所列夹布塑胶的泊松比 μ 为 0.5，其余材料的 μ 为 0.3。

3. 强度计算说明

(1)在计算弯曲强度时，因大、小齿轮的齿数不同，由表 9-10 查得的 Y_{Fa}、Y_{Sa} 值不同；因大小齿轮的材料选择不同(或硬度不同)，故 $[\sigma_F]$ 也不同，所以在用式(9-7)进行设计时，公式中应代入 $\frac{Y_{Fa2}Y_{Sa2}}{[\sigma_{F2}]}$ 和 $\frac{Y_{Fa1}Y_{Sa1}}{[\sigma_{F1}]}$ 中的较大者。在用式(9-6)进行校核时应分别校核大、小齿轮。

(2)配对两齿轮的工作齿面接触应力相同，即 $\sigma_{H1} = \sigma_{H2}$，但许用接触应力不同，即 $[\sigma_{H1}] \neq [\sigma_{H2}]$，在应用式(9-10)进行校核或用式(9-11)进行设计时，式中的 $[\sigma_H]$ 取 $[\sigma_{H1}]$ 和 $[\sigma_{H2}]$ 中的较小者。

(3)在计算小齿轮直径 d_1(或模数 m)时，因动载系数 K_v、齿间载荷分布系数 K_α 和齿向载荷分布系数 K_β 不能预先确定，故载荷系数 K 无法准确知道。此时，可先初选载荷系数

K_t，求出小齿轮直径 d_{1t}（或模数 m_{nt}）；然后求 K，若 K 与 K_t 相差不大，可不必修改计算结果；若两者相差较大，可用下式修正小齿轮直径（或模数 m）：

$$m = m_t \sqrt[3]{K/K_t}, \quad d_1 = d_{1t} \sqrt[3]{K/K_t} \tag{9-14}$$

9.7.1　齿轮传动的设计参数、许用应力与精度选择

影响渐开线齿轮传动工作能力的主要设计参数有模数 m、压力角 α、齿数 z 和齿宽 b 等。合理选择这些参数，可以充分发挥齿轮的工作能力。

1. 齿轮传动设计参数的选择

（1）压力角 α 的选择　普通标准齿轮传动的分度圆压力角规定为 $\alpha=20°$。适当增大压力角 α，可使节点处的曲率半径增大，降低齿面接触应力，提高接触强度。还可使齿厚增大，提高弯曲强度。例如航空用齿轮，为增大其接触强度和弯曲强度，航空齿轮传动标准规定 $\alpha=25°$。然而，过大的压力角会降低齿轮传动的效率和增加径向力。

（2）齿数 z 的选择　在传动比一定时，若齿轮传动中心距不变，增加齿数，模数将减小。齿数多，齿轮的重合度大，传动平稳性好；由于齿高降低，齿轮的切削量减少，齿面的相对滑动速度变小，不易产生齿面胶合。一般在保证弯曲强度的条件下，应尽可能选择较大的齿数，对以接触强度为主的齿轮更是如此。

①闭式软齿面传动（大小齿轮都是软齿面或小齿轮为硬齿面、大齿轮为软齿面），因承载能力主要取决于齿面接触强度，故在保证齿根弯曲强度的条件下，z_1 应尽量取大值，一般可取 $z_1=20\sim40$；

②对于闭式硬齿面齿轮传动，工作能力主要取决于齿根弯曲强度，故 z_1 不宜过大，一般取 $z_1=17\sim20$；

③开式齿轮传动的主要失效形式为齿面磨损以及后续的轮齿断裂，故模数 m 要取大些。对于标准直齿圆柱齿轮，为避免根切，应使 $z_1\geq17$。

小齿轮齿数 z_1 确定后，按齿数比 $u=z_2/z_1$ 得出大齿轮齿数 z_2 并圆整。为了使传动平稳，啮合齿面磨损均匀，z_1 和 z_2 一般应互为质数。

（3）齿宽系数 ϕ_d 的选择　由齿轮的强度计算公式可知，齿宽 b 越大，σ_H 和 σ_F 越小，承载能力也越高。但若齿宽 b 过大，则载荷沿接触线分布不均匀现象加重，K_β 增大；若齿宽 b 过小，为满足接触和弯曲强度，直径 d_1（或模数 m）应增大。所以 ϕ_d 应取得适当，具体选取可参考表 9-12。对多级减速齿轮传动，高速级的 ϕ_d 宜取小些，低速级取大些。

由 $b=\phi_d d$ 计算齿宽后，需圆整并取为大齿轮的实际齿宽 b_2；而小齿轮实际齿宽取为 $b_1=b_2+(5\sim10)$mm，以保证在装配过程中发生两齿轮错位时仍有足够的有效接触宽度。

表 9-12　齿宽系数 ϕ_d（$\phi_d=b/d$）

装置状况	两支承相对于小齿轮作对称布置	两支承相对于小齿轮作不对称布置	小齿轮作悬臂布置
ϕ_d	$0.9\sim1.4(1.2\sim1.9)$	$0.7\sim1.15(1.1\sim1.6)$	$0.4\sim0.6$

注：①大、小齿轮均为硬齿面时，ϕ_d 应取表中偏下限的数值，若皆为软齿面或仅有大齿轮为软齿面时，ϕ_d 可取表中偏上限的数值；
②括号内的数据用于人字齿轮，此时 b 为人字齿的总宽度；
③金属切削机床的齿轮传动，若传动功率不大，ϕ_d 可小到 0.2；
④非金属材料齿轮可取 $\phi_d=0.5\sim1.2$。

（4）对于闭式软齿面齿轮,其主要的失效形式通常是点蚀,所以按接触强度进行设计,对弯曲强度进行校核;对于闭式硬齿面齿轮,接触强度较高,通常按弯曲强度进行设计,对接触强度进行校核;对于开式齿轮,其失效形式为磨损后的断裂,通常按弯曲强度进行设计,并在获得模数后,预留一定的磨损量（20%～30%）。

2. 齿轮的许用应力

齿轮的许用应力与失效形式、材料及应力循环次数有关,可按下式计算:

$$[\sigma] = \frac{K_N \sigma_{\lim}}{S} \tag{9-15}$$

式中:S——许用安全系数。作接触强度计算时,由于点蚀破坏后只是引起噪声、振动增大,并不会立刻导致严重后果,故一般取 $S = S_H = 1$;作弯曲疲劳强度计算时,一旦发生断齿,后果严重,故一般取 $S = S_F = 1.25 \sim 1.5$;K_N——寿命系数,与应力循环次数有关,弯曲疲劳寿命系数 K_{FN} 查图 9-20,接触疲劳寿命系数 K_{HN} 查图 9-21;N——应力循环次数,有

$$N = 60njL_h \tag{9-16}$$

其中,n——齿轮的转数,r/min;j——齿轮每转一圈同一齿面（单齿侧）啮合的次数;L_h——齿轮的工作寿命,h。$\sigma_{\lim}$——齿轮的疲劳极限,弯曲疲劳强度极限为 $\sigma_{\lim} = \sigma_{FE}$,查图 9-22;接触疲劳强度极限为 $\sigma_{\lim} = \sigma_{Hlim}$,查图 9-23,本书荐用的齿轮疲劳极限由 $m = 3 \sim 5$、$\alpha = 20°$、$b = 10 \sim 50$ mm、$v = 10$ m/s、齿面粗糙度 $Ra \approx 0.8$ μm 的直齿圆柱齿轮副试件,按失效概率为 1% 通过持久试验获得。

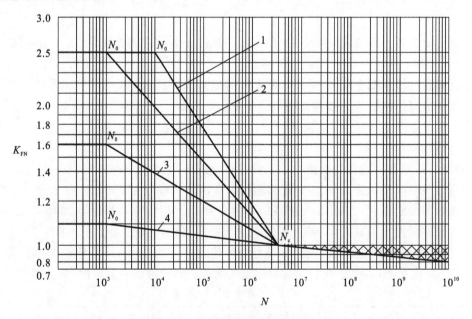

图 9-20　弯曲疲劳寿命系数 K_{FN}

1—调质钢、珠光体、贝氏体球墨铸铁,珠光体黑色可锻铸铁;2—渗碳淬火钢,火焰或感应表面淬火钢;

3—氮化的调质钢或氮化钢、铁素体球墨铸铁,结构钢,灰铸铁;4—碳氮共渗的调质钢

注:当 $N > N_c$ 时可根据经验在网纹区内取 K_{FN} 值。

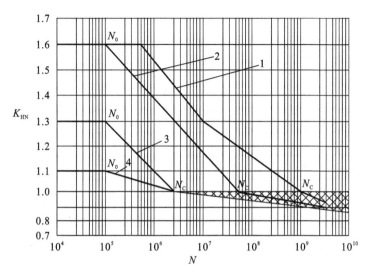

图 9-21　接触疲劳寿命系数 K_{HN}

1—结构钢、调质钢、珠光体、贝氏体球墨铸铁，珠光体黑色可锻铸铁，渗碳淬火钢（允许一定点蚀）；

2—渗碳淬火钢，火焰或感应表面淬火钢，不允许出现点蚀；

3—氮化的调质钢或氮化钢、铁素体球墨铸铁，结构钢，灰铸铁；4—碳氮共渗的调质钢

注：当 $N > N_C$ 时，可根据经验在网纹区内取 K_{HN} 值。

图 9-22、图 9-23 中，每种材料共给出三条线（ME、MQ、ML），分别代表三个等级。其中 ME 代表材料品质和热处理质量很高时的极限应力线；MQ 代表中等；ML 代表达到最低要求。若没有特别说明材质状况和热处理质量，为安全起见，一般在 MQ 和 ML 之间取值。若齿面硬度超过图中表示范围，可按外插法查取。图 9-22 中 σ_{Flim} 为脉动循环时的极限应力，若实际弯曲应力按对称循环变化，则极限应力取图中查取值的 70％。

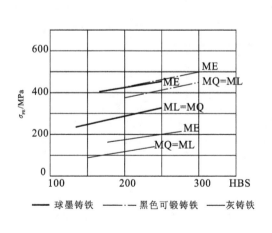

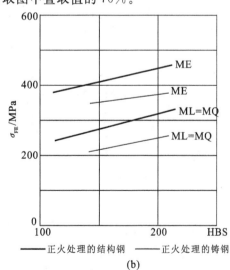

图 9-22　齿轮的弯曲疲劳极限 σ_{Flim}

（a）铸铁材料的 σ_{Flim}；（b）正火处理钢的 σ_{Flim}；（c）调质处理钢的 σ_{Flim}；

（d）渗碳淬火钢和表面硬化钢的 σ_{Flim}；（e）渗氮及碳氮共渗钢的 σ_{Flim}

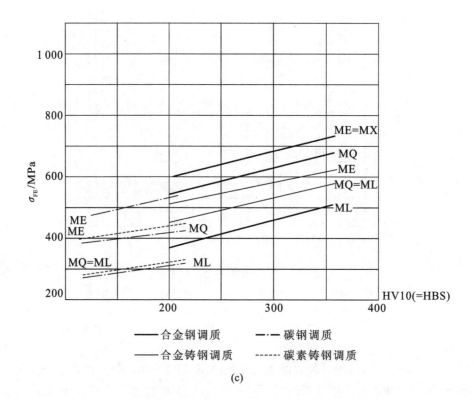

(c)

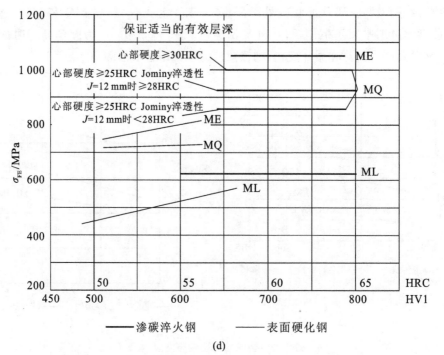

(d)

续图 9-22

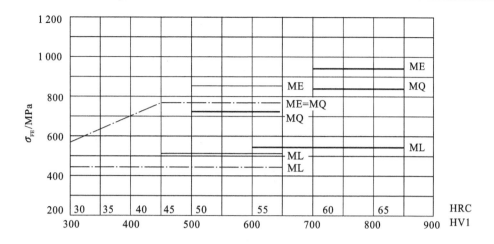

——— 调质、气体氮化处理的氮化钢（不含铝）

——— 调质、气体氮化处理的调质钢

—·— 调质或正火、碳氮共渗处理的调质钢

(e)

续图 9-22

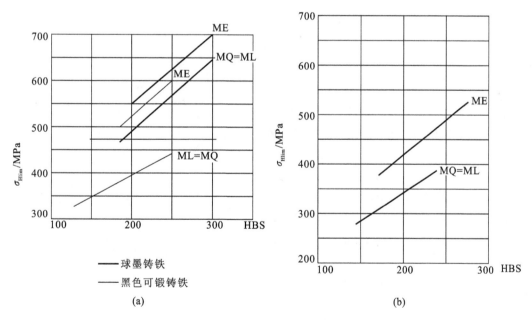

——— 球墨铸铁

——— 黑色可锻铸铁

(a)   (b)

图 9-23   齿轮的接触疲劳极限 σ_{Hlim}

(a)铸铁材料的 σ_{Hlim}；(b)灰铸铁的 σ_{Hlim}；(c)正火处理的结构钢和铸钢的 σ_{Hlim}；

(d)调质处理钢的 σ_{Hlim}；(e)渗碳淬火钢和表面硬化(火焰或感应淬火)钢的 σ_{Hlim}；(f)渗氮及碳氮共渗钢的 σ_{Hlim}

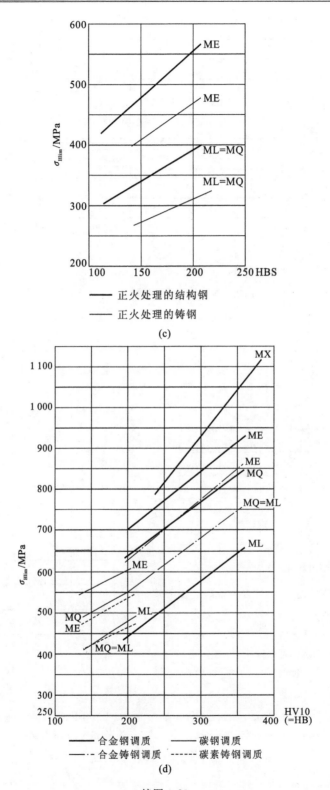

正火处理的结构钢

正火处理的铸钢

(c)

合金钢调质　　碳钢调质

合金铸钢调质　　碳素铸钢调质

(d)

续图 9-23

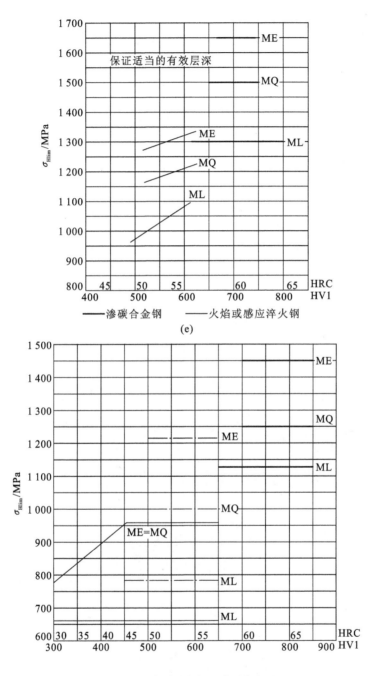

(e)

渗碳合金钢　　　火焰或感应淬火钢

(f)

调质-气体渗氮处理的渗氮钢

调质-气体渗氮处理的调质钢

调质或正火-氮碳共渗处理的调质钢

续图 9-23

3. 齿轮精度的选择

齿轮精度的选择以传动的用途、使用条件、传递功率、圆周速度等为依据。对于传递动力的齿轮,对运动准确性要求(Ⅰ类)通常低于工作平稳性要求(Ⅱ类)和载荷分布均匀性要求(Ⅲ类)。不同载荷和速度时的齿轮精度选择可参见图 9-24。

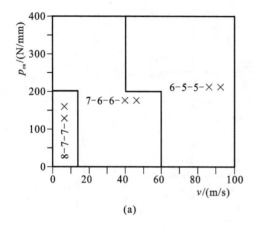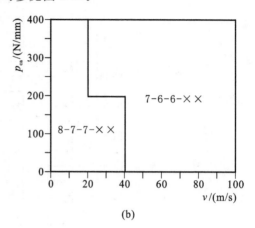

(a)　　　　　　　　　　　　　(b)

图 9-24　齿轮传动的精度等级选择

(a)圆柱齿轮传动;(b)锥齿轮传动

9.7.2　计算实例

【例 9-2】　试设计如图 9-25 所示带式输送机减速器的低速级齿轮传动。已知输入功率 $P_0 = 5.5$ kW,输入转速 $n_0 = 960$ r/min,高速级传动比 $i_1 = 4.15$,低速级传动比 $i_1 = 3.15$。带式输送机工作平稳,转向不变,工作寿命为 10 年(设每年工作 300 天),两班制工作。

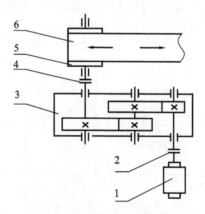

图 9-25　带式输送机运动简图

1—电动机;2,4—联轴器;3—两级圆柱齿轮减速器;5—传动滚筒;6—输送带

解　方案一:采用软齿面齿轮。

1)选定齿轮类型、精度等级、材料及齿数

(1)按图 9-25 所示的传动方案,选用直齿圆柱齿轮传动。

(2)大、小齿轮都选用软齿面。查表 9-2 选大、小齿轮的材料均为 45 钢,小齿轮调质,齿面硬度为 230HBS,大齿轮常化,齿面硬度为 190HBS。

(3)选取精度等级。带式输送机为一般工作机器,速度不高,故初选 7 级精度(GB/T 10095—2008)。

(4)选小齿轮齿数 $z_1 = 26$,大齿轮齿数 $z_2 = iz_1 = 3.15 \times 26 = 81.9$,圆整后取为 82。

考虑到闭式软齿面齿轮传动最主要的失效形式为点蚀,故按接触强度设计,再按弯曲强度校核。

2)按齿面接触强度设计

根据设计计算公式(9-13)进行试算,即

$$d_1 \geqslant \sqrt[3]{\frac{2KT_1}{\phi_d} \cdot \frac{u \pm 1}{u} \left(\frac{Z_H Z_E}{[\sigma_H]}\right)^2}$$

(1)确定公式内的各计算数值。

① 载荷系数 K 试选 $K_t = 1.5$。

② 小齿轮传递的转矩 T_1

$$T_1 = 9.55 \times 10^6 \frac{P_1}{n_1} = 9.55 \times 10^6 \times \frac{5.5}{960/4.15} \text{ N} \cdot \text{mm} = 2.27 \times 10^5 \text{ N} \cdot \text{mm}$$

③ 齿宽系数 ϕ_d 查表 9-12,由于两支承相对于小齿轮作不对称布置,故选取 $\phi_d = 1$。

④ 弹性影响系数 Z_E 由表 9-11 查得 $Z_E = 189.8 \text{ MPa}^{1/2}$。

⑤ 节点区域系数 Z_H 标准直齿轮 $\alpha = 20°$ 时,$Z_H = 2.5$。

⑥ 接触疲劳强度极限 σ_{Hlim} 按齿面硬度由图 9-23 查得

$$\sigma_{Hlim1} = 560 \text{ MPa}, \quad \sigma_{Hlim2} = 390 \text{ MPa}$$

⑦ 应力循环次数分别为

$$N_1 = 60n_1 j L_h = 60 \times (960/4.15) \times 1 \times (2 \times 8 \times 300 \times 10) = 6.662 \times 10^8$$
$$N_2 = N_1 / i_2 = 6.662 \times 10^8 / 3.15 = 2.115 \times 10^8$$

⑧ 接触疲劳寿命系数 K_{HN} 由图 9-21 查得 $K_{HN1} = 0.92$,$K_{HN2} = 0.96$。

⑨ 接触疲劳许用应力 $[\sigma_H]$ 取失效概率为 1%,安全系数 $S_H = 1$,得

$$[\sigma_{H1}] = K_{HN1} \sigma_{Hlim1} / S_H = 0.92 \times 560 / 1 \text{ MPa} = 515 \text{ MPa}$$
$$[\sigma_{H2}] = K_{HN2} \sigma_{Hlim2} / S_H = 0.96 \times 390 / 1 \text{ MPa} = 375 \text{ MPa}$$

取较小值 $\quad\quad [\sigma_H] = [\sigma_{H2}] = 375 \text{ MPa}$

(2)计算并确定齿轮参数。

① 试算小齿轮分度圆直径 d_{1t}

$$d_{1t} \geqslant \sqrt[3]{\frac{2KT_1}{\phi_d} \cdot \frac{i \pm 1}{i} \left(\frac{Z_H Z_E}{[\sigma_H]}\right)^2}$$
$$= \sqrt[3]{\frac{2 \times 1.5 \times 2.270\ 4 \times 10^5}{1} \frac{3.15 + 1}{3.15} \left(\frac{2.5 \times 189.8}{375}\right)^2} \text{ mm} = 112.839 \text{ mm}$$

② 计算圆周速度 v

$$v = \frac{\pi d_{1t} n_1}{60 \times 1\ 000} = \frac{\pi \times 112.839 \times (960/4.15)}{60\ 1\ 000} \text{ m/s} = 1.367 \text{ m/s}$$

③ 计算齿宽 b

$$b = \phi_d d_{1t} = 1 \times 112.839 \text{ mm} = 112.839 \text{ mm}$$

④ 计算齿宽与齿高之比 b/h

$$b/h = \phi_d d_{1t}/2.25\ m = \phi_d m z_1/(2.25\ m) = \phi_d z_1/2.25 = 1 \times 26/2.25 = 11.56。$$

⑤计算载荷系数 K

根据 $v=1.367$ m/s,7 级精度,由图 9-13 查得动载系数 $K_v=1.07$;

由表 9-6 查得 $K_\alpha=1.0$;由表 9-5 查得使用系数 $K_A=1$;

由表 9-7 查得 $K_{H\beta}=1.12+0.18(1+0.6\phi_d^2)\phi_d^2+0.23\times10^{-3}b=1.433$;

由图 9-17 查得齿向载荷分布系数 $K_{F\beta}=1.35$;载荷系数为

$$K=K_AK_vK_\alpha K_{H\beta}=1.0\times1.07\times1.0\times1.433=1.533$$

⑥按实际的载荷系数修正分度圆直径

$$d_1=d_{1t}\sqrt[3]{\frac{K}{K_t}}=112.839\sqrt[3]{\frac{1.533}{1.5}}\text{ mm}=113.685\text{ mm}$$

⑦计算模数 m

$$m=d_1/z_1=113.685/26=4.373$$

查标准模数系列表 9-9:

取 $m=4.5$

3)几何尺寸计算

(1)分度圆直径

$$d_1=mz_1=4.5\times26\text{ mm}=117\text{ mm}$$
$$d_2=mz_2=4.5\times82\text{ mm}=369\text{ mm}$$

(2)中心距

$$a=(d_1+d_2)/2=(117+369)/2\text{ mm}=243\text{ mm}$$

(3)齿宽

$$b=\phi_dd_1=1\times117\text{ mm}=117\text{ mm}$$

取 $b_2=120$ mm,则　　　　$b_1=b_2+5\text{ mm}=125\text{ mm}$

4)按齿根弯曲疲劳强度校核

(1)确定公式中的各参数。

①载荷系数 K　$K_A=1$;$K_\alpha=1$;$K_{F\beta}=1.35$

$$v=\frac{\pi d_{1t}n_1}{60\times1\ 000}=\frac{\pi\times117\times(960/4.15)}{601\ 000}\text{ m/s}=1.417\text{ m/s}$$

查图 9-13,得 $K_v=1.07$,有 $K=K_AK_vK_\alpha K_{F\beta}=1\times1.07\times1\times1.35=1.445$

②圆周力 F_t

$$F_t=2T_1/d_1=2\times2.270\ 4\times10^5/117\text{ N}=3\ 881\text{ N}$$

③齿形系数 Y_{Fa} 和应力校正系数 Y_{sa}:

查表 9-10 得,$Y_{Fa1}=2.60$,$Y_{sa1}=1.595$;用线性插值求 Y_{Fa2},Y_{sa2},有

$$Y_{Fa2}=2.22+(2.20-2.22)\times\frac{82-80}{90-80}=2.216$$

$$Y_{Sa2}=1.77+(1.78-1.77)\times\frac{82-80}{90-80}=1.772$$

④许用弯曲应力 $[\sigma_F]$

查图 9-20 得 $K_{FN1}=0.86$,$K_{FN2}=0.88$;

查图 9-22 得 $\sigma_{Flim1}=400$ MPa,$\sigma_{Flim2}=310$ MPa;取安全系数 $S_F=1.4$,则

$$[\sigma_{F1}]=K_{FN1}\sigma_{Flim1}/S_F=0.86\times310/1.4\text{ MPa}=246\text{ MPa}$$

$$[\sigma_{F2}] = K_{FN2}\, \sigma_{Flim2}/S_F = 0.88 \times 310/1.4 \text{ MPa} = 195 \text{ MPa}$$

（2）校核计算。

$$\sigma_{F1} = \frac{KF_t Y_{Fa1} Y_{Sa1}}{bm} = \frac{1.445 \times 3\,881}{120 \times 45} \times 2.60 \times 1.595 \text{ MPa} = 43.03 \text{ MPa} < [\sigma_{F1}]$$

$$\sigma_{F2} = \sigma_{F1}\frac{Y_{Fa2} Y_{Sa2}}{Y_{Fa1} Y_{Sa1}} = \frac{43.06 \times 2.216 \times 1.772}{2.60 \times 1.595} \text{ MPa} = 40.77 \text{ MPa} < [\sigma_{F2}]$$

大小齿轮齿根弯曲疲劳强度均满足。

由上述结果可见，软齿面齿轮传动的弯曲强度有相当大的余量。故通常是按接触强度设计，确定方案后，再按弯曲强度核校，这样计算比较简单。当然也可分别按两种强度设计，分析对比，确定方案。

方案二：采用硬齿面齿轮。

1）选定齿轮类型、精度等级、材料及齿数

（1）按图所示的传动方案，选用直齿圆柱齿轮传动。

（2）大、小齿轮都选用硬齿面。根据表 9-2 选大、小齿轮的材料均为 45 号钢，并经调质后表面淬火，齿面硬度均为 45HRC。

（3）选取精度等级。初选 7 级精度（GB/T 10095—2001）。

（4）选小齿轮齿数 $z_1 = 26$，大齿轮齿数 $z_2 = iz_1 = 3.15 \times 26 = 81.9$，取 $z_2 = 82$。

考虑到闭式硬齿面齿轮传动失效可能为点蚀，也可能为疲劳折断，故分别按接触强度和弯曲强度设计，分析对比，再确定方案。

2）按齿面接触强度设计

根据设计计算公式（9-13）进行试算，即

$$d_1 \geqslant \sqrt[3]{\frac{2KT_1}{\phi_d} \cdot \frac{u \pm 1}{u}\left(\frac{Z_H Z_E}{[\sigma_H]}\right)^2}$$

（1）确定公式内的各计算数值。

①载荷系数 K 试选 $K_t = 1.5$。

②小齿轮传递的转矩 T_1

$$T_1 = \frac{9.55 \times 10^6 P_1}{n_1} = \frac{9.55 \times 10^6 \times 5.5}{\dfrac{960}{4.15}} \text{ N}\cdot\text{mm} = 2.270\,4 \times 10^5 \text{ N}\cdot\text{mm}。$$

③齿宽系数 ϕ_d 由表 9-12 选取 $\phi_d = 1$。

④弹性影响系数 Z_E 由表 9-11 查得 $Z_E = 189.8$ MPa$^{1/2}$。

⑤节点区域系数 Z_H 标准直齿轮 $\alpha = 20°$时，$Z_H = 2.5$。

⑥接触疲劳强度极限 σ_{Hlim} 按齿面硬度由图 9-23 查得 $\sigma_{Hlim1} = \sigma_{Hlim2} = 1\,000$ MPa。

⑦应力循环次数

$$N_1 = 60n_1 jL_h = 60 \times (960/4.15) \times 1 \times (2 \times 8 \times 300 \times 10) = 6.662 \times 10^8$$

$$N_2 = N_1/i_2 = 6.662 \times 10^8/3.15 = 2.115 \times 10^8。$$

⑧接触疲劳寿命系数 K_{HN} 由图 9-21 查得 $K_{HN1} = 0.92$，$K_{HN2} = 0.96$。

⑨接触疲劳许用应力 $[\sigma_H]$ 取失效概率为 1%，安全系数 $S_H = 1$，得

$$[\sigma_{H1}] = K_{HN1}\, \sigma_{Hlim1}/S_H = 0.92 \times 1\,000/1 \text{ MPa} = 920 \text{ MPa}$$

$$[\sigma_{H2}] = K_{HN2}\, \sigma_{Hlim2}/S_H = 0.96 \times 1\,000/1 \text{ MPa} = 960 \text{ MPa}$$

取较小值，$[\sigma_H] = [\sigma_{H2}] = 920$ MPa。

(2)计算并确定齿轮参数。

①试算小齿轮分度圆直径 d_{1t}

$$d_{1t} \geqslant \sqrt[3]{\frac{2KT_1}{\phi_d} \cdot \frac{i \pm 1}{i} \left(\frac{Z_H Z_E}{[\sigma_H]}\right)^2}$$

$$= \sqrt[3]{\frac{2 \times 1.5 \times 2.270\,4 \times 10^5}{1} \frac{3.15 + 1}{3.15} \left(\frac{2.5 \times 189.8}{920}\right)^2} \text{ mm} = 62.364 \text{ mm}$$

②计算圆周速度 v

$$v = \frac{\pi d_{1t} n_1}{60 \times 1\,000} = \frac{\pi \times 62.364 \times (960/4.15)}{60\,000} \text{ m/s} = 0.755 \text{ m/s}$$

③计算齿宽 b

$$b = \phi_d d_{1t} = 1 \times 62.364 \text{ mm} = 62.364 \text{ mm}$$

④计算齿宽与齿高之比 b/h

$$b/h = \phi_d d_{1t}/2.25 \ m = \phi_d m z_1/2.25 \ m = \phi_d z_1/2.25 = 1 \times 26/2.25 = 11.56$$

⑤计算载荷系数 K

根据 $v = 0.755$ m/s，7 级精度，由图 9-13 查得动载系数 $K_v = 1.04$；

由表 9-6 查得 $K_\alpha = 1.0$；表 9-5 查得使用系数 $K_A = 1$；

由表 9-7 查得 $K_{H\beta} = 1.0 + 0.31(1 + 0.6\phi_d^2)\phi_d^2 + 0.19 \times 10^{-3} b = 1.508$，取 $K_{H\beta} = 1.55$；

由图 9-17 查得齿向载荷分布系数 $K_{F\beta} = 1.38$；载荷系数为

$$K = K_A K_v K_\alpha K_{H\beta} = 1.0 \times 1.04 \times 1.0 \times 1.55 = 1.612$$

⑥按实际的载荷系数修正分度圆直径

$$d_1 = d_{1t} \sqrt[3]{\frac{K}{K_t}} = 62.364 \sqrt[3]{\frac{1.612}{1.5}} \text{mm} = 63.879 \text{ mm}$$

⑦计算模数 m

$$m = d_1/z_1 = 63.879/26 \text{ mm} = 2.457 \text{ mm}$$

3)按齿根弯曲疲劳强度设计

$$m \geqslant \sqrt[3]{\frac{2KT_1}{\phi_d z_1^2} \left(\frac{Y_{Fa} Y_{Sa}}{[\sigma_F]}\right)}$$

(1)确定公式中的各参数。

①载荷系数 K $\quad K_A = 1$；$K_v = 1.04$；$K_\alpha = 1$；$K_{F\beta} = 1.38$

$$K = K_v K_A K_\alpha K_{F\beta} = 1 \times 1.04 \times 1 \times 1.38 = 1.435$$

②圆周力 F_t

$$F_t = 2T_1/d_1 = 2 \times 2.270\,4 \times 10^5/117 \text{ N} = 3\,881 \text{ N}$$

③齿形系数 Y_{Fa} 和应力校正系数 Y_{Sa} $\quad$ 查表 9-10 得

$$Y_{Fa1} = 2.60, \quad Y_{Sa1} = 1.595$$

$$Y_{Fa2} = 2.216, \quad Y_{Sa2} = 1.772$$

④许用弯曲应力 $[\sigma_F]$

查图 9-20 得 $\quad\quad\quad K_{FN1} = 0.86, \quad K_{FN2} = 0.88$

查图 9-22 得 $\sigma_{Flim1} = \sigma_{Flim2} = 500$ MPa；取安全系数 $S_F = 1.4$，则

$$[\sigma_{F1}] = \frac{K_{FN1} \sigma_{Flim1}}{S_F} = \frac{0.86 \times 500}{1.4} \text{ MPa} = 307 \text{ MPa}$$

$$[\sigma_{F2}] = \frac{K_{FN2}\sigma_{Flim2}}{S_F} = \frac{0.88 \times 500}{1.4} \text{ MPa} = 314 \text{ MPa}$$

⑤确定 $Y_{Fa}Y_{Sa}/[\sigma_F]$

$$\frac{Y_{Fa1}Y_{Sa1}}{[\sigma_{F1}]} = \frac{2.60 \times 1.595}{307} = 0.013\ 508$$

$$\frac{Y_{Fa2}Y_{Sa2}}{[\sigma_{F2}]} = \frac{2.216 \times 1.772}{314} = 0.012\ 506$$

(2)计算模数 m。

$$m \geqslant \sqrt[3]{\frac{2KT_1}{\phi_d z_1^2}\left(\frac{Y_{Fa}Y_{Sa}}{[\sigma_F]}\right)} = \sqrt[3]{\frac{2 \times 1.435 \times 2.270\ 4 \times 10^5 \times 0.013\ 508}{1 \times 26^2}} \text{ mm}$$

$$= 2.353 \text{ mm}$$

比较两种强度的计算结果,确定模数为 $m=2.5$。

4)几何尺寸计算

(1)分度圆直径

$$d_1 = mz_1 = 2.5 \times 26 \text{ mm} = 65 \text{ mm}$$
$$d_2 = mz_2 = 2.5 \times 82 \text{ mm} = 205 \text{ mm}$$

(2)中心距

$$a = (d_1 + d_2)/2 = (65 + 205)/2 \text{ mm} = 135 \text{ mm}$$

(3)齿宽

$$b = \phi_d d_1 = 1 \times 65 \text{ mm} = 65 \text{ mm}$$

取 $b_2 = 65$ mm,$b_1 = b_2 + 5 = 70$ mm。

对比上述两种方案,可见采用硬齿面传动方案所得的几何尺寸明显较小,这也是现在硬齿面齿轮传动成为发展趋势的主要原因之一。

9.8　标准圆柱斜齿齿轮的传动强度计算

由于斜齿轮的螺旋角 $\beta \neq 0$,因此斜齿轮传动的齿面接触线是倾斜的,不等于齿宽,而且重合度系数较大,所以在进行斜齿轮的计算时必须考虑上述两者的影响。斜齿轮的受力分析如图 9-7 所示。

1. 弯曲疲劳强度计算

斜齿圆柱齿轮的折断往往是局部折断,其计算比较复杂,通常采用与直齿圆柱齿轮类似的分析方法,并引入端面重合度系数 ε_α 和螺旋角影响系数 Y_β 以考虑重合度和接触线倾斜对弯曲强度的增强。

(1)校核公式:

$$\sigma_F = \frac{KF_t Y_{Fa} Y_{Sa} Y_\beta}{bm_n \varepsilon_\alpha} \leqslant [\sigma_F] \tag{9-17}$$

(2)设计公式:

$$m_n \geqslant \sqrt[3]{\frac{2KT_1 Y_\beta \cos^2\beta}{\phi_d z_1^2 \varepsilon_\alpha} \cdot \frac{Y_{Fa} Y_{Sa}}{[\sigma_F]}} \tag{9-18}$$

式中:Y_{Fa}、Y_{Sa}——斜齿轮的齿形系数和应力校正系数,按当量齿数 $z_v = z/\cos^3\beta$ 查表 9-10。

Y_β——螺旋角影响系数,有

$$Y_\beta = 1 - \varepsilon_\beta \frac{\beta^\circ}{120^\circ} \tag{9-19}$$

其中,ε_β 为斜齿轮传动的纵向重合度,$\varepsilon_\beta = b\sin\beta/(\pi m_n)$,初步计算时按 $\varepsilon_\beta = 0.318\phi_d z_1 \tan\beta$ 计算,$\varepsilon_\beta \geqslant 1$ 时按 $\varepsilon_\beta = 1$ 计算,$Y_\beta \leqslant 0.75$ 时取 $Y_\beta = 0.75$;m_n——斜齿轮的法面模数,mm;ε_α——端面重合度,可按机械原理的公式计算或者查图 9-26;其余各符号的意义及单位同前。

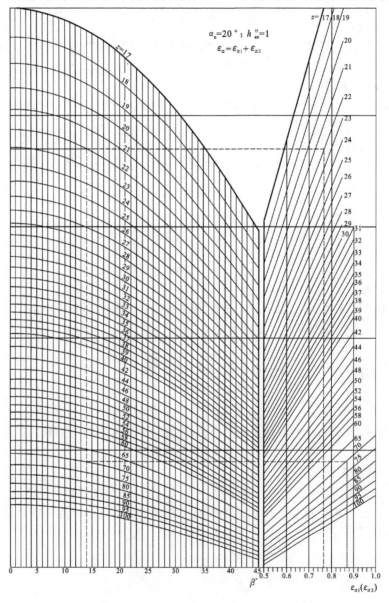

用法举例:已知 $z_1 = 22$,$z_2 = 70$,$\beta = 14^\circ$,求 ε_α 的值。

解　由图分别查得 $\varepsilon_{\alpha 1} = 0.765$,$\varepsilon_{\alpha 2} = 0.87$,得

$$\varepsilon_\alpha = \varepsilon_{\alpha 1} + \varepsilon_{\alpha 2} = 0.765 + 0.87 = 1.635$$

图 9-26　斜齿轮端面重合度 ε_α

2. 接触强度

圆柱斜齿轮传动的齿面接触疲劳强度公式与直齿圆柱齿轮传动相似。但有以下两点区别：

（1）斜齿圆柱齿轮的受力方向为法向，故综合曲率半径 ρ_Σ 应在法向求取；

（2）斜齿圆柱齿轮传动由于接触线的倾斜及重合度的增大，接触线长度加大，计算时需要考虑这一影响。

在考虑以上两点并进行修正后，推得斜齿轮传动的接触强度条件如下。

校核公式：

$$\sigma_H = \sqrt{\frac{KF_t}{bd_1\varepsilon_\alpha}\frac{u\pm1}{u}}z_E z_H \leqslant [\sigma_H] \tag{9-20}$$

设计公式：

$$d_1 \geqslant \sqrt[3]{\frac{2KT_1}{\phi_d\varepsilon_\alpha}\frac{u\pm1}{u}\left(\frac{z_E z_H}{[\sigma_H]}\right)^2} \tag{9-21}$$

3. 公式中的有关参数说明

（1）齿数比 u、载荷系数 K、齿宽系数 ϕ_d、弹性影响系数 Z_E 的意义及求取与直齿轮传动相同。

（2）区域系数 Z_H　　$Z_H = \sqrt{\dfrac{2\cos\beta_b}{\sin\alpha_t\cos\alpha_t}}$，可根据斜齿轮螺旋角 β 由图 9-27 查取。

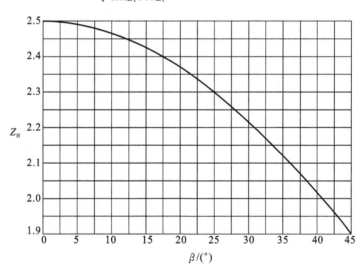

图 9-27　区域系数 Z_H（$\alpha_n=20°$）

（3）许用接触应力 $[\sigma_H]$ 的取法　　因斜齿轮传动的接触线是倾斜的（见图 9-28），所以和直齿轮传动时接触线与轴线平行的情况不同：斜齿轮传动时在同一齿面上齿顶面部分（图中 e_1P 线段）和齿根面部分（图中 e_2P 线段）同时参与啮合。

由于齿顶面各点的曲率半径较大，所以齿顶面有较高的接触疲劳强度；同时，因小齿轮材料通常比大齿轮好且齿面硬度较高，小齿轮的齿面接触疲劳强度高于大齿轮，所以点蚀通常首先发生在大齿轮的齿根面。但是，当大齿轮齿根面产生点蚀后，齿顶面却未发生点蚀，尽管此时 e_2P

段的接触线已无法承受原来所承担的载荷,但可以转移给齿顶面上的接触线段 e_1P 来承担。即使 e_1P 段承担的载荷有所增加,只要未超过其承载能力,则大齿轮仍能正常工作。另外,因小齿轮的齿面接触疲劳强度较大,因此与大齿轮齿顶面相啮合的小齿轮齿根面也不会因载荷有所增大而发生点蚀。

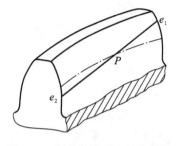

因此,斜齿轮传动的齿面接触疲劳强度并不完全取决于较弱的大齿轮,而是同时取决于大、小齿轮。所以

图 9-28 斜齿轮齿面上的接触线

在确定 $[\sigma_H]$ 时,不是简单地取较软齿面的大齿轮的许用接触应力 $[\sigma_{H2}]$,而是要考虑上述影响,取比 $[\sigma_{H2}]$ 大的值。实际上取为 $0.5([\sigma_{H2}]+[\sigma_{H1}])$ 和 $1.23[\sigma_{H2}]$ 两者中的较小值。

4. 齿轮传动的设计参数、许用应力与精度选择

斜齿轮传动的设计参数选择及查表,如压力角、齿数、齿宽、许用应力等同直齿轮。齿轮精度选择可参考表 9-3。

5. 计算实例

【例 9-3】 设计如图 9-25 所示带式输送机两级减速器的低速级齿轮传动,具体参数同例 9-2,采用斜齿圆柱齿轮。

解 1)选定齿轮类型、精度等级、材料及齿数

(1)按图 9-25 所示的传动方案,选用斜齿圆柱齿轮。

(2)大、小齿轮都选用硬齿面 查表 9-2 选大、小齿轮的材料均为 45 钢,并经调质后表面淬火,齿面硬度均为 45HRC。

(3)选取精度等级 带式输送机为一般工作机器,速度不高,故初选 7 级精度(GB/T 10095—2008)。

(4)选小齿轮齿数 $z_1=26$,大齿轮齿数 $z_2=iz_1=3.15\times26=81.9$,圆整为 82。

(5)初选螺旋角 $\beta=15°$。

考虑到闭式硬齿面齿轮传动失效可能为点蚀,也可能为疲劳折断,故分别按接触强度和弯曲强度设计,分析对比,再确定方案。

2)按齿面接触强度设计

由设计计算公式(9-19)进行试算,即

$$d_{1t}\geqslant\sqrt[3]{\frac{2KT_1}{\phi_d\varepsilon_\alpha}\frac{u\pm1}{u}\left(\frac{Z_EZ_H}{[\sigma_H]}\right)^2}$$

(1)确定公式内的各计算数值。

①载荷系数 K 试选 $K_t=1.5$;

②小齿轮传递的转矩 T_1

$$T_1=9.55\times10^6P_1/n_1=9.55\times10^6\times5.5/(960/4.15)\ \text{N·mm}=2.270\ 4\times10^5\ \text{N·mm}$$

③齿宽系数 ϕ_d 查表 9-1,由于两支承相对于小齿轮作不对称布置,故选取 $\phi_d=1$。

④弹性影响系数 Z_E 由表 9-11 查得 $Z_E=189.8\ \text{MPa}^{1/2}$。

⑤节点区域系数 Z_H 根据螺旋角 $\beta=15°$,查图 9-27,得 $Z_H=2.425$。

⑥端面重合度 ε_α 查图 9-26 得 $\varepsilon_\alpha=1.641$。

⑦接触疲劳强度极限 σ_{Hlim}　按齿面硬度由图9-23查得 $\sigma_{Hlim1} = \sigma_{Hlim2} = 1\ 000$ MPa。

⑧应力循环次数

$$N_1 = 60n_1jL_h = 60 \times (960/4.15) \times 1 \times (2 \times 8 \times 300 \times 10) = 6.662 \times 10^8$$

$$N_2 = N_1/i_2 = 6.662 \times 10^8/3.15 = 2.115 \times 10^8$$

⑨接触疲劳寿命系数 K_{HN}　由图9-11查得 $K_{HN1} = 0.92$, $K_{HN2} = 0.96$。

⑩接触疲劳许用应力 $[\sigma_H]$　取失效概率为1%,安全系数 $S_H = 1$,得

$$[\sigma_{H1}] = K_{HN1}\sigma_{Hlim1}/S_H = 0.92 \times 1\ 000/1 \text{ MPa} = 920 \text{ MPa}$$

$$[\sigma_{H2}] = K_{HN2}\sigma_{Hlim2}/S_H = 0.96 \times 1\ 000/1 \text{ MPa} = 960 \text{ MPa}$$

因($[\sigma_{H1}] + [\sigma_{H2}]$)/2=940 MPa<1.23 $[\sigma_{H2}]$ =1 196 MPa,故取 $[\sigma_H]$ =940 MPa

(2)计算并确定齿轮参数。

①试算小齿轮分度圆直径 d_{1t}

$$d_{1t} \geqslant \sqrt[3]{\frac{2KT_1}{\varphi_d\varepsilon_\alpha} \frac{u \pm 1}{u} \left(\frac{z_E z_H}{[\sigma_H]}\right)^2}$$

$$= \sqrt[3]{\frac{2 \times 1.5 \times 2.270\ 4 \times 10^5}{1 \times 1.641} \frac{3.15 + 1}{3.15} \left(\frac{2.425 \times 189.8}{940}\right)^2} \text{ mm} = 50.797 \text{mm}$$

②计算圆周速度 v

$$v = \frac{\pi d_{1t}n_1}{60 \times 1\ 000} = \frac{\pi \times 50.797 \times 960/4.15}{60\ 000} \text{ m/s} = 0.615 \text{ m/s}$$

③计算齿宽 b

$$b = \phi_d d_{1t} = 1 \times 50.797 \text{ mm} = 50.797 \text{ mm}$$

④计算齿宽与齿高之比 b/h

$$m_n = \frac{d_{1t}\cos\beta}{Z_1} = \frac{50.797 \times \cos 15°}{26} = 1.887$$

$$b/h = 50.797/2.25m_n = 50.797/2.25/1.887 = 11.96$$

⑤计算载荷系数 K　根据 $v = 0.615$ m/s,7级精度,由图9-13查得动载系数 $K_v = 1.04$;由表9-6查得 $K_\alpha = 1.2$;由表9-5查得使用系数 $K_A = 1$;由表9-7查得 $K_{H\beta} = 1.55$;由图9-17查得齿向载荷分布系数 $K_{F\beta} = 1.38$;载荷系数为

$$K = K_A K_v K_\alpha K_{H\beta} = 1.0 \times 1.04 \times 1.2 \times 1.55 = 1.612$$

⑥按实际的载荷系数修正分度圆直径

$$d_1 = d_{1t}\sqrt[3]{\frac{K}{K_t}} = 50.797 \times \sqrt[3]{\frac{1.612}{1.5}} \text{ mm} = 52.031 \text{ mm}$$

⑦计算模数 m_n

$$m_n = \frac{d_{1t}\cos\beta}{Z_1} = \frac{52.031 \times \cos 15°}{26} = 1.93$$

3)按齿根弯曲强度计算

由式(9-18)

$$m_n \geqslant \sqrt[3]{\frac{2KT_1 Y_\beta \cos^2\beta}{\varphi_d z_1^2 \varepsilon_\alpha} \cdot \frac{Y_{Fa}Y_{Sa}}{[\sigma_F]}}$$

(1)确定计算参数。

①计算载荷系数

$$K = K_A K_v K_\alpha K_{F\beta} = 1.0 \times 1.04 \times 1.2 \times 1.38 = 1.722$$

②计算纵向重合度 ε_β

$$\varepsilon_\beta = 0.318 \phi_d z_1 \tan\beta = 0.318 \times 1 \times 26 \times \tan15° = 2.215$$

③由式(9-19),因为 $\varepsilon_\beta > 1$ 故取 $\varepsilon_\beta = 1$,得

$$Y_\beta = 1 - \varepsilon_\beta \frac{\beta°}{120°} = 1 - \frac{15}{120} = 0.875$$

④计算当量系数

$$z_{v1} = \frac{z_1}{\cos^3\beta} = \frac{26}{\cos^3 15°} = 28.9$$

$$z_{v2} = \frac{z_2}{\cos^3\beta} = \frac{82}{\cos^3 15°} = 90.9$$

⑤查取齿形系数　由表 9-10 查得 $Y_{Fa1} = 2.53$, $Y_{Fa2} = 2.2$。

⑥查取应力校正系数

由表 9-10 查得　　　　　　　$Y_{Sa1} = 1.62$,　$Y_{Sa2} = 1.78$。

⑦许用弯曲应力$[\sigma_F]$查图 9-20 得 $K_{FN1} = 0.86$, $K_{FN2} = 0.88$;查图 9-22 得 $\sigma_{Flim1} = \sigma_{Flim2} = 500$ MPa;取安全系数 $S_F = 1.4$,则

$$[\sigma_{F1}] = K_{FN1}\, \sigma_{Flim1}\, /S_F = 0.86 \times 500/1.4 \text{ MPa} = 307 \text{ MPa}$$

$$[\sigma_{F2}] = K_{FN2}\, \sigma_{Flim2}\, /S_F = 0.88 \times 500/1.4 \text{ MPa} = 314 \text{ MPa}$$

⑧计算大、小齿轮的 $\dfrac{Y_{Fa}Y_{Sa}}{[\sigma_F]}$ 并加以比较

$$\frac{Y_{Fa1}Y_{Sa1}}{[\sigma_F]_1} = \frac{2.53 \times 1.62}{307} = 0.013\,35$$

$$\frac{Y_{Fa2}Y_{Sa2}}{[\sigma_F]_2} = \frac{2.2 \times 1.78}{314} = 0.012\,47$$

取其中的大值。

(2)设计计算模数及齿数。

$$m_n \geqslant \sqrt[3]{\frac{2KT_1 Y_\beta \cos^2\beta}{\varphi_d z_1^2 \varepsilon_\alpha} \cdot \frac{Y_{Fa}Y_{Sa}}{[\sigma_F]}}$$

$$= \sqrt[3]{\frac{2KT_1 Y_\beta \cos\beta^2}{\varphi_d z_1^2 \varepsilon_\alpha} \cdot \frac{Y_{Fa}Y_{Sa}}{[\sigma_F]}}$$

$$= \sqrt[3]{\frac{2 \times 1.722 \times 2.270\,4 \times 10^5 \times 0.875 \times \cos^2 15°}{1 \times 26^2 \times 1.641} \times 0.013\,35} \text{ mm} = 1.976 \text{ mm}$$

对比齿面接触疲劳强计算所得的法面模数可知,由齿根弯曲疲劳强计算所得的法面模数较大。为使在弯曲强度足够时有较大的齿数,选择 $m_n = 2$。根据接触强度要求($d_1 = 52.031$ mm)对齿数进行修正。

$$z_1 = \frac{d_1 \cos\beta}{m_\mathrm{n}} = \frac{52.031 \cos 15°}{2} = 25.129$$

取 $z_1 = 26$，$z_2 = 82$，与原来选定的齿数相同。

　　4）几何尺寸计算

　　（1）计算中心距。

$$a = \frac{(z_1 + z_2)m_\mathrm{n}}{2\cos\beta} = 111.8$$

将中心距圆整为 112 mm。

　　（2）按圆整后的中心距修正螺旋角。

$$\beta = \arccos\frac{(z_1 + z_2)m_\mathrm{n}}{2a} = 15.358\ 9°$$

因 β 改变不多，所以与其相关的参数 ε_α、K_β、Z_H 等不需修正。

　　（3）计算大、小齿轮的分度圆。

$$d_1 = \frac{z_1 m_\mathrm{n}}{\cos\beta} = 53.926 \text{ mm}$$

$$d_2 = \frac{z_2 m_\mathrm{n}}{\cos\beta} = 170.074 \text{ mm}$$

　　（4）计算齿轮宽度。

$$b = \phi_\mathrm{d} d_1 = 53.926 \text{ mm}$$

圆整后取 $b_2 = 54$ mm；$b_1 = 58$ mm。

　　将上述计算结果与例 9-2 直齿圆柱齿轮的计算结果相比较可知，在工作条件完全相同的情况下，采用斜齿轮传动比直齿轮传动所得的传动尺寸较小。也就是说，斜齿轮传动比直齿轮传动具有更大的承载能力。

9.9　标准锥齿轮传动的强度计算

　　渐开线圆锥齿轮传动有多种类型。按轴交角可分为正交齿轮和非正交齿轮传动；按节面齿线可分为直齿圆锥齿轮、斜齿圆锥齿轮、弧齿圆锥齿轮、零度弧齿圆锥齿轮、摆线齿圆锥齿轮传动；按齿高可分为不等顶隙收缩齿齿轮、等顶隙收缩齿齿轮、双重收缩齿齿轮、等高齿齿轮传动。下面着重介绍最常用的、轴交角为 $\sum = 90°$ 的标准直齿圆锥齿轮。

9.9.1　标准锥齿轮设计参数

　　直齿圆锥齿轮以大端参数作为标准值。在强度计算时，常以齿宽中点处的当量齿轮作为计算依据。图 9-29 给出了 $\sum = 90°$ 的等顶隙收缩齿直齿圆锥齿轮的主要几何参数之间的关系。表 9-13 给出了锥齿轮标准模数系列，直齿锥齿轮传动几何尺寸计算如表 9-14 所示。

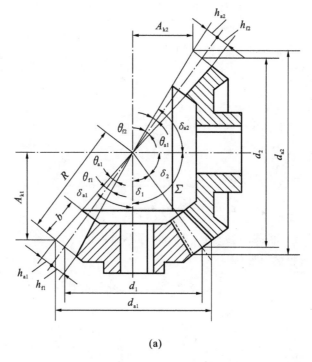

(a)

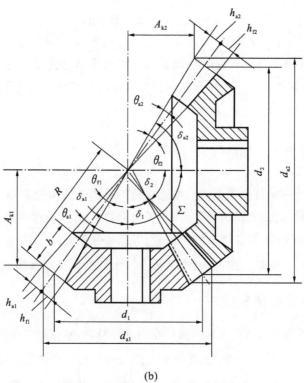

(b)

图 9-29 直齿圆锥齿轮的主要参数

(a)不等顶隙收缩齿;(b)等顶隙收缩齿

表 9-13　锥齿轮标准模数系列(摘自 GB/T 12368—1990)　　　　　　　　　　　单位:mm

0.4	0.5	0.6	0.7	0.8	0.9	1	1.125	1.25	1.375	1.5	1.75	2	2.25	2.5
2.75	3	3.25	3.5	3.75	4	4.5	5	5.5	6	6.5	7	8	9	10
11	12	14	16	18	20	22	25	28	30	—	—	—	—	—

对于轴交角 $\sum=90°$ 的直齿圆锥齿轮,各参数之间的相互关系见表 9-14。表中 $\phi_R=b/R$,称为圆锥齿轮的齿宽系数。通常取 $\phi_R=0.25\sim0.35$,常用值为 $\phi_R=1/3$。

表 9-14　直齿锥齿轮传动几何尺寸计算

名　　称	计　算　公　式	
	小齿轮	大齿轮
轴交角 $\sum$	$\sum=\delta_1+\delta_2$; $\sum=10°\sim170°$,常用 $\sum=90°$	
齿形角 α	$\alpha=90°$	
齿数 z_1	不根切时的最小齿数 $z_1\approx13$	$z_2=uz_1$(圆整)
齿数比 u	$u=\dfrac{z_2}{z_1}=\dfrac{d_2}{d_1}=\cot\delta_1=\tan\delta_2$	
模数 m/mm	按 GB/T 12386—1990 选用。见表 9-13	
分锥角 δ (分度圆锥角)	$\sum=90°$ 时 $\delta_1=\arctan\dfrac{z_1}{z_2}$ $\sum<90°$ 时 $\delta_1=\arctan\dfrac{\sin\sum}{u+\cos\sum}$ $\sum>90°$ 时 $\delta_1=\arctan\dfrac{\sin(180°-\sum)}{u-\cos(180°-\sum)}$	$\delta_2=\sum-\delta_1$
当量圆柱齿轮 分度圆直径	$d_{v1}=\dfrac{d_{m1}}{\cos\delta_1}=d_{m1}\dfrac{\sqrt{u^2+1}}{u}$	$d_{v2}=\dfrac{d_{m2}}{\cos\delta_2}=d_{m2}\sqrt{u^2+1}$
当量圆柱 齿轮齿数 z_v	$z_{v1}=\dfrac{z_1}{\cos\delta_1}$	$z_{v2}=\dfrac{z_2}{\cos\delta_2}$
分度圆直径 d/mm	$d_1=mz_1$	$d_2=mz_2$
外锥距 R/mm	$R=\dfrac{1}{2}\sqrt{d_1^2+d_2^2}=\dfrac{d_1\sqrt{(d_2/d_1)^2+1}}{2}=d_1\dfrac{\sqrt{u^2+1}}{2}$,应计算至小数点后两位	
齿宽系数 ϕ_R	$\phi_R=b/R$,常取 $\phi_R=1/4\sim1/3$	
齿宽 b/mm	$b=R\phi_R$	
齿宽中点分度 圆直径 d_m/mm	$d_{m1}=(1-0.5\phi_R)d_1$	$d_{m2}=(1-0.5\phi_R)d_2$
齿顶高 h_a	$h_{a1}=(h_a^*+x_1)m=(1+x_1)m$	$h_{a2}=(h_a^*+x_2)m=(1+x_2)m$
齿根高 h_f	$h_{f1}=(h_a^*+c^*-x_1)m=(1.2-x_1)m$	$h_{f2}=(h_a^*+c^*-x_2)m=(1.2-x_2)m$
齿顶圆直径 d_a	$d_{a1}=d_1+2h_{a1}\cos\delta_1$	$d_{a2}=d_2+2h_{a2}\cos\delta_2$
齿根角 θ_f	$\theta_{f1}=\arctan(h_{f1}/R)$	$\theta_{f2}=\arctan(h_{f2}/R)$

名　　称		计 算 公 式	
		小齿轮	大齿轮
齿顶角 θ_a	不等顶隙收缩齿	$\theta_{a1} = \arctan(h_{a1}/R)$	$\theta_{a2} = \arctan(h_{a2}/R)$
	等顶隙收缩齿	$\theta_{a1} = \arctan(h_{f2}/R)$	$\theta_{a2} = \arctan(h_{f1}/R)$
顶锥角 δ_a	不等顶隙收缩齿	$\delta_{a1} = \delta_1 + \theta_{a1}$	$\delta_{a2} = \delta_1 + \theta_{a2}$
	等顶隙收缩齿	$\delta_{a1} = \delta_1 + \theta_{f2}$	$\delta_{a2} = \delta_1 + \theta_{f1}$
根锥角 δ_f		$\delta_{f1} = \delta_1 - \theta_{f1}$	$\delta_{f2} = \delta_2 - \theta_{f2}$
冠顶距 A_k/mm		$\sum = 90°$时	
		$A_{k1} = d_2/2 - h_{a1}\sin\delta_1$	$A_{k2} = d_1/2 - h_{a2}\sin\delta_2$
		$\sum \neq 90°$时	
		$A_{k1} = R\cos\delta_1 - h_{a1}\sin\delta_1$	$A_{k2} = R\cos\delta_2 - h_{a2}\sin\delta_2$
分度圆弧齿厚		$s_1 = m(\pi/2 + 2x_1\tan\alpha + x_s)$	$s_2 = m(\pi/2 + 2x_2\tan\alpha - x_s)$
端面重合度		$\varepsilon_\alpha = \dfrac{1}{2\pi}\left[z_{v1}(\tan\alpha_{va1} - \tan\alpha) + z_{v2}(\tan\alpha_{va2} - \tan\alpha)\right]$ $\alpha_{av1} = \arccos\dfrac{z_{v1}\cos\alpha}{z_{v1} + 2h_a^* + 2x_1};\quad \alpha_{av2} = \arccos\dfrac{z_{v2}\cos\alpha}{z_{v2} + 2h_a^* + 2x_2}$	

9.9.2　齿轮强度计算

1. 直齿圆锥齿轮的弯曲强度

直齿圆锥齿轮的弯曲强度可按近似按平均分度圆处的当量圆柱齿轮进行计算,即可以直接沿用式(9-6)和式(9-7),而只要将式中的模数改为平均模数 m_m。

按弯曲强度的校核公式为

$$\sigma_F = \frac{KF_t Y_{Fa} Y_{sa}}{bm_m} \leqslant [\sigma_F] \tag{9-22}$$

按弯曲强度的设计公式为

$$m \geqslant \sqrt[3]{\frac{2KT_1}{\phi_R(1-0.5\phi_R)^2 z_1^2 \sqrt{u^2+1}} \cdot \frac{Y_{Fa} Y_{sa}}{[\sigma_F]}} \tag{9-23}$$

式中:K——载荷系数,$K = K_A K_v K_\alpha K_\beta$,其中使用系数 K_A 可由表 9-5 查得,动载系数 K_v 可按图 9-13 中低一级精度及平均分度圆处的线速度 v_m(m/s)查取;Y_{Fa}、Y_{sa}——齿形系数和应力校正系数,按当量齿数 z_v 查表 9-10;$K_{H\alpha}$、$K_{F\alpha}$——齿间载荷分布系数可取为 1;$K_{H\beta}$ 和 $K_{F\beta}$——齿向载荷分布系数,有

$$K_{F\beta} = K_{H\beta} = 1.5K_{H\beta be} \tag{9-24}$$

式中:$K_{H\beta be}$——轴承载荷系数(见表 9-15)。

表 9-15　轴承载荷系数 $K_{H\beta be}$

应　　用	小轮和大轮的支承		
	两者都是两端支承	一个两端支承一个悬臂	两者都是悬臂
飞机	1.1	1.10	1.25
车辆	1.00	1.10	1.25
工业用、船舶用	1.10	1.25	1.50

2. 直齿圆锥齿轮的接触强度

直齿圆锥齿轮的接触强度仍按平均圆柱齿轮的当量圆柱齿轮进行计算，可得直齿圆锥齿轮的接触强度的计算公式

$$\sigma_H = \sqrt{\frac{\alpha a}{\rho \sum}} \cdot Z_E = \sqrt{\frac{KF_t}{b\cos\beta} \cdot \frac{2\cos\delta_1}{d_{m1}\sin\alpha}\left(1 + \frac{1}{u^2}\right)} \cdot Z_E$$

$$= Z_E Z_H \sqrt{\frac{KF_t}{b} \cdot \frac{u\sqrt{u^2+1}}{d_1(1-0.5\phi_R)}\left(\frac{u^2+1}{u^2}\right)}$$

$$= Z_E Z_H \sqrt{\frac{2KT_1}{bd_1^2(1-0.5\phi_R)} \cdot \frac{\sqrt{u^2+1}}{u}}$$

$$= Z_E Z_H \sqrt{\frac{4KT_1}{\phi_R(1-0.5\phi_R)^2 d_1^3 u}} \leqslant [\sigma_H]$$

对于压力角 $\alpha = 20°$ 的直齿圆锥齿轮，$Z_H = 2.5$，可得

$$\sigma_H = 5Z_E\sqrt{\frac{4KT_1}{\phi_R(1-0.5\phi_R)^2 d_1^3 u}} \leqslant [\sigma_H] \tag{9-25}$$

$$d_1 = 2.92\sqrt[3]{\left(\frac{Z_E}{[\sigma_H]}\right)^2 \frac{KT_1}{\phi_R(1-0.5\phi_R)^2 u}} \tag{9-26}$$

9.10　变位齿轮的传动强度计算概述

为了避免根切、调整中心距以及改善齿轮强度等原因，经常会采用齿轮变位的方法。变位齿轮的受力分析和强度计算与标准齿轮传动一样，在强度计算时所采用的公式也一致，但计算中所用的参数应按具体的变位情况算出。

一般而言，对齿轮进行正变位修正可以提高齿轮的弯曲强度。在变位传动中，分别以 x_1、x_2 表示大、小齿轮的变位系数；用 $x_\Sigma = x_1 + x_2$ 代表齿轮变位系数的和。对于高度变位，有 $x_\Sigma = 0$，轮齿的接触强度未变，仍可沿用标准齿轮传动的公式。对于 $x_\Sigma \neq 0$ 的角度变位，仍可以用原公式进行接触强度计算，但要对区域系数 Z_H 进行修正。

锥齿轮传动一般不作角度变位，但为使大、小齿轮的弯曲强度相近，可对锥齿轮进行切向变位。

9.11　齿轮结构设计

在通过设计计算确定了齿轮的主要参数，如模数、齿数、齿宽、分度圆直径、螺旋角等后，

就可以进行齿轮的详细结构设计了。齿轮的结构设计应考虑的因素包括几何尺寸、毛坯类型、材料、加工方法、经济成本等多个方面。通常是根据齿轮的直径选择齿轮结构形式,然后根据推荐的经验数据进行结构设计。

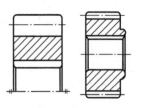

图 9-30　实心结构的齿轮
$(d_a < 160\ \text{mm})$

齿轮的基本结构类型有实心式、腹板式和轮辐式三种。

(1)实心式(见图 9-30)　当齿轮齿顶圆的直径 $d_a \leqslant 160\ \text{mm}$ 时,可以做成实心式结构。但为了减轻重量,如在航空产品上采用的齿轮,虽齿轮较小也可以做成腹板式结构。实心式结构常用棒料毛坯,在直径较大时可采用镦粗工艺。

(2)腹板式(见图 9-31)　当齿顶圆的直径 $d_a < 500\ \text{mm}$ 时,可做成腹板式结构,腹板上的开孔数目按结构尺寸大小及需要确定。对于齿顶圆的直径 $d_a < 300\ \text{mm}$ 的铸造锥齿轮,可做成带肋板式的腹板式结构,肋板厚度 $C_1 \approx 0.8C$,其他尺寸同腹板式。腹板式结构可用于铸造和锻造毛坯,具体选择与设备加工能力等有关。

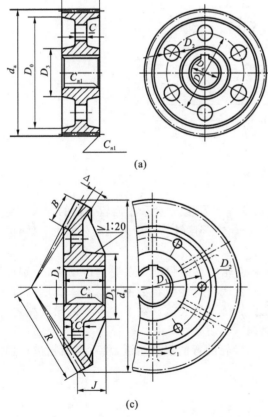

(a)

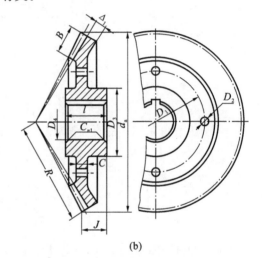

(b)

(c)

$D_1 \approx (D_0 + D_3)/2; D_2 = (0.25 \sim 0.35)(D_0 - D_3); D_3 = 1.6D_4 (\text{钢材}), D_3 = 1.7D_4 (\text{铸铁}); n_1 = 0.5m_n; r = 5\ \text{mm};$

圆柱齿轮:$D_0 = d_a - (10 \sim 14)m_n; C = (0.2 \sim 0.3)B$

锥齿轮:$C = (3 \sim 4)m_n$;尺寸 J 由结构设计而定,$\Delta_1 = (0.1 \sim 0.2)B$

常用齿轮的 C 值不应小于 10 mm,航空用齿轮可取 $C = 3 \sim 6$ mm

轴孔直径 D_4 由轴的结构设计确定,轮毂宽度 l 与键的强度和齿轮在轴上的定位有关,一般取 $l = (1 \sim 1.2)D_4$,为便于切齿,可能时可取 $l = B$。

图 9-31　腹板结构的齿轮($d_a < 500$ mm)

(a)圆柱齿轮;(b)圆锥齿轮;(c)加肋板的圆锥齿轮($d_a > 300$ mm)

（3）轮辐式（见图 9-32） 当齿顶圆的直径 400 mm＜d_a＜1 000 mm 时，可作截面为"十"字的轮辐式结构的齿轮。轮辐式结构通常在铸造毛坯中使用。

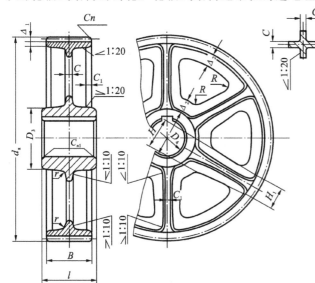

B＜240 mm；

D_3≈1.6D_4（铸钢），D_3≈1.7D_4（铸铁）；

Δ_1≈（3～4）m_n，但不小于 8 mm；

Δ_2≈（1～1.2）Δ_1；

H≈0.8D_4（铸钢），H≈0.9D_4（铸铁）；

H_1≈$H/5$；C_1≈$H/6$；R≈0.5H；

1.5D_4＞l≥B

图 9-32 轮辐式结构的齿轮（400＜d_a≤1 000 mm）

当齿轮很小时，可能出现齿根圆到键槽底部的距离过小而影响齿轮强度的情况。此时，可将齿轮与轴做成一体，称之为齿轮轴（见图 9-33）。

对于圆柱齿轮，若 e＜2m_t（见图 9-34a）；对于锥齿轮，当 e＜1.6 m 时（见图 9-34b），应该做成齿轮轴。由于齿轮轴加工不便，若 e 值超过上述数值，齿轮与轴以分开加工为宜。齿轮轴上齿轮的齿根圆直径可以小于轴的直径，由于在这种情况下齿轮只能采用滚切加工，所以在结构设计时需预留滚刀半径长度。为了节约贵重金属，对于尺寸较大的圆柱齿轮可以采用组合方式（见图 9-35），仅在齿圈部分用钢制，轮心部分采用铸铁或铸钢。

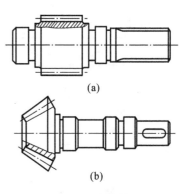

图 9-33 齿轮轴
（a）圆柱齿轮轴；（b）锥齿轮轴

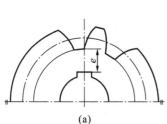 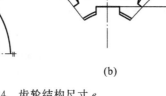

图 9-34 齿轮结构尺寸 e
（a）圆柱齿轮；（b）锥齿轮

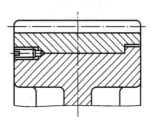

图 9-35 组合齿轮

9.12 齿轮工作图上应注明的尺寸

表 9-16、表 9-17 分别给出标准渐开线圆柱及圆锥齿轮图样上应标明的尺寸数据。

表 9-16 标准渐开线圆柱齿轮图样上应标明的尺寸数据

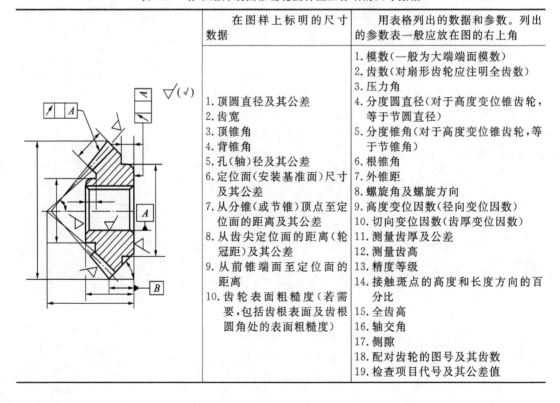

图 样	在图样上标明的尺寸数据	用表格列出的数据和参数。列出的参数表一般应放在图的右上角
	1.顶圆直径及其公差 2.分度圆直径 3.齿宽 4.孔(轴)径及其公差 5.定位面及其要求 6.齿轮表面粗糙度	1.法向模数 2.齿数 3 压力角 4.齿顶高因数 5.螺旋角 6.螺旋方向 7.径向变位因数 8.齿厚:公差及其上、下偏差,首先采用公法线长度及其上、下偏差;其次采用量柱(球)测量距及尺寸及其上下偏差;最后采用法向齿厚及其上下偏差 9.精度等级 10.齿轮副中心距及其极限偏差 11.配对齿轮的图号及其齿数 12.校验项目代号及其公差(或极限偏差)值

表 9-17 标准渐开线圆锥齿轮图样上应标明的尺寸数据

	在图样上标明的尺寸数据	用表格列出的数据和参数。列出的参数表一般应放在图的右上角
	1.顶圆直径及其公差 2.齿宽 3.顶锥角 4.背锥角 5.孔(轴)径及其公差 6.定位面(安装基准面)尺寸及其公差 7.从分锥(或节锥)顶点至定位面的距离及其公差 8.从齿尖至定位面的距离(轮冠距)及其公差 9.从前锥端面至定位面的距离 10.齿轮表面粗糙度(若需要,包括齿根表面及齿根圆角处的表面粗糙度)	1.模数(一般为大端端面模数) 2.齿数(对扇形齿轮应注明全齿数) 3.压力角 4.分度圆直径(对于高度变位锥齿轮,等于节圆直径) 5.分度锥角(对于高度变位锥齿轮,等于节锥角) 6.根锥角 7.外锥距 8.螺旋角及螺旋方向 9.高度变位因数(径向变位因数) 10.切向变位因数(齿厚变位因数) 11.测量齿厚及公差 12.测量齿高 13.精度等级 14.接触斑点的高度和长度方向的百分比 15.全齿高 16.轴交角 17.侧隙 18.配对齿轮的图号及其齿数 19.检查项目代号及其公差值

9.13　齿轮传动的效率和润滑

9.13.1　齿轮传动的效率

齿轮传动中的功率损失主要包括:①啮合中的摩擦损失;②润滑油被搅动时的油阻损失;③轴承的摩擦损失。

所有能使摩擦因数增大和影响油膜形成的因素将影响啮合摩擦损失,如齿面粗糙、低速、重载、润滑油黏度过小等;而搅动时的油阻损失则与齿轮的圆周速度、润滑油的黏度、齿冠的浸入深度、齿宽等有关。严格地说,轴承的摩擦损失不应归于齿轮传动的功率损失,但考虑到轴承在齿轮效率试验以及实际应用中必不可少,在许多资料中给出的齿轮传动效率中通常包含该项。表 9-18 给出了齿轮传动时的平均效率。

表 9-18　采用滚动轴承时齿轮传动的平均效率　　　　　　　　单位:(%)

传动装置	结构形式		
	6、7 级精度的闭式传动	8 级精度的闭式传动	稠油润滑的开式传动
圆柱齿轮	98	97	96
圆锥齿轮	97	96	94

9.13.2　齿轮传动的润滑

齿轮传动的润滑与齿轮的速度和工作条件有关。

对于开式齿轮,通常采用人工周期性加油润滑,所用润滑剂为润滑油或润滑脂。

对于圆周速度 $v < 12$ m/s 的闭式齿轮,通常采用油池润滑方式,在速度较低时也可以采用人工周期性加油润滑或脂润滑。

当 $v > 12$ m/s 时,因为:①由齿轮带上的油会被离心力甩出而送不到啮合处;②剧烈的搅油将升高油温;③会搅起箱底油泥;④加速润滑油的氧化和降低润滑性能等。因此,此时最好采用喷油润滑,在满足润滑的同时起到降温的目的。当 $v > 25$ m/s 时,应使喷油管位于啮出的一侧,并可通过开设多个喷油孔或多排喷油孔的方法提高降温效果。

由于齿轮经常在高速重载下工作,为提高润滑性能应尽量采用齿轮专用润滑油,润滑油的选择示例见表 9-19。

表 9-19　常用的齿轮润滑油

全损耗系统用油 GB/T 443—1989	工业齿轮油 SY 1172—1988	中负荷工业齿轮油 GB/T 5903—1995	普通开式齿轮油 SY 1232—1998
适用于对润滑油无特殊要求的场合	适用于工业设备齿轮的润滑	用于煤炭、水泥和冶金等工业部门的大型闭式齿轮的润滑	用于开式齿轮润滑

习 题

9-1 点蚀通常在齿面的什么部位发生,为什么? 可采取哪些措施增加齿轮抗点蚀的能力?

9-2 齿轮发生弯曲疲劳失效的危险截面是齿根,请问疲劳裂纹通常发生在哪一侧,为什么? 可采取哪些措施以提高轮齿弯曲强度?

9-3 图9-36所示为单级标准直齿圆柱齿轮减速器。因工作需要,拟加入介轮3以增大输入和输出轴间的中心距。若 $z_1=z_3=20$,$z_2=4z_1=80$,模数为m,各齿轮材料和热处理均相同,长期工作,1轮主动,单向回转。试分析:加介轮后该传动的承载能力与原传动相比有无变化?(从接触强度和弯曲强度两方面进行分析)。

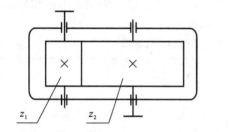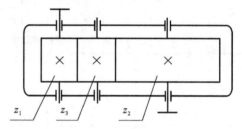

图 9-36 题 9-3 图

9-4 在设计齿轮传动时,在确定齿轮的模数m和小齿轮齿数z_1时,需要遵循哪些原则?

9-5 设计齿轮传动时为什么引入动载系数K_v? 减小动载荷的措施有哪些?

9-6 开式齿轮传动应按何种强度条件进行计算,与闭式齿轮传动有何不同,为什么? 怎样考虑开式齿轮工作过程中磨损参强度的影响问题?

9-7 设计圆柱齿轮传动时,常取小齿轮的齿宽b_1大于大齿轮的齿宽b_2,为什么? 在强度计算公式中,齿宽b应代入b_1还是b_2?

9-8 在什么工况下工作的齿轮易出现胶合破坏? 如何提高齿面抗胶合的能力?

9-9 导致载荷沿轮齿接触线分布不均的原因有哪些? 如何减轻载荷分布不均的程度?

9-10 在进行齿轮强度计算时,为什么要引入载荷系数K? 载荷系数K由哪几部分组成? 各考虑了什么因素的影响?

9-11 齿面接触疲劳强度计算公式考虑了什么因素? 为什么选择节点处作为齿面接触应力的计算点?

9-12 标准直齿圆柱齿轮传动,若传动比i、转矩T_1、齿宽b均保持不变,试问在下列条件下齿轮的弯曲应力和接触应力各将发生什么变化?

(1)模数m不变,齿数z_1增加;

(2)齿数z_1不变,模数m增大;

（3）齿数 z_1 增加一倍，模数 m 减小一半。

9-13　一对圆柱齿轮传动中，大齿轮和小齿轮的接触应力是否相等？如大、小齿轮的材料及热处理情况相同，其许用接触应力是否相等？直齿轮传动与斜齿轮传动在确定许用接触应力 $[\sigma_H]$ 时有何区别？

9-14　在齿轮设计公式中为什么要引入齿宽系数 ϕ_d？齿宽系数的大小主要与哪两方面因素有关？

9-15　标注如图 9-37 所示的齿轮传动中各齿轮的受力（齿轮 1 主动）。

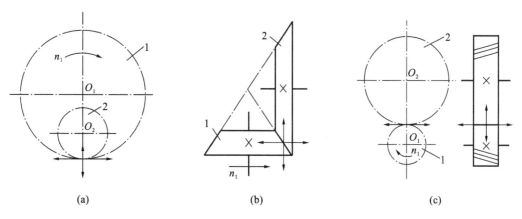

图 9-37　题 9-15 图

9-16　两级展开式齿轮减速器如图 9-38 所示。已知主动轮 1 为左旋，转向 n_1 如图示，为使中间轴上两齿轮所受的轴向力相互抵消一部分，试在图中标出各齿轮的螺旋线方向，并在各齿轮分离体的啮合点处标出齿轮的轴向力 F_a、径向力 F_r 和圆周力 F_t 的方向（圆周力的方向分别用符号 $\otimes$ 或 $\odot$ 表示向内或向外）。

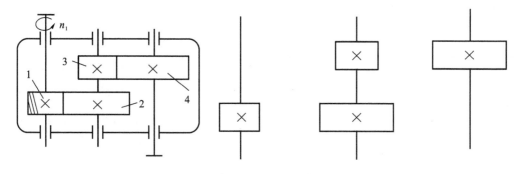

图 9-38　题 9-16 图

9-17　在如图 9-39 所示定轴轮系中，已知齿数 $z_1 = z_3 = 25$，$z_2 = 20$，齿轮转速 $n_1 = 450$ r/min，工作寿命 $L_h = 2000$ h。若齿轮 1 为主动且转向不变，试问：

（1）齿轮 2 在工作过程中轮齿的接触应力和弯曲应力的应力比 r 各为多少？

（2）齿轮 2 的接触应力和弯曲应力的循环次数 N_2 各为多少？

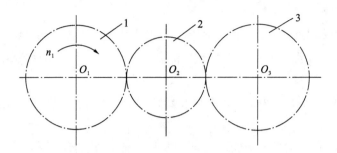

图 9-39   题 9-17 图

9-18   条件不变,计算例题 9-2 中的高速级的齿轮传动。

第10章 蜗杆传动

本章介绍圆柱蜗杆传动的工作特点及有关的设计问题。主要包括：蜗杆传动的使用场合，失效形式、传动比范围、主要参数和几何尺寸计算、常见的结构形式和材料选择等。本章的重点是蜗杆传动工作时的主要失效形式与参数、工作情况的关系，蜗杆传动的力分析和运动分析，以及强度和热平衡计算的必要性和重要性等。

图 10-1　蜗杆传动

蜗杆传动用于传递空间两交错轴之间的运动和动力。两轴线之间的交错角可为任意值，但通常为 90°（见图 10-1）。蜗杆传动通常作为减速机构，被广泛应用于各种机器和仪器设备中，传动功率一般在 50 kW 以下（最大可达 1 000 kW 左右），齿面间相对滑动速度 v_s 在 15 m/s 以下（最高可达 35 m/s）。

蜗杆传动的主要优点有：①传动比大，结构紧凑；②传动平稳，无噪声；③具有自锁性。在动力传动中，一般传动比 $i=5\sim80$；在分度机构或手动机构中，传动比可达 300；若只传递运动，传动比可达 1 000。类似于螺旋传动，在蜗杆传动时，蜗杆可视为连续不断的螺旋齿与蜗轮逐渐啮入/退出，且是多齿啮合，所以蜗杆传动与齿轮传动相比具有更高的平稳性。当蜗杆的导程角小于摩擦面的当量摩擦角时，可实现反向自锁。

蜗杆传动的主要缺点有：制造精度和传动比相同的条件下，蜗杆传动的效率比齿轮传动低；由于相对滑动速度很大，所以蜗轮需要用减摩材料制造，材料成本较高。

10.1　蜗杆传动的类型

根据蜗杆形状的不同，蜗杆传动可分为：圆柱蜗杆传动（见图 10-2a）、环面蜗杆传动（见图 10-2b）和锥面蜗杆传动（见图 10-2c）。圆柱蜗杆传动按照蜗杆齿廓形状又分为普通圆柱蜗杆传动和圆弧圆柱蜗杆传动等。普通圆柱蜗杆传动结构简单应用较为广泛，本章主要介绍这种类型。

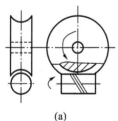　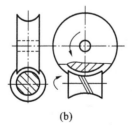　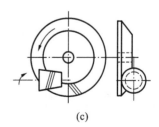

(a)　　　　　　　　(b)　　　　　　　　(c)

图 10-2　蜗杆传动的分类

(a)圆柱蜗杆传动；(b)环面蜗杆传动；(c)锥面蜗杆传动

10.1.1 普通圆柱蜗杆传动

普通圆柱蜗杆的齿面(ZK 型除外)一般是在车床上用直线刀刃的车刀车制而成的。刀具安装位置不同,蜗杆不同截面的齿廓曲线也不同。常用的普通圆柱蜗杆分为:阿基米德蜗杆(ZA 型)、法向直廓蜗杆(ZN 型)、渐开线蜗杆(ZI 型)和锥面包络圆柱蜗杆(ZK 型)四种,括号内蜗杆型号标记中:Z 表示圆柱蜗杆,A、N、I、K 分别是蜗杆的齿形标记。

选择普通圆柱蜗杆齿形时应考虑的主要问题是蜗杆加工的便利性和磨削的可能性。由于蜗轮是用与其相啮合的蜗杆完全相同的刀具切削的(齿廓一致、分度圆直径一致、外径大 $2c$,c 为径向间隙),所以是否能实现高精度的蜗杆加工也间接地影响着蜗轮的加工精度。

1. 阿基米德蜗杆(ZA 蜗杆)

阿基米德蜗杆在车床上用直线刀刃的梯形车刀切削而成,这时刀刃的顶面必须通过蜗杆的轴线,如图 10-3 所示。阿基米德蜗杆的端面齿廓是阿基米德螺旋线,轴面齿廓($\text{I}-\text{I}$面)为直廓。阿基米德蜗杆的车削加工和测量都比较方便,在无须磨削加工的情况下被广泛应用;但该类蜗杆磨削困难,当必须磨削时需采用特制剖面形状的砂轮。传动效率为 0.5~0.8,自锁时为 0.4~0.45。

图 10-3a 所示为单刀加工(导程角 $\gamma \leqslant 3°$时)的情况,当导程角 $\gamma > 3°$时常采用双刀加工(见图 10-3b)。

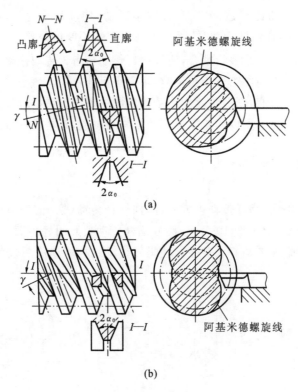

图 10-3 阿基米德蜗杆(ZA 蜗杆)

(a)单刀加工;(b)双刀加工

2. 法向直廓蜗杆(ZN 蜗杆)

如果蜗杆的导程角很大,在加工时最好使刀具的刀刃顶面位于垂直于齿槽(或齿厚)中点螺旋线的法面内,这样切制出的蜗杆称为法向直廓蜗杆。法向直廓蜗杆的法向齿廓为直线,端面齿廓极接近于延伸渐开线,如图 10-4 所示。这种蜗杆加工简单,可用直母线砂轮在普通螺纹磨床上磨齿,一般用于头数较多(3 头以上)、转速较高和要求精密传动的场合,传动效率可达 90%。法向直廓蜗杆也有单刀和双刀两种加工方式。

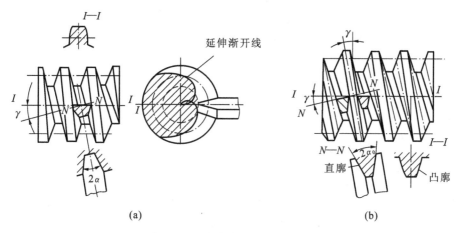

图 10-4　法向直廓蜗杆(ZN 蜗杆)

(a)单刀加工;(b)双刀加工

3. 渐开线蜗杆(ZI 蜗杆)

渐开线蜗杆用两把直线刀刃的车刀在车床上加工。加工时,刀刃的顶面与基圆柱相切,一把刀高于蜗杆轴线,另一把低于蜗杆轴线。这样切制出的蜗杆端面齿廓为渐开线,如图 10-5 所示。这种蜗杆可以用平面砂轮沿着直线形螺旋齿面磨削,精度高,可用于高转速、大功率和要求精密的多头蜗杆传动,但磨削需要在专用机床上进行。传动效率可达 90%。

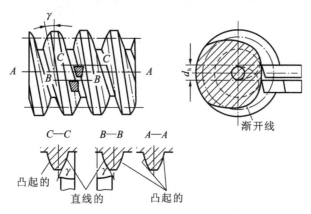

图 10-5　渐开线蜗杆(ZI 蜗杆)

4. 锥面包络圆柱蜗杆(ZK 蜗杆)

锥面包络圆柱蜗杆不能用车床车制,而需采用直母线双锥面盘铣刀(或砂轮)等置于蜗杆齿槽内加工,如图 10-6 所示。在加工时,除工件和刀具间的螺旋运动外,刀具还绕其轴线转动。蜗杆齿面是圆锥族面的包络面。这种蜗杆齿形曲线复杂,设计、测量困难,但磨削加工便利,无理论误差,能获得较高精度,传动效率可达 90%。

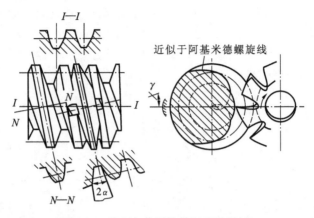

图 10-6　锥面包络圆柱蜗杆(ZK 蜗杆)

10.1.2　圆弧齿圆柱蜗杆传动

圆弧齿圆柱蜗杆是用刃边为凸圆弧形的刀具切削而成的,其加工方法和刀具的安装方式与车制 ZA 蜗杆一样,如图 10-7 所示。所以,在中间平面上圆弧圆柱蜗杆的齿廓为凹圆弧形,与其配对的蜗轮的齿廓为凸圆弧形,如图 10-8 所示。啮合时蜗杆的凹圆弧齿面与蜗轮的凸圆弧齿面线接触,接触应力小,齿根弯曲强度高,同时蜗杆可用轴向截面为圆弧形的砂轮精磨,所以具有承载能力大(是普通圆柱蜗杆传动的 1.5～2.5 倍),传动效率高(90% 以上),传动比范围大(最大传动比可达 100)及精度高等优点。这种传动已广泛应用于冶金、矿山、化工、建筑、起重等机械设备的减速装备中。

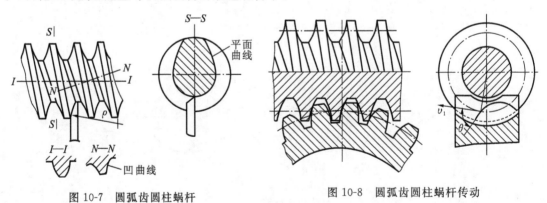

图 10-7　圆弧齿圆柱蜗杆　　　　　　图 10-8　圆弧齿圆柱蜗杆传动

10.2　蜗杆传动的主要参数和尺寸计算

10.2.1　普通圆柱蜗杆传动的主要参数及其选择

蜗杆传动的主要参数有:模数 m、压力角 α、蜗杆头数 z_1、蜗轮齿数 z_2、蜗杆直径 d_1、中心

距 a 等。

1.模数 m 和压力角 α

普通圆柱蜗杆与蜗轮啮合时,在中间平面上类似于齿轮和齿条传动,因此,传动的基本参数和几何尺寸计算均以中间平面为基准。为保证正确啮合,蜗杆中间平面上的轴面模数、压力角应该与蜗轮的端面模数、压力角分别相等。

$$m_{a1} = m_{t2} = m$$
$$\alpha_{a1} = \alpha_{t2} = \alpha \tag{10-1}$$

蜗杆的轴面模数(蜗轮的端面模数)是标准值,ZA 蜗杆的轴向压力角为标准值 $20°$,ZN、ZI、ZK 蜗杆的法向压力角为标准值。

2.蜗杆头数 z_1 和蜗轮齿数 z_2

蜗杆头数 z_1 主要根据传动比和效率选定。在需要自锁或大传动比(如自锁机构或分度机构)时,多采用单头蜗杆,但效率低;为提高效率,应增加蜗杆头数,但头数过多会给加工带来困难,常取 $z_1 = 1、2、4、6$。

在蜗杆传动减速装置中,蜗杆为主动件,蜗杆传动的传动比 i 为

$$i = \frac{n_1}{n_2} = \frac{z_2}{z_1} \tag{10-2}$$

传动比的公称值为:5、7.5、10、12.5、15、20、25、30、40、50、60、70、80。其中 10、20、40、80 为基本传动比,设计时应优先选用。

根据式(10-2),蜗轮齿数 $z_2 = iz_1$,一般取 $z_2 = 29 \sim 82$。为保证用蜗轮滚刀滚制不发生根切,理论上应使 $z_{2min} \geqslant 17$,但当 $z_2 < 26$ 时,啮合区将明显减少从而影响传动的平稳性,所以一般规定 $z_2 > 28$。对于动力传动,z_2 一般不大于 82。这是由于当蜗轮直径不变时,z_2 越大,模数就越小,轮齿的弯曲强度就会削弱;而当模数一定时,蜗轮的尺寸增大会使与其配对啮合的蜗杆长度增长,蜗杆的弯曲刚度将降低。z_1、z_2 值可参见表 10-1 选定。

表 10-1　蜗杆头数和蜗轮齿数的推荐值

传动比 i	$5 \sim 8$	$7 \sim 15$	$14 \sim 30$	$29 \sim 82$
蜗杆头数 z_1	6	4	2	1
蜗轮齿数 z_2	$29 \sim 31$	$29 \sim 61$	$29 \sim 61$	$29 \sim 82$

3.蜗杆分度圆直径 d_1 和直径系数 q

如前所述,加工蜗轮的蜗轮滚刀与蜗杆具有同样的参数。所以,一种尺寸的蜗杆就必须有一种对应的蜗轮滚刀。然而,同一模数 m 会对应很多不同直径的蜗杆,这就意味着对同一模数的蜗轮,需要配备很多的蜗轮滚刀。为了限制滚刀的数量,国标规定滚刀分度圆直径 d_1 取为标准值,同时引入蜗杆直径系数 q:

$$q = \frac{d_1}{m} \tag{10-3}$$

常用的标准模数 m、蜗杆的分度圆直径 d_1 和直径系数 q 见表 10-2。如果采用非标准滚动或飞刀切制蜗轮,d_1 和 q 可不受标准限制。

表 10-2　普通圆柱蜗杆基本尺寸和参数（摘自 GB/T 10085—1988）

模数 m/mm	分度圆直径 d_1/mm	蜗杆头数 z_1	直径系数 q	$m^2 d_1$ /m³	模数 m/mm	分度圆直径 d_1/mm	蜗杆头数 z_1	直径系数 q	$m^2 d_1$ /m³
1	18	1	18.000	18	6.3	(80)	1,2,4	12.698	3175
1.25	20	1	16.000	31.25		112	1	17.778	4445
	22.4	1	17.920	35	8	(63)	1,2,4	7.875	4032
1.6	20	1,2,4	12.500	51.2		80	1,2,4,6	10.000	5376
	28	1	17.500	71.68		(100)	1,2,4	12.500	6400
2	(18)	1,2,4	9.000	72		140	1	17.500	8960
	22.4	1,2,4,6	11.200	89.6	10	(71)	1,2,4	7.100	7100
	(28)	1,2,4	14.000	112		90	1,2,4,6	9.000	9000
	35.5	1	17.750	142		(112)	1,2,4	11.200	11200
2.5	(22.4)	1,2,4	8.960	140		160	1	16.000	16000
	28	1,2,4,6	11.200	175	12.5	(90)	1,2,4	7.200	14062
	(35.5)	1,2,4	14.200	221.9		112	1,2,4	8.960	17500
	45	1	18.000	281		(140)	1,2,4	11.200	21875
3.15	(28)	1,2,4	8.889	278		200	1	16.000	31250
	35.5	1,2,4,6	11.270	352	16	(112)	1,2,4	7.000	28672
	45	1,2,4	14.286	447.5		140	1,2,4	8.750	35840
	56	1	17.778	556		(180)	1,2,4	11.250	46080
4	(31.5)	1,2,4	7.875	504		250	1	15.625	64000
	40	1,2,4,6	10.000	640	20	(140)	1,2,4	7.000	14062
	(50)	1,2,4	12.500	800		160	1,2,4	8.000	64000
	71	1	17.750	1136		(224)	1,2,4	11.200	89600
5	(40)	1,2,4	8.000	1000		315	1	15.750	126000
	50	1,2,4,6	10.000	1250	25	(180)	1,2,4	7.200	112500
	(63)	1,2,4	12.600	1575		200	1,2,4	8.000	125000
	90	1	18.000	2250		(280)	1,2,4	11.200	175000
6.3	(50)	1,2,4	7.936	1985		400	1	16.000	250000
	63	1,2,4,6	10.000	2500					

4. 蜗杆的导程角 γ

与螺杆类似,蜗杆分度圆柱面上螺旋线的升角为其导程角。蜗杆的直径系数 q 和蜗杆头数 z_1 选定之后,蜗杆分度圆柱上的导程角 γ 就确定了。由图 10-9 可知:

$$\tan\gamma = \frac{p_z}{\pi d_1} = \frac{z_1 p_x}{\pi d_1} = \frac{z_1 m}{d_1} = \frac{z_1}{q} \tag{10-4}$$

式中：p_x——轴向齿距。导程角大小的选择与效率及加工工艺性有关：导程角大，效率高，但加工困难；导程角小，效率低，但加工方便。当 $\gamma > 28°$ 时，加大导程角对提高效率的效果不再明显，所以常取 $\gamma \leqslant 28°$；对于有自锁要求的蜗杆传动，导程角应小于摩擦角。

对于交错角为 $90°$ 的蜗杆传动，在中间平面上蜗杆的导程角与蜗轮的螺旋角数值相等，且蜗杆与蜗轮的螺旋角旋向相同，即 $\gamma = \beta$。

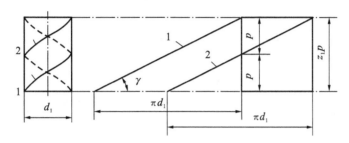

图 10-9　蜗杆分度圆柱面展开图

5. 中心距 a

蜗杆传动的标准中心距为

$$a = \frac{d_1 + d_2}{2} = \frac{m(q + z_2)}{2} \tag{10-5}$$

10.2.2　蜗杆传动变位的特点

蜗杆传动变位的主要目的是为了配凑中心距或改变传动比，其次才考虑强度。在蜗杆传动中，由于蜗杆的齿廓形状和尺寸要与加工蜗轮的滚刀形状和尺寸相同，为了保持滚刀尺寸不变，所以蜗杆的尺寸不能变动，只能对蜗轮进行变位。蜗轮变位通过改变切削时刀具与蜗轮毛坯的相对径向位置实现。变位以后，只是蜗杆节圆有所改变，而蜗轮节圆永远与分度圆重合。

蜗轮变位有两种方式。设 z_2' 和 a' 分别为变位后的蜗轮齿数和中心距，分两种情况讨论。

(1) 变位前后蜗轮齿数不变 $(z_2' = z_2)$，但蜗杆传动的中心距发生了变化 $(a' \neq a)$，分别如图 10-10a、c 所示。此时

$$a' = a + xm = \frac{m(q + z_2 + 2x_2)}{2} = (d_1 + d_2 + 2x_2 m)/2 \tag{10-6}$$

(2) 变位前后蜗杆传动的中心距不变 $(a' = a)$，蜗轮齿数发生变化 $(z_2' \neq z_2)$，分别如图 10-10d、e 所示。由于 $a' = a$，所以有

$$(d_1 + d_2 + 2x_2 m)/2 = \frac{m(q + z_2' + 2x)}{2} = \frac{m(q + z_2)}{2} \tag{10-7}$$

变位后的齿数：$z_2' = z_2 - 2x$。

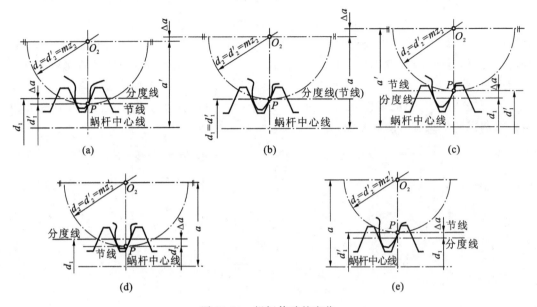

图 10-10 蜗杆传动的变位

(a)$x_2 > 0$, $z_2' = z_2$, $a' > a$; (b)$x_2 = 0$; (c)$x_2 < 0$, $z_2' = z_2$, $a' < a$;

(d)$x_2 > 0$, $z_2' < z_2$, $a' = a$; (e)$x_2 < 0$, $z_2' > z_2$, $a' = a$

10.2.3 主要参数及几何尺寸计算

圆柱蜗杆传动的基本几何尺寸关系参见图 10-11,相关的计算公式参见表 10-3。

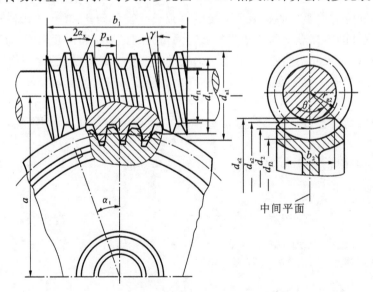

图 10-11 普通圆柱蜗杆传动的几何尺寸参数

表 10-3　阿基米德蜗杆传动的主要几何尺寸计算公式

名　称	代　号	计　算　公　式
模数	m	由强度条件按规定选取
压力角	α	$\alpha_a = \alpha_n = 20°$
中心距	a	$a = m(q + z_2 + x_2)/2$
蜗杆头数	z_1	按规定选取
蜗轮齿数	z_2	$z_2 = i z_1$
传动比	i	$i = z_2/z_1$
齿顶高系数	h_a^*	$h_a^* = 1$，短齿 $h_a^* = 0.8$
顶隙系数	c^*	$c^* = 0.2$
蜗杆直径系数	q	$q = d_1/m$
蜗杆轴向齿距	p_{x1}	$p_{x1} = \pi m$
蜗杆导程	p_z	$p_z = z_1 p_{x1}$
蜗杆分度圆导程角	γ	$\tan\gamma = z_1/q$
蜗杆分度圆直径	d_1	$d_1 = mq$
蜗杆齿顶高	h_{a1}	$h_{a1} = h_a^* m$
蜗杆齿根高	h_{f1}	$h_{f1} = (h_a^* + c^*)m$
蜗杆全齿高	h_1	$h_1 = (2h_a^* + c^*)m$
蜗杆齿顶圆直径	d_{a1}	$d_{a1} = d_1 + 2h_a^* m$
蜗杆齿根圆直径	d_{f1}	$d_{f1} = d_1 - 2(h_a^* + c^*)m$
蜗杆螺纹部分长度	b_1	当 $z_1 = 1$、2 时，$b_1 \geqslant (11 + 0.06z_2)m$ 当 $z_1 = 3$、4 时，$b_1 \geqslant (12.5 + 0.09z_2)m$ 磨削蜗杆加长量： 当 $m \leqslant 10$ mm 时，$\Delta b_1 = 15 \sim 25$ mm 当 $m = 10 \sim 14$ mm 时，$\Delta b_1 = 35$ mm 当 $m \geqslant 16$ mm 时，$\Delta b_1 = 50$ mm
蜗轮齿顶高	h_{a2}	$h_{a2} = h_a^* m$
蜗轮齿根高	h_{f2}	$h_{f2} = (h_a^* + c^*)m$
蜗轮全齿高	h_2	$h_2 = (2h_a^* + c^*)m$
蜗轮分度圆直径	d_2	$d_2 = mz_2$
蜗轮齿顶圆直径	d_{a2}	$d_{a2} = d_2 + 2h_a^* m$
蜗轮齿根圆直径	d_{f2}	$d_{f2} = d_2 - 2(h_a^* + c^*)m$
蜗轮外圆直径	d_{e2}	当 $z_1 = 1$ 时，$d_{e2} = d_{a2} + 2m$ 当 $z_1 = 2 \sim 3$ 时，$d_{e2} = d_{a2} + 1.5m$ 当 $z_1 = 4 \sim 6$ 时，$d_{e2} = d_{a2} + m$
蜗轮齿宽	b_2	当 $z_1 \leqslant 3$ 时，$b_2 \leqslant 0.75 d_{a1}$ 当 $z_1 = 4 \sim 6$ 时，$b_2 \leqslant 0.67 d_{a1}$
蜗轮齿宽角	θ	$\theta = 2\arcsin(b_2/d_1)$
蜗轮咽喉母圆半径	r_{g2}	$r_{g2} = a - d_{a2}/2$

10.3 蜗杆传动的主要失效形式和材料选择

10.3.1 蜗杆传动的主要失效形式和计算准则

蜗杆传动属于线接触(接触线通常为复杂的空间曲线),在传动中蜗杆和蜗轮的啮合齿面间存在着较大的相对滑动速度。相对滑动速度的大小 v_S(见图 10-12)为

$$v_S = \frac{v_1}{\cos\gamma} = \frac{v_2}{\sin\gamma} = \frac{\pi d_1 n_1}{60 \times 1\,000\cos\gamma} \tag{10-8}$$

式中:v_1——蜗杆分度圆的圆周速度,m/s;v_2——蜗杆分度圆的轴向速度,m/s;d_1——蜗杆分度圆直径,mm;γ——蜗杆分度圆的导程角。

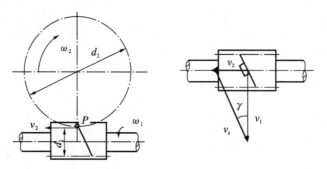

图 10-12 蜗杆传动的运动特点

蜗杆传动的特点决定了它的失效形式与齿轮传动既有相似性也有相异性。蜗杆传动的主要失效形式也包括点蚀、弯曲折断、磨损及胶合等,但各种失效的比重却与齿轮传动不同。如蜗轮发生点蚀的情况很少,只有在润滑状态特别良好且蜗轮材料强度 $\sigma_B < 300$ MPa 时才有可能,而胶合则成为最需要关注的失效形式。为避免胶合发生,蜗轮常采用较软的材料。

由于磨损、断裂以及可能的点蚀通常发生在蜗轮轮齿上,设计时一般只需对蜗轮进行承载能力的计算。蜗轮的失效与布置有关:开式蜗杆传动中,蜗轮轮齿磨损严重;而在闭式蜗杆传动中,则更容易发生胶合失效。尽管磨损和胶合是蜗杆传动最重要的失效形式,但由于磨损和胶合尚没有精确的计算公式(胶合有一些经验公式),所以在工程实际中采用的蜗杆传动的设计准则为:保证蜗轮齿根弯曲疲劳强度并将其接触应力控制在一定的范围内,以避免弯曲断裂、点蚀、过度磨损和胶合的发生。其基本原则是:开式蜗杆传动以蜗轮齿根弯曲疲劳强度设计;闭式蜗杆传动以齿面接触疲劳强度设计,齿根弯曲疲劳强度校核,并进行热平衡计算;当蜗杆轴细长且支承跨距较大时,还应进行蜗杆轴的刚度计算。

10.3.2 材料选择

由于蜗杆传动具有较大的滑动速度,所以蜗杆、蜗轮应选用减摩性好的配对材料,以保证良好的减摩性和耐磨性。一般蜗轮材料选择减摩性较好的软材料,如青铜等,而蜗杆常选择碳素钢或合金钢制造,并采用适当的热处理。表 10-4 所示为蜗轮的常用材料,表 10-5 所示为蜗杆常用材料。

表 10-4　蜗轮常用材料及应用

蜗轮材料	铸造方法	适用的滑动速度 v_S /(m·s^{-1})	特　性	应　用
ZCuSn10P1	砂模 金属模	≤12 ≤25	减摩性和耐磨性好,抗胶合能力强,切削性能好,但强度较低、价格较贵、易点蚀	连续工作的高速、重载的重要传动
ZCuSn5Pb5Zn5	砂模 金属模	≤10 ≤12		速度较高的一般传动
ZCuAl10Fe3	砂模 金属模	≤10	耐冲击、强度较高,切削性能好、价格便宜但抗胶合能力差	连续工作的速度较低、载荷稳定的重要传动
HT150 HT200	砂模	≤2 ≤2~5	铸造性能和切削性能都好,价格低,抗点蚀和抗胶合能力强,但抗弯强度低,冲击韧度低	低速、不重要的开式传动、蜗轮尺寸较大的传动,手动传动

表 10-5　蜗杆常用材料及应用

蜗杆材料	热　处　理	硬　度	齿面粗糙度 Ra/μm	应　用
40、45、40Cr、40CrNi、42SiMn	表面淬火	45~55HRC	1.6~0.8	中速、中载、一般传动、载荷稳定
15Cr、20Cr、20CrMnTi、12CRNi3A、15CrMn、20CrNi	渗碳淬火	58~63HRC	1.6~0.8	高速、重载、重要传动、载荷变化大
40、45、40Cr	调质	220~300HBW	6.3	低速、中轻载、不重要传动

10.4　普通圆柱蜗杆传动承载能力计算

10.4.1　圆柱蜗杆传动受力分析

蜗杆传动的受力分析和斜齿圆柱齿轮传动相似,在分析时通常将法向力 F_n 分解为三个正交力(见图 10-13):圆周力 F_t、径向力 F_r 和轴向力 F_a。其中径向力 F_{r1} 和 F_{r2} 总是指向于各自的轴心,而在确定圆周力 F_t 和轴向力 F_a 的方向时,可以采用两种方法:①首先确定蜗杆和蜗轮的转动方向,然后根据各力的对应关系以及力与主/从动轮运动之间的关系确定各力方向;②根据蜗杆旋向和转向确定蜗杆的受力而后根据蜗杆和蜗轮各力之间的相互关系确定受力方向。下面介绍第二种方法,对蜗杆传动时运动方向的确定可参考《机械原理》的有关内容。

①采用主动轮左/右手定则判定蜗杆(主动轮)的轴向力 F_{a1};根据主动轮的周向力与速度方向相反确定蜗杆的周向力 F_{t1}。

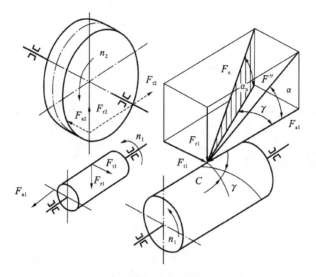

图 10-13　蜗杆传动的受力分析

②因为蜗杆轴和蜗轮轴在空间交错角为 90°,由力的作用和反作用力原理可知:F_{t1} 和 F_{a2}、F_{t2} 和 F_{a1}、F_{r1} 和 F_{r2} 分别是三对大小相等方向相反的力,可据此确定各力的方向。

由于蜗杆传动的效率通常较低,也就是说作用于蜗杆处的输入功率与最终由蜗轮输出的功率之间存在着较大的差异,所以蜗杆和蜗轮的周向力应根据各自的公称转矩 T_1 和 T_2 进行计算($T_2 = \eta T_1 d_2 / d_1$)。在不考虑摩擦力影响时,各力的大小分别为

$$F_{t1} = F_{a2} = \frac{2T_1}{d_1}$$

$$F_{t2} = F_{a1} = \frac{2T_2}{d_2}$$

$$F_{r1} = F_{r2} = F_{t2}\tan\alpha$$ (10-9)

$$F_n = \frac{F_{a1}}{\cos\alpha_n\cos\gamma} = \frac{F_{t2}}{\cos\alpha_n\cos\gamma} = \frac{2T_2}{d_2\cos\alpha_n\cos\gamma}$$

式中:T_1、T_2——作用在蜗杆、蜗轮上的工作转矩,N·mm;d_1、d_2——蜗杆、蜗轮的分度圆直径,mm;α_n——蜗杆的法向压力角;γ——蜗杆分度圆的导程角。

10.4.2　蜗轮齿面接触疲劳强度计算

1. 蜗轮齿面接触疲劳强度计算

为防止蜗轮齿面的点蚀或胶合,应限制其接触应力 σ_H。蜗轮齿面接触疲劳强度计算与斜齿轮传动相似,其校核公式和设计公式如下。

校核公式:

$$\sigma_H = 3.25Z_E\sqrt{\frac{KT_2}{d_1 d_2^2}} = 3.25Z_E\sqrt{\frac{KT_2}{m^2 d_1 z_2^2}} \leqslant [\sigma_H]$$ (10-10)

设计公式:

$$m^2 d_1 \geqslant KT_2\left(\frac{3.25Z_E}{[\sigma_H]z_2}\right)^2$$ (10-11)

式中：σ_H——接触应力，MPa；$[\sigma_H]$——许用接触应力，MPa；T_2——作用在蜗轮上的力矩，N·mm；Z_E——材料的弹性系数，$\sqrt{\text{MPa}}$，其值参见表 10-6；

表 10-6　材料系数 Z_E　　　　　　　　　　　　　单位：$\sqrt{\text{MPa}}$

蜗杆材料	蜗轮材料			
	铸锡青铜	铸铝青铜	灰铸铁	球墨铸铁
钢	155.0	156.0	162.0	181.4
球墨铸铁	—	—	156.6	173.9

K——载荷系数，$K = K_A K_\beta K_v$，其中 K_A 为使用系数，查表 10-7；K_β 为齿向载荷分布系数，当蜗杆传动在平衡载荷下工作时，载荷分布不均现象将由于工作表面良好的磨合而得到改善，此时 $K_\beta = 1$；当载荷变化较大或有冲击、振动时，$K_\beta = 1.3 \sim 1.5$；K_v 为动载荷系数，由于蜗杆传动一般较平稳，动载荷要比齿轮传动小得多，K_v 值可这样确定：对于精确制造且蜗轮圆周速度 $v_2 \leqslant 3$ m/s 时，取 $K_v = 1.0 \sim 1.1$；$v_2 > 3$ m/s 时，取 $K_v = 1.1 \sim 1.2$。

表 10-7　使用系数 K_A

工作类型	Ⅰ	Ⅱ	Ⅲ
载荷性质	均匀、无冲击	不均匀、小冲击	不均匀、大冲击
每小时启动次数	<25	25～50	>50
启动载荷	小	较大	大
K_A	1	1.15	1.2

2. 许用接触应力 $[\sigma_H]$

蜗轮表面失效的主要形式与材料的强度和性能相关，所以在确定许用接触应力时所用的方法也不同。通常分以下两种情况。

（1）当蜗轮材料为低强度的青铜材料（$\sigma_b < 300$ MPa），如锡青铜时，蜗轮的主要失效形式为点蚀，承载能力取决于蜗轮的接触疲劳强度，许用接触应力 $[\sigma_H]$ 与应力循环次数 N 有关。

$$[\sigma_H] = Z_N [\sigma_{0H}] \tag{10-12}$$

式中：$[\sigma_{0H}]$——基本许用接触应力，参看表 10-8；Z_N——寿命系数，当应力循环次数 $N = 10^7$ 时 $Z_N = 1$，当 $N \neq 10^7$ 时 $Z_N = \sqrt[8]{10^7/N}$，当 $N > 25 \times 10^7$ 时取 $N = 25 \times 10^7$，当 $N < 2.6 \times 10^5$ 时取 $N = 2.6 \times 10^5$。

表 10-8　铸锡青铜蜗轮的基本许用接触应力 $[\sigma_{0H}]$　　　　单位：MPa

蜗轮材料	铸造方法	适用的滑动速度 $v_s/(\text{m/s})$	蜗杆齿面硬度	
			≤350HBS	>45HRC
铸锡磷青铜 ZCuSn10P1	砂模	≤12	180	200
	金属模	≤25	200	220
铸锡锌铅青铜 ZCuSn5Pb5Zn5	砂模	≤10	110	125
	金属模	≤12	135	150

（2）当蜗轮材料为铝青铜或铸铁（$\sigma_b \geqslant 300$ MPa）时，材料的抗点蚀能力强，蜗轮的承载能力取决于其抗胶合能力，许用接触应力$[\sigma_H]$与滑动速度v_S有关而与应力循环次数 N 无关，其值直接查表 10-9。

表 10-9　铝青铜及铸铁蜗轮的许用接触应力$[\sigma_H]$　　　　单位：MPa

蜗轮材料	蜗杆材料	滑动速度 v_S/(m/s)							
		0.5	1	2	3	4	5	6	8
ZCuAl10Fe3 ZCuAl10Fe3Mn2	淬火钢	250	230	230	210	180	160	120	90
HT150 HT200	渗碳钢	130	115	90	—	—	—	—	—
HT150	调质钢	110	90	70	—	—	—	—	—

注：蜗杆未经淬火时，需将表中的$[\sigma_H]$值降低 20%。

10.4.3　蜗轮轮齿的弯曲疲劳强度的条件计算

蜗轮轮齿的弯曲疲劳强度的计算方法与斜齿轮相似，但由于蜗轮轮齿呈圆弧形（弧形长度为 b），且离开中间平面越远的平行截面上的蜗轮轮齿齿厚越大（相当于具有正变位的变位齿），所以蜗轮轮齿的齿形复杂，弯曲疲劳强度难于计算。通常借助斜齿轮公式，并在计算中引入修正系数：①蜗轮的弯曲疲劳强度要比斜齿轮高约 40%，引入强度增量系数 1.4；②如允许齿根厚度最大磨损量为 20%，引入补偿齿磨损系数 1.5；③假设蜗轮的齿宽角为 100°。可得蜗轮轮齿弯曲疲劳强度条件校核公式为

$$\sigma_F = \frac{1.7KT_2}{md_1d_2}Y_F Y_\beta \leqslant [\sigma_F] \tag{10-13}$$

由此推出设计公式为

$$m^2 d_1 \geqslant \frac{1.7KT_2}{z_2[\sigma_F]}Y_F Y_\beta \tag{10-14}$$

式中：Y_F——蜗轮轮齿的齿形系数，该系数综合考虑了齿形、磨损及重合度的影响，其值按当量齿数查表 10-10，中间值时可按线性插值计算；Y_β——螺旋角系数，$Y_\beta = 1 - \gamma/140°$。$[\sigma_F]$——蜗轮材料的许用弯曲应力，MPa。

$$[\sigma_F] = Y_N[\sigma_{0F}] \tag{10-15}$$

式中：$[\sigma_{0F}]$——基本许用弯曲应力，MPa，参看表 10-11；Y_N——寿命系数，当应力循环次数 $N=10^6$ 时取 $Y_N=1$，当 $N \neq 10^6$ 时取 $Y_N = \sqrt[9]{10^6/N}$，当 $N>25\times10^7$ 时取 $N=25\times10^7$，当 $N<10^5$ 时取 $N=10^5$。

表 10-10 蜗轮的齿形系数 Y_F

$\gamma/(°)$ \\ z_v	20	24	26	28	30	32	35	37	40	45	56	60	80	100	150	300
4	2.79	2.65	2.60	2.55	2.52	2.49	2.45	2.42	2.39	2.35	2.32	2.27	2.22	2.18	2.14	2.09
7	2.75	2.61	2.56	2.51	2.48	2.44	2.40	2.38	2.35	2.31	2.28	2.23	2.17	2.14	2.09	2.05
11	2.66	2.52	2.47	2.42	2.39	2.35	2.31	2.29	2.26	2.22	2.19	2.14	2.08	2.05	2.00	1.96
16	2.49	2.35	2.30	2.26	2.22	2.19	2.15	2.13	2.10	2.06	2.02	1.98	1.92	1.88	1.84	1.79
20	2.33	2.19	2.14	2.09	2.06	2.02	1.98	1.96	1.93	1.89	1.86	1.81	1.75	1.72	1.67	1.63
23	2.18	2.05	1.99	1.95	1.91	1.88	1.84	1.82	1.79	1.75	1.72	1.67	1.61	1.58	1.53	1.49
26	2.03	1.89	1.84	1.80	1.76	1.73	1.69	1.67	1.64	1.60	1.57	1.52	1.46	1.43	1.38	1.34
27	1.98	1.84	1.79	1.75	1.71	1.68	1.64	1.62	1.59	1.55	1.52	1.47	1.41	1.38	1.33	1.29

表 10-11 蜗轮材料的基本许用弯曲应力 $[\sigma_{0F}]$ 单位：MPa

材 料	铸造方法	σ_b	σ_s	蜗杆硬度<45HRC		蜗杆硬度≥45HRC	
				单向受载	双向受载	单向受载	双向受载
ZCuSn10P1	砂模	200	140	51	32	64	40
	金属模	250	150	58	40	73	50
ZCuSn5Pb5Zn5	砂模	180	90	37	29	46	36
	金属模	200	90	39	32	49	40
ZCuAl9Fe4Ni4Mn2	砂模	400	200	82	64	103	80
	金属模	500	200	90	80	113	100
ZCuAl10Fe3	金属模	500	200	90	80	113	100
HT150	砂模	150	—	38	24	48	30
HT200	砂模	200	—	48	30	60	38

10.4.4 蜗杆的刚度计算

蜗杆轴刚度不足产生的过大变形会影响蜗杆和蜗轮的正确啮合，从而造成局部偏载甚至导致干涉。蜗杆轴变形主要由圆周力 F_{t1} 和径向力 F_{r1} 造成，轴向力 F_{a1} 的影响可以忽略不计。在校核蜗杆刚度时，通常把蜗杆看做直径为蜗杆齿根圆直径的轴段，其最大挠度

$$y = \frac{l^3 \sqrt{F_{t1}^2 + F_{r1}^2}}{48EI} \leqslant [y] \tag{10-16}$$

式中：E——蜗杆材料的弹性模量，MPa，对于钢，$E = 2.06 \times 10^5$ MPa；I——蜗杆轴中间平面的惯性矩，mm^4，$I = \pi d_1^4/64$；l——蜗杆两支承间的跨距，mm，根据结构尺寸而定，初步计算时可取 $l = 0.9d_2$，d_2 为蜗轮分度圆直径；$[y]$——蜗杆的许用最大挠度，mm，$[y] = d_1/1\,000$，d_1 为蜗杆分度圆直径。

10.5　蜗杆传动的效率、润滑及热平衡

10.5.1　影响蜗杆传动效率的因素

表 10-12 所示为蜗杆传动的当量摩擦因数 f_v 和当量摩擦角 φ_v。

表 10-12　蜗杆传动的当量摩擦因数 f_v 和当量摩擦角 φ_v

蜗轮材料	锡 青 铜				铝 青 铜				灰 铸 铁	
蜗杆齿面硬度	≥45HRC		其他		≥45HRC		≥45HRC		其他	
滑动速度 $v_s/(\text{m/s})$	f_v	φ_v	f_v	φ_v	f_v	φ_v	f_v	φ_v	f_v	φ_v
0.01	0.110	6°17′	0.120	6°51′	0.180	10°12′	0.180	10°12′	0.190	10°45′
0.05	0.090	5°09′	0.100	5°43′	0.140	7°58′	0.140	7°58′	0.160	9°05′
0.10	0.080	4°34′	0.090	5°09′	0.130	7°24′	0.130	7°24′	0.140	7°58′
0.25	0.065	3°43′	0.075	4°17′	0.100	5°43′	0.100	5°43′	0.120	6°51′
0.50	0.055	3°09′	0.065	3°43′	0.090	5°09′	0.090	5°09′	0.100	5°43′
1.00	0.045	2°35′	0.055	3°09′	0.070	4°00′	0.070	4°00′	0.090	5°09′
1.50	0.040	2°17′	0.050	2°52′	0.065	3°43′	0.065	3°43′	0.080	4°34′
2.00	0.035	2°00′	0.045	2°35′	0.055	3°09′	0.055	3°09′	0.070	4°00′
2.50	0.030	1°43′	0.040	2°17′	0.050	2°52′	—	—	—	—
3.00	0.028	1°36′	0.035	2°00′	0.045	2°35′	—	—	—	—
4.00	0.024	1°22′	0.031	1°47′	0.040	2°17′	—	—	—	—
5.00	0.022	1°16′	0.029	1°40′	0.035	2°00′	—	—	—	—
8.00	0.018	1°02′	0.026	1°29′	0.030	1°43′	—	—	—	—
10.00	0.016	0°55′	0.024	1°22′	—	—	—	—	—	—
15.00	0.014	0°48′	0.020	1°09′	—	—	—	—	—	—
24.00	0.013	0°45′	—	—	—	—	—	—	—	—

注：蜗杆齿面粗糙度轮廓算术平均值 Ra 偏差为 1.6～0.4 μm，经过仔细跑合，正确安装，并采用黏度合适的润滑油进行充分润滑。

影响闭式蜗杆传动效率的因素包括：轮齿的啮合损耗、轴承的损耗、轮齿的搅油损耗。可得闭式蜗杆传动的总效率 η 为

$$\eta = \eta_1 \cdot \eta_2 \cdot \eta_3 \tag{10-17}$$

式中：η_1——轮齿的啮合效率；η_2——轴承效率；η_3——搅油损耗效率。

当蜗杆主动时，η_1 可近似按螺旋副效率计算，即

$$\eta_1 = \frac{\tan\gamma}{\tan(\gamma + \varphi_v)} \tag{10-18}$$

式中：γ——蜗杆的导程角，它是影响啮合效率的主要因素；φ_v——当量摩擦角，$\varphi_v = \arctan f_v$，与蜗杆、蜗轮的材料及滑动速度有关。在润滑良好的条件下，较高的滑动速度有助于润滑油膜的形成，从而降低 f_v 值。在此情况下的当量摩擦角数值参见表 10-12。

由于轴承摩擦及浸入油中零件搅油所损耗的功率不大，一般取 $\eta_2 \cdot \eta_3 = 0.96 \sim 0.98$，所以蜗杆传动的总效率 η 为

$$\eta = (0.96 \sim 0.98) \frac{\tan\gamma}{\tan(\gamma + \varphi_v)} \tag{10-19}$$

在设计之初,可根据蜗杆头数 z_1 进行效率估计:当 $z_1 = 1$ 时,$\eta = 0.7$;当 $z_1 = 2$ 时,$\eta = 0.8$;当 $z_1 = 3$ 时,$\eta = 0.85$;当 $z_1 = 4$ 时,$\eta = 0.9$。

10.5.2 润滑

蜗杆传动时相对滑动速度很大,发生磨损和胶合的可能性较大,所以润滑对蜗杆传动特别重要。有效的润滑可以提高传动效率,降低齿面的工作温度,减少磨损和胶合失效的可能性。蜗杆传动常采用高黏度的矿物油进行润滑,为了提高抗胶合能力还需加入油性添加剂和极压添加剂。蜗杆传动推荐使用的润滑油黏度和润滑方法见表 10-13。

表 10-13 蜗杆传动润滑油的黏度和润滑方法

滑动速度 v_s/(m/s)	≤1	1~2.5	2.5~5	5~10	10~15	15~25	>25
工作条件	重载	重载	中载	—	—	—	—
运动黏度 v_{40}/(m²/s)	1000	680	320	220	150	100	68
润滑方式	浸油润滑			浸油或喷油润滑	压力喷油润滑		

当 $v_s < 5$ m/s 时,采用油池浸油润滑,蜗杆下置,浸油深度约为一个齿高、但油面不得超过蜗杆轴承的最低滚动体中心;当 $v_s > 5$ m/s 时,搅油阻力太大,一般蜗杆应上置,油面运行达到蜗轮半径的 1/3,如图 10-14 所示。

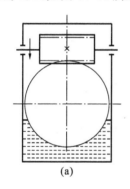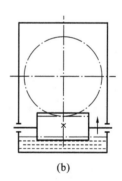

图 10-14 蜗杆传动的安装方式

(a)蜗杆上置;(b)蜗杆下置

10.5.3 热平衡计算

蜗杆传动效率低,工作时会产生大量的摩擦热,如果散热条件不好,就会造成润滑油温度过高而导致润滑失效,以致发生齿面胶合。因此,对闭式蜗杆传动应进行热平衡计算,以保证油温处于规定的范围。达到热平衡时,蜗杆传动在单位时间内由摩擦损耗产生的热量 Q_1 应与散热量 Q_2 相等。设蜗杆传动的功率为 P(kW),效率为 η,则

$$Q_1 = 1\,000P(1 - \eta) \tag{10-20}$$

若采用自然冷却方式,则单位时间内从箱体外壁散发到周围空气中的热量为

$$Q_2 = K_S A(t_1 - t_0) \tag{10-21}$$

式中:K_S——箱体的表面传热系数,W/(m²·℃)。一般取 $K_S = (8.15 \sim 17.45)$W/(m²·℃),

当周围空气流通良好时,取大值;若蜗杆上置,因为飞溅冷却作用较差,故表面传热系数应乘以 0.8;A——箱体的散热面积,mm^2。取 $A=A_1+0.5A_2$,A_1 为箱体内表面被润滑油所能飞溅到,且外表面又可为周围空气所冷却的箱体表面面积,A_2 为在 A_1 计算表面上的加强筋和凸座的表面以及装在金属底座或机械框架上的面积,在箱体上能较好地布置散热片时,可用下式初步估算其有效散热面积,有

$$A=9\times10^{-5}a^{1.88} \tag{10-22}$$

式中:a——传动中心距,mm;t_1——达到热平衡时油的工作温度,℃,一般取 $t_1\leqslant60\sim70℃$,最高不超过 $80℃$;t_0——周围空气的温度,℃,常温情况取 $20℃$。

根据热平衡条件 $Q_1=Q_2$,可求得达到热平衡时的油温为

$$t_1=\frac{1\,000P(1-\eta)}{K_S S}+t_0 \tag{10-23}$$

如果 t_1 超过 $80℃$,就必须采取措施以提高散热能力,通常采用以下措施:

(1)在箱体外加装散热片以增大散热面积;

(2)在蜗杆轴端加装风扇,加速空气流通,以增大表面传热系数,如图 10-15a 所示;

(3)在箱体油池中装设蛇形冷却管,如图 10-15b 所示;

(4)采用压力喷油循环润滑,如图 10-15c 所示。

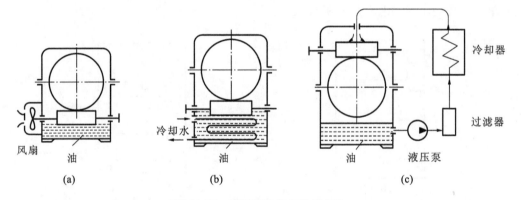

图 10-15 蜗杆减速器的散热方法

(a)在蜗杆轴端加装风扇;(b)在油池中装蛇形冷却管;(c)采用压力喷油循环润滑

10.6 圆柱蜗杆和蜗轮的结构设计

1.蜗杆结构

蜗杆通常与轴做成一体,称为蜗杆轴,其结构形式如图 10-16 所示。图 10-16a 所示为铣制蜗杆,轴上没有退刀槽,只能铣出螺旋部分;如图 10-16b 所示的轴上有退刀槽,既可以车制,也可以铣制,但由于有退刀槽,所以刚度比铣制蜗杆的差。当蜗杆螺旋部分的直径较大时,可以将蜗杆与轴分开制作。

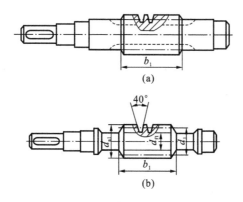

图 10-16　蜗杆的结构形式

(a)铣制蜗杆;(b)车制蜗杆

2. 蜗轮结构

蜗轮结构既可以制成整体式,也可以制成装配式的。常用的蜗轮结构形式有以下几种。

(1)整体浇铸式　如图 10-17a 所示,这种结构主要用于铸铁蜗轮或尺寸较小的青铜蜗轮($d < 100$ mm)。

(2)齿圈压配式　如图 10-17b 所示,这种结构由青铜齿圈及铸铁轮心组成,齿圈和轮芯多采用 H7/r6 的过盈配合。为增强连接的可靠性,在接缝处还要加装 4~8 个紧定螺钉,或用螺钉拧紧后将头部锯掉。螺钉的直径取为 $(1.2 \sim 1.5)m$,拧入深度为 $(0.3 \sim 0.4)B$,其中,m 为蜗轮的模数,B 为蜗轮宽度。为了便于钻孔,应将螺孔中心线由配合缝材料较硬的轮心部分偏移 2~3 mm。

(3)螺栓连接式　如图 10-17c 所示,这种结构可用普通螺栓连接,也可用铰制孔螺栓连接,螺栓的尺寸和数量可参考蜗轮的结构尺寸确定。这种结构适用于尺寸较大或磨损后需要更换蜗轮齿圈的场合。

(4)拼铸式　如图 10-17d 所示,在铸铁轮心上浇铸青铜齿圈,然后切齿,适用于中等尺寸、成批制造的蜗轮。

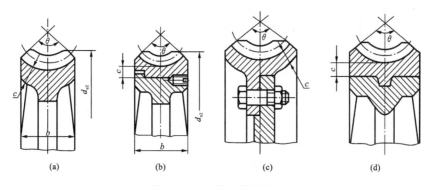

图 10-17　蜗轮的结构形式

(a)整体浇铸式;(b)齿圈压配式;(c)螺栓连接式;(d)拼铸式

3. 蜗轮、蜗杆工作图设计

蜗杆和蜗轮的工作图分别如图 10-18 和图 10-19 所示。

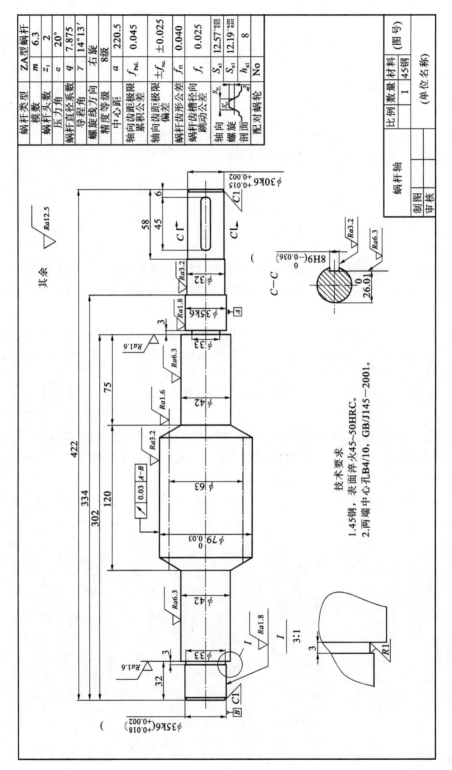

蜗杆类型	ZA型蜗杆
模数	m	6.3
蜗杆头数	z_1	2
压力角	α	20°
蜗杆直径系数	q	7.875
导程角	γ	14°13′
螺旋线方向	右旋
精度等级	8级
中心距	a	220.5
轴向齿距极限累积误差	f_{pxL}	0.045
轴向齿距极限偏差	$\pm f_{px}$	±0.025
蜗杆齿形公差	f_{f1}	0.040
蜗杆齿槽径向跳动公差	f_r	0.025
轴向齿厚	S_{x1}	$12.57^{-0.212}_{-0.333}$
螺旋剖面	S_{n1}	$12.19^{-0.22}_{-0.32}$
齿高	h_{a1}	8
配对蜗轮	No	

技术要求
1.45钢，表面淬火45~50HRC。
2.两端中心孔B4/10，GB/J145—2001。

图10-18 蜗杆的工作图

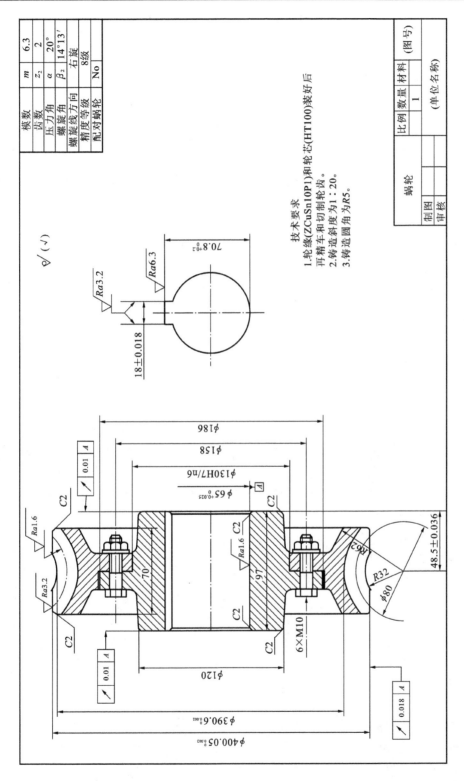

模数	m	6.3
齿数	z_2	2
压力角	α	20°
螺旋角	β_2	14°13′
螺旋线方向		右旋
精度等级		8级
配对蜗轮	No	

	比例	数量	材料
		1	
蜗轮			(图号)
制图			
审核		(单位名称)	

技术要求
1.轮缘(ZCuSn10P1)和轮芯(HT100)装好后再精车和切制轮齿。
2.铸造斜度为1:20。
3.铸造圆角为R5。

图10-19 蜗轮的结构形式

【**例 10-1**】 试设计某运输机用的一级闭式 ZA 型蜗杆减速器。蜗杆轴输入功率 $P_1 = 6\ kW$，蜗杆转速 $n_1 = 1\ 560\ r/min$，蜗轮转速 $n_2 = 52\ r/min$，载荷较平稳，有不大的冲击，单向工作，寿命为 5 年，每年工作 300 天，每天工作 8 小时。

解 (1)选择材料和精度等级。

由于蜗杆传动功率不大，且属于中等转速，查表 10-5 选择蜗杆材料为 45 钢，表面淬火，齿面硬度为 45～55HRC。根据表 10-4，蜗轮齿圈材料用铸锡磷青铜 ZCuSn10P1，金属模铸造，滚铣后加载跑合，8 级精度。蜗轮轮心采用灰铸铁 HT100。

(2)选择蜗杆头数 z_1 和蜗轮齿数 z_2。

由已知条件计算得到，传动比 $i = n_1/n_2 = 30$。根据表 10-1，取 $z_1 = 2$，则 $z_2 = iz_1 = 30 \times 2 = 60$。

(3)按齿面接触疲劳强度设计。

根据闭式蜗杆传动的设计准则，应先按式(10-11)对蜗轮齿面接触疲劳强度进行设计，再按齿根弯曲疲劳强度进行校核。

$$m^2 d_1 \geqslant KT_2 \left(\frac{3.25 Z_E}{[\sigma_H] z_2} \right)^2$$

①初步确定作用在蜗轮上的转矩 T_2。

按 $z_1 = 2$，初估效率 $\eta = 0.8$，则

$$T_2 = T_1 i \eta = 9.55 \times 10^6 \times \frac{P_1}{n_1} i \eta = 9.55 \times 10^6 \times \frac{6}{1\ 560} \times 30 \times 0.8 \text{N} \cdot \text{mm}$$

$$= 881\ 538\ \text{N} \cdot \text{mm}$$

②确定载荷系数 K。

因工作载荷稳定，所以取 $K_\beta = 1$；由表 10-7 选取 $K_A = 1.15$；由于转速不高，冲击不大，取 $K_v = 1.05$；则

$$K = K_A K_\beta K_v = 1.21$$

③确定材料弹性系数 Z_E。

查表 10-6，取 $Z_E = 155\ \sqrt{\text{MPa}}$。

④确定许用接触应力 $[\sigma_H]$。

查表 10-8，取 $[\sigma_{0H}] = 220$ MPa。

应力循环次数 $\quad N = 60 n_2 j L_h = 60 \times 52 \times 1 \times 5 \times 300 \times 8 = 3.744 \times 10^7$

寿命系数 $\quad Z_N = \sqrt[8]{10^7/N} = \sqrt[8]{10^7/3.744 \times 10^7} = 0.85$

故许用接触应力

$$[\sigma_H] = Z_N [\sigma_{0H}] = 0.85 \times 220\ \text{MPa} = 187\ \text{MPa}$$

⑤确定模数 m 及蜗杆直径 d_1。

$$m^2 d_1 \geqslant KT_2 \left(\frac{3.25 Z_E}{[\sigma_H] z_2} \right)^2 = 1.21 \times 881\ 538 \left(\frac{3.25 \times 155}{187 \times 60} \right)^2 \text{mm}^3 = 2\ 150\ \text{mm}^3$$

查表 10-2，初选 $m^2 d_1 = 2\ 500\ \text{mm}^3$，则取 $m = 6.3\ \text{mm}$，$d_1 = 63\ \text{mm}$，$q = 10.000$。

(4)计算传动效率 η。

①计算滑动速度 v_S。

蜗轮转速　　$v_2 = \dfrac{\pi d_2 n_2}{60 \times 1\,000} = \dfrac{\pi m z_2 n_2}{60 \times 1\,000} = \dfrac{3.14 \times 6.3 \times 60 \times 52}{60 \times 1\,000}$ m/s $= 1.03$ m/s

蜗杆导程角　　　　$\gamma = \arctan \dfrac{z_1}{q} = \arctan \dfrac{2}{10} = 11.31° = 11°18'36''$

滑动速度　　　　　$v_\mathrm{S} = \dfrac{v_2}{\sin\gamma} = \dfrac{1.03}{\sin 11.31°}$ m/s $= 5.25$ m/s

②计算传动效率 η。

由于轴承摩擦及搅油损耗的功率不大,故取 $\eta_2 \eta_3 = 0.98$。查表 10-12,由插入法计算得

$$\varphi_\mathrm{v} = 1.25° = 1°15'$$

则传动效率

$$\eta = 0.98 \frac{\tan\gamma}{\tan(\gamma + \varphi_\mathrm{v})} = 0.98 \frac{\tan 11°18'36''}{\tan(11°18'36'' + 1°15')} = 0.88$$

③校验 $m^2 d_1$ 值。

蜗轮上的转矩

$$T_2 = T_1 i\eta = 9.55 \times 10^6 \times \frac{P_1}{n_1} i\eta = 9.55 \times 10^6 \times \frac{6}{1\,560} \times 30 \times 0.88 \text{ N} \cdot \text{mm}$$

$$= 969\,692 \text{ N} \cdot \text{mm}$$

校验

$$m^2 d_1 \geqslant K T_2 \left(\frac{3.25 Z_\mathrm{E}}{[\sigma_\mathrm{H}] z_2}\right)^2 2\,500 \text{ mm}^3 \geqslant 1.21 \times 969\,692 \left(\frac{3.25 \times 155}{187 \times 60}\right)^2 \text{mm}^3 = 2\,365 \text{ mm}^3$$

满足条件,故初选参数符合强度要求。

(5)确定传动主要尺寸。

①中心距　　　　$a = \dfrac{m(q + z_2)}{2} = \dfrac{6.3(10 + 60)}{2}$ mm $= 220.5$ mm

②蜗杆尺寸

分度圆直径　　　　　　　　　$d_1 = 63$ mm

齿顶圆直径　　$d_{a1} = d_1 + 2h_a^* m = (63 + 2 \times 1 \times 6.3)$ mm $= 75.6$ mm

齿根圆直径　　$d_{f1} = d_1 - 2(h_a^* + c^*)m = (63 - 2 \times 1.2 \times 6.3)$ mm $= 47.88$ mm

导程角　　　　　　　　　　　$\gamma = 11°18'36''$

轴向齿距　　　　$p_{x1} = \pi m = 3.14 \times 6.3$ mm $= 19.78$ mm

轮齿部分长度

　　$b_1 \geqslant (11 + 0.06 z_2)m = (11 + 0.06 \times 60) \times 6.3$ mm $= 92$ mm,　取　$b_1 = 110$ mm

③蜗轮尺寸

分度圆直径　　　　　　$d_2 = m z_2 = 6.3 \times 60$ mm $= 378$ mm

齿顶圆直径　　　$d_{a2} = d_2 + 2h_a^* m = (378 + 2 \times 1 \times 6.3)$ mm $= 390.6$ mm

齿根圆直径　　　$d_{f2} = d_2 - 2(h_a^* + c^*)m = (378 - 2 \times 1.2 \times 6.3)$ mm $= 362.88$ mm

外圆直径　　$d_{e2} = d_{a2} + 1.5\,m = (390.6 + 1.5 \times 6.3)$ mm $= 400.05$ mm

螺旋角　　　　　　　$\beta_2 = \gamma = 11°18'36''$

轮齿宽度　　$b_2 \leqslant 0.75 d_{a1} = 0.75 \times 75.6$ mm $= 56.7$ mm,　取　$b_2 = 56$ mm

齿宽角　　　$\theta = 2\arcsin(b_2 / d_1) = 2\arcsin(56/63) = 125.47° = 125°28'12''$

咽喉母圆半径 $\qquad r_{g2}=a-d_{a2}/2=(220.5-390.6/2)$ mm$=25.2$ mm

(6)热平衡计算。

①估算散热面积 A

$$A=9\times10^{-5}a^{1.88}=9\times10^{-5}\times220.5^{1.88}\text{ mm}^2=2.29\text{ m}^2$$

②校核油的工作温度 t_1

取环境温度 $t_0=20℃$,传热系数 $K_S=14$ W/(m^2℃),则润滑油工作温度为

$$t_1=\frac{1\ 000P_1(1-\eta)}{K_SA}+t_0=\left[\frac{1\ 000\times6\times(1-0.88)}{14\times2.29}+20\right]℃=42.5℃<70℃$$

故传动的散热能力合格。

(7)润滑设计。

参见表 10-13,因为 $v_S=5.25$ m/s,选择浸油润滑,润滑油黏度 $v_{40}=220$ m^2/s,并且采用蜗杆上置。

(8)弯曲强度校核(一般不需要进行)。

按式(10-13)校核

$$\sigma_F=\frac{1.7KT_2}{md_1d_2}Y_FY_\beta\leqslant[\sigma_F]$$

①确定齿形系数 Y_F

蜗轮的当量齿数 $\qquad z_v=\dfrac{z_2}{\cos^3\beta}=\dfrac{60}{\cos^3 11.31°}=61.2$

参见表 10-10,用插值法求得 $Y_F=2.12$。

②确定螺旋角系数 Y_β

$$Y_\beta=1-\gamma/140°=1-11.31/140°=0.92$$

③确定许用应力 $[\sigma_F]$

寿命系数 $\qquad Y_N=\sqrt[9]{10^6/N}=\sqrt[9]{10^6/3.744\times10^7}=0.67$

基本许用弯曲应力,查表 10-11 得 $[\sigma_{0F}]=73$ MPa

故 $\qquad [\sigma_F]=Y_N[\sigma_{0F}]=0.67\times73$ MPa$=48.91$ MPa

④校核弯曲强度

$$\sigma_F=\frac{1.7KT_2}{md_1d_2}Y_FY_\beta=\frac{1.7\times1.21\times881\ 538}{6.3\times63\times378}\times2.12\times0.92\text{ MPa}$$
$$=23.57\text{ MPa}\leqslant[\sigma_F]=48.9\text{ MPa}$$

故满足弯曲强度要求。

(9)蜗杆、蜗轮结构设计。

蜗杆结构:车制,其零件图如图 10-18 所示。

蜗轮结构:采用齿圈压配式,其零件图如图 10-19 所示。

10.7 其他圆柱蜗杆简介

传动效率低是蜗杆传动中需要解决的主要问题。为提高蜗杆的传动效率,诸多研究者从利于油膜形成以及改变摩擦形式上进行了大量的研究工作,开发了多种新型的蜗杆传动形式。

10.7.1　环面蜗杆传动

环面蜗杆是以凹圆弧为母线的旋转体,如图 10-20 所示,螺旋的顶和根分别位于同轴线的圆弧回转体表面上,啮合时,蜗杆的节弧沿蜗轮的节圆包着蜗轮。环面蜗杆传动又分为直廓环面蜗杆传动(TA 型)、平面包络环面蜗杆传动、渐开线包络环面蜗杆传动和锥面包络环面蜗杆传动。其中直廓环面蜗杆传动的蜗杆和蜗轮在中间平面上都是直线齿廓。这种传动的特点是:①轮齿的接触线与蜗杆齿运动的方向近似垂直,具有较好的油膜形成条件;②同时啮合的齿对多,大大改善了轮齿的受力情况,其承载能力为阿基米德蜗杆传动的 2～4 倍。但环面蜗杆传动在制造和安装上都比较复杂,对精度要求也较高。此外,由于提高了承载能力而相对减小了外廓尺寸和散热面积,因而常需要考虑人工冷却方法。

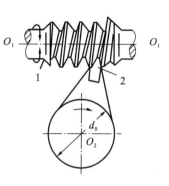

图 10-20　环面蜗杆的切制
1—蜗环面杆;2—直线刀刃的刀具

环面蜗杆不宜磨削,一般是在调质以后进行精车。如图 10-20 所示,d_0 为刀具齿廓形成圆直径。切削时,先将环面蜗杆 1 切削成圆弧回转体,然后再在上面切出螺旋。刀具 2 在安装时要使其刀刃两侧边的延长线切于形成圆,且刀盘的回转轴 O_2 与蜗杆轴 O_1O_1 间的距离等于蜗杆传动的中心距 a。切削时,蜗杆角速度与刀盘回转的角速度之比应等于蜗杆传动的传动比。蜗轮是用形状与环面蜗杆相同的滚刀按径向进刀切制而成的。

10.7.2　滚珠蜗杆传动

以滑动接触实现传动的蜗杆与蜗轮摩擦和磨损大,机械效率低。为了充分发挥蜗杆传动大传动比、结构紧凑的优点,人们从"以滚代滑"出发研制出了多种滚珠蜗杆传动。

如图 10-21a、b 所示的传动机构,沿蜗杆的螺旋线安装了许多与蜗杆螺旋齿尺寸相当的圆锥滚子,从而形成滚动蜗杆。如图 10-21c、d 所示的传动机构,蜗轮体的圆周上开有 V 形回转槽、在槽的两个回转面上各自均匀地装有 z 个(z 为蜗轮的计算齿数)组合滚动蜗轮齿,如图 10-21d 所示的齿体可以绕销轴自由转动,从而形成滚动蜗轮。

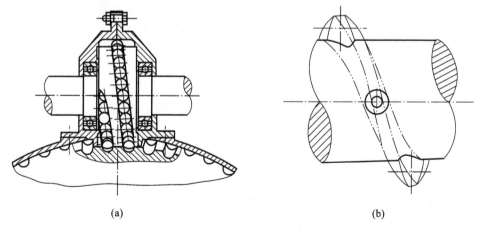

(a)　　　　　　　　　　　　　(b)

图 10-21　滚珠蜗杆传动
(a)滚珠齿蜗杆;(b)滚子齿蜗杆示意图;(c)滚珠齿蜗轮;(d)滚子齿蜗轮示意图

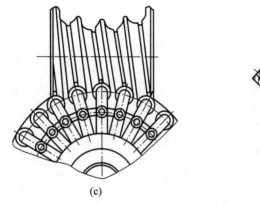

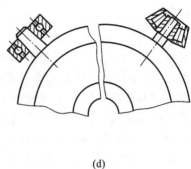

(c)　　　　　　　　　　　　　(d)

续图 10-21

很显然，以滚代滑可大大减轻摩擦和磨损，提高工作效率和使用寿命，也可节约有色金属，但滚珠蜗杆传动结构较为复杂，主要用于功率不大或以传递运动为主的场合。

习　　题

10-1　按照蜗杆牙形和整体形状不同，蜗杆传动有哪些类型？为什么蜗杆传动要按蜗杆的形状进行分类？

10-2　能否用分度圆直径和模数相同的双头蜗杆代替单头蜗杆与原有的蜗轮啮合以减少减速比？为什么？

10-3　请问蜗杆传动的自锁条件是什么？

10-4　试标出图 10-22 中未注明的蜗杆或蜗轮的转动方向及螺旋线方向，绘出蜗杆和蜗轮在啮合点处的各个分力。

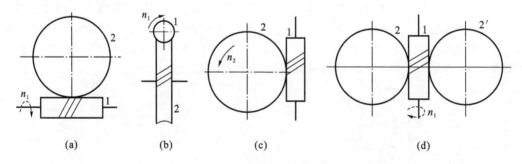

(a)　　　　　　(b)　　　　　　(c)　　　　　　(d)

图 10-22　题 10-4 图

10-5　如图 10-23 所示的二级蜗杆传动机构中，蜗杆 1 主动、右旋。为了使中间轴上的轴向力最小，试确定蜗杆 3 的螺旋线方向和蜗轮 4 的回转方向。

10-6　如图 10-24 所示的圆柱蜗杆-直齿圆锥齿轮二级传动机构，已知输出轴上的圆锥齿轮 4 的转向，为了使中间轴的轴向力最小，试在图中画出：

(1)蜗杆、蜗轮的转向及螺旋线方向；

(2)对各齿轮进行受力分析。

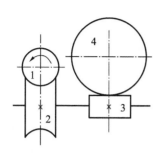

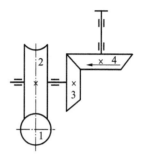

图 10-23　题 10-5 图　　　　　　　　　　图 10-24　题 10-6 图

10-7　图 10-25 所示为一手动绞车传动机构。已知蜗杆模数 $m=10$ mm，蜗杆分度圆直径 $d_1=90$ mm，头数 $z_1=1$；蜗轮的齿数 $z_2=50$，卷筒直径 $D=300$ mm，重物 $W=1\,500$ N，当量摩擦系数 $f_v=0.15$，人手推力 $F=120$ N，求：

(1) 欲使重物上升 1 m 时，手柄应转多少转？并在图上画出重物上升时的手柄转向；

(2) 计算蜗杆的分度圆柱导程角 γ，当量摩擦角 φ_v，并判断能否自锁。

(3) 计算蜗杆的传动效率；

(4) 计算所需手柄的长度 L。

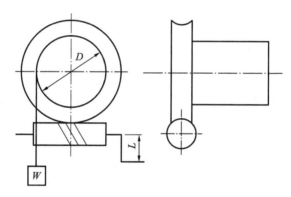

图 10-25　题 10-7 图

10-8　在蜗杆传动的强度计算中，为什么只需对蜗轮轮齿进行强度计算？

10-9　锡青铜和铝铁青铜在许用接触应力 $[\sigma_H]$ 选取时的考虑点有何不同？为什么？

10-10　为什么对连续传动的闭式蜗杆传动必须进行热平衡计算？可采用哪些措施来改善散热条件？

10-11　已知一蜗杆减速器，$m=5$ mm，$z_1=2$，$q=10$，$z_2=60$，蜗杆材料为 40Cr，高频淬火，表面磨光，蜗轮材料为 ZCuSn10P1，砂型铸造，蜗轮转速 $n_2=24$ r/min，预计使用 12 000 h，试求该蜗杆减速器允许传递的最大扭矩 T_2 和输入功率 P_1。

10-12　设计一带式输送机用闭式普通蜗杆减速器传动机构。已知输入功率 $P_1=4.5$ kW，蜗杆转速 $n_1=1\,460$ r/min，有轻微冲击，预期使用寿命 10 年，每年工作 300 天，每天工作 8 小时。

第 11 章　螺 旋 传 动

本章主要介绍螺旋传动的基本类型、工作特点、基本参数,滑动螺旋的材料选择要点,以及不同的参数选择对工作性能的影响;此外,对滑动螺旋和滚动螺旋的设计计算过程也进行了介绍。

11.1　螺纹传动的基本类型和特点

11.1.1　螺旋传动的工作原理和特点

螺旋运动由具有一定制约关系的转动及沿转动轴线方向的移动组成。螺旋传动是一种常见的传动方式,被广泛地应用于各种机械和仪器中。它利用螺纹的螺旋运动实现动力传递,其主要功用是将回转运动转变为直线运动。图 11-1 给出了一种典型的螺旋传动机构。

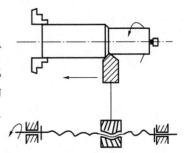

图 11-1　典型的螺旋传动机构

螺杆和螺母的相对运动关系为

$$l = \frac{nP}{2\pi}\theta \tag{11-1}$$

式中:l——螺杆或螺母移动的距离或行程,mm;p——螺杆或螺母的螺距,mm;n——螺纹线数;θ——螺杆和螺母间的相对转角。

螺纹传动的基本特点如下。

(1)传动比和传力比大　当螺杆与螺母相对转动一圈时两者的相对移动为一个导程(单头螺纹时为螺距),所以螺纹传动可以方便地实现大降速比传动比;而根据机械传动在功率一定条件下的降速增矩原理,螺纹传动也可以获得较大的传力比。

(2)传动平稳、精度高　螺旋传动的大传动比有助于减少传动环节,缩短传动链。因此,螺旋传动具有传动结构简单、紧凑,传动精度较高的特点。由于螺纹传动是连续的啮合传动,所以运动平稳、噪声小。

(3)可实现自锁　当螺纹升角小于当量摩擦角时,螺旋传动就具有自锁能力。而上述条件对单线的普通滑动螺旋传动而言是不难满足的。

(4)普通滑动螺旋传动效率低、易磨损、低速时存在爬行现象　如普通的单头滑动螺旋传动,其传动效率 η 一般低于 30%～40%。

11.1.2　螺纹传动的基本类型

1.按摩擦形式分类

按摩擦形式不同,螺旋传动可分为滑动螺旋传动和滚动螺旋传动。而滑动螺旋传动又可分为普通滑动螺旋传动和静压滑动螺旋传动。

普通滑动螺旋传动结构简单、便于制造，易于自锁，但效率低，磨损大；静压滑动螺旋和滚动螺旋传动的摩擦阻力小、效率高(一般为 90% 以上)，但结构复杂，静压滑动螺旋还需要压力供油系统，只有在高精度、高效率的重要传动中才采用，如数控、精密机床，轧钢机的轧辊调节装置等。

2. 按用途分类

螺纹传动按用途可分为传力螺旋、传导螺旋和调整螺旋三类。

(1)传力螺旋　传力螺旋通常采用滑动螺旋，其主要目标是能用较小的转矩获得较大的轴向推力。其基本特点是：在工作中常承受很大的轴向力，但每次工作时间短，工作速度较低，而且通常需要有自锁能力，如虎钳、举重器、千斤顶、螺旋升降机等。

(2)传导螺旋　传导螺旋以传递动力为主要目的。要求其具有较高的传动精度和传动效率，并能以较高的速度在长时间内连续工作，有时也要求承受较大的轴向力。如机床上的进给丝杠螺母传动机构。

(3)调整螺旋　调整螺旋主要用于调整和固定零件的相对位置。一般以螺杆为主动件作回转运动，螺母为从动件作轴向移动。常作为机床、仪器及测试装置中的微调机构，其特点是受力较小且不经常转动，如螺旋千分尺等。调整螺旋常以滑动螺旋为主。

3. 按螺旋副组件的运动组合形式分类

螺杆和螺母的运动组合方式可分为以下四类。

(1)螺母固定，螺杆转动并移动　这种运动组合常用于螺旋压力机、千分尺等机构。因螺母本身起着支承作用，消除了螺杆轴承可能产生的附加轴向窜动，结构比较简单，所以可获得较高的传动精度。其缺点是轴向结构尺寸较大，刚性较差。图 11-2 所示为螺杆回转并作直线运动的台虎钳。右旋单线螺纹螺杆 1 与活动钳口 2 组成转动副，并与螺母 4 组成螺旋传动副，同时螺母 4 与固定钳口 3 固定连接。当螺杆按图示方向相对螺母 4 作回转运动时，螺杆连同活动钳口向右移动，与固定钳口合作实现对工件的夹紧；当螺杆反向回转时，活动钳口随螺杆左移，松开工件。通过螺旋传动，完成夹紧与松开工件的要求。

(2)螺杆固定不动，螺母回转并移动　图 11-3 所示为螺旋千斤顶中的一种结构形式，螺杆 4 连接于底座固定不动，转动手柄 3 使螺母 2 回转并作上升或下降的直线运动，从而举起或放下托盘 1(注意托盘和螺母间装有推力轴承，可以保证螺母转动时托盘只作移动而不转动)。这也与插齿机刀架传动所用的方式相同。

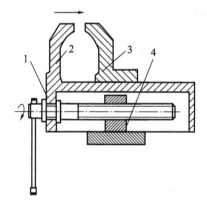

图 11-2　螺母固定螺杆转动并移动
1—螺杆；2—活动钳口；3—固定钳口；4—螺母

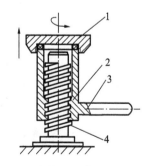

图 11-3　螺杆固定螺母回转并移动
1—托盘；2—螺母；3—手柄；4—螺杆

(3) 螺杆回转，螺母作直线运动　这种运动转换形式在传导螺旋中应用最广，如机床的滑板移动机构等。这种形式的特点是结构紧凑、螺杆刚性好，适于工作行程较大的场合。图 11-4 所示为螺杆回转、螺母作直线运动的应用示例。螺杆 1 与机架 3 组成转动副，螺母 2 与螺杆 1 以左旋螺纹啮合并与工作台 4 连接。当转动手轮使螺杆按图示方向回转时，螺母带动工作台沿机架的导轨向右作直线运动。

(4) 螺母回转螺杆作直线运动　这种运动转换形式在调整机构中应用较多，在传导螺旋中也不少见。由于需要限制螺杆的转动和螺母的移动，结构较复杂，所占轴向空间较大。图 11-5 所示为应力试验机上的观察镜螺旋调整装置。螺杆 3、螺母 2 为左旋螺旋副。当螺母按图示方向回转时，螺杆 3 带动观察镜 4 向上移动；螺母反向回转时，螺杆连同观察镜向下移动。

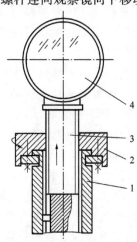

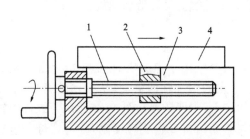

图 11-4　螺杆回转螺母直线运动示例　　　图 11-5　螺母回转螺杆移动示例
1—螺杆；2—螺母；3—机架；4—工作台　　　1—支承筒；2—螺母；3—螺杆；4—观察镜

(5) 差动螺旋传动　差动螺旋传动可看成上述转换形式(1)和(3)的一种组合形式，其工作原理如图 11-6 所示。差动螺旋传动常用于在一定转角下获得很小而且精确位移的场合，有时也用于获得大位移或大传力比的场合。

如图所示，该机构有两个螺旋副，只有一个活动自由度，设两段螺纹的螺距分别为 P_1、P_2（一般情况下，$P_1 \neq P_2$），当螺杆的转角为 θ 时，可动螺母 2 的移动距离 l 为

$$l = (P_1 \mp P_2)\frac{\theta}{2\pi} \tag{11-2}$$

式中："—"用于两螺纹旋向相同时，"＋"用于两螺纹旋向相反时；P_1、P_2——两段螺纹的螺距（多线螺纹时应为导程）；θ——螺杆和固定螺母 1 的相对转角。

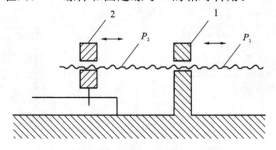

图 11-6　差动螺旋传动原理图
1,2—螺母

　　由式(11-2)可见:如果两螺纹旋向相同且螺距 P_1、P_2 相差很小,则可以获得很小的位移,因此差动螺旋可用于各种微动装置中;如果旋向相反,则差动螺旋变成快速移动螺旋,此时螺母 2 相对于螺母 1 快速趋近或离开,这种螺旋传动装置常用于要求快速夹紧的夹具或锁紧装置,如车床尾架、卡盘爪的螺旋等中。

11.2　滑动螺旋传动

11.2.1　滑动螺纹的基本牙形和主要参数

　　滑动螺旋传动常用的牙形有矩形、梯形、锯齿形等,不同牙形的基本特点可参考第 4 章。传动螺纹的参数由内螺纹参数和外螺纹参数构成。表 11-1 给出了梯形螺纹的主要参数。

表 11-1　梯形螺纹的基本参数

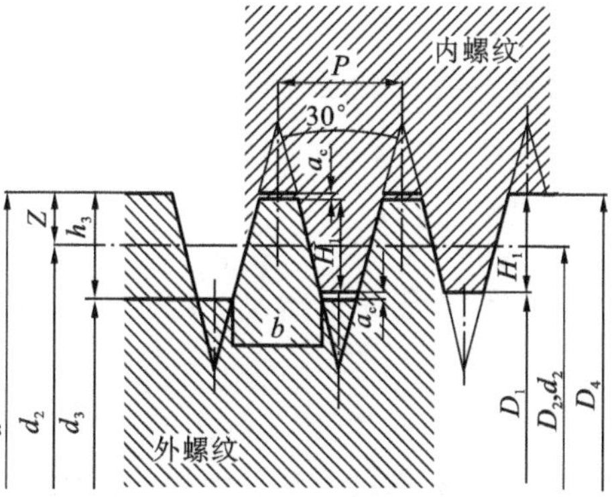

d	外螺纹大径	基准尺寸(查标准)
P	螺距	基准尺寸(查标准)
a_c	牙顶间隙	按螺距查手册
H_1	牙型基本高度	$H_1 = 0.5P$
h_3	外螺纹牙高	$h_3 = 0.5P + a_c$
H_4	内螺纹牙高	$H_4 = h_3$
Z	牙顶高	$Z = 0.25P = H_1/2$
d_2	外螺纹中径	$d_2 = d - 2Z = d - 0.5P$
D_2	内螺纹中径	$D_2 = d - 2Z = d - 0.5P$
d_3	外螺纹小径	$d_3 = d - 2h_3$
D_1	内螺纹小径	$D_4 = d - 2H_1 = d - P$
D_4	内螺纹大径	$D_4 = d + 2a_c$
b	牙根部宽度	$b = 0.65P$

11.2.2　螺纹传动的效率和自锁

　　在将回转运动转化为直线运动时,螺旋副传动时的受力模型如图 11-7 所示。螺母在水平力 F_t 作用下克服载荷 F 转动(螺母的移动方向与载荷 F 相反)。分析可得螺纹副传动的效率

$$\eta = \frac{\tan\lambda}{\tan(\lambda + \rho_v)} \tag{11-3}$$

式中:η——螺纹副传动的效率;λ——螺纹升角;ρ_v——当量摩擦角,$\rho_v = \arctan f_v$,其中 f_v 为当量摩擦因数(见第 4 章)。

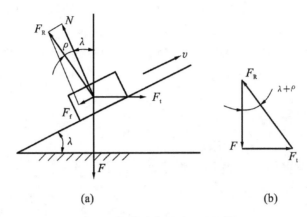

图 11-7　螺旋副传动时的受力模型

在考虑轴承效率后,螺纹副传动的效率可记为

$$\eta = (0.95 \sim 0.99) \times \frac{\tan\lambda}{\tan(\lambda + \rho_v)} \tag{11-4}$$

式中:0.95～0.99 为轴承效率,其值取决于轴承类型,在采用滑动轴承时取小值,采用滚动轴承时取大值。

当螺母沿轴移动的方向与力 F 的方向相同时(可视为将直线运动转化为回转运动),其传动效率为

$$\eta = (0.95 \sim 0.99) \times \frac{\tan(\lambda - \rho_v)}{\tan\lambda} \tag{11-5}$$

由式(11-5)可知:当 $\rho_v > \lambda$ 时 $\eta < 0$,此时螺纹传动可实现反向自锁。

11.2.3　滑动螺旋传动的结构设计

滑动螺旋传动的结构设计包括螺纹副的支承方式选择和螺杆和螺母结构的设计。

1. 螺纹副的支承结构

在设计螺纹副的支承结构时,可将螺杆视为轴、螺母视为支承,参考第 4 篇中轴系设计方法进行。下面只给出一些简单的、有针对性的说明。

(1)当螺杆短而粗且垂直布置时,如起重和加压装置的传力螺旋,可以利用螺母本身作为支承。

(2)当螺杆细长且水平布置时,如机床的传导螺旋(丝杠)等,应在螺杆两端或中间附加支承,以提高螺杆工作刚度。

螺杆的支承可采用滚动轴承或滑动轴承,在支承类型选择时必须考虑螺旋传动中存在的轴向力。

2. 螺杆的结构

螺杆的加工精度直接影响螺旋传动的工作精度。一般情况下螺杆为整体式的,但在实际生产中,因受加工或热处理设备的长度限制,以及考虑加工过程中搬运的方便,可将螺杆分成几段制造,最后装配成接长螺杆;此外,由于较短的螺杆在加工时易于达到较高的精度,

故有时为了获得高精度,也采用接长螺杆。在采用接长螺杆时,必须注意接头处的配合部位应具有较高的精度。图 11-8 给出了一种对接结构示例。

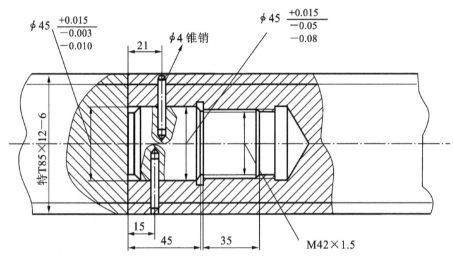

图 11-8　实心接长螺杆的接头部分

3. 螺母的结构

螺母结构有整体、组合和剖分之分。整体螺母结构简单,但由于不能补偿因磨损而产生的轴向间隙,只适合于在精度要求较低时使用。对于双向传动的传导螺旋,为消除反向误差常采用组合螺母或剖分螺母结构。如图 11-9 所示的组合螺母通过调整楔块使两侧螺母挤紧,以减小螺纹副的间隙,保证在正、反转时都有较高的运动精度;图 11-10 所示为一种剖分螺母的调隙机构,通过腰形槽收紧两半螺母以实现消隙的功能。

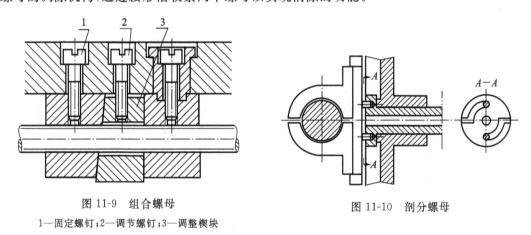

图 11-9　组合螺母
1—固定螺钉;2—调节螺钉;3—调整楔块

图 11-10　剖分螺母

11.2.4　螺杆与螺母常用材料

螺杆和螺母材料应具有较高的耐磨性、足够的强度和良好的工艺性。螺杆与螺母的材料选择与蜗杆传动有很大的相似性,通常采用软-硬配对。一般情况下螺杆采用硬度较高的材料,而螺母则用软材料制造。传动螺纹副的常用材料见表 11-2。

表 11-2　螺旋副常用材料

螺旋副	材料牌号	应用范畴
螺杆	Q235、Q275、45、50、Y40、Y40Mn	材料不经热处理,适用于经常运动,受力不大,转速较低的传动
	40Cr、65Mn、T12、40WMn、18CrMnTi	材料需经热处理,以提高其耐磨性,适用于重载、转速较高的重要传动
	9Mn2V、CrWMn、38Cr MOAl	材料需经热处理,以提高其尺寸的稳定性,适用于精密传导螺旋传动
螺母	ZCuSn10Pb1、ZCuSn5Pb5Zn5(铸锡青铜)	材料耐磨性好,适用于一般传动
	ZCuAl9Fe4Ni4Mn2 ZCuZn25Al6Fe3Mn3(铸铝黄铜)	材料耐磨性好,强度高,适用于重载、低速的传动

螺杆常用钢材制造。不重要的螺杆可不经淬硬处理;重要的螺杆要求耐磨性好时需经淬硬处理;对于精密的传导螺旋还要求热处理后有较好的尺寸稳定性,并在加工中进行适当次数的时效处理。

螺母材料以青铜为主,也可用铸铁。对不经常动作、受重载的调整螺旋,螺母材料可选用 35 钢或球墨铸铁;低速轻载时也可选用耐磨铸铁或球墨铸铁;尺寸大的螺母可用钢或铸铁做外套,内部用离心铸造法浇注青铜,高速螺母还可以浇注巴氏合金,钢套材料常用 20、40 及 40Cr。也有用加铜的粉末冶金材料制作床的进给螺母和调整螺母的,使用效果也很好。

11.2.5　滑动螺旋的设计计算

滑动螺旋副工作时,旋合螺纹间存在较大的相对滑动速度。因此,除整体强度不足以外,磨损是滑动螺旋传动工作时的主要表面失效形式,在高速情况下也会发生胶合失效。

滑动螺旋时通常以螺杆强度、螺母牙强度和耐磨性作为设计准则。此外,应根据具体工作条件确定所需的其他校核项目,如:长径比很大的受压螺杆易出现失稳现象,应校核其稳定性;对于有自锁要求的螺纹传动,如调整螺旋、压力螺旋等应校核其自锁性;对长度大、精度要求较高的传导螺旋应校核螺杆的刚度;对于高速长螺杆,应校核其临界转速;对于螺旋起重器螺母应校核螺母下段和凸缘的强度;等等。

1. 耐磨性的计算

由于螺母的材料一般较螺杆材料软,所以磨损主要发生在螺母的螺纹牙表面。滑动螺旋副的磨损与螺纹工作面上的压力、滑动速度、螺纹表面粗糙度以及润滑状态等因素有关,其中最主要的是螺纹工作面的压力,压力越大螺旋副间越容易产生过度磨损。因此,为保证螺纹的耐磨性和使用寿命,必须限制螺纹工作面的压强。

以耐磨性为准则的校核公式为

$$p = \frac{F}{A} = \frac{F}{\pi d_2 h z} \leqslant [p] \tag{11-6}$$

设计公式为

$$d_2 \geqslant \sqrt{\frac{FP}{\pi h \psi [p]}} \tag{11-7}$$

式中:F——工作面接触压力或轴向力,N;d_2——螺纹中径,mm;h——螺纹工作高度,mm;z——螺纹工作圈数;ψ——高度系数,$\psi = H/d_2$,其中 H 为螺母的有效高度,对于整体螺母,由于磨损后间隙不能调整,为使受力比较均匀,取 $\psi = 2 \sim 2.5$,对于剖分式螺母取 $\psi = 2.5 \sim 3.5$,对于传动精度较高、载荷较大、要求寿命较长的螺纹传动取 $\psi = 4$;$[p]$——滑动螺纹副的许用压强,MPa,见表 11-3。

表 11-3   滑动螺旋副材料的许用压强 $[p]$

螺纹副材料	速度范围/(m/s)	许用应力/MPa
	低速	18~25
钢-青铜	<0.05	11~18
	0.1~0.2	7~10
	>0.25	1~2
钢-耐磨铸铁	0.1~0.2	6~8
钢-铸铁	<0.04	13~18
	0.1~0.2	4~7
钢-钢	低速	7.5~13
淬火钢-青铜	0.1~0.2	10~13

注:表中数值适用于 ψ 取 2.5~4 的情况,当 $\psi < 2.5$ 时,$[p]$ 可提高 20%,若为剖分螺母,则 $[p]$ 应降低 15%~20%。

对于矩形和梯形螺纹,因 $h = 0.5P$,有

$$d_2 \geqslant 0.8 \sqrt{\frac{F}{\psi [p]}} \tag{11-8}$$

对于锯齿形螺纹,因 $h = 0.75P$,有

$$d_2 \geqslant 0.65 \sqrt{\frac{F}{\psi [p]}} \tag{11-9}$$

由以上各式计算出的 d_2 应圆整至标准值。

在公称直径确定后,可按标准确定合适的螺距。螺纹的高度 H 和工作圈数 z 可按式 (11-10) 和式 (11-11) 计算:

$$H = \psi d_2 \tag{11-10}$$

$$z = H/P \tag{11-11}$$

因为各圈螺纹牙的受力存在不均匀性,所以螺纹的工作圈数不宜超过 10 圈;在计算所得的圈数过大时则应考虑更换螺母材料或增大螺纹直径。

2. 摩擦力矩计算

螺纹表面的摩擦力矩不但与载荷的大小、方向和作用点,也与螺纹类型、螺母结构、材料

及结合部分的表面状态等有关。根据受力性质不同可分为对心轴向载荷、偏心轴向载荷、径向载荷等。

(1)承受对心轴向载荷 F　对于作用力方向为轴向且通过螺杆轴心的载荷,由螺纹摩擦理论可知,其摩擦力矩为

$$M_f = F\frac{d_2}{2}\tan(\lambda + \rho_v) \tag{11-12}$$

式中:M_f——摩擦力矩 N·mm;F——轴向载荷 N;d_2——螺纹中径,mm;λ——螺纹升角;ρ_v——当量摩擦角,$\rho_v = \arctan(f/\cos\beta)$,其中 f 为螺纹表面摩擦因数(见表 11-4),β 为接触面处的螺纹牙倾角,对于对称牙形即为牙形半角,即 $\beta = \alpha/2$。

表 11-4　摩擦因数 f(定期润滑条件)

螺杆和螺母材料	f
淬火钢和青铜	0.06~0.08
钢和青铜	0.08~0.10
钢和耐磨铸铁	0.10~0.12
钢和铸铁	0.12~0.15
钢和钢	0.11~0.17

注:启动时 f 取大值,运行中 f 取小值。

(2)承受与螺杆轴线存在偏心距 a 的轴向载荷 F　在这种情况下,螺杆的受力可视为轴向载荷 F 和力矩 aF 的共同作用,摩擦力矩的计算公式为

$$M_f = F\frac{d_2}{2}\left[\tan(\lambda + \rho_v) + \frac{f\pi a}{h\sin\beta}\right] \tag{11-13}$$

(3)承受径向载荷 F_r　假设径向载荷 F_r 均布地作用于接触面,可得摩擦力矩为

$$M_f = \frac{F_r}{\sin\beta}\frac{\pi}{2}f\frac{d_2}{2} = \frac{\pi F_r f d_2}{4\sin\beta} \tag{11-14}$$

式(11-13)和式(11-14)参数符号的含义可看式(11-12)。

3. 强度计算

螺纹传动的强度计算包括螺杆强度、螺纹牙强度以及螺母外径和凸缘强度计算。

(1)螺杆的强度计算　螺杆受轴向载荷和扭矩的作用,其强度可按第四强度理论进行验算,其校核公式为

$$\sigma = \sqrt{\left(\frac{4F_a}{\pi d_1^2}\right)^2 + 3\left(\frac{T_t}{0.2d_1^3}\right)^2} \leqslant [\sigma] \tag{11-15}$$

式中:σ——螺杆应力,MPa;$[\sigma]$——螺杆材料的许用应力,MPa,见表 11-5;d_1——螺杆螺纹内径,mm;F_a——螺杆承受的轴向载荷,N;T_t——螺杆传递的扭矩,一般指摩擦力矩 M_f,见式(11-12)至式(11-14),N·mm。

表 11-5 滑动螺旋副材料的许用应力[σ]

材 料		许用拉应力[σ]/MPa	许用弯曲应力[σ_b]/MPa	许用剪应力[τ]/MPa
螺杆	钢	$\sigma_s/(3\sim5)$	—	—
螺母	青铜	—	40~60	30~40
	耐磨铸铁	—	50~60	40
	铸铁	—	45~55	40
	钢	—	$(1\sim1.2)[\sigma]$	$0.6[\sigma]$

注:σ_s 为材料的屈服点;载荷稳定时,许用应力取大值。

(2)螺纹牙强度校核计算 由于螺杆的材料通常比螺母材料的强度更高,故一般只需校核螺母螺纹牙的强度。将一圈螺纹按螺母的外径 D 处展开并把它看做悬臂梁,如图 11-11 所示。螺纹牙根部受到弯曲应力和剪切应力作用,其强度条件如下。

弯曲强度条件为

$$\sigma_b = \frac{3Fh}{\pi Db^2 z} \leqslant [\sigma_b] \tag{11-16}$$

剪切强度条件为

$$\tau = \frac{F}{\pi Dbz} \leqslant [\tau] \tag{11-17}$$

式中:σ_b——螺母大径处的弯曲应力,MPa;b——牙根厚度,对于矩形牙 $b=0.5P$,对于梯形牙 $b=0.65P$,对于锯齿形牙 $b=0.75P$,mm;z——有效螺纹圈数;h——螺纹牙高,mm;$[\sigma_b]$——螺母材料的许用弯曲应力,MPa,查表 11-5;$[\tau]$——螺母材料的许用切应力,MPa,查表 11-5。

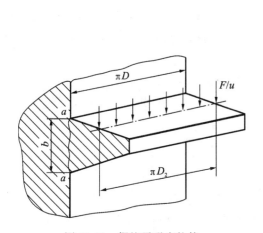

图 11-11 螺纹牙强度校核

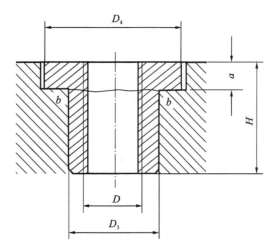

图 11-12 螺旋起重器的螺母结构

(3)螺母外径和与凸缘的强度计算 图 11-12 所示的为典型的螺旋起重器的螺母结构,工作时螺母凸缘与底座间存在接触压力,凸缘根部受到弯曲及剪切作用。螺母下段悬置,承受拉力和螺纹牙上的摩擦力矩的作用,所以必须对螺母下段和凸缘的强度问题进行分析。

设悬置部分承受全部外载荷 F,并将 F 增加 20%~30%来代替螺纹牙上摩擦力矩的作

用,可得螺母悬置部分危险截面 b—b 的校核公式为

$$\sigma = \frac{(1.2 \sim 1.3)F}{\frac{\pi}{4}(D_3^2 - D^2)} \leqslant [\sigma] \tag{11-18}$$

螺母凸缘与底座的挤压强度校核公式为

$$\sigma_p = \frac{F}{\frac{\pi}{4}(D_4^2 - D_3^2)} \leqslant [\sigma_p] \tag{11-19}$$

螺母凸缘根部的弯曲强度校核公式为

$$\sigma_b = \frac{M}{W} = \frac{F \cdot \frac{1}{4}(D_4 - D_3)}{\frac{1}{6}\pi D_3 a^2} = \frac{1.5F(D_4 - D_3)}{\pi D_3 a^2} \leqslant [\sigma_b] \tag{11-20}$$

4. 自锁性验算

对于有自锁性要求的螺旋,还需验算螺旋副是否满足自锁条件,即满足

$$\lambda < \rho_v \tag{11-21}$$

式中:λ 为螺纹升角,ρ_v 为当量摩擦角。

5. 刚度计算

在轴向载荷和扭矩的作用下,螺杆将发生弹性变形,从而引起导程 S(单头时为螺距)的变化。对于高精度的螺纹传动,应保证该变化量在允许的范围内,具体数值见表 11-6。由轴向载荷 F 和扭矩 M 引起的导程变化量 δS_F 和 δS_M 分别为

$$\delta S_F = \pm \frac{FS}{EA} \times 10^3 = \frac{4FS}{\pi E d_1^2} \times 10^3 (\mu m) \tag{11-22}$$

$$\delta S_M = \pm \frac{S}{2\pi} \cdot \frac{MS}{GI} \times 10^3 = \pm \frac{16MS^2}{\pi^2 G d_1^4} \times 10^3 (\mu m) \tag{11-23}$$

式中:F——轴向载荷,N;M——扭矩,N·mm;P——螺距,mm;E——螺杆材料弹性模量,MPa,对于钢 $E = 2.1 \times 10^5$ MPa;G——螺杆材料的剪切弹性模量,MPa,对于钢 $G = 8.0 \times 10^4$ MPa;A、I——螺杆螺纹的截面积和极惯性矩;d_1——螺纹小径,mm。

δS_F 和 δS_M 在伸长变形时取"+"号(受拉力和 M 逆螺旋作用时),压缩变形时取"−"号(受压力和 M 顺螺旋作用时)。设计时常按危险情况考虑,则螺纹受载后的导程变化量为

$$\delta S = \delta S_F + \delta S_M \tag{11-24}$$

表 11-6　螺杆每米长度上允许导程变形量$(\delta S/S)_p$　　　　　　　　　　　　单位:$\mu m/m$

精 度 等 级	5	6	7	8	9
$(\delta S/S)$	10	15	30	55	110

注:如对 7 级精度,$S = 6$ mm 的许用变形值为 30 $\mu m/m$,如计算所得的 $\delta S = 0.15$ μm,则 $\delta S/S = (0.15/6) \times 10^3 = 25$ $\mu m/m$,在允许范围之内。

6. 螺杆的稳定性校核

细长螺杆受到较大轴向力时,可能会发生侧向弯曲而丧失稳定性。所以,当螺杆长径比较大时,需进行稳定性校核。螺杆的稳定性条件为

$$F_c/F_{max} \geqslant S_s \tag{11-25}$$

式中：F_c——螺杆失稳时的临界载荷，N；F_{max}——螺杆的最大轴向载荷，N，对于传力螺杆，$S_s=3.5\sim5$；对于传导螺杆，$S_s=2.5\sim4$；对于精密螺杆或水平螺杆，$S_s>4$。

临界载荷 F_c 与螺杆柔度 λ_s 有关，可根据 λ_s 的大小按表 11-7 选择不同的计算公式。

$$\lambda=\mu l/i \tag{11-26}$$

式中：μ——长度因数，见表 11-8；l——螺杆工作长度，mm；i——为螺杆危险截面的惯性半径，mm，可取为 $d_1/4$。

表 11-7　临界载荷计算公式

柔度 λ	临界载荷 F_c	
$\lambda\geqslant100$	$F_c=\dfrac{\pi^2 EI}{(\mu l)^2}$	
$40\leqslant\lambda<100$	普通碳素钢 $\sigma_b\geqslant380$ MPa	$F_c=(304-1.12\lambda)\pi d_1^2/4$
	优质碳素钢 $\sigma_b\geqslant480$ MPa	$F_c=(461-2.57\lambda)\pi d_1^2/4$
$\lambda<40$	不必进行稳定性计算	

注：表中，E——螺杆材料拉压弹性模量，对于钢 $E=2.1\times10^5$ MPa；I——螺杆危险截面惯性矩，$I=\pi d_1^4/64$，mm^4。

表 11-8　螺杆的长度因数 μ

端部支承情况	μ
两段固定	0.5
一端固定，一端不完全固定	0.6
一端固定，一端铰支	0.7
两端铰支	1.0
一端固定，一端自由	2.0

注：螺杆端部支承情况的判断原则如下：

①若采用滑动支承，以轴承长度 l_0 与直径 d_0 的比值确定。当 $l_0/d_0<1.5$ 时，为铰支；当 $l_0/d_0=1.5\sim3$ 时，为不完全固定；当 $l_0/d_0>3$ 时，为固定支承。

②若采用螺母作为支承，对整体螺母按第一点确定，此时取 $l_0=H$；对剖分螺母，可作为不完全固定支承。

③若采用滚动支承并有径向约束，可作为铰支；有径向和轴向约束时，可作为固定支承。

11.2.6　静压滑动螺旋传动

静压滑动螺旋传动是在工作中使螺纹工作面间形成液体静压油膜润滑（和液体静压轴承相同）的螺旋传动。这种螺旋采用梯形螺纹（见图 11-13）。在螺母每圈螺纹中径处开有 $3\sim6$ 个间隔均匀的油腔。同一母线上同一侧的油腔连通，用一个节流阀控制。油泵将精滤后的高压油注入油腔，油经过摩擦面间缝隙后再由牙根处回油孔流回油箱。当螺杆未受载荷时，牙两侧的间隙和油压相同。当螺杆受向左的轴向力作用时，螺杆略向左移，当螺杆受径向力作用时，螺杆略向下移。当螺杆受弯矩作用时，螺杆略偏转。由于节流阀的作用，在微量移动后各油腔中油压发生变化，螺杆平衡于某一位置，使油膜厚度维持在某一水平。

静压螺旋传动摩擦因数小，传动效率可达 99％，无磨损和爬行现象，无反向空程，轴向刚度很高，不自锁，具有传动的可逆性，但螺母结构复杂，而且需要有一套压力稳定、温度恒

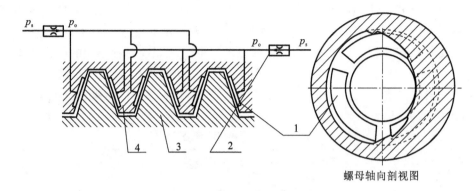

图 11-13　静压螺旋传动原理
1—油腔；2—节流器；3—螺杆；4—螺母

定和过滤要求高的供油系统。

11.3　滚动螺旋传动

11.3.1　滚动螺旋传动的特点

滚动螺旋传动是在螺杆和螺母之间放入适当数量的滚珠，使螺杆和螺母之间的滑动摩擦变为滚动摩擦的一种传动装置，又称滚珠丝杠副。滚动螺旋传动的主要特点如下。

（1）传动效率高　由于滚动摩擦因数小，摩擦损失小，故传动效率可达 90% 以上，且逆向传动效率接近于正向传动。

（2）工作寿命长　主要零件表面均经过表面硬化处理，故耐磨损，且维护简单。

（3）传动精度高　可通过轴向预紧，提高传动刚度，能做到无间隙传动，且运动灵敏度高，可有效地避免发生"爬行"，摩擦力矩不受速度变化的影响，传动灵活平稳。

（4）不能自锁　传动具有可逆性，当用于垂直传动时，需增加防逆转装置。

（5）结构比较复杂、工艺性差、体积大、成本高。

滚动螺旋由四个主要组成部分：螺杆 1、滚珠循环返回装置 2、滚珠 3 及螺母 4（分别见图 11-14、图 11-15）。工作时，滚珠沿螺杆螺旋滚道面滚动，在螺杆上滚动数圈后，滚珠从滚道的一端滚出并沿返回装置返回另一端，重新进入滚道，从而构成一闭合回路。

按滚珠不同的循环方式，可将滚动螺旋分为外循环式（见图 11-14）和内循环式（见图 11-15）两种。在外循环方式下，滚珠返回时离开丝杠螺纹滚道，在螺母的体内或体外循环滚动。外循环式滚动螺旋又分为螺旋槽式、插管式、端盖式的三种。内循环方式的滚珠在整个循环过程中始终与丝杠表面接触，其特点是滚珠循环回程短、流畅性好、效率高、螺母径向尺寸小，但反向器加工困难、装配不便。

滚动螺旋传动适于传动精度和灵敏度要求高的场合，例如数控机床的进给机构，各种精密机械与仪器等。目前，滚珠丝杠已标准化、系列化，并由专门厂生产，应用日趋广泛。设计时几乎可将其作为标准件使用。

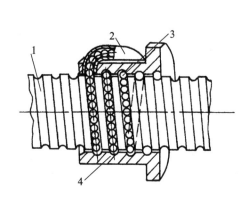

图 11-14　滚珠的外循环结构

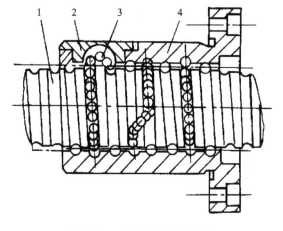

图 11-15　滚珠的内循环结构

1—螺杆；2—返回装置；3—滚珠；4—螺母

11.3.2　滚动螺旋传动主要尺寸参数及选择原则

1. 滚动螺旋的主要参数

滚动螺旋传动的主要参数如下。

(1)公称直径 d_0　也称名义直径，指滚珠与螺纹滚道在理论接触角状态时包络滚珠球心的圆柱直径，它是滚珠丝杠副的特征尺寸。d_0 越大，丝杠的承载能力和刚度越大。

(2)基本导程 P_h(或螺距 t)　指丝杠相对螺母旋转 2π 弧度时，螺母上基准点的轴向位移。精度要求高时应选取较小的基本导程。

(3)行程 l　指丝杠相对于螺母旋转任意弧度时，螺母上基准点的轴向位移。

(4)滚珠直径 d_b　一般取 $d_b=0.6P_h$，滚珠的工作圈数 j 一般取 $2.5\sim3.5$ 圈，而以工作滚珠总数 N 不大于 150 个为宜。第一、第二和第三圈(或列)分别承受轴向载荷的 50%、30% 和 20% 左右。

此外还有丝杠螺纹大径 d、丝杠螺纹小径 d_1、螺母螺纹大径 D、螺母螺纹小径 D_1、丝杠螺纹全长 L_s 等。

2. 基本选择原则

滚珠丝杠副可分为定位用(P 型)和传动用(T 型)两种：P 型用于精确定位，在知道导程后可以根据旋转角度间接测量轴向行程，这种滚珠丝杠副是无间隙的(或称预紧滚珠丝杠副)；T 型用于传递动力，如精度要求较高其轴向行程应通过直接测量获得。

(1)种类的选择　在精度要求不太高时，通常选择冷轧滚珠丝杠副，以便降低成本；在精度要求高或冷轧丝杠的额定载荷不能满足要求时需选择磨制或旋铣滚珠丝杠副。但不管选用何类滚珠丝杠副，螺母的尺寸应尽量在系列规格中选择，以降低成本、缩短货期。

(2)精度级别的选择　滚珠丝杠分为七个精度等级，即 1、2、3、4、5、7、10 级，1 级精度最高，依次递减。在对总长范围内的偏差无特殊要求的纯传动场合，通常选用"T"类，精度一般选为 T5 级(周期偏差在 0.01 mm 以下)、T7 级或 T10 级，以降低成本；在要求用于精密定位传动时，则要选择 P 类，精度级别应在 P1、P2、P3、P4、P5 级。其中，P1、P2 级一般用于非常精密的工作母机或要求很高的场合;P3、P4 级在高精度机床中用得最多、最广;P5 则使用大多数数控机床及其改造,如数控车,数控铣、镗,数控磨及各种配合数控装置的传动机构。

(3)规格的选择 首先应保证螺旋副能够承受足够的载荷(动载和静载),其次应考虑使用状态。除此以外,对于磨制或旋铣滚珠丝杠副(冷轧的不需要考虑长径比),要估算长径比,原则上应使其长径比小于 50,对 P 类丝杠而言更是如此:长径比越小,越利于加工和保证各项形位公差。

(4)预紧方式的选择 对于允许有一定返向间隙的纯传动,多选用单螺母,其价格相对便宜、传动更灵活;对于不允许有返向间隙的精密传动,则需选择双螺母预紧,以利于预紧力的调整和保持,并保证重复调整的可能性。

(5)导程的选择 导程选择主要与所需要的运动速度有关。在满足速度要求的前提下,选择较小导程有利于提高控制精度;如要求速度较高,可增加导程,磨制丝杠的导程一般可做到约等于公称直径。导程越大,同条件下的旋转分力越大,周期误差被放大,速度越快。由于在速度很高的场合,主要的要求是灵活,间隙意义变小,因此大导程丝杠一般都采用单螺母预紧方式。

(6)安装方式选择 滚珠丝杠副的安装方式包括螺母安装和螺杆安装两部分,不同的螺母安装尺寸和方式有所不同,应根据产品样本设计具体的安装结构;滚动螺杆有多种常用的标准端部可选,也允许由用户根据具体情况定制,为节约时间和成本应尽量选择标准端部。

除上述因素以外,定位精度、重复定位精度、压杆稳定性、极限转速、峰值静载荷以及循环系统的极限速率等因素也应在考虑之列。对此,可参考有关的资料。

11.3.3 滚珠丝杠副的规格选择计算

1.选择精度

滚珠丝杠副的精度直接影响传动和定位精度。其中,导程误差对定位精度的影响最为明显。在初步设计时,通常设定 2π 弧度内的行程变动量或丝杠在任意 300 mm 上的行程变动量小于目标定位精度值的 $1/3 \sim 1/2$,并在最后进行精度验算。各种精度滚珠丝杠副的导程误差见表 11-9。

表 11-9 任意 300 mm 的行程变动量和 2π 弧度内行程变动量   单位:μm

序号	检 验 内 容	符号	精 度 等 级						
			1	2	3	4	5	7	10
1	任意 300 mm 行程内行程变动量	V_{300P}	6	8	12	16	23	52	210
2	2π 弧度内行程变动量(本项仅适用于 P 类滚珠丝杠副)	$V_{2\pi P}$	4	5	6	7	8	—	—

2.确定丝杆导程

丝杆导程 P_h 一般根据快速进给时的最高速度 v_{max}、电动机的最高转速 n_{max} 及电动机至丝杆之间传动装置的减速比 i 来确定,丝杆基本导程 P_h 应满足式(11-27)并圆整至标准值。

$$P_h \geqslant \frac{60 i v_{max}}{n_{max}} \tag{11-27}$$

式中：P_h——丝杆导程，mm；最高速度 v_{max}——所需的最高移动速度，mm/s；n_{max}——电动机的最高转速，r/min。

3. 确定滚珠丝杠规格

滚珠丝杠副的承载能力用额定动载荷或额定静载荷来表示。滚珠丝杠副的额定动载荷 C_a 是指一批相同规格的滚珠丝杠螺母副经过运转一百万转后，90％的丝杠副的螺纹滚道和滚动体不产生疲劳剥伤（点蚀）所能承受的最大轴向载荷（类似于滚动轴承）。额定静载荷 C_{a0} 是指在滚珠丝杠副在静态或低速（$n<10$ r/min）条件下，受接触应力最大的滚珠和滚道接触面间产生的塑形变形量之和达到滚珠直径的 0.000 1 倍时的最大轴向载荷。

滚珠丝杠通常根据其额定动载荷选用。滚珠丝杠的当量动载荷

$$C_m = K_P K_r F_m \sqrt[3]{L} \tag{11-28}$$

式中：L——工作寿命，以 10^6 转为单位，$L=60nT\times10^{-6}$，其中 n 为丝杠转速（r/min），T 为使用寿命，见表 11-10；K_p——载荷性质系数，见表 11-11；K_r——硬度影响系数，见表 11-12；F_m——轴向工作载荷，N，当载荷按规律变化，各种转速的使用机会相同时，有

$$F_m = (2F_{max} + F_{min})/3 \tag{11-29}$$

其中 F_{max}、F_{min} 分别为丝杠的最大、最小轴向载荷（N）。最小载荷 F_{min} 一般指机器空载时滚珠丝杠副的传动力，如工作台重量引起的摩擦力；最大载荷 F_{max} 指机器承受最大工作载荷时滚珠丝杠副的传动力，如机床切割时，切削力在滚珠丝杠上的轴向分力与导轨摩擦力之和即为 F_{max}（这时导轨摩擦力是由工作台、工件、夹具三者总的重量以及切削力在垂直导轨方向的分量共同引起的）。

表 11-10　各类机械预期使用寿命 T

机 械 类 型	T	备　　注
普通机械	5 000～10 000	
普通机床	10 000	
数控机床	15 000	$T=$每年工作天数×每天工作时数
精密机床	20 000	×年数×开机率
测试机械	15 000	
航空机械	100	

表 11-11　载荷性质系数

载 荷 系 数	无冲击、平稳	轻微冲击	伴有冲击、振动
K_p	1.0～1.2	1.2～1.5	1.5～2.5

表 11-12　硬度系数

硬度值 HRC	≥58	55	52.5	50	45
硬度系数 K_r	1.0	1.11	1.35	1.56	2.4

在完成上述计算后，可从滚珠丝杆产品样本中找出与当量动载荷 C_m 相近的额定动载荷 C_a，并使 $C_m<C_a$，初步选取数个满足的丝杠型号并查取有关的结构参数；初选后，应根据

具体工作要求对结构尺寸、循环方式、调隙方法及传动效率等进行分析,并从初选型号中选出较为合适的公称直径、导程、滚珠工作圈数、滚珠列数等,确定型号;最后根据所选型号,列出各参数值,并验算其刚度和稳定性。如不满足要求,需另选其他型号,再做上述验算,直至满足要求为止。

对于低速运转的滚珠丝杠副($n<10$ r/min),应按最大轴向工作载荷,即按计算静载荷 C_j 为选择依据,保证

$$C_j = K_P \times K_r \times F_{max} \leqslant C_{a0} \tag{11-30}$$

式中:F_{max} ——最大轴向工作载荷,N;C_{a0} ——额定静载荷,N;其余参数含义同前。

习 题

11-1 螺旋传动的用途是什么? 按其用途的不同螺旋传动可分为哪几类?

11-2 按螺旋副摩擦性质的不同,螺旋传动可分为哪几类? 试说明它们的优缺点。

11-3 滑动螺旋的主要失效形式是什么? 其基本尺寸(及螺杆直径及螺母高度)主要根据哪些计算准则来确定?

11-4 图 11-16 所示为铣床升降台螺旋传动结构,它采用单头梯形螺纹,其大径 $d=50$ mm,小径 $d_1=41$ mm,中径 $d_2=46$ mm,螺距 $P=8$ mm,最大工作载荷 $F=25$ kN,螺杆材料为 45 钢,螺母材料为青铜,螺纹间摩擦因数 $f=0.1$,验算此螺旋的耐磨性、强度及稳定性,并判断此螺旋能否自锁。

11-5 设计简单千斤顶的螺杆和螺母的主要尺寸,已知起重量为 40 000 N,起重高度为 200 mm,材料自选。

11-6 滚动螺旋传动的典型结构有哪些形式? 各有什么优缺点?

11-7 滚动螺旋副的主要技术参数和选用原则有哪些?

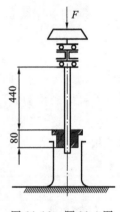

图 11-16 题 11-4 图

第4篇 轴系零部件

回转运动是机械中最常见的运动形式,而轴系则是实现这一运动不可或缺的组成部分。轴系零部件通常指轴、轴承、轴承器、离合器等。在机械设计时,通常将轴系作为一个整体来考虑。在轴系零部件中,轴是其中的关键零件:轴上的传动零件都要通过轴传递运动和动力,而轴则由轴承支承以承受作用在轴上的载荷。所以在很大程度上轴系的设计也可以视为是轴的结构和支承方式的设计。作为实现回转运动的基础,轴系零部件的性能及构成方式将直接影响机器的工作能力、生产率和生产能力。

作为最基本的要求,强度是所有轴系零件设计时必须首先保证的。除此以外,还应该从轴系的特点出发,充分考虑刚度、回转运动的精度、对外界影响的补偿及运动控制能力等方面的问题。

(1)轴系的刚度　轴系的刚度指的是轴系在受力之后的变形程度。刚度越大,在同样受力情况下的变形就越小。轴系刚度包括轴的变形以及支承的变形,在总变形中因轴的弹性变形而产生的位移占 50%~70%,因轴承刚度而产生的位移占 30%~50%。在轴系发生变形后,不但轴上传动件的运动特性将变差,而且还会引起位置精度的变化。为了保证轴系有足够的刚度,应从影响刚度的各个环节出发,即需要同时考虑轴和支承的刚度。一般而言,滚动轴承比滑动轴承的刚度高;滚子轴承比球轴承的刚度高;静压轴承比动压轴承的刚度高。不同的轴结构影响轴的刚度,对于轴的刚度将在第 15 章中进行介绍。

(2)轴系的回转精度　对轴系而言,所有与回转运动有关的零件都与轴系的回转精度有关,但影响程度不同。譬如说,轴承是轴系的基础支承,其回转精度将影响轴系的所有运动件,而轴上的传动件的回转精度则主要影响与其相关传动件的运动精度。为了提高回转精度,轴和轴承孔都应有较高的圆度和圆柱度,前、后轴承应有较高的同轴度。在有较高回转精度要求时,轴承应选用精密滚动轴承或特种滑动轴承(如多油楔轴承、静压轴承等)。

(3)对外界影响的补偿和隔离能力　在一般的情况下,轴系的运动不是孤立的,而是与外界存在某种形式的关联,应通过合理的设计减少它们相互之间的有害影响。如采用合适的联轴器实现缓冲和吸振、补偿轴间的位置误差等。

除此以外,还应注意尽量减少不必要的附加载荷,如对高速回转的轴,轴和轴上零件应该具有较高的平衡精度等。

本篇共分四章,包括:滑动轴承,滚动轴承,联轴器、离合器和制动器,轴。

第12章 滑动轴承

本章介绍了滑动轴承的分类,雷诺方程,非完全液体润滑轴承的条件计算,影响滑动轴承承载能力的参数,滑动轴承的材料选择特点,以及径向动压润滑滑动轴承的设计计算。

12.1 概述

根据摩擦性质不同,轴承可分为滑动摩擦轴承(简称滑动轴承)和滚动摩擦轴承(简称滚动轴承)两大类。滚动轴承的摩擦因数低,启动阻力小,而且已经标准化,设计、使用、润滑、维护都很方便,因此在一般机器中应用较为广泛;由于滑动轴承本身具有的一些独特优点,它在某些场合仍占有重要的地位。

本章主要介绍滑动轴承。滑动轴承的优点主要体现在以下几个方面:

(1)轴承为面接触,因而承载能力大;

(2)轴承工作面上的油膜有减振、缓冲和降噪的作用,因而工作平稳、噪声小;

(3)处于流体摩擦状态下的滑动轴承摩擦因数小、磨损轻微、寿命长;

(4)影响精度的零件数较少,故可达到很高的回转精度;

(5)结构简单,径向尺寸小;

(6)能在特殊工作条件下正常工作,如在水下、腐蚀介质或无润滑介质中,等等;

(7)可做成剖分式,便于安装。

滑动轴承的上述优点使得它在航空发动机附件、仪表、金属切削机床、内燃机、铁路机车及车辆、轧钢机、雷达、卫星通信地面站、天文望远镜等多个领域有着很广泛的应用。

目前滑动轴承主要应用于以下几种场合:①利用滑动轴承中流体膜具有较好的缓冲和吸振作用的特点,用于承受巨大的冲击和振动载荷以及工作转速特别高的场合;②利用滑动轴承可剖分特点,用于根据装配要求必须将轴承做成剖分形式的场合(如曲轴的轴承);③利用滑动轴承径向尺寸较小的特点,在径向空间尺寸受到限制时使用;④其他工况,如轴承要求轴的支承位置特别精确、为特重型轴承、轴承在特殊的工作条件下(如在水中或腐蚀性的介质中)工作时等。

滑动轴承有多种分类方式。

(1)按承受载荷方向 根据滑动轴承所能承受载荷的方向不同,可分为径向轴承(承受径向载荷)和止推轴承(承受轴向载荷)。

(2)按不同的润滑状态 根据其滑动表面间润滑状态的不同可分为流体润滑轴承、不完全流体润滑轴承和无润滑轴承。

(3)按润滑承载机理 根据液体润滑承载机理的不同,又可分为流体动力润滑轴承(简称流体动压轴承)和流体静力润滑轴承(简称流体静力轴承)。

(4)按润滑剂 根据润滑剂不同可分为液体润滑轴承、气体润滑轴承、脂润滑轴承和固体润滑轴承,本章主要介绍液体润滑轴承。

12.2　滑动轴承的结构形式、失效形式及常用材料

12.2.1　径向滑动轴承的主要结构形式

径向滑动轴承的主要结构形式有整体式和剖分式两种。

1. 整体式径向滑动轴承

整体式径向滑动轴承的常见结构形式如图 12-1 所示,它由轴承座、整体式轴套等组成。在轴承座上设有安装润滑油杯的螺纹孔,轴套上开有进油孔和油槽。这种轴承结构简单,成本低廉。它的主要缺点是在轴套磨损后,轴承间隙无法调整;由于只能从轴颈端部装拆,对于质量大的轴装拆很不方便,而且也不能用于具有中间轴颈的轴。这种轴承多用于低速、轻载或间歇性工作的机器,轴承尺寸较小的场合,如手动机械等。

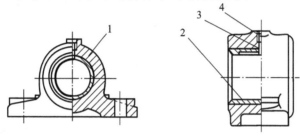

图 12-1　整体式径向滑动轴承

1—轴承座;2—整体轴套;3—油孔;4—螺纹孔

2. 剖分式径向滑动轴承

剖分式径向滑动轴承由剖分式轴承座(分为轴承座和轴承盖)、剖分式轴瓦和双头螺柱等组成,其结构形式如图 12-2 所示。轴承座的剖分面常做成阶梯形的,以便对中和防止横向错动,其间加有调整垫片。为保证更好的承载效果,轴承剖分面最好与载荷方向近似垂直。图 12-2 和图 12-3 分别给出了水平剖分和斜剖分径向滑动轴承的结构。

这种轴承装拆方便,并且轴瓦磨损后可以用减少剖分面处的垫片厚度来调整轴承间隙。剖分轴承座以标准化,如 JB/T 2561—2007 和 JB/T 2562—2007 分别给出了二螺柱和四螺柱的滑动轴承座的标准。

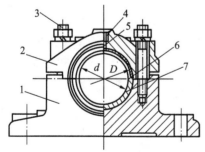

图 12-2　水平剖分径向滑动轴承

1—轴承座;2—轴承盖;3—双头螺柱;4—螺纹孔;

5—油孔;6—油槽;7—剖分式轴瓦

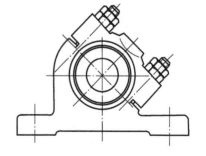

图 12-3　斜剖分径向滑动轴承

3.调心式径向滑动轴承

调心式径向滑动轴承结构如图 12-4 所示。其特点是轴瓦外表面做成球面形状,与轴承盖及轴承座的球状内表面相配合,轴瓦可自动调位以适应轴径在轴弯曲时所产生的偏斜,避免轴承两端的边缘接触。主要适用于宽径比 $B/d>1.5$ 的轴承。

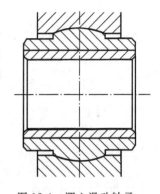

图 12-4 调心滑动轴承

12.2.2 推力滑动轴承

推力滑动轴承的承载面与轴线垂直,主要用来承受轴向载荷,当与径向轴承组合使用时,可以承受复合载荷。

推力滑动轴承主要由止推轴承座和止推轴颈组成。常用的结构形式有空心式、单环式和多环式,其结构如图 12-5 所示。因实心式轴承端面上的压力分布极不均匀,靠近中心处的压力很高,对润滑极为不利,所以通常不用实心式轴承。空心式轴径接触面上压力分布较均匀,润滑条件较实心式有所改善;单环式是利用轴颈的环形端面止推,而且可以利用纵向油槽输入润滑油,结构简单,润滑方便,广泛用于低速、轻载的场合;多环式止推轴承能够承受较大的轴向载荷,但载荷在各环间分布不均。

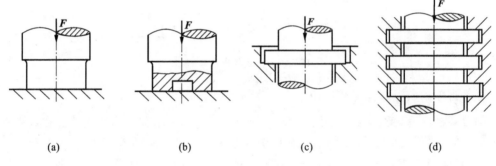

| (a) | (b) | (c) | (d) |

图 12-5 推力滑动轴承结构简图

12.2.3 主要失效形式

在滑动轴承工作时,由于润滑不良、温升太高、杂质侵入、轴颈倾斜等因素的存在会引起磨损、刮伤、咬黏、疲劳剥落、腐蚀等失效。

1.磨粒磨损和刮伤

从外界进入轴承间隙间的硬颗粒(如灰尘、砂粒等)和在工作过程中产生的磨屑或嵌入轴承表面,或游离于间隙随轴转动,对轴颈和轴承表面起研磨作用。这些硬颗粒以及轴颈表面的粗糙轮廓将引起轴承表面的材料转移或线状伤痕,称为磨粒磨损(见图 12-6)和刮伤。它们将导致轴承的几何形状改变、精度丧失,轴承间隙加大,轴承性能恶化。

动压滑动轴承在启动、停车过程时所处的非完全液体润滑状态以及因轴颈偏斜而发生的边缘接触都将加剧轴承磨损。

图 12-6 磨粒磨损

图 12-7 咬黏

2. 胶合(咬黏)

当轴承因温升过高、载荷过大导致油膜破裂,因磨粒堆积或轴承和轴的热膨胀系数不同而引起轴承间隙变化,或者在润滑油供应不足的条件下,轴颈和轴的相对运动表面材料可能发生大规模黏附和迁移,称为咬黏(见图 12-7)。咬黏引发的失效与磨粒磨损和刮伤引发的失效存在过程上的不同。后者一般是进展性的而前者通常是瞬时性的,严重时甚至可能导致相对运动的中止。

3. 疲劳剥落

在载荷反复作用下,轴承表面出现与滑动方向垂直的疲劳裂纹,当裂纹向轴承衬与衬背结合面扩展后,造成轴承衬材料的剥落(见图 12-8),称为疲劳剥落。它与轴承衬和衬背因结合不良或结合力不足造成的轴承衬的剥离有些相似,但疲劳剥落周边不规则、结合不良造成的剥离的周边比较光滑。

图 12-8 疲劳剥落

4. 腐蚀

腐蚀是金属与环境之间的物理-化学作用。润滑剂在使用过程中因氧化而生成的酸性物质对轴承材料有腐蚀性,特别是对铸造铜铅合金中的铅易产生腐蚀作用而形成点状的脱落。其他如氧对锡基巴氏合金的腐蚀会使轴承表面形成一层由 SnO_2 和 SnO 混合组成的黑色硬质覆盖层,它能擦伤轴颈表面,并使轴承间隙变小;硫对含银或含铜的轴承材料的腐蚀;润滑油中的水分对铜铅合金的腐蚀;等等。

此外,由于工作条件不同,滑动轴承还可能出现气蚀、流体侵蚀、电侵蚀和微动磨损等损伤。

12.2.4 对滑动轴承材料的基本要求

轴承和轴承衬使用的材料称为轴承材料。针对滑动轴承的主要失效形式,在轴承材料选择时通常将提出如下要求。

(1)良好的减摩性、耐磨性和抗咬黏性 为使轴承工作时轴承的磨损小,轴承材料应具有低的摩擦因数和磨损率,并具有良好的耐热性和抗黏附性。

(2)良好的摩擦顺应性、嵌入性和磨合性 材料的顺应性是指材料通过表层的弹塑性变形来补偿轴承滑动表面初始配合不良的能力。嵌入性是指材料容纳硬质颗粒嵌入,从而减轻滑动轴承发生刮伤或磨粒磨损的性能。磨合性是指轴瓦与轴颈表面经短期轻载运转后,形成相互吻合的表面粗糙度的能力。轴承表面不可能是完全光滑的,而在工作时轴承间隙也不可避免地会存在一些微小的固体颗粒,上述性能可减少轴瓦和轴颈被刮伤的可能性。

(3)足够的强度和耐蚀性 为了使轴承在变载荷下有足够的寿命,避免产生过大的塑性变形,轴承材料需要有足够的强度;因润滑油在使用过程中的氧化会对轴承产生腐蚀,所以需要轴承材料有较高的耐蚀性。

(4)良好的导热性和较小的热膨胀系数 轴承工作时存在的滑动摩擦会产生热量,为保证轴承处于正常工作状态,轴承的温升不能太高,而良好的导热性将有助于热量的散发;另一方面,热膨胀将改变轴承间隙,影响轴承工作的稳定性。较小的热膨胀系数(理想状态下是与轴材料具有相同的热膨胀系数)将可以减少这一影响。

除了上述性能以外,还希望轴承材料具有良好的加工工艺性和经济性。

事实上能够满足上述所有条件的材料是不存在的,所以在设计时应针对具体情况进行详细的分析,给出合理的指标。

12.2.5 常用材料

常用的轴承材料可分为金属和非金属两大类。

1. 金属材料

金属是最常用的轴承材料。金属轴承材料的基本构成可分为"软基硬质点"和"硬基软质点"两大类,其中的硬度较高的构成主要起承载和抗磨作用,而较软的构成则起着提供良好的磨合性、嵌入性及防咬黏和减摩的作用。一般而言,材料越软,其磨合性、嵌入性、防咬黏和减摩性能越优良,但承载能力越差。常用的金属轴承材料有轴承合金、铜合金、铝基合金和铸铁等。

(1)轴承合金 轴承合金(俗称巴氏合金或白合金)是锡、铅、锑、铜的合金,它以锡或铅作基体,其内含有锑锡(Sb-Sn)、铜锡(Cu-Sn)的硬晶粒。轴承合金的弹性模量和弹性极限都很低,在所有轴承材料中嵌入性和摩擦顺应性最好,而且很容易和轴颈磨合,也不易与轴颈发生咬黏。由于强度很低,所以轴承合金通常不单独制成轴瓦,而是贴附在青铜、钢或铸铁轴瓦上做轴承衬。轴承合金适用于重载、中高速场合,其价格较贵。

(2)铜合金 铜合金是最常用的金属轴承材料,常用的铜合金有青铜和黄铜,因青铜性能优于黄铜所以更为常用。青铜有锡青铜、铅青铜和铝青铜之分。与轴承合金相比,青铜的硬度高,磨合性及嵌入性差,但强度高。常用青铜材料中,锡青铜的减摩性最好,应用较广,适用于重载及中速场合；铅青铜抗黏附能力强，适用于高速、重载轴承。铝青铜的强度及硬度较高，抗黏附能力较差，适用于低速、重载轴承。

(3)铝基合金　铝基轴承合金有相当好的耐蚀性和较高的疲劳强度，摩擦性能亦较好。这些品质使铝基合金在部分领域取代了较贵的轴承合金和青铜。铝基合金可以制成单金属零件(如轴套、轴承等)，也可制成双金属零件。双金属轴瓦以铝基合金为轴承衬，以钢作衬背。

(4)灰铸铁及耐磨铸铁　铸铁所含的片状或球状石墨在材料表面上覆盖后，可以形成一层起润滑作用的石墨层，具有一定的减摩性和耐磨性。所以普通灰铸铁，加有镍、铬、钛等合金成分的耐磨灰铸铁，或者球墨铸铁都可以用做轴承材料。由于铸铁性脆、磨合性差，故只适用于轻载低速和不受冲击载荷的场合。此外，石墨在吸附碳氢化合物后边界润滑性能提高，故采用铸铁作为轴承材料时，应加润滑油。

(5)多孔质金属材料　多孔质金属材料用不同金属粉末(常用铁粉和青铜粉)经压制、烧结而成。其内部为多孔结构，孔隙占体积的 $10\% \sim 35\%$。使用前先把轴瓦在热油中浸渍数小时，使孔隙中充满润滑油，因而通常把这样制成的轴承称为含油轴承。工作时，由于轴颈转动的抽吸作用及轴承发热时油的膨胀作用，润滑油进入摩擦表面间起润滑作用；不工作时，因毛细管作用，油便被吸回到轴承内部，故在相当长时间内，即使不加润滑油轴承仍能很好地工作。如果定期给以供油，则使用效果更佳。多孔材料的孔隙率越高，材料的含油量越多，自润滑性能越好，但强度越低。用多孔质金属材料制造轴承时通常采用直接压制成形，而不经切削加工，以避免在表面形成紧密薄层而影响工作性能。含油轴承维护性能良好，特别适用于对油量有限制或不便加油的场合。由于多孔质金属材料韧性较小，通常只适用于平稳、无冲击载荷及中低速场合。

含油轴承已被广泛的应用于各类机械。多孔铁常用来制作磨粉机轴套、机床油泵衬套、内燃机凸轮轴衬套等。多孔质青铜常用来制作电唱机、电风扇、纺织机械及汽车发电机的轴承。我国已有专门制造含油轴承的企业，需要时可根据设计手册选用。

2.非金属材料

非金属材料中应用最多的是各种塑料(聚合物材料)，如酚醛树脂、尼龙、聚四氟乙烯等。它们的基本特点是：①与许多化学物质不起反应，抗腐蚀能力特别强；②具有一定的自润滑性，可以在无润滑条件下工作；③嵌入性好；④减摩性及耐磨性都比较好。

碳-石墨是一种良好的固体润滑剂，可作为不良环境中的轴承材料。其中石墨含量愈多，材料愈软，摩擦因数愈小。可在碳-石墨材料中加入金属、聚四氟乙烯或二硫化钼组分，也可以浸渍液体润滑剂以改变碳-石墨材料的特性。碳-石墨轴承的自润性和减摩性取决于吸附的水蒸气量，含水量越高则自润性和减摩性越好。碳-石墨和含有碳氢化合物的润滑剂有亲和力，加入润滑剂有助于提高其边界润滑性能。

其他常用于制作轴承的非金属有橡胶和木材。橡胶主要用于以水做润滑剂且环境较脏污之处。而采用木材制成的轴承可在灰尘极多的条件下工作。

滑动轴承常用的材料及其主要性能见表 12-1 和表 12-2。

表 12-1 滑动轴承常用的整体金属材料及其性能

轴承材料		载荷	最大许用值			最高工作温度 t/℃	轴颈硬度/HBS	特点及应用
			[p]/MPa	[v]/(m/s)	[pv]/(MPa·m/s)			
锡锑轴承合金	ZSnSb11Cu6	平稳载荷	25	80	20	150	150	用于高速、重载下工作的重要轴承，变载荷下易于疲劳，价贵
	ZSnSb8Cu4	冲击载荷	20	60	15			
铅锑轴承合金	ZPbSb16Sn16Cu2		15	12	10	150	150	用于中速、中等载荷的轴承，不易受显著冲击。可作为锡锑轴承合金的代替品
	ZPbSb15Sn5Cu3Cd2		5	8	5			
锡青铜	ZCuSn10P1（10-1锡青铜）		15	10	15	280	300~400	用于中速、重载及变载荷的轴承
	ZQSn6-6-3		8	6	6			用于中速、中载的轴承
	ZCuSn5Pb5Zn5（5-5-5锡青铜）		8	3	15			用于中速、中载的轴承
铝青铜	ZCuPb30（30铅青铜）		25	12	30	280	300	用于高速、重载轴承，能承受变载荷冲击
铝青铜	ZCuAl10Fe3（10-3铝青铜）		15	4	12	280	300	最宜用于润滑充分的低速重载轴承

续表

轴承材料		最大许用值			最高工作温度 $t/℃$	轴颈硬度 /HBS	特点及应用
		[p] /MPa	[v] /(m/s)	[pv] /(MPa·m/s)			
黄铜	ZCuZn16Si4 (16-4硅黄铜)	12	2	10	200	200	用于低速、中载轴承
	ZCuZn40Mn2 (40-2锰黄铜)	10	1	10	200	200	用于高速、中载轴承，是较新的轴承材料，强度高、耐腐蚀、表面性能好。可用于增压强化柴油机轴承
铝基轴承合金	2%锡铝合金	28~35	14	—	140	300	
三元电镀合金	铝-硅-镉镀层	14~35	—	—	170	200~300	镀铝锡青铜作中间层，再镀 10~30 μm 三元减磨层，疲劳强度高，嵌入性好
银	镀层	28~35	—	—	180	300~400	镀银，上附薄层铝，再镀钢。常用于飞机发动机、柴油机轴承
耐磨铸铁	HT300	0.1~6	3~0.75	0.3~4.5	150	<150	宜用于低速、轻载的不重要轴承，价廉
灰铸铁	HT150~HT250	1~4	2~0.5	—	—	—	

表 12-2　滑动轴承常用的非金属和多孔质金属材料及其性能

轴承材料		[p]/MPa	[V]/(m/s)	[pV]/(MPa·m/s)	最高工作温度 t/℃	特点及应用
非金属材料	酚醛树脂	41	13	0.18	120	由棉织物、石棉等填料经酚醛树脂黏结而成。抗咬合性好，强度、抗振性也极好，能耐酸、碱，导热性差，重载时需用油充分润滑，轴承间隙宜取大些
	尼龙	14	3	0.11(0.05 m/s) 0.09(0.5 m/s) <0.09(5 m/s)	90	摩擦因数低，耐磨性好，无噪声。金属瓦上覆以尼龙薄层，能受中等载荷。加入石墨、二硫化钼等填料能提高其力学性能、刚性和耐磨性。加入耐热成分的尼龙可提高工作温度
	聚碳酸酯	7	5	0.03(0.05 m/s) 0.01(0.5 m/s) <0.015(5 m/s)	105	聚碳酸酯、醛缩醇、聚酰亚胺等都是较新的塑料。物理性能好。易于喷射成形，比较经济。醛缩醇和聚碳酸酯稳定性好，填充石墨的聚酰亚胺温度可达280℃
	醛缩醇	14	3	0.1	100	
	聚酰亚胺	—	—	4(0.05 m/s)	260	
	聚四氟乙烯	3	1.3	0.04(0.05 m/s) 0.06(0.5 m/s) <0.09(5 m/s)	250	摩擦因数很低，自润滑性能好，能耐任何化学药品的侵蚀，适用温度范围宽(>280℃时有少量有害气体放出)，但成本高，承载能力低。用玻璃丝、石墨为填料，则承载能力和[pV]值可大为提高
	PTFE织物	400	0.8	0.9	250	
	填充PTFE	17	5	0.5	250	
	碳-石墨	4	13	0.5(干) 5.25(润滑)	400	有自润滑性及高的导磁性和导电性，耐蚀性能力强，常用于水泵和风动设备中的轴套
	橡胶	0.34	5	0.53	65	橡胶能隔振，降低噪声，减小动载，补偿误差，导热性差，需加强冷动，温度高易老化。常用于有水、泥浆等的工业设备中

续表

轴承材料		最大许用值			最高工作温度 $t/℃$	特点及应用
		$[p]$ /MPa	$[V]$ /(m/s)	$[pV]$ /(MPa·m/s)		
多孔质金属材料	多孔铁 (Fe 95%, Cu 2%, 石墨和其他 3%)	55(低速,同歇) 21(0.013 m/s) 4.8(0.51~0.76 m/s) 2.1(0.76~1 m/s)	7.6	1.8	125	具有成本低、含油量多、耐磨性好、强度高等特点,应用很广
	多孔青铜	27(低速,同歇) 14(0.013 m/s) 3.4(0.51~0.76 m/s) 1.8(0.76~1 m/s)	4	1.6	125	孔隙度大的多用于高速轻载轴承,孔隙度小的多用于摆动或往复运动的轴承。长期运转而不补充润滑剂的应降低[pv]值。高温或连续工作的应定期补充润滑剂

12.3 轴瓦结构

12.3.1 基本结构类型

滑动轴承的设计基本上可视为轴瓦的设计,轴瓦结构是否合理对轴承性能影响很大。有时为了节省贵重材料或出于结构需要,常在轴瓦的内表面上浇注或轧制一层轴承合金,称之为轴承衬。轴瓦应具有一定的强度和刚度,在轴承中定位可靠,便于输入润滑剂,容易散热,并且装拆、调整方便。

常用的轴瓦有整体式和剖分式两种结构。

整体式轴瓦结构如图 12-9 所示。整体式轴瓦按材料及制法不同,分为整体轴套和单层、双层或多层材料的卷制轴套。非金属整体式轴瓦既可以是整体非金属轴套,也可以是在钢套上镶衬非金属材料而形成的。

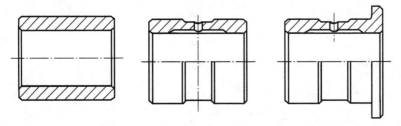

图 12-9 整体式轴瓦结构

对开式轴瓦有厚壁和薄壁之分。厚壁轴瓦(见图 12-10)用铸造方法制造,内表面可附有轴承衬,常将轴承合金用离心铸造法浇注在铸铁、钢或青铜轴瓦的内表面上。为使轴承合金和轴瓦贴附得好,常在轴瓦内表面上制出各种形式的榫头、凹沟或螺纹。

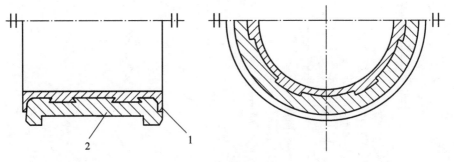

图 12-10 对开式厚壁轴瓦

1—轴承衬;2—轴瓦

由于薄壁轴瓦(见图 12-11)能用双金属板连续轧制等新工艺进行大量生产,故质量稳定,成本低;但轴瓦刚性小,装配时不再修刮轴瓦内圆表面,轴瓦受力后,其形状完全取决于轴承座的形状,因此,轴瓦和轴承座均需精密加工。薄壁轴瓦在汽车发动机、柴油机上得到了广泛的应用。

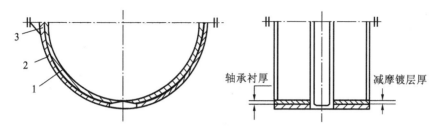

图 12-11　对开式薄壁轴瓦
1—轴承衬;2—轴瓦(衬背);3—定位唇

12.3.2　设计时的注意事项

滑动轴承设计的关键问题是轴瓦的定位和轴瓦上油孔和油槽的位置和形状设计。

1. 轴瓦的固定

轴瓦和轴承座不允许有相对移动。为了防止轴瓦与轴承座的相对移动,可将轴瓦做出凸缘(见图 12-12a),也可以加装骑缝螺钉(见图 12-12b)或销钉(见图 12-12c)将其固定在轴承座上。或者在轴瓦剖分面上冲出定位唇以供定位用(见图 12-11)。

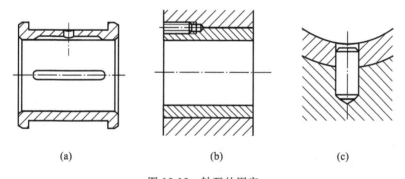

(a)　　　　　　(b)　　　　　　(c)

图 12-12　轴瓦的固定
(a)做出凸缘;(b)用骑缝螺钉固定;(c)用销钉固定

2. 油孔及油槽

在轴瓦内设置油孔和油槽的目的是保证润滑剂能顺利地进行入轴承并充满需要润滑的区域。对于始终在边界润滑状态下工作的滑动轴承,为使油能够在承载区更好地铺展而获得良好的润滑效果,应将油槽开在承载区域,但油槽不应过多过宽,以免占用过多的承载面积,影响承载能力。

流体动压润滑轴承的油孔和油槽的开设位置完全不同于始终在边界润滑状态下工作的滑动轴承。由于在油孔和油槽处的压力近似等于轴承的供油压力,所以当它们被开设在承载区时,压力将被拉低至供油压力,从而严重影响轴承的承载能力。图 12-13a 所示为轴向油槽对周向压力分布的影响;图 12-13b 和图 12-13c 所示分别为周向油槽对周向压力分布和轴向压力分布的影响。由图可见轴向油槽对压力分布的影响更大,而周向油槽则可视为将一个宽轴承分成了两个较窄的轴承。

为保证不影响承载能力,对于工作在流体动压润滑状态下的滑动轴承,油孔和油槽不应开在承载区,而应开在收敛油楔的入口端(最大油膜厚度处)。为保证这一点,油槽的位置应与载荷作用方向相对固定。如果载荷方向是固定的,油槽应开在固定零件上(通常为轴瓦);如果载荷方向是旋转的,油槽应开在旋转的零件上(通常为轴),并合理地设计供油装置。

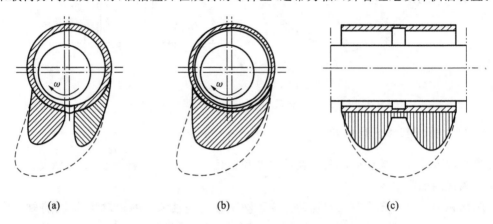

(a)   (b)   (c)

图 12-13   油槽对对动压润滑滑动轴承压力分布的影响

12.4 润滑剂的选用

滑动轴承的润滑剂可分为固体、半固体和流体。其中使用最广泛的是润滑油,其次是润滑脂,而气体和固体润滑剂通常只用于一些有特殊要求的场合。譬如在速度很高的轴承中采用气体润滑剂可以有效地减小摩擦阻尼和温升,而在高真空、超低温和高温的条件下的固体润滑剂将起到良好的润滑作用。除此以外,水性润滑剂也正得到人们的重视。

1. 润滑脂及其选择

使用润滑脂也可以形成将两相对滑动表面完全分开的一层薄膜。润滑脂属于半固体润滑剂,流动性差,故无冷却效果,常用在那些要求不高、难以经常供油,或低速重载以及作摆动运动的轴承中。润滑脂牌号可按表 12-3 选择。

表 12-3   润滑脂牌号

压力 p/MPa	轴颈圆周速度 $v/(\mathrm{m/s})$	最高工作温度 $t/℃$	选用牌号
$\leqslant 1.0$	$\leqslant 1$	75	3 号钙基脂
$1.0 \sim 6.5$	$0.5 \sim 5$	55	2 号钙基脂
$\geqslant 6.5$	$\leqslant 0.5$	75	3 号钙基脂
$\leqslant 6.5$	$0.5 \sim 5$	120	2 号钠基脂
> 6.5	$\leqslant 0.5$	110	1 号钙钠基脂
$1.0 \sim 6.5$	$\leqslant 1$	100	锂基脂
> 6	0.5	60	2 号压延基脂

2. 润滑油及其选择

润滑油是滑动轴承中应用最广的润滑剂。液体动压轴承常采用润滑油做润滑剂。原则上讲：当转速高、压力小时，应选用黏度较低的油；反之，当转速低、压力大时，应选用黏度较高的油。因润滑油黏度随温度升高而降低，故在较高温度下工作的滑动轴承，油的黏度应选得高一些。

12.5　混合润滑滑动轴承的设计计算

混合润滑状态是边界润滑和液体润滑同时存在的一种润滑状态，也称非完全流体润滑状态。有始终工作于混合润滑状态的轴承；对动压润滑轴承而言混合润滑也是一种不可避免的状态。导致动压滑动轴承处于混合润滑状态的主要原因如下。

(1)供油不充分　在采用润滑脂，或用油绳、滴油方式供油时可能出现轴承供油量不足的现象(常称贫油现象)。由于轴承得不到足够的润滑剂，在相对运动表面间难以产生完整的承载油膜。

(2)在动压润滑轴承在启动和停止过程中，由于速度尚未达到(或已低于)设计值，所以不能建立起完整的承载油膜。

第一种原因可以通过加大供油量(如采用压力供油)的方式解决；而对于第二种原因，除非采用静压轴承，否则是不可能得到解决的。

混合润滑滑动轴承的主要失效形式是磨损和胶合，其设计准则是维持边界油膜不遭破坏。由于引起边界油膜破裂的因素较复杂，精确计算几无可能，所以通常采用简化的条件性计算方法，即限制轴承的平均压力 p、速度 v 和 pv 值。这种计算方法只适于对工作可靠性要求不高的低速、重载或间歇工作的轴承。对于重要的混合润滑轴承的设计计算，其方法可参考相关手册。

1. 混合润滑径向滑动轴承的条件性计算

在设计时，通常已知轴承所受径向载荷 F(单位为 N)、轴颈转速 n(单位为 r/min)及轴颈直径 d(单位为 mm)，具体验算工作如下。

(1)验算轴承的平均压力 p(单位为 MPa)，其目的是防止过度磨损。

$$p = \frac{F}{dB} \leqslant [p] \tag{12-1}$$

式中：B——轴承宽度，mm(根据轴承宽径比 B/d 确定)；$[p]$——轴瓦材料的许用压力，MPa，其值见表 12-1。

(2)验算轴承的 pv(单位为 MPa·m/s)值，其目的是限制轴承的温升，防止胶合发生。

轴承的发热量与其单位面积上的摩擦功耗 fpv 成正比(f 是摩擦因数)，限制 pv 值的主要目的是限制轴承的温升。

$$pv = \frac{F}{dB} \cdot \frac{\pi d n}{60 \times 1000} = \frac{F \pi n}{60 \times 1000 B} \leqslant [pv] \tag{12-2}$$

式中：$[pv]$——轴承材料的 pv 许用值，MPa·m/s，其值见表 12-1。

(3)验算滑动速度 v,其目的是防止 p 和 pv 合格时,因 v 过高而造成的加速磨损。

$$v \leqslant [v] \tag{12-3}$$

式中:$[v]$——许用滑动速度,m/s,其值见表 12-1。

【例 12-1】 设某蜗杆减速器的蜗轮轴两端采用不完全液体润滑向心滑动轴承支承。已知:蜗轮轴转速 $n = 60$ r/min,轴材料为 45 钢,轴颈直径 $d = 80$ mm,轴承宽度 $B = 80$ mm,轴承载荷 $F = 80\ 000$ N;轴瓦材料为 ZCuSn10P1($[p] = 15$ MPa,$[v] = 10$ m/s,$[pv] = 15$ MPa·m/s)。试校核此向心滑动轴承。

解 (1)验算轴承平均压力 p

$$p = \frac{F}{dB} = \frac{80\ 000}{80 \times 80}\ \text{MPa} = 12.5\ \text{MPa} < [p]$$

(2)验算轴承的 pv 值

$$pv = \frac{Fn}{19\ 100B} = \frac{80\ 000 \times 60}{19\ 100 \times 80}\ \text{MPa} = 3.14\ \text{MPa·m/s} < [pv]$$

(3)验算滑动速度 v

$$v = \frac{\pi dn}{60 \times 1\ 000} = \frac{3.14 \times 80 \times 80}{60 \times 1\ 000}\ \text{m/s} = 0.34\ \text{m/s} < [v]$$

因此该轴承合格。

2. 混合润滑推力滑动轴承的条件性计算

推力滑动轴承的设计方法与径向滑动轴承的基本相同,其计算公式如下。

1)验算轴承的平均压力

$$p = \frac{F_a}{A} = \frac{F_a}{\pi z (d_2^2 - d_1^2)/4} \leqslant [p] \tag{12-4}$$

式中:F_a——轴向载荷,N;z——环的数目;d_1——轴承孔直径,mm;d_2——轴环直径,mm。$[p]$——许用压力,MPa,见表 12-1、表 12-2。

2)验算轴承的 pv 值

$$v = \frac{\pi dn}{60 \times 1\ 000}, \qquad p = \frac{F_a}{\pi dbz}$$

$$pv = \frac{F_a}{6\ 000bz} \tag{12-5}$$

式中:b——轴颈环工作宽度,mm;n——轴颈的转速,r/min;$[pv]$——pv 的许用值,MPa·m/s,见表 12-1、表 12-2。

12.6 液体动力润滑径向滑动轴承设计计算

12.6.1 流体润滑基本方程

1. 流体润滑基本方程

流体动力润滑理论的基本方程是雷诺方程。它从黏性流体动力学的基本方程出发,在

一些假设条件下,以微分方程形式给出了摩擦副之间的流体膜压力分布。基本假设如下:

①流体为牛顿流体;

②流体膜中流体的流动是层流;

③忽略压力对流体黏度的影响;

④略去惯性力及重力的影响;

⑤流体不可压缩;

⑥流体膜中的压力沿膜厚方向不变。

下面对一维雷诺方程的推导过程进行简单的介绍。

如图 12-14 所示,两平板被润滑油隔开,设板 A 沿 x 轴方向以速度 v 移动;另一板 B 为静止。如设摩擦副在 z 轴方向的尺寸为无限大(无限宽轴承),则可视油在 z 轴方向无流动。

基本推导过程如下。

(1)从层流运动的油膜中取一微单元体进行 x 方向的受力平衡分析可得

$$p\mathrm{d}y\mathrm{d}z + \tau\mathrm{d}x\mathrm{d}z - \left(p + \frac{\partial p}{\partial x}\mathrm{d}x\right)\mathrm{d}y\mathrm{d}z - \left(\tau + \frac{\partial \tau}{\partial y}\mathrm{d}y\right)\mathrm{d}x\mathrm{d}z = 0$$

整理得

$$\frac{\partial p}{\partial x} = -\frac{\partial \tau}{\partial y} \tag{12-6}$$

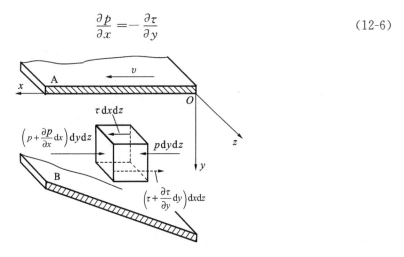

图 12-14　被油膜隔开的两平板的相对运动情况

(2)根据牛顿流体摩擦定律 $\tau = -\eta \dfrac{\mathrm{d}u}{\mathrm{d}y}$,并结合式(12-6)可得油膜沿膜厚方向的速度分布

$$u = \frac{v(h-y)}{h} - \frac{y(h-y)}{2\eta}\frac{\partial p}{\partial x} \tag{12-7}$$

可见 u 由两部分组成:呈线性分布的剪切流 $\dfrac{v(h-y)}{h}$ 和呈抛物线分布压力流 $\dfrac{y(h-y)}{2\eta}\dfrac{\partial p}{\partial x}$。

(3)根据润滑油沿 z 轴方向不流动及不可压缩假设,由流量守恒获得一维雷诺方程。

润滑油在单位时间沿 x 方向流过任意截面上单位宽度面积的体积流量为

$$q = \int_0^h u\mathrm{d}y = \frac{vh}{2} - \frac{h^3}{12\eta}\frac{\partial p}{\partial x} \tag{12-8}$$

在 $p=p_{\max}$ 处，$\dfrac{\partial p}{\partial x}=0$；设此处的油膜厚度为 h_0，可得该截面处的流量为 $q=\dfrac{vh_0}{2}$。根据流量守恒，整理后可得一维雷诺方程：

$$\frac{\partial p}{\partial x}=\frac{6\eta v_0}{h^3}(h-h_0) \tag{12-9}$$

从式(12-9)可以看出：润滑油的黏度越高、表面滑动速度越大、间隙越小，油膜压力的变化率越大；但如果两板平行($h=h_0$)，则油膜压力的变化率为零，即不能形成压力。由式(12-9)并参考图 3-14b，可得形成流体动压润滑的基本条件(必要条件)：

(1)相对运动的两表面间必须形成收敛的楔形间隙；

(2)被油膜分开的两表面必须有一定的相对滑动速度，运动方向为使油从大口流进，小口流出；

(3)润滑油必须有一定的黏度，供油要充分。

2. 径向滑动轴承形成流体动压润滑的过程

为了实现相对滑动，径向滑动轴承的轴颈与轴孔间必须留有间隙。如图 12-15 所示，当轴颈静止时，轴颈处于轴承孔的最低位置，并与轴瓦接触。此时，两表面间自然形成一收敛的楔形空间。当轴颈开始转动时，速度极低，带入楔形空间的油量很少，摩擦表面处于混合润滑状态。由于轴瓦对轴颈摩擦力的方向与轴颈表面圆周速度方向相反，迫使轴颈在摩擦力作用下沿孔壁向右爬升(见图 12-15b)；随着转速的增大，轴颈表面的圆周速度增大，带入楔形空间的油量也逐渐加多。这时，右侧楔形油膜产生了一定的动压力，将轴颈向左浮起。当轴颈达到稳定运转时，轴颈便稳定在一定的偏心位置上(见图 12-15c)。这时，轴承处于流体动力润滑状态，油膜产生的动压力与外载荷 **F** 相平衡。此时，由于轴承内的摩擦阻力仅为液体的内阻力，故摩擦因数达到最小值。

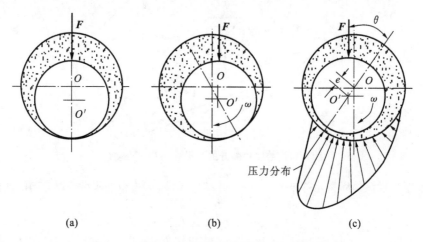

| (a) | (b) | (c) |

图 12-15　径向滑动轴承形成流体动压润滑的过程

12.6.2　径向滑动轴承工作时的几何关系和承载量系数

1. 工作时的主要几何参数

图 12-16 给出了轴承工作时轴颈和轴承的位置图。从图中可以看出，为了描述这一相对关系，需要给出以下参数。

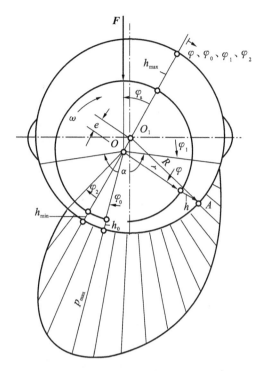

图 12-16　径向滑动轴承的几何参数和油压分布

(1)轴颈直径 d 和轴承的直径 D　在轴承设计完成后 d 和 D 是给定的。根据轴颈和轴承的直径可得轴承的直径间隙 $\Delta=D-d$，半径间隙 $\delta=R-r,\delta=\Delta/2$。

(2)轴颈和轴承的偏心距 e　偏心距 e 为轴颈中心 O 与轴承中心 O_1 的距离。

(3)偏位角 φ_a　偏位角 φ_a 为轴承和轴颈的连心线 OO_1 与外载荷 $\boldsymbol{F}$(载荷作用在轴颈中心上)的方向形成的夹角。

为了使分析结果更具有普适性,工程中常对有关参数进行无量纲化。引入相对间隙和偏心距的无量纲参量如下。

(1)相对间隙 ψ

$$\psi=\frac{\Delta}{d}=\frac{\delta}{r} \tag{12-10}$$

(2)偏心率 χ

$$\chi=\frac{e}{\delta} \tag{12-11}$$

由图 12-16 及前面的参量定义可得最小油膜厚度和承载区任意处的油膜厚度计算式。

(1)最小油膜厚度 $h_{\min}$

$$h_{\min}=\delta-e=\delta(1-\chi)=r\psi(1-\chi) \tag{12-12}$$

(2)承载区任意处的油膜厚度 h

$$h=\delta(1+\chi\cos\varphi)=r\psi(1+\chi\cos\varphi) \tag{12-13}$$

设 φ_0 为最大压力处的极角,则压力最大处的油膜厚度 h_0 为

$$h_0 = \delta(1 + \chi\cos\varphi_0) \tag{12-14}$$

2. 承载量计算与承载量系数

为分析问题方便,假设轴承无限宽,则可认为润滑油沿轴向没有流动。将一维雷诺方程写成极坐标形式,即 $\mathrm{d}x = r\mathrm{d}\phi$,将 $V = r\omega$ 及 h, h_0 代入雷诺方程后得极坐标形式的雷诺方程:

$$\frac{\mathrm{d}p}{\mathrm{d}\varphi} = 6\eta\frac{\omega}{\psi^2}\frac{\chi(\cos\varphi - \cos\varphi_0)}{(1 + \chi\cos\varphi)^3} \tag{12-15}$$

将式(12-15)从油膜起始角 φ_1 到任意角 φ 进行积分,得任意位置的压力,即

$$p_\varphi = 6\eta\frac{\omega}{\psi^2}\int_{\varphi_1}^{\varphi}\frac{\chi(\cos\varphi - \cos\varphi_0)}{(1 + \chi\cos\varphi)^3}\mathrm{d}\varphi \tag{12-16}$$

压力 p_φ 在外载荷方向上的分量为

$$p_{\varphi y} = p_\varphi\cos[180° - (\varphi_a + \varphi)] = -p_\varphi\cos(\varphi_a - \varphi) \tag{12-17}$$

把式(12-17)在 φ_1 到 φ_2 的区间内积分,就得出在轴承单位宽度上的油膜承载力,即

$$p_y = \int_{\varphi_1}^{\varphi_2}p_{\varphi y}r\mathrm{d}\varphi = -\int_{\varphi_1}^{\varphi_2}p_\varphi\cos(\varphi_a + \varphi)r\mathrm{d}\varphi$$

$$= 6\eta\frac{\omega r}{\psi^2}\int_{\varphi_1}^{\varphi_2}\left[\int_{\varphi_1}^{\varphi}\frac{\chi(\cos\varphi - \cos\varphi_0)}{(1 + \chi\cos\varphi)^3}\mathrm{d}\varphi\right][-\cos(\varphi_a + \varphi)\mathrm{d}\varphi] \tag{12-18}$$

为了求出油膜的承载能力,理论上只需将 p_y 乘以轴承宽度 B 即可。但在实际轴承中,由于油可能从轴承的两个端面流出,故必须考虑端泄的影响。这时,压力沿轴承宽度的变化呈抛物线分布,而且其油膜压力也比无限宽轴承的压力低(见图 12-17),所以乘以系数 C',C' 的值取决于宽径比 B/d 和偏心率 χ 的大小。这样,在 φ 角和距轴承中线为 z 处的油膜压力的数学表达式为

$$p'_y = p_y C'\left[1 - \left(\frac{2z}{B}\right)^2\right] \tag{12-19}$$

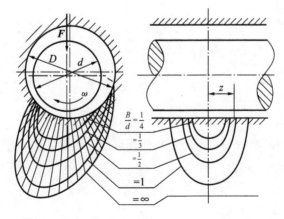

图 12-17 不同宽径比时沿轴承周向和轴向的压力分布

因此,有限长轴承的总承载能力为

$$F = \int_{-B/2}^{+B/2} p'_y \mathrm{d}z$$

$$= \frac{6\eta\omega r}{\psi^2} \int_{-B/2}^{+B/2} \int_{\varphi_1}^{\varphi_2} \int_{\varphi_1}^{\varphi} \left[\frac{\chi(\cos\varphi - \cos\varphi_0)}{(1 + \chi\cos\varphi)^3} \mathrm{d}\varphi \right] \left[-\cos(\varphi_a + \varphi)\mathrm{d}\varphi \right] C' \left[1 - \left(\frac{2z}{B} \right)^2 \right] \mathrm{d}z \quad (12\text{-}20)$$

由式(12-20)得

$$F = \frac{\eta\omega dB}{\psi^2} C_p \quad (12\text{-}21)$$

式中

$$C_p = 3 \int_{-B/2}^{+B/2} \int_{\varphi_1}^{\varphi_2} \int_{\varphi_1}^{\varphi} \left[\frac{\chi(\cos\varphi - \cos\varphi_0)}{(1 + \chi\cos\varphi)^3} \mathrm{d}\varphi \right] \left[-\cos(\varphi_a + \varphi)\mathrm{d}\varphi \right] C' \left[1 - \left(\frac{2z}{B} \right)^2 \right] \mathrm{d}z \quad (12\text{-}22)$$

由式(12-20)得

$$C_p = \frac{F\psi^2}{\eta\omega dB} = \frac{F\psi^2}{2\eta vB} \quad (12\text{-}23)$$

式中：C_p——承载量系数,无量纲的量；η——润滑油在轴承平均工作温度下的动力黏度,Pa·s；B——轴承宽度,m；F——外载荷,N；v——轴颈圆周速度,m/s。

对 C_p 进行积分非常困难,因而采用数值积分的方法进行计算,并作成相应的线图或表格供设计应用。在给定边界条件时,C_p 是轴颈在轴承中位置的函数,其值取决于轴承的包角 α(入油口和出油口所包轴颈的夹角)、相对偏心率 χ 和宽径比 B/d 的大小。当轴承的包角 α($\alpha = 120°$、$180°$或 $360°$)给定时,经过一系列的换算,C_p 可表示为

$$C_p \propto (\chi, B/d) \quad (12\text{-}24)$$

若轴承是在非承载区内进行无压力供油,且设液体动压力是在轴颈与轴承衬的 $180°$的弧内产生的,则不同 χ 和 B/d 的承载量系数 C_p 值见表 12-4。

表 12-4　有限宽轴承承载量系数 C_p

B/d	χ													
	0.3	0.4	0.5	0.6	0.65	0.7	0.75	0.80	0.85	0.90	0.925	0.95	0.975	0.99
	承载量系数 C_p													
0.3	0.0522	0.0826	0.128	0.203	0.259	0.347	0.475	0.699	1.122	2.074	3.352	5.73	15.15	50.52
0.4	0.0893	0.141	0.216	0.339	0.431	0.573	0.776	1.079	1.775	3.195	5.055	8.393	21.00	65.26
0.5	0.133	0.209	0.317	0.493	0.622	0.819	1.098	1.572	2.428	4.261	6.615	10.706	25.62	75.86
0.6	0.182	0.283	0.427	0.655	0.819	1.070	1.418	2.001	3.036	5.214	7.956	12.64	29.17	83.21
0.7	0.234	0.361	0.538	0.816	1.014	1.312	1.720	2.399	3.580	6.029	9.072	14.14	31.88	88.90
0.8	0.287	0.439	0.647	0.972	1.199	1.538	1.965	2.754	4.053	6.721	9.992	15.37	33.99	92.89
0.9	0.339	0.515	0.754	1.118	1.371	1.745	2.248	3.067	4.459	7.294	10.753	16.37	35.66	96.35
1.0	0.391	0.589	0.853	1.253	1.528	1.929	2.469	3.372	4.808	7.772	11.38	17.18	37.00	98.95

B/d	χ													
	0.3	0.4	0.5	0.6	0.65	0.7	0.75	0.80	0.85	0.90	0.925	0.95	0.975	0.99
	承载量系数 C_p													
1.1	0.440	0.658	0.947	1.377	1.669	2.097	2.664	3.580	5.106	8.186	11.91	17.86	38.12	101.15
1.2	0.487	0.723	1.033	1.489	1.796	2.427	2.838	3.787	5.364	8.533	12.35	18.43	39.04	102.90
1.3	0.529	0.784	1.111	1.590	1.192	2.379	2.990	3.968	5.586	8.831	12.73	18.91	39.81	104.42
1.5	0.610	0.891	1.248	1.763	2.099	2.600	3.242	4.266	5.947	9.304	13.34	19.68	41.07	106.84
2.0	0.763	1.091	1.483	2.070	2.446	2.981	3.671	4.778	6.545	10.091	14.34	20.97	43.11	110.79

12.6.3 最小油膜厚度

由承载量系数表和最小油膜厚度公式可知,在其他条件不变时,偏心率 χ 愈大,轴承的承载能力就愈大。但偏心率 χ 愈大,则 h_{min} 愈小,而为了确保轴承处于液体摩擦状态,最小油膜厚度不能无限缩小。考虑到实际存在的轴颈和轴承的表面粗糙度、几何形状误差和轴的变形,最小油膜厚度必须不小于许用油膜厚度 $[h]$,即

$$h_{min} = r\psi(1-\chi) \geqslant [h] \tag{12-25}$$
$$[h] = S(\delta_1 + \delta_2) \tag{12-26}$$

式中:δ_1、δ_2——轴颈和轴承孔表面微观不平度(见表 12-5);S——安全系数,考虑表面几何形状误差和轴颈挠曲变形等,常取 $S \geqslant 2$。

所以,为了使轴承具有较大的许用偏心率以提高轴承的承载能力,就要提高轴颈和轴的加工精度并降低表面粗糙度。对于一般轴承,可分别取 δ_1 和 δ_2 值为 $3.2\ \mu m$ 和 $6.3\ \mu m$,或 $1.6\ \mu m$ 和 $3.2\ \mu m$;对于重要轴承可取为 $0.8\ \mu m$ 和 $1.6\ \mu m$,或 $0.2\ \mu m$ 和 $0.4\ \mu m$。

表 12-5   不同加工方式的表面微观不平度

加工方法	精车或精镗,中等磨光,刮(每平方厘米内有 1.5~3 个点)		铰,精磨,刮(每平方厘米内有 3~5 个点)		钻石刀头镗镗磨		研磨,抛光,超精加工等		
表面粗糙度代号	$\sqrt{Ra3.2}$	$\sqrt{Ra1.6}$	$\sqrt{Ra0.8}$	$\sqrt{Ra0.4}$	$\sqrt{Ra0.2}$	$\sqrt{Ra0.1}$	$\sqrt{Ra0.05}$	$\sqrt{Ra0.025}$	$\sqrt{Ra0.012}$
$\delta/\mu m$	10	6.3	3.2	1.6	0.8	0.4	0.2	0.1	0.05

12.6.4 轴承的热平衡计算

轴承工作时的摩擦功耗将转变为热量,使润滑油温度升高。油温升高将使润滑油的黏度下降,而且过高的油温可能使润滑油变质。如果平均油温超过计算承载能力时的假定值,那么轴承的实际承载能力将低于设计值并可能导致失效。因此要计算油的温升 Δt,并将其

限制在允许的范围内。

轴承运转达到热平衡状态的条件是:单位时间内轴承摩擦所产生的热量 H 等于同时间内流动的油所带走的热量 H_1 与轴承散发的热量 H_2 之和,即

$$H = H_1 + H_2 \tag{12-27}$$

轴承中的热量由摩擦损失的功转变而来的。因此,每秒在轴承中产生的热量 H 为

$$H = fpV \tag{12-28}$$

由流出的油带走的热量 H_1 为

$$H_1 = q\rho c(t_o - t_i) \tag{12-29}$$

式中:q——耗油量,按耗油量系数求出,$\mathrm{m^3/s}$;ρ——润滑油的密度,对于矿物油为 $850\sim 900\ \mathrm{kg/m^3}$;$c$——润滑油的比热容,对于矿物油为 $1\,675\sim 2\,090\ \mathrm{J/(kg \cdot ℃)}$;$t_o$——油的出口温度,$℃$;$t_i$——油的入口温度,通常由于冷却设备的限制,取为 $35\sim 40℃$。

除了润滑油带走的热量以外,还可以由轴承的金属表面通过传导和辐射把一部分热量散发到周围介质中去。这部分热量与轴承的散热表面面积、空气流动速度等有关,很难精确计算。因此,通常采用近似计算。若以 H_2 代表这部分热量,并以油的出口温度 t_o 代表轴承温度,油的入口温度代表周围介质的温度,则有

$$H_2 = \alpha_s \pi dB(t_o - t_i) \tag{12-30}$$

式中:α_s——轴承的表面传热系数,随轴承结构的散热条件而定。对于轻型结构的轴承,或在周围介质温度高和难于散热的环境下工作的轴承(如轧钢机轴承),取 $\alpha_s = 50\ \mathrm{W/(m^2 \cdot ℃)}$;对于在中型结构或一般通风条件下工作的轴承,取 $\alpha_s = 80\ \mathrm{W/(m^2 \cdot ℃)}$;对于在良好冷却条件下(如周围介质温度很低,轴承附近有其他特殊用途的水冷或气冷的冷却设备)工作的重型轴承,可取 $\alpha_s = 140\ \mathrm{W/(m^2 \cdot ℃)}$。

热平衡时,$H = H_1 + H_2$,即

$$fpV = q\rho c(t_o - t_i) + \alpha_s \pi dB(t_o - t_i) \tag{12-31}$$

可得达到热平衡时润滑油温升 Δt 为

$$\Delta t = t_o - t_i = \frac{\left(\dfrac{f}{\psi}\right)p}{c\rho\left(\dfrac{H}{\psi vBd}\right) + \dfrac{\pi\alpha_s}{\psi v}} \tag{12-32}$$

式中:$\dfrac{H}{\psi vBd}$——耗油量系数,无量纲数,可根据轴承的宽径比 B/d 及偏心率 χ 由图 12-18 查出;f——摩擦因数,其计算公式为 $f = \dfrac{\pi}{\psi} \cdot \dfrac{\eta\omega}{p} + 0.55\psi\xi$,其中 ξ 为随轴承宽径比而变化的系数,对于 $B/d < 1$ 的轴承 $\xi = (d/B)^{1.5}$,对于 $B/d \geqslant 1$ 的轴承 $\xi = 1$;ω 为轴颈角速度,单位为 $\mathrm{rad/s}$,B、d 的单位为 mm;p 为轴承的平均压力,单位为 Pa;η 为滑油的动力黏度,单位为 $\mathrm{Pa \cdot s}$。

用式(12-32)求得的只是平均温升。实际上轴承上各点的温度是不相同的,润滑油从入口进入到流出轴承,温度逐渐升高,所以各处的温升也不相同。由于温度对润滑油的黏度影响很大,而黏度又影响着承载能力,所以从严格意义上说,在计算轴承承载能力时应考虑轴承中的温度场分布,但这会使设计计算变得非常复杂。研究结果表明:在一般情况下,采用

润滑油平均温度时的黏度并根据承载量系数公式计算轴承的承载能力是可行的。

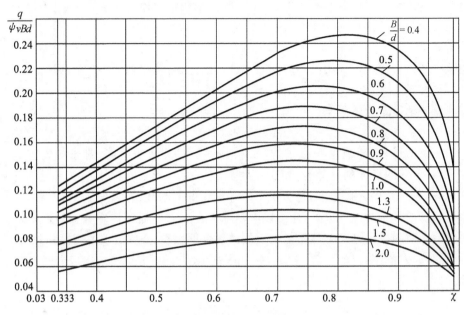

图 12-18　润滑油油量系数线图

润滑油的平均温度 $t_m = (t_i + t_o)/2$,而温升 $\Delta t = t_o - t_i$,所以润滑油的平均温度为

$$t_m = t_i + \frac{\Delta t}{2} \tag{12-33}$$

为了保证轴承的承载能力,建议平均温度不超过 75℃。

设计时,通常是先给定平均温度 t_m,然后用按式(12-32)求出的温升 Δt 来校核油的入口温度 t_i,即

$$t_i = t_m - \frac{\Delta t}{2} \tag{12-34}$$

(1)若 $t_i > 40$℃,则表示轴承热平衡易于建立,轴承的承载能力尚未用尽,即存在"过设计"的问题。在改进设计时可采用以下方法后再行计算:

①降低给定的平均温度　由于平均温度下降将使得平均黏度增加,承载能力增加。在承载能力一定时可适当缩小轴承的结构尺寸;

②适当降低轴瓦及轴颈加工精度　即适当增大轴承的最小许用油膜厚度以降低轴承加工成本。

(2)若 $t_i < 35$℃,则表示轴承不易达到热平衡状态。此时需加大轴承间隙以增加侧泄流量或降低润滑油的黏度。由于间隙增大和润滑油的黏度下降将导致承载能力下降,所以应适当地降低轴承及轴颈的表面粗糙度以获得更小许用最小油膜厚度,在必要时可对轴承结构尺寸作适当的调整。在进行上述调整后再进行计算。

轴承的温升与承载能力的关联性决定了热平衡的计算不是单向的,而可能存在反复。此外要说明的是,上述轴承热平衡计算中的耗油量仅考虑了速度供油量,即由旋转轴颈从油槽带入轴承间隙的流量,而没有考虑压力供油时的压力供油量。对于压力供油时的液体动

力润滑径向轴承的热平衡计算,可参考相关手册。

12.6.5 参数选择

参数选择是液体动力润滑径向轴承设计中的重要工作之一,轴承的工作能力计算只有在一些重要的轴承参数确定后才能进行。下面对几个重要轴承参数的选择做简要介绍。

1. 宽径比 B/d

一般轴承的宽径比 B/d 在 $0.3\sim1.5$ 范围内。宽径比小,有利于提高运转稳定性,增大端泄漏量以降低温升。但轴承宽度减小,轴承承载力也随之降低。

高速重载轴承温升高,宽径比宜取小值;高速轻载轴承,如对轴承刚性无过高要求,宽径比可取小值;需要有较大支承刚性轴承,如机床轴承,宽径比宜取较大值。

一般机器常用的 B/d 值为:对于汽轮机,取 $B/d=0.3\sim1$;对于电动机、发电机、离心泵、齿轮变速器,取 $B/d=6.0\sim1.5$;对于机床、拖拉机,取 $B/d=0.8\sim1.2$;对于轧钢机,取 $B/d=0.6\sim0.9$。

2. 相对间隙 ψ

相对间隙 ψ 影响侧泄和承载能力,ψ 值越大,侧泄流量越大,有助于减少温升,但承载能力下降。ψ 值主要根据载荷和速度选取。速度愈高,ψ 值应愈大;载荷愈大,ψ 值应愈小。此外,直径大、宽径比小,调心性能好,加工精度高时,ψ 值取小值,反之取大值。

对于一般轴承,按转速取 ψ 值的经验公式为

$$\psi \approx \frac{(n/60)^{4/9}}{10^{31/9}} \tag{12-35}$$

式中:n——轴颈转速,r/min。

一般机器中常用的 ψ 值为:对于汽轮机、电动机、齿轮减速器,取 $\psi=0.001\sim0.002$;对于轧钢机、铁路车辆,取 $\psi=0.0002\sim0.0015$;对于机床、内燃机的 $\psi=0.0002\sim0.00125$;对于鼓风机、离心泵,取 $\psi=0.001\sim0.003$。

3. 黏度 η

黏度是轴承设计中的一个重要参数,它对轴承的承载能力、功耗和轴承温升都有不可忽视的影响。由于在承载能力计算时采用的是油膜平均温度时的黏度,所以油膜平均温度的选择是否精确将对轴承的实际承载能力计算产生很大影响。平均温度过低,则油的黏度较大,算出的承载能力偏高;反之,则承载能力偏低。设计时,可先假定轴承平均温度(一般取 $t_m=50\sim75$ ℃),初选黏度,进行初步设计计算。再通过热平衡计算来验算轴承入口油温 t_i,其值应在 $35\sim40$ ℃之间,否则需重新选择黏度再进行计算。

对于一般轴承,也可按轴颈转速 $n(r/min)$ 先初估油的动力黏度,即

$$\eta' = \frac{(n/60)^{-1/3}}{10^{7/6}} \tag{12-36}$$

可根据式(12-36)所得的动力黏度计算相应的运动黏度 ν',选定平均油温 t_m 参照表 3-1 选定全损耗系统用油的牌号。然后查图 3-9,重新确定 t_m 时的运动黏度 ν_{tm} 及动力黏度 η_{tm}。最后再验算入口油温。

12.6.6 设计实例

【例 12-3】 设计一机床用的液体动力润滑径向滑动轴承,载荷垂直向下,工作情况稳定,采用剖分式轴承。已知工作载荷 $F = 100$ kN,轴颈直径 $d = 200$ mm,转速 $n = 500$ r/min,在水平剖分面单侧供油。

解 (1)选择轴承宽径比。

根据机床常用的宽径比范围,取宽径比 $B/d = 1$。

(2)计算轴承宽度

$$B = (B/d) \times d = 1 \times 0.2 \text{ m} = 0.2 \text{ m}$$

(3)计算轴颈圆周速度

$$v = \frac{\pi d n}{60 \times 1\,000} = \frac{\pi \times 200 \times 500}{60 \times 1\,000} \text{m/s} = 5.23 \text{ m/s}$$

(4)计算轴颈工作压力

$$p = \frac{F}{dB} = \frac{100\,000}{0.2 \times 0.2} \text{Pa} = 2.5 \text{ MPa}$$

(5)选择轴瓦材料

查常用金属轴承材料性能表(见表 12-2),在保证 $p \leqslant [p]$、$v \leqslant [v]$、$pv \leqslant [pv]$ 的条件下,选定轴承材料为 ZCuSn10P1。

(6)初估润滑油黏度

$$\eta' = \frac{(n/60)^{-1/3}}{10^{7/6}} = \frac{(500/60)^{-1/3}}{10^{7/6}} \text{Pa} \cdot \text{s} = 0.034 \text{ Pa} \cdot \text{s}$$

(7)计算相应的运动黏度

取润滑油密度 $\rho = 900$ kg/m³,则

$$\nu' = \frac{\eta'(Pa \cdot s)}{\rho} \times 10^6 = \frac{0.034}{900} \times 10^6 \text{mm}^2/\text{s} = 38 \text{ mm}^2/\text{s}$$

(8)选择平均油温

现选平均油温 $t_m = 50$ ℃。

(9)选定润滑油牌号

参照表选定全损耗用油 L-AN68。

(10)按 $t_m = 50$ ℃查出 L-AN68 的运动黏度为 $\nu_{50} = 40$cSt。

(11)换算出 L-AN68 在 50℃时的动力黏度

$$\eta_{50} = \rho \nu_{50} \times 10^6 = 900 \times 40 \times 10^6 \text{ Pa} \cdot \text{s} \approx 0.036 \text{ Pa} \cdot \text{s}$$

(12)计算相对间隙

$$\psi \approx \frac{(n/60)^{4/9}}{10^{31/9}} = \frac{(500/60)^{4/9}}{10^{31/9}} \approx 0.001\,25$$

(13)计算直径间隙

$$\Delta = \psi d = 0.001\,25 \times 200 \text{ mm} = 0.25 \text{ mm}$$

(14)计算承载量系数

$$C_p = \frac{F\psi^2}{2\eta v B} = \frac{100\,000 \times 0.001\,25^2}{2 \times 0.036 \times 5.23 \times 0.2} = 2.075$$

(15)求出轴承偏心率。

根据 C_p 及 B/d 的值查表,并经过插算求出偏心率 $\chi = 0.713$。

(16)计算最小油膜厚度

$$h_{\min} = \frac{d}{2}\psi(1-\chi) = \frac{200}{2} \times 0.001\,25 \times (1-0.713)\ \mu m = 35.8\ \mu m$$

(17)确定轴颈轴承孔表面微观不平度。

按加工精度要求取轴颈表面粗糙度等级为 $\sqrt{}\,Ra0.8$,轴承孔表面粗糙度等级为 $\sqrt{}\,Ra1.6$,查得轴颈 $\delta_1 = 0.003\,2$ mm,轴承孔 $\delta_2 = 0.006\,3$ mm。

(18)计算许用油膜厚度。

取安全系数 $S=2$,则

$$[h] = S(\delta_1 + \delta_2) = 2 \times (0.003\,2 + 0.006\,3)\mu m = 19\ \mu m$$

因 $h_{\min} > [h]$,故满足工作可靠性要求。

(19)计算轴承与轴颈的摩擦因数。

因轴承的宽径比 $B/d = 1$,取随宽径比变化的因数 $\xi = 1$,由摩擦因数计算式得

$$f = \frac{\pi}{\psi} \cdot \frac{\eta\omega}{p} + 0.55\psi\xi = \frac{\pi \times 0.036 \times (2\pi \times 500/60)}{0.001\,25 \times 2.5 \times 10^6} + 0.55 \times 0.001\,25 \times 1 = 0.025\,8$$

(20)查出耗油量系数。

由宽径比 $B/d = 1$ 及偏心率 $\chi = 0.713$ 查图 12-18,得耗油量系数 $H/\psi v B d = 0.145$。

(21)计算润滑油温升。

按润滑油密度 $\rho = 900$ kg/m³,取比热容 $c = 1\,800$ J/(kg·℃),表面传热系数 $\alpha_s = 80$/W(m²·℃),则

$$\Delta t = \frac{\left(\dfrac{f}{\psi}\right)p}{c\rho\left(\dfrac{H}{\psi v B d}\right) + \dfrac{\pi \alpha_s}{\psi v}} = \frac{\dfrac{0.002\,58}{0.001\,25} \times 2.5 \times 10^6}{1\,800 \times 900 \times 0.145 + \dfrac{\pi \times 80}{0.001\,25 \times 5.23}}℃ = 18.866℃$$

(22)计算润滑油入口温度

$$t_i = t_m - \frac{\Delta t}{2} = \left(50 - \frac{18.866}{2}\right)℃ = 40.567\ ℃$$

因一般取 $t_i = 30 \sim 40$ ℃,故上述入口温度基本合适。

(23)选择配合根据直径间隙 $\Delta = 0.25$ mm,按 GB1801—1979 选配合 F6/d7,查得轴承孔尺寸及公差为 $\phi 200^{+0.079}_{+0.050}$,轴颈尺寸及公差为 $\phi 200^{-0.170}_{-0.216}$。

(24)求最大、最小间隙

$$\Delta_{\max} = [0.079 - (-0.216)]\ mm = 0.295\ mm$$

$$\Delta_{\min} = [0.050 - (-0.170)]mm = 0.22\ mm$$

因 $\Delta = 0.25$ mm 在 $\Delta_{\max}$ 与 $\Delta_{\min}$ 之间,故所选配合合用。

(25)校核轴承的承载能力最小油膜厚度及润滑油温升。

分别按 $\Delta_{\max}$ 及 $\Delta_{\min}$ 进行校核,如果在允许值范围内,则绘制轴承工作图;否则需要重新选择参数,再进行设计及校核计算。

12.7 其他形式的滑动轴承

12.7.1 多油楔轴承

除承载能力外,对径向滑动轴承的另一重要要求是运动的稳定性。前述的液体动压径向滑动轴承工作时有一个油楔,称为单油楔轴承。这类轴承结构简单,但在高速情况容易出现油膜失稳现象[①]。为了改善这种状况,常采用两个或多个油楔结构的滑动轴承。多油楔轴承的主要优点是:每个油楔都能形成动压油膜,使轴承的圆周上承受着分隔间距趋于相等的油膜压力,从而提高了轴承的工作稳定性和运转精度。由于多油楔滑动轴承的承载能力等于各油楔油膜压力的向量和,因此,在相同条件下,承载能力要低于单油楔轴承。图 12-19a 所示为二油楔轴承,常称椭圆轴承;图 12-19b 所示为固定瓦的三油楔轴承;图 12-19c 所示为扇形块可倾瓦三油楔轴承,扇形瓦块的背面用球铰支承,它可以随载荷、速度等变化而自动调整油楔角度,以保证轴承处于稳定运转状态,性能优于固定式三油楔轴承。

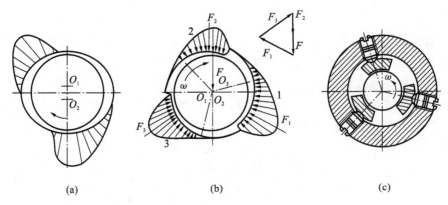

(a)   (b)   (c)

图 12-19　多油楔轴承

(a)二油楔轴承;(b)固定瓦三油楔轴承;(c)扇形块可倾瓦三油楔轴承

12.7.2 静压轴承

液体动压滑动轴承依靠轴颈回转,把润滑油带进楔形间隙形成动压油膜来承受外载荷。它存在着两个关键性缺陷:①在启动和停止时将不可避免地存在混合润滑状态;②低速运行时不能建立起足够的油膜压力。所以,在经常启动、换向、低速、重载或有冲击载荷的机器中可考虑采用液体静压轴承。在第 3 章中已简单介绍了流体静力润滑的基本原理,这里仅以液体静压径向滑动轴承为例介绍静压轴承的工作原理。

图 12-20 所示为一液体静压径向轴承示意图。轴承有四个完全相同的油腔,分别通过

---

① 在外界载荷变动时下,轴心偏离原平衡位置作无规律的运动而难以自动回到原平衡点的现象。有收敛性油膜失稳和发散性失稳两种。发散性失稳极易引起轴承失效。

各自的节流器与供油管路相连接。压力为 p_b 的高压油流经节流器降压后流入各油腔。油腔中的润滑油一部分经过径向封油面流入回油槽,并沿槽流出轴承;一部分经轴向封油面流出轴承。当无外载荷(忽略轴的自重)时,四个油腔的油压均相等,轴颈与轴承同心。此时,四个油腔的封油面 L_j 轴颈间的间隙相等,均为 h_0。因此,流经四个油腔的油流量相等,在四个节流器中产生的压力降也相同。

如图 12-20 所示,当有向下的外载荷 F 加在轴颈上时,轴颈由于失去平衡而下沉,使下部油腔的封油面侧隙减小,流动阻尼增加,流出油腔的流量减小。由于节流器开口一定,所以节流器两端的压力差随之减小,因输入压力不变,所以下部油腔压力将增高;同时,上部油腔封油面侧隙加大,流量加大,节流器两端的压力差加大,油腔压力减小。上述变化使得上、下两油腔间形成了一个压力差。因该压力差而产生的向上作用力与加在轴颈上的外载荷相平衡,使轴颈保持在图示位置上,即轴的轴线下移了 e。只要下油腔封油面侧隙 h_0-e 大于两表面最大不平度之和,就能保证液体摩擦。在轴承受其他方向的载荷时,也可以作类似的分析。而当外载荷 F 减小时,轴承中将发生与上述情况相反的变化。

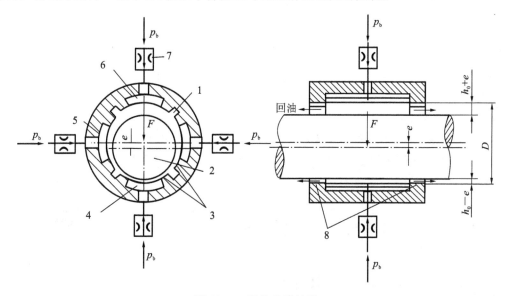

图 12-20　液体静压轴承

1—回油槽;2—主轴;3—径向封油面;4—油腔;5—轴承;6—油腔;7—进油压力;8—轴向封油面

液体静压轴承的优点如下。

(1)油膜压力的形成与相对速度无关,承载能力主要取决于油泵的供给压力。因此,静压轴承在高速、低速、轻载、重载下都能胜任工作。

(2)工作时轴颈与轴承不直接接触(包括启动、停车等),轴承磨损甚微,故使用寿命长。

(3)由于是液体摩擦,因此启动力矩小,效率高。

(4)油膜刚性大,具有良好的吸振性,运转精度高。

(5)轴瓦的加工精度要求低于动压轴承。

但液体静压轴承需要一套复杂的供给压力油的系统,故设备费用高,维护管理也较麻烦。

12.7.3 气体润滑轴承

当轴承转速很高时,若选用液体润滑滑动轴承,由于液体的剪切阻尼较大,可能会出现轴承过热、摩擦损失较大、机器的效率降低等问题。此时可考虑采用气体润滑轴承。

气体轴承是用气体做润滑剂的滑动轴承,常用空气。气体轴承的主要优点如下。

(1)空气是取之不尽的,而且黏度极低,为油的1/4 000～1/5 000,故气体润滑轴承在高转速下工作,其转速甚至可达百万转。

(2)由于气体的摩擦阻力很小,因此功耗小。

(3)空气黏度几乎不受温度变化的影响,故气体轴承可在很大的温度范围内工作。

气体轴承的主要缺点是承载能力低。因此,气体轴承适用于高速、轻载的设备(如精密测量仪器、纺织设备、超高速离心机等)。

气体轴承也有动压轴承和静压轴承两类,其工作原理和液体润滑轴承的基本相同。

12.7.4 磁悬浮轴承

磁悬浮轴承的工作原理是:利用磁力作用将转子悬浮于空中,使转子与定子之间没有机械接触;磁感应线与磁浮线垂直,轴芯与磁浮线平行,所以转子就固定在运转的轨道上。与传统的滚珠轴承、液体润滑轴承相比,磁悬浮轴承不存在机械接触,转子可以运行到很高的转速,具有机械磨损小、能耗低、噪声小、寿命长、无须润滑、无油污染等优点,特别适用于高速、真空、超净等特殊环境中。

在实际应用中,磁悬浮通常作为一种辅助功能,在具体应用时还得配合其他的轴承形式,例如磁悬浮＋滚珠轴承、磁悬浮＋含油轴承、磁悬浮＋汽化轴承等。

磁浮轴承系统主要由被悬浮物体、传感器、控制器和执行器四大部分组成。其中执行器包括电磁铁和功率放大器两部分。图 12-21 所示为一个简单的磁浮轴承系统,电磁铁绕组上的电流为 I,它对被悬浮物体产生的吸力和被悬浮物体本身的重力相平衡,被悬浮物体处于悬浮的平衡位置,这个位置也称参考位置。假设在参考位置上,被悬浮物体受到一

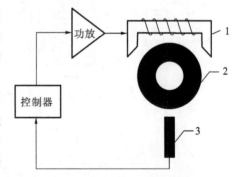

图 12-21 简单的磁悬浮轴承系统
1—电磁铁;2—转子;3—位置传感器

个向下的扰动,它就会偏离其参考位置向下运动,此时传感器检测出被悬浮物体偏离其参考位置的位移,控制器将这一位移信号变换成控制信号,功率放大器使流过电磁绕组上的电流变大,电磁铁的吸力变大,从而驱动被悬浮物体返回到原来的平衡位置。如果被悬浮物体受到一个相上的扰动并向上运动,此时控制器和功率放大器使流过电磁场铁绕组上的电流变小,电磁铁的吸力变小,被悬浮物体也能返回到原来的平衡位置。因此,不论被悬浮物体受到向上还是向下的扰动,图 12-21 中的被悬浮物体都始终能处于稳定的平衡状态。

习　题

12-1　轴承材料应满足哪些要求？常用的轴承材料有哪些？各有何特点？

12-2　在设计一般非液体润滑滑动轴承时,通常应进行哪些条件性验算？为什么？

12-3　作图并阐明滑动轴承中液体动压润滑油膜的形成过程。

12-4　如何选取普通径向滑动轴承的相对间隙和宽径比？

12-5　判断轴承液体动压润滑的条件是什么？

12-6　如何根据已知的承载及运转条件,求得一般剖分式径向轴承中的最小油膜厚度、摩擦因数、耗油量和摩擦功耗？

12-7　如何计算滑动轴承工作时润滑油的平均温度 t_m？

12-8　如何考虑选择滑动轴承的润滑剂及润滑方法？

12-9　一减速器中的非完全液体摩擦径向滑动轴承,轴的材料为 45 钢,轴瓦材料为锡青铜 ZCuSn5Pb5Zn5。承受径向载荷 $F = 35$ kN；轴颈直径 $d = 190$ mm；工作长度 $l = 250$ mm；转速 $n = 150$ r/min。试验算核轴承是否适合用？提示：根据轴瓦材料,已查得：$[p] = 8$ MPa，$[v] = 3$ m/s，$[pv] = 15$ MPa·m/s。

12-10　设计一液体摩擦径向滑动轴承,工作情况稳定,采用剖分式轴承。已知轴承载荷 $F_r = 32\,500$ N，轴颈直径 $d = 152$ mm，轴的转速 $n = 1\,000$ r/min。

第13章 滚动轴承

本章主要介绍滚动轴承的基本类型和选择,疲劳寿命的计算,滚动轴承的组合结构设计,包括轴承配置形式、轴承的紧固、轴承的调整等,并简单地介绍轴承的配合、预紧、润滑、密封等基本知识。

滚动轴承是机器中广泛应用的支承部件。与滑动轴承相比,滚动轴承具有摩擦力小、启动容易、效率高、轴向尺寸小等优点;但抗冲击载荷能力较差、高速时有噪声、径向尺寸比滑动轴承大。

绝大多数滚动轴承是标准件,由专门工厂制造和供应。标准化和专业化生产使滚动轴承的成本更低,并具有良好的互换性。机械设计时与滚动轴承有关的任务主要是根据工作条件完成滚动轴承选型和组合结构设计。

13.1 滚动轴承的结构、类型和代号

13.1.1 滚动轴承的结构

滚动轴承的典型结构如图 13-1 所示,它由外圈、内圈、滚动体和保持架四种元件组成。其中:滚动体是滚动轴承不可缺少的;保持架在标准的滚动轴承中也是必须存在的,其作用是把滚动体均匀地隔开以避免滚动体互相接触;而内圈和外圈作为滚动体的支承,依不同的滚动轴承类型可缺失其中之一或两者同时缺失,其支承功能由轮毂和轴颈代替。

常见的滚动体有球、圆柱滚子、滚针、圆锥滚子、球面滚子和非对称球面滚子等,如图 13-2 所示。滚动体的形状在很大程度上决定了滚动轴承的性能。在滚动轴承的命名中通常包含了滚动体的形状特征,如深沟球轴承、圆锥滚子轴承等。

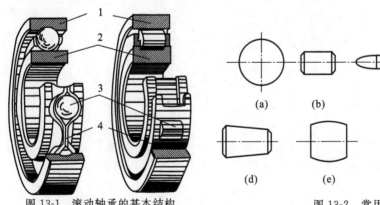

图 13-1 滚动轴承的基本结构

1—外圈;2—内圈;3—滚动体;4—保持架

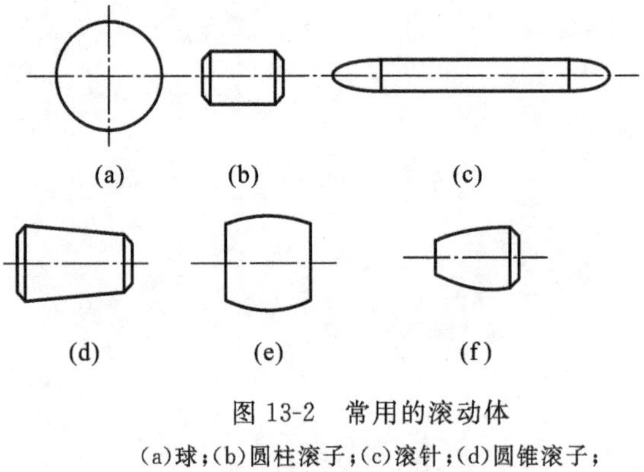

图 13-2 常用的滚动体

(a)球;(b)圆柱滚子;(c)滚针;(d)圆锥滚子;

(e)球面滚子;(f)非对称球面滚子

　　滚动轴承的内、外圈与滚动体一般用轴承铬钢制造,常用的轴承钢有 GCr15、GCr15SiMn 等(材料型号中的首字母"G"表示其为滚动轴承专用钢),热处理后硬度不低于 60HRC。工作时,滚动轴承的滚动体与保持架之间的运动为相对滑动。为保证较好的减摩性,滚动轴承的保持架通常用软性材料制作。冲压式保持架一般用低碳钢板或纯铁冲压制成,这种保持架与滚动体之间有较大间隙;实体保持架常用铜合金、铝合金或工程塑料等制成,这种保持架对滚动体有较好定心作用。

13.1.2　滚动轴承的主要类型及特性

　　根据滚动轴承所能承受的外载荷方向,通常将滚动轴承分为向心轴承、推力轴承和向心推力轴承三大类。表 13-1 是它们承载情况的示意图。

表 13-1　不同类型轴承的承载情况

向心轴承		这类轴承主要承受径向载荷,其中有几种类型可以承受不大的轴向载荷
推力轴承		这类轴承只能承受轴向载荷,轴承的两个套圈分别为与轴颈相配合的轴圈和与机座相配合的座圈
向心推力轴承		这类轴承能同时承受径向载荷和轴向载荷,其轴向承载能力的大小与接触角 α 的大小有关,α 越大,轴向承载能力就越大。向心推力轴承的滚动体与外圈滚道接触点(线)处的法线 N—N 与半径方向的夹角 α 称为轴承的接触角。轴承实际所受的径向载荷 F_r 与轴向载荷 F_a 的合力与半径方向的夹角 β,则称为载荷角

　　滚动轴承的类型很多,表 13-2 给出了常用各类滚动轴承的性能和特点。

表 13-2　常用滚动轴承的性能和特点

轴 承 类 型	结构简图、承载方向	类型代号	尺寸系列代号	特　　性
双列角接触球轴承		(0)	32 33	能同时承受径向载荷和双向的轴向载荷、它比角接触球轴承具有较大的承载能力
调心球轴承		1 (1) 1 (1)	(0)2 22 (0)3 23	主要承受径向载荷，也可同时承受少量的双向轴向载荷。外圈滚道为球面，具有自动调心性能。内、外圈轴线相对偏斜允许 $2°\sim3°$，适用于多支轴、弯曲刚度小的轴，以及难以精确对中的支承
调心滚子轴承		2 2 2 2 2 2 2 2	13 22 23 30 31 32 40 41	用于承受径向载荷，其承载能力比调心球轴承约大一倍，也能承受少量的双向轴向载荷。外圈滚道为球面，具有调心性能，内、外圈轴线相对偏斜允许 $0.5°\sim2°$，适用于多支点轴、弯曲刚度小的轴以及难以精确对中的支承
推力调心滚子轴承		2 2 2	92 93 94	可以承受很大的轴向载荷和一定的径向载荷。滚子为鼓形，外圈滚道为球面，能自动调心，允许轴线偏斜 $2°\sim3°$，转速可比推力球轴承高，常用于水轮机轴和起重机转盘等
圆锥滚子轴承		3 3 3 3 3 3 3 3 3 3	02 03 13 20 22 23 29 30 31 32	能承受较大的径向载荷和单向的轴向载荷，极限转速较低。内、外圈可分离，故轴承游隙可在安装时调整，通常成对使用，对称安装。适用于转速不太高、轴的刚性较好场合

续表

轴承类型		结构简图、承载方向	类型代号	尺寸系列代号	特性
双列深沟球轴承			4 4	(2)2 (2)3	主要承受径向载荷,也能承受一定的双向轴向载荷。它比深沟球轴承具有较大承载能力
推力球轴承	单向		5 5 5 5	11 12 13 14	推力球轴承的套圈与滚动体多半是可分离的。单向推力球轴承只能承受单向轴向载荷,两个圈的内孔不一样大,内径较小的是紧圈与轴配合,内孔较大的是松圈,与机座固定在一起。极限转速较低,适用于轴向力大而转速较低的场合
	双向		5 5 5	22 23 24	双向推力轴承可承受双向轴向载荷,中间圈为紧圈,与轴配合,另两圈为松圈。高速时,由于离心力大,球与保持架因摩擦而发热严重,寿命较低。常用于轴向载荷大、转速不高处
深沟球轴承			6 6 6 6 16 6 6 6	17 37 18 19 (0)0 (1)0 (0)2 (0)3 (0)4	主要承受径向载荷,也可同时承受少量双向轴向载荷,工作时内外圈轴线允许偏斜 $8' \sim 16'$。摩擦阻力小,极限转速高,结构简单,价格便宜,应用最广泛。但承受冲击负荷能力较差。 适用于高速场合,在高速时,可用来代替推力球轴承
角接触球轴承			7 7 7 7 7	19 (1)0 (0)2 (0)3 (0)4	能同时承受径向载荷与单向的轴向载荷,公称接触角 α 有 15°、25°、40° 三种。α 越大,轴向承载能力也越大。通常成对使用,对称安装。极限转速较高。 适用于转速较高、同时承受径向和轴向载荷的场合

轴 承 类 型		结构简图、承载方向	类型代号	尺寸系列代号	特　性
推力圆柱滚子轴承			8 8	11 12	能承受很大的单向轴向载荷，但不能承受径向载荷，它比推力球轴承承载能力要大。套圈也分紧圈和松圈。其极限转速很低，故适用于低速重载的场合
圆柱滚子轴承	外圈无挡力圆柱滚子轴承		N N N N N N	10 (0)2 22 (0)3 23 (0)4	只能承受径向载荷，不能承受轴向载荷。承受载荷能力比同尺寸的球轴承大，尤其是承受冲击载荷能力大，极限转速较高
	双列圆柱滚子轴承		NN	30	对轴的偏斜敏感，允许外圈与内圈的偏斜度较小($2'\sim4'$)，故只能用于刚性较大的轴上，并要求支承座孔很好地对中。双列圆柱滚子轴承比单列轴承受载荷的能力更高
滚针轴承			NA NA NA	48 49 69	这类轴承采用数量较多的滚针做滚动体，径向结构紧凑，且径向承受载荷能力很大，价格低廉。其缺点是不能承受轴向载荷，工作时不允许内、外圈轴线有偏斜。一般没有保持架，常用于转速较低而径向尺寸受限制的场合
四点接触球轴承			QJ QJ	(0)2 (0)3	它是双半内圈单列向心推力球轴承，能承受径向载荷及任一方向的轴向载荷。球和滚道四点接触，与其他球轴承比较，当径向游隙相同时轴向游隙较小

目前，国内外滚动轴承在品种规格方面越来越趋向专用化、轻型化、部件化和微型化。例如，装有传感器的车辆轮毂轴承单元，便于对轴承工况进行监测与控制。

13.1.3　滚动轴承的代号

滚动轴承的类型很多，而每一种类型又有不同的结构、尺寸和公差等级。为了便于设计、制造和选用，在国家标准 GB/T 272—1993 中规定了轴承代号的表示方法。滚动轴承代号由基本代号、前置代号和后置代号构成,用字母和数字表示。基本代号是轴承代号的核心,前、后置代号都是对轴承其他技术要求的补充。轴承代号的构成见表 13-3。

表 13-3　滚动轴承代号的构成

前置代号	基本代号①					后置代号						
	五	四	三	二	一	内部结构代号	密封与防尘结构代号	保持架及其材料代号	特殊轴承材料代号	公差等级代号	游隙代号	②多轴承配置代号 其他代号
轴承分部件代号	类型代号	尺寸系列代号		内径代号								
		宽度系列代号	直径系列代号									

注:①基本代号下面的一至五表示代号自右向左的位置序数;
　②配置代号如/DB、/DF,分别表示两轴承背对背或面对面安装。

1. 基本代号

基本代号是轴承代号的基础,由类型代号、尺寸系列代号、内径代号组成。基本代号的具体形式见表 13-2。

(1)类型代号　类型代号指明轴承的类型,由 1~2 位数字或字母表示,常用轴承的类型代号见表 13-2。

(2)尺寸系列代号　尺寸系列代号由宽度系列代号和直径系列代号构成。宽度系列代号用一位数字表示,在基本代号中有时被省略不写(表 13-2 中尺寸系列代号带括号的数字);直径系列代号用一位数字表示。

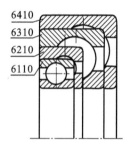

6410
6310
6210
6110

图 13-3　直径系列的对比

尺寸系列代号表示内径 d 相同时,轴承外径 D、宽度 B 及接触角 α 等的变化。在表 13-2 中,尺寸系列代号从上向下变化时轴承的结构尺寸逐渐增大。图 13-3 所示为一组直径系列不同的深沟球轴承的尺寸对比。

(3)内径代号　内径代号用两位数字表示轴承的内径尺寸 d。

①内径小于 20 mm 的轴承。内径代号 00、01、02 和 03 依次表示内径为 10 mm、12 mm、15 mm 和 17 mm 的轴承。

②内径 d=20~480 mm(22、28、32 除外)的轴承。两位内径代号表示轴承内径尺寸被 5 除得的商数,如 04 表示 d=20 mm;12 表示 d=60 mm,等等。

③内径大于 500 以及等于 22、28、32 的轴承。内径尺寸用内径的毫米数直接表示,但与尺寸系列间用"/"隔开。如 62/22 表示内径为 22 的深沟球轴承。

2. 后置代号

轴承的后置代号是用字母和数字等表示的轴承的结构、公差及材料的特殊要求等。后置代号的内容很多,下面介绍几个常用的代号。

(1)内部结构代号　表示同一类型轴承的不同内部结构,用字母紧跟着基本代号表示。如:接触角为 15°、25°和 40°的角接触球轴承分别用 C,AC 和 B 表示,以说明这种内部结构上的区别。

(2)公差等级代号　包括/P2、/P4、/P5、/P6(P6x)和 P0,分别表示轴承的公差等级为 2

级、4 级、5 级、6 级(6x)和 0 级,共 5 个级别,依次由高级到低级。6x 级仅适用于圆锥滚子轴承,0 级为普通级,在轴承代号中不标出。

(3)游隙组别代号 包括/C1、/C2、/C3、/C4、/C5,分别表示轴承径向游隙系列。分为 1 组、2 组、0 组、3 组、4 组和 5 组,共 6 个组别,径向游隙依次由小到大。0 组游隙是常用的游隙组别,在轴承代号中不标出。

3. 前置代号

轴承的前置代号用于表示轴承的分部件,用字母表示。如用 L 表示分离轴的可分离套圈;K 表示轴承的滚动体与保持架组件等。例如 LNU207,K81107 等。

实际应用中,标准滚动轴承类型是很多的,其中有些轴承的代号也是比较复杂的。以上介绍的代号是轴承代号中最基本、最常用的部分,熟悉了这部分代号,就可以识别和查选常用的轴承。关于滚动轴承的详细的代号方法可查阅 GB/T 272—1993。

4. 代号举例

6308:6——深沟球轴承,3——直径系列,08——内径 $d=40$ mm,公差等级为"0"级,游隙组为"0"组;

7214C/P4:7——角接触球轴承,2——直径系列,14——内径 $d=70$ mm,公差等级为 4 级,游隙组为"0"组,公称接触角 $\alpha=15°$;

N105/P5:N——圆柱滚子轴承,1——直径系列,05——内径 $d=25$mm,公差等级为 5 级,游隙组为"0"组;

30213:3——圆锥滚子轴承,0——宽度系列(0 不可省略),2——直径系列,13——内径 $d=65$ mm,公差等级为 0 级,游隙组为"0"组。

13.2 滚动轴承类型的选择

选用滚动轴承时首先选择轴承类型。需考虑的因素包括:载荷条件、转速情况、调心性能、安装条件、经济性要求等。表 13-2 给出了常用滚动轴承类型的基本特点,可供选择时参考。下面对有关类型选择因素进行一些针对性的分析。

(1)载荷条件 轴承所受的载荷的大小、方向和性质是选择轴承类型的主要依据。

①载荷的大小。球轴承主要元件间的接触是点接触而滚子轴承为线接触,所以在轴承外形尺寸相同时滚子轴承的承载能力大于球轴承。因此,在承受载荷较大时宜选用滚子轴承,而球轴承适合于中小载荷及载荷波动较小的场合。

②载荷的方向。轴承承受的载荷方向可分为纯轴向、纯径向、轴向和径向载荷并存三种情况。一般而言,轴承的接触角越大(推力轴承可视为接触角等于 90°),轴承承受轴向力的能力越大,但承受径向力的能力越差。所以,轴承承受纯轴向载荷时一般选用推力轴承,如推力球和推力滚子轴承等;轴承承受纯径向载荷时一般选用向心轴承,如深沟球轴承、圆柱滚子轴承或滚针轴承等;在轴向和径向载荷并存时,应根据轴向力的大小选择不同接触角的轴承,轴向力的比例越大,所选轴承的接触角应越大。在必要时也可以采用向心轴承和推力轴承组合在一起的结构,分别承担径向载荷和轴向载荷。除此以外,还应该考虑所受的是单向还是双向轴向力。

（2）轴承的转速　所有轴承都应在低于其允许的极限转速下工作。转速越高离心力越大，滚动体与套圈的压力越大，因此滚动体和套圈的变形越大，微滑移的影响越大，温升也越大，严重时将发生胶合失效。除此以外，转速越高，滚动体与保持架的相对滑动速度也越高，如保持架不能提供良好的减摩作用，将引发失效。

一般而言，滚动体的质量越小，极限转速越高，如球轴承的极限转速通常高于滚子轴承，高速轴承经常采用轻质滚动体（如陶瓷球等）；推力轴承由于其结构的特点（离心力方向和受载方向垂直）极限转速均较低；保持架与滚动体之间摩擦因数小的轴承极限转速较高；实体保持架比冲压保持架的极限转速高，青铜实体保持架和能提供转移膜的保持架的极限转速较高。在内径相同时，外径越小，滚动体的质量越小。所以，在高速条件下工作时，如一个外径较小的轴承的承载能力不能达到要求，可以并装一个相同的轴承或选择宽系列轴承。

在手册中通常列入了各种类型、各种尺寸轴承的极限转速值，可作选择时参考。需要注意，手册中给出的数据是按 0 级公差轴承、载荷不太大（当量动载荷 $P \leqslant 0.1C$，C 为额定动载荷）、冷却正常的条件给出的；如果条件与此不同，极限转速将不同，如高精度的轴承的极限转速更高；而通过加大轴承的径向游隙、选用循环润滑或油雾润滑、加强对润滑油的冷却等措施也能有效地提高极限转速。对于重要的高速轴承，应与具体的生产厂商联系以获得更接近实际的数据。

（3）调心性能　当轴的中心线与轴承座中心线不重合而有角度误差时（如多支点轴、轴承座孔分次加工等）或因轴受力弯曲或倾斜（如支点跨距大，轴的弯曲变形大等）时，会造成轴承的内、外圈轴线发生偏斜。这时，应采用有一定调心性能的调心球轴承或调心滚子轴承，这类轴承在轴与轴承座孔的轴线有不大的相对偏斜时仍能正常工作。

与球轴承相比，滚子、滚针类轴承对角度偏差敏感，宜用于轴承与座孔能保证同心、轴的刚度较高的地方。手册中给出了各类轴承内圈轴线相对外圈轴线的倾斜角度的许用值，选择时应使实际倾斜角度小于许用值，否则会使轴承寿命降低。

（4）轴承的安装和拆卸　便于装拆也是在选择轴承类型时应考虑的一个因素。当轴承座没有剖分面而必须沿轴向安装和拆卸轴承部件时，应优先选用内、外圈可分离的轴承（如圆柱滚子轴承、滚针轴承、圆锥滚子轴承等）。当轴承在长轴上安装时，为了便于装拆，可以选用其内圈孔为 1：12 的圆锥孔轴承。

（5）经济性要求　选用滚动轴承应考虑经济性。通常滚子轴承比球轴承价格高，深沟球轴承价格最低，常被优先选用。轴承精度越高，则价格越高，若无特殊要求，一般选用 0 级轴承。

当类型确定后，还要考虑选择哪个尺寸系列。尺寸系列包括直径系列和宽度系列。选择轴承的尺寸系列时，主要考虑轴承承受载荷的大小，此外，也要考虑结构的要求。就直径系列而言，载荷很小时，一般可以选择超轻（代号 8、9）或特轻系列（代号 1、7）；载荷很大时，可考虑选择重系列（代号 4）；一般情况下，可先选用轻系列（代号 2、5）或中系列（代号 3、6），待校核后再根据具体情况进行调整。对于宽度系列，一般情况下可选用正常系列，若结构上有特殊要求时，可根据具体情况选用其他系列。

由于设计问题的复杂性，轴承的选择不应指望一次成功，必须在选择、校核乃至结构设计的全过程中，反复分析、比较和修改，才能选择出符合设计要求的较好的轴承方案。

13.3　滚动轴承的工作情况、失效形式和设计准则

13.3.1　滚动轴承的工作情况分析

1. 滚动轴承工作时轴承元件的受载情况

在滚动轴承只受轴向载荷作用时,可认为各滚动体受载均匀;但在承受径向载荷时,情况将发生变化。如图 13-4 所示,深沟球轴承在工作的某一瞬间,径向载荷 F_r 通过轴颈作用于内圈。位于上半圈的滚动体不受力,载荷由下半圈的滚动体传到外圈再传到轴承座。

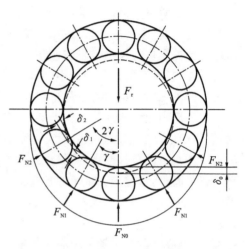

假设内、外圈除了与滚动体接触处共同产生的局部接触变形外,它们的几何形状不发生改变。那么,滚动体与套圈的接触变形量的大小就决定了各滚动体承受载荷的大小。从图中可以看出,处于力作用线正下方位置的滚动体变形量最大,承载也就最大,而 F_r 作用线两侧的各滚动体承载

图 13-4　深沟球轴承中径向载荷的分布

逐渐减小。各滚动体从开始受载到受载终止所滚过的区域称为承载区,其他区域称为非承载区。由于轴承内存在游隙,故在纯径向载荷作用时的实际承载区范围小于 $180°$,在最不利的情况下可能只有单个滚动体受载。为了扩大承载区,使各滚动体的受载趋于均匀,可通过适当的预紧,使轴承在承受径向载荷的同时承受一定的轴向载荷。

2. 轴承工作时轴承元件的应力分析

轴承工作时,由于内、外圈相对转动,滚动体与套圈的接触位置是时刻变化的。当滚动体进入承载区后,所受载荷及接触应力即由零逐渐增至最大值(在 F_r 作用线正下方),然后再逐渐减至零,其变化趋势如图 13-5a 虚线所示。就滚动体上某一点而言,由于滚动体相对内、外圈滚动,每自转一周,分别与内、外圈接触一次,故它的载荷和应力按周期性不稳定脉动循环变化,如图 13-5a 实线所示。

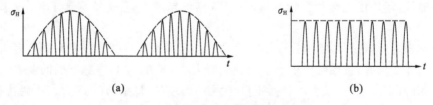

图 13-5　轴承元件上的载荷及应力变化

(a)滚动体的应力变化;(b)固定套圈的应力变化

滚动轴承工作时,可以是外圈固定、内圈转动;也可以是内圈固定、外圈转动。对于固定套圈,处在承载区内不同位置的接触点所受载荷不同。处于 F_r 作用线上的点将受到最大的接触载荷。而对于其他的任一给定点,在滚动体滚过该点的瞬间将承受最大应力;而当另一

滚动体作用时,又将承受一次同样的接触应力。所以,固定套圈在承载区内的给定点上承受的是稳定脉动循环应力,如图 13-5b 所示。

转动套圈上各点的受载情况类似于滚动体的受载。就其滚道上的某一点而言,处于非承载区时,载荷及应力为零。进入承载区后,每与滚动体接触一次就受载一次,且在承载区的不同位置,其接触载荷和应力也不一样,如图 13-5a 中实线所示,在 F_r 作用线正下方,载荷和应力最大。

载荷变动的频率快慢取决于滚动体中心的圆周速度,当内圈固定外圈转动时,滚动体中心的运动速度较外圈固定内圈转动时大,故作用在固定套圈上的载荷的变化频率也较高。

根据上面分析可知,滚动轴承中各承载元件所受载荷和接触应力是呈周期性变化的。

13.3.2　滚动轴承的失效形式和设计准则

1. 滚动轴承的失效形式

在滚动轴承的工作过程中,滚动体和滚道之间为点/线接触,接触应力大而且是变化的;由于弹性变形,接触处存在着微滑移(雷诺滑移);滚动体和保护架中存在着较大的滑动速度。根据滚动轴承的工作状态,其失效形式主要有以下几种。

(1)疲劳点蚀　滚动轴承点/线接触和变应力特点决定了套圈和滚动体的点蚀是正常使用时滚动轴承中最常见的失效形式。点蚀的发生和扩展使滚动轴承的旋转精度下降,工作噪声增大,并使轴系产生振动(见图 13-6)。

(2)塑性变形　点线接触使滚动体和套圈之间有较大的接触应力。在轴承受到过大的静载荷或冲击载荷作用时,在滚动体与滚道的接触表面上会出现塑性变形,产生凹坑。塑性变形的出现会降低滚动轴承的旋转精度,增大滚动摩擦阻力矩。另外,安装和拆卸过程中的不正确操作也可能引起塑性变形。

(3)磨损　如果润滑与密封措施不良,将造成润滑油供油不足或有灰尘、杂质等物质进入滚道,从而引起滚动体和滚道的磨粒磨损。磨损将使轴承游隙增大,摩擦阻力矩增大,旋转精度降低。

图 13-6　滚动轴承的点蚀破坏

(4)其他失效形式　过高的转速有可能造成滚动轴承工作中发热严重、工作温度过高,使滚动轴承元件回火(烧伤),严重降低承载能力。另外装配和拆卸中的不正确操作也可能造成滚动轴承套圈的破裂。

2. 滚动轴承的设计准则

对于中、高速运转的滚动轴承,其主要失效形式是疲劳点蚀;而工作转速较低的滚动轴承的主要失效形式则是塑性变形。由此可得滚动轴承的设计准则是:保证滚动轴承在预期的工作期限内不发生点蚀失效,同时不产生过大的塑性变形。

除此以外,为防止工作温度过高和过度磨损,应根据轴承的润滑条件校核轴承的极限转速并选择合适的润滑、密封措施,保证滚动轴承得到良好的润滑和冷却,防止杂物进入摩擦表面。

13.4 滚动轴承的寿命计算

13.4.1 基本额定寿命和基本额定动载荷

滚动轴承的寿命是指任一套圈或滚动体首次出现疲劳点蚀时,套圈之间转过的转数。对于同一批轴承(其结构、尺寸、材料、热处理以及加工等完全相同),在完全相同的工作条件下进行寿命试验可以发现,它们的疲劳寿命是离散的(见图 13-7)。

显然,如果以实验所得的最短寿命作为轴承寿命标准则太保守(几乎 100% 的轴承可超过标准寿命);而以所得的最长寿命作为轴承寿命标准则不安全。国家标准规定:一组轴承在相同条件下经一定时间运转后,若恰有 10% 的轴承发生了点蚀破坏,而 90% 的轴承没有发生点蚀破坏,则称该时间长度为轴承的基本额定寿命(L_{10}),以 10^6 转或小时为单位。由此可见,基本额定寿命是滚动轴承发生点蚀失效概率为 10%(可靠度为 90%)时的寿命。在其他条件相同时,所要求的轴承可靠度越高,则使用寿命越短;反之,使用寿命越长,则可靠性越低。

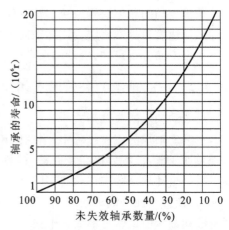

图 13-7 滚动轴承的寿命分布曲线

滚动轴承的寿命与所承受的载荷大小有关,载荷大则寿命短,国家标准规定以轴承的基本额定寿命为一百万次(10^6 次)所对应的载荷作为评价轴承承载能力的标准,称为基本额定动载荷,用符号 C 表示。对于向心接触轴承,基本额定动载荷指纯径向载荷;对于向心角接触轴承,指使套圈间产生纯径向位移的载荷的径向分量,称为径向基本额定动载荷,用符号 C_r 表示;对于轴向接触轴承,指纯轴向载荷,称为轴向基本额定动载荷,用符号 C_a 表示。

滚动轴承的基本额定动载荷是表征其承载能力的重要参数,它与轴承的滚动体大小、形状、数量有关,不同型号轴承的基本额定动载荷参数可以从设计手册或产品样本中查得,这些数据是在大量实验的基础上通过理论计算得到的。

表 13-4 当量动载荷的径向动载荷系数 X 和轴向动载荷系数 Y

轴承类型		相对轴向载荷		$F_a/F_r \leqslant e$		$F_a/F_r > e$		判断系数 e
名 称	代 号	F_a/C_0	F_a/C_0	X	Y	X	Y	
双列角接触球轴承	00000	—	—	1	0.78	0.63	1.24	0.8
调心球轴承	10000	—	—	1	(Y_1)	0.65	(Y_2)	(e)
调心滚子轴承	20000	—	—	1	(Y_1)	0.67	(Y_2)	(e)

轴承类型		相对轴向载荷		$F_a/F_r \leqslant e$		$F_a/F_r > e$		判断系数 e
名　　称	代　　号	F_a/C_0	F_a/C_0	X	Y	X	Y	
推力调心滚子轴承	29000	—	—	1	1.2	1	1.2	—
圆锥滚子轴承	30000	—	—	1	0	0.4	(Y)	(e)
双列圆锥滚子轴承	350000	—	—	1	(Y_1)	0.67	(Y_2)	(e)
深沟球轴承	60000	0.172 0.345 0.689 1.030 1.380 2.070 3.450 5.170 6.890	—	1	0	0.56	2.30 1.99 1.71 1.55 1.45 1.31 1.15 1.04 1.00	0.19 0.22 0.26 0.28 0.30 0.34 0.38 0.42 0.44
角接触球轴承	70000C $\alpha = 15°$	—	0.015 0.029 0.058 0.087 0.120 0.170 0.290 0.440 0.580	1	0	0.44	1.47 1.40 1.30 1.23 1.19 1.12 1.02 1.00 1.00	0.38 0.40 0.43 0.46 0.47 0.50 0.55 0.56 0.56
角接触球轴承	70000AC $\alpha = 25°$	—	—	1	0	0.41	0.87	0.68
角接触球轴承	70000b $\alpha = 40°$	—	—	1	0	0.35	0.57	1.14

注：①C_0 是轴承基本额定静载荷；α 是接触角；

②表中括号内的系数 Y、Y_1、Y_2 和 e 的详值应查轴承手册，对于不同型号的轴承有不同的值；

③深沟球轴承的 X、Y 值仅适用于 0 组游隙的轴承，对应其他轴承组的 X、Y 值可查轴承手册；

④对于深沟球轴承，先根据算得的相对轴向载荷的值查出对应的 e 值，然后再得出相应的 X、Y 值，对于表中未列出的
　　A/C_0 值，可按线性插值法求出相应的 e、X、Y 值；

⑤两套相同的角接触球轴承可在同一支点上背对背、面对面或串联安装作为一个整体使用，这种轴承可由生产厂选
　　配组合成套提供，其基本额定动载荷及 X、Y 系数可查轴承手册。

13.4.2 当量动载荷

滚动轴承的基本额定动载荷是在一定实验条件下获得的,其中也包括所受载荷的方向(不同的径向和轴向载荷比)。由于不可能给出径向和轴向载荷所有不同组合时的试验结果,所以就需要寻求一种方法,以有限的试验数据处理无限种可能的径向和轴向载荷组合。在工程实际中采用的方法是引入一个被称为当量动载荷的假想载荷 P,它在与基本额定动载荷试验条件一致时对轴承寿命的影响与实际载荷组合的影响相同。

对于以承受径向载荷为主的向心轴承,当量动载荷是径向载荷,对于以承受轴向载荷为主的推力轴承,当量动载荷为轴向载荷。滚动轴承当量动载荷的计算公式为

$$P = f_p(XF_r + YF_a) \tag{13-1}$$

式中:X——径向载荷系数,见表 13-4;Y——轴向载荷系数见表 13-4;e——判断系数,见表13-4;f_p——载荷系数,考虑了机械工作时的惯性、结构误差、零件变形等因素对轴承所能承受载荷的影响后的修正系数,见表 13-5。

表 13-5　载荷系数 f_p

载荷性质	f_p	举　例
无冲击或轻微冲击	1.0~1.2	电动机、汽轮机、通风机、水泵等
中等冲击或中等惯性力	1.2~1.8	车辆、动力机械、起重机、造纸机、冶金机械、选矿机、卷扬机、机床等
强大冲击	1.8~3.0	破碎机、轧钢机、钻探机、振动筛等

对于只能承受纯径向载荷的向心圆柱滚子轴承、滚针轴承、螺旋滚子轴承以及只能承受纯轴向载荷的推力轴承,只要分别令式中的 F_r 或 F_a 为 0,即可计算 P。

13.4.3 额定寿命计算

1.基本额定寿命计算

轴承的当量动载荷 P 等于基本额定动载荷 C 时,其基本额定寿命是 10^6 转。如果轴承的当量动载荷 P 不等于基本额定动载荷 C,其基本额定寿命应根据由实验确定的疲劳曲线方程进行计算(图 13-8 所示为深沟球轴承 6207 的疲劳曲线)。实验表明,滚动轴承疲劳曲线方程为

$$P^\varepsilon L_{10} = C^\varepsilon = 常数$$

因此

$$L_{10} = \left(\frac{C}{P}\right)^\varepsilon \tag{13-2}$$

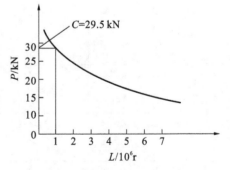

图 13-8　轴承的 P-L_{10} 曲线

式中:ε——寿命指数,对于球轴承,$\varepsilon=3$,对于滚子轴承,$\varepsilon=10/3$。

以小时为单位的轴承寿命 L_{10h} 的计算公式为

$$L_{10\mathrm{h}} = \frac{16\ 667}{n} \left(\frac{C}{P}\right)^{\varepsilon} \tag{13-3}$$

式中：n——轴承转速，r/min。

当已知轴承转速 n(r/min)、当量动载荷 P(N)以及轴承预期寿命 L_h(h)时，轴承所需的基本额定动载荷的计算公式如下。

即 L'_h
$$C' = P \sqrt[\varepsilon]{\frac{nL'_\mathrm{h}}{16\ 667}} \leqslant C \tag{13-4}$$

式中：C'——实际所需的基本额定动载荷，N；C——所选轴承的基本额定动载荷，N。

常用机械设备中滚动轴承寿命 L'_h 的推荐值见表 13-6。如果设备的总体工作寿命很长，也可以按设备的大修周期作为选择寿命的依据。

表 13-6　推荐的轴承预期计算寿命

机 器 类 型	预期计算寿命/h
不经常使用的仪器或设备，如闸门开闭装置等	300～3 000
短期或间断使用的机械，中断使用不致引起严重后果，如手动机械等	3 000～8 000
间断使用的机械，中断使用后果严重，如发动机辅助装置、流水作业线自动传送装置、长降机、车间吊车、不常使用的机床等	8 000～12 000
每日 8 h 工作的机械(利用率较高)，如一般的齿轮传动、某些固定电动机等	12 000～20 000
每日 8 h 工作的机械(利用率不高)，如金属切削机床、连续使用的起重机、木材加工机械、印刷机械等	20 000～30 000
24 h 连续工作的机械，如矿山升降机、纺织机械、泵、电动机等	40 000～60 000
24 h 连续工作的机械，中断使用后果严重。如纤维生产或造纸设备、发电站主电机、矿井水泵、船舶浆轴等	100 000～200 000

手册所给的轴承基本额定动载荷 C 是在工作温度低于 120℃ 的条件下确定的。如果滚动轴承的工作温度高于 120℃，因材料、金属组织、硬度等的变化，额定动载荷的值将降低，需引入温度系数加以修正。这种特殊轴承的额定动载荷的值为

$$C_\mathrm{t} = f_\mathrm{t} C \tag{13-5}$$

式中：C_t——高温情况下工作时轴承的基本额定动载荷；f_t——温度系数，见表 13-7。

表 13-7　温度系数 f_t

轴承工作温度/℃	≤120	125	150	175	200	225	250	300	350
温度系数 f_t	1.00	0.95	0.90	0.85	0.80	0.75	0.70	0.6	0.5

在考虑了温度系数后，式(13-3)和式(13-4)也应作相应的修改：

$$L_{10\mathrm{h}} = \frac{16\ 667}{n} \left(\frac{f_\mathrm{t} C}{P}\right)^{\varepsilon} \tag{13-6}$$

$$C' = \frac{P}{f_\mathrm{t}} \sqrt[\varepsilon]{\frac{nL'_\mathrm{h}}{16\ 667}} \leqslant C \tag{13-7}$$

2. 修正额定寿命计算

如果滚动轴承使用中的可靠性要求、轴承材料以及使用条件与有关标准的规定条件不一致,可根据以下公式对计算寿命进行修正

$$L_{na} = L_{10} = \frac{16\ 667 a_1 a_2 a_3}{n} \left(\frac{C}{P}\right)^{\varepsilon} \tag{13-8}$$

式中:L_{na}——任意使用条件下的滚动轴承寿命,h,n 表示失效概率;a_1——可靠性修正系数,见表 13-8;a_2——材料特性修正系数;a_3——使用条件修正系数。

表 13-8 可靠度与修正系数 a_1 的对应值

可靠度	90	95	96	97	98	99
L_n	L_{10}	L_5	L_4	L_3	L_2	L_1
α_1	1	0.62	0.53	0.44	0.33	0.21

材料特性修正系数 a_2 主要考虑轴承材料和制造质量(如材料成分、冶炼方法、毛坯成形工艺等)对轴承承载能力的影响。通常杂质含量很低或经特殊工艺冶炼的材料可取 $a_2>1$,经热处理、材料硬度降低、硬度低于标准值的材料取 $a_2<1$,具体数值由制造厂家给出。一般情况下可取 $a_2=1$。

使用条件修正系数 a_3 主要考虑在指定车速和温度条件下轴承润滑条件、轴心偏斜、安装间隙等因素对轴承寿命的影响。一般取 $a_3=1$,润滑条件特别良好时可取 $a_3>1$,a_3 值通过理论分析和实验研究确定,由制造厂家提供。

13.4.4 角接触轴承和圆锥滚子轴承的当量动载荷计算

可以承受轴向载荷的轴承有三种:①推力轴承;②向心推力轴承;③某些向心轴承。在向心推力轴承(角接触球轴承和圆锥滚子轴承)的轴向载荷计算时,不仅要考虑外部轴向力还要考虑内部轴向力。

1. 派生轴向力 F_S

由于角接触球轴承和圆锥滚子轴承的接触角大于零,根据高副接触时的受力特点,在不考虑摩擦力的情况下其作用力沿法线方向(见图 13-9)。所有滚动体的作用力的径向分力的向量和即为轴承的径向力;所有滚动体的轴向分力的向量和即为轴承的轴向力。由于这一受力特点,在受纯径向力作用时接触角大于零的轴承也会派生出轴向力分力。这种因为轴承的内部结构而产生的轴向力称为派生轴向力或内部轴向力 F_S。

各种类型轴承的内部轴向力 F_S 的计算公式见表13-9,内部轴向力的方向根据轴承的安装方向确定。由于内部轴向力的存在,为了保证这类轴承能正常工作,它们通常是成对使用的。

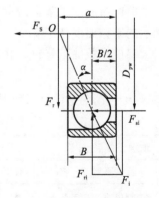

图 13-9 派生轴向力示意图

表 13-9　约有半数滚动体接触时派生轴向力 F_S 的计算公式

圆锥滚子轴承	角接触球轴承		
	70000C($=15°$)	70000AC($=25°$)	70000B($=40°$)
$F_S=F_r/(2Y)$①	$F_S=0.5F_r$	$F_S=0.7F_r$	$F_S=1.1F_r$

注:①Y 是对应表 13-4 中 $F_a/F_r>e$ 的 Y 值;

　　②e 值查表 13-4。

2. 轴向载荷计算

角接触球轴承和圆锥滚子轴承的轴向力计算过程如下。

(1)根据轴系所承受的载荷 F_A 和 F_R 求得各轴承支反力 F_{r1} 和 F_{r2}　两轴承的内部轴向力 F_{S1} 和 F_{S2} 的大小根据表 13-9 所给的公式求得,方向根据两轴承的结构和具体安装确定,图 13-10 所示分别为正安装和反安装时轴承的派生轴向力的方向。为保证滚动轴承处于较好的受力状态,应使滚动轴承中受力的滚动体数量大于或等于半圈内的滚动体数量。

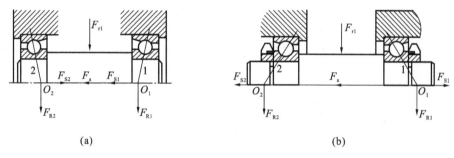

图 13-10　角接触球轴承的轴向载荷分析

(a)正安装;(b)反安装

(2)确定轴承所受轴向力的大小　以图 13-10a 所示的一对正装轴承为例。取轴和与其相配合的轴承内圈为分离体,设 F_a 为外部轴向力的合力,当轴在 F_a 和派生轴向力的作用下处于平衡状态,应满足

$$F_{S1}+F_a=F_{S2}$$

一般情况下,上述关系式不能得到满足。这时就会出现下面两种情况。

①$F_{S1}+F_a>F_{S2}$。此时轴有左移的趋势,根据轴承安装方位可知左轴承 2 将被"压紧",右边轴承 1 被"放松"。为保证轴的受力平衡,在轴承 2 的外圈上必须作用一个新的、来自于轴承座的轴向反力,它与轴承 2 的派生轴向力共同构成轴承 2 所受的轴向力 F_{a2},与"$F_{S1}+F_a$"相平衡,即

$$F_{a2}=F_{S1}+F_a$$

而轴承 1 的轴向力只有它的派生轴向力 F_{S1},即

$$F_{a1}=F_{S1}$$

②$F_{S1}+F_a<F_{S2}$。此时轴有右移的趋势,右边轴承 1 被"压紧",左边轴承 2 被"放松"。与前一种情况相同,轴承 1 所受的轴向力 F_{a1} 应与"$F_{S2}-F_a$"相平衡,即

$$F_{a1}=F_{S2}-F_a$$

而轴承 2 的轴向力只有它的派生轴向力 F_{S2},即

$$F_{a2} = F_{S2}$$

对于一对轴承反装的情况,也可以进行类似的分析。

综上所述,计算角接触球轴承和圆锥滚子轴承所受轴向力的方法可归结为如下四个步骤。

①画受力简图,确定轴上所有外部轴向载荷(由轴上传动零件产生)的合力 F_a 方向以及轴承的派生轴向力 F_{S1}、F_{S2} 的方向,例如图 13-11 所示为一对圆锥滚子轴承反装的简图。

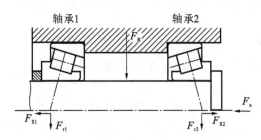

图 13-11　圆锥滚子轴承反装的简图

②按两个方向的轴向力大小,判明在合力作用下轴的移动趋势,找出哪个轴承被"压紧"、哪个轴承被"放松"。如图 13-11 所示,若轴有向左移动的趋势(合力向左),则右轴承压紧,左轴承放松。

③被"压紧"轴承的轴向力总是等于除本身派生轴向力以外的其他所有轴向载荷的代数和(即另一个轴承的派生轴向力与轴上外载荷 F_a 的代数和);

④被"放松"轴承的轴向力总是等于该轴承本身的派生轴向力。

轴承反力的径向力在轴心线上的作用点称为轴承的载荷作用中心。不同类型轴承的载荷作用中心各不相同,可以从手册中查得。如图 13-10 所示的两种安装方式,对应着两种不同的作用中心位置。当两轴承支点间的距离不是很小时,常以轴承宽度中心点作为支反力的作用位置,以方便计算,且误差也不大。

3. 当量动载荷计算

在确定了角接触轴承或圆锥滚子轴承轴向力后,可按式 $P = f_p(XF_{ri} + YF_{ai})$ 计算轴承所受的当量动载荷。其中 F_{ai} 和 F_{ri} 分别为轴承所受的轴向力和径向力,F_{ai} 由前一节的分析获得,F_{ri} 即为轴承支反力;X、Y 根据判断系数 $e = F_a/F_r$ 从表 13-4 查取;f_p 由表 13-5 查取。

13.4.5　滚动轴承的静载荷

一般情况下,引起轴承失效的主要因素是动强度不足,对应的失效形式是点蚀。但对于基本上不旋转(如起重机吊钩上的推力轴承),或者缓慢摆动和转速极低的轴承,因为应力循环次数极低,通常发生的是静强度不足问题,即因接触面上应力过大产生的过大塑性变形。此时,应按静强度来选择轴承的尺寸。另外,在轴承承受较大冲击载荷时,也可能发生过大的塑性变形。

国家标准规定,使受载荷最大的滚动体与滚道接触中心处产生的最大接触应力达到特定值(调心球轴承:4 600 MPa,其他球轴承:4 200 MPa,所有滚子轴承:4 000 MPa)的载荷为滚动轴承的基本额定静载荷,用符号 C_0 表示。基本额定静载荷是滚动轴承承载能力的基本参数，可以在机械设计手册中查用。

轴承上作用的径向载荷 F_r 和轴向载荷 F_a 应折合成一个当量静载荷 P_0，即

$$P_0 = X_0 F_r + Y_0 F_a \tag{13-9}$$

式中：X_0、Y_0——当量静载荷的径向载荷系数和轴向载荷系数，其值可查轴承手册。

按轴承静载能力选择轴承的公式为

$$C_0 \geqslant S_0 P_0 \tag{13-10}$$

式中：S_0——轴承静强度安全系数，其值见表 13-10。

表 13-10　静载荷安全系数

使用要求、载荷性质及使用场合	S_0
对旋转精度和平稳性要求较高，或受强大冲击载荷	$1.2 \sim 2.5$
一般情况	$0.8 \sim 1.2$
对旋转精度和平稳性要求较低，没有冲击或振动	$0.5 \sim 0.8$
水坝门装置	$\geqslant 1.0$
吊桥	$\geqslant 1.5$
附加动载荷较小的大型起重机吊钩	$\geqslant 1.0$
附加动载荷很大的小型装卸起重机吊钩	$\geqslant 1.6$
各种使用场合下的推力调心滚子轴承	$\geqslant 2$

13.4.6　计算示例

在具体设计时，通常先预选滚动轴承的类型，由手册获得轴承的结构尺寸，然后进行轴系结构设计，在确定轴系的关键尺寸后进行轴承受力分析和寿命计算。如不能满足使用要求，则需要重新进行轴承选择。下面给出一计算实例。

【例 13-1】　如图 13-12 所示，轴上正装一对圆锥滚子轴承，型号为 30305，已知两轴承的径向载荷分别为 $F_{R1} = 2\,500$ N，$F_{R2} = 5\,000$ N，外加轴向力 $F_a = 20\,00$ N，该轴承在常温下工作，预期工作寿命为 $L_h = 2\,000$ h，载荷系数 $f_p = 1.5$，转速 $n = 1\,000$ r/min。试校核该对轴承是否满足寿命要求。

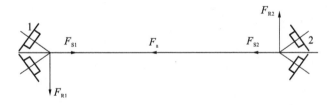

图 13-12　轴承部件受载示意图

解　查轴承手册得 30305 型轴承基本额定动载荷 $C_r = 44\,800$ N，$e = 0.30$，$Y = 2$。

(1)计算两轴承的派生轴向力 F_S。

由表 13-9 查得，圆锥滚子轴承的派生轴向力为 $F_S = F_R/(2Y)$，则

$$F_{S1} = \frac{F_{R1}}{2Y} = \frac{2\,500}{2 \times 2} \text{ N} = 625 \text{ N}，方向向右$$

$$F_{S2} = \frac{F_{R2}}{2Y} = \frac{5\,000}{2 \times 2} \text{N} = 1\,250 \text{ N}, \text{方向向左}$$

（2）计算两轴承的轴向载荷 F_{a1}、F_{a2}

$$F_{S2} + F_a = 1\,250 + 2\,000 \text{ N} = 3\,250 \text{ N}$$

因 $F_{S2} + F_a > F_{S1}$，故轴承 I 被"压紧"，轴承 II 被"放松"，则

$$F_{a1} = F_{S2} + F_a = 3\,250 \text{ N}$$

$$F_{a2} = F_{S2} = 1\,250 \text{ N}$$

（3）计算两轴承的当量动载荷 P。

轴承 I 的当量动载荷 P_1 为

$$\frac{F_{a1}}{F_{R1}} = \frac{3\,250}{2\,500} = 1.3 > e = 0.3$$

由表 13-4 查机械设计手册得 $X_1 = 0.4, Y_1 = 2$，故

$$P_1 = f_P(X_1 F_{R1} + Y_1 F_{a1}) = 1.5(0.4 \times 2\,500 + 2 \times 3\,250) \text{ N} = 11\,250 \text{ N}$$

轴承 II 的当量动载荷 P_2 为

$$\frac{F_{a2}}{F_{R2}} = \frac{1\,250}{5\,000} = 0.25 < e = 0.3$$

查表 13-4 得 $X_2 = 1, Y_2 = 0$

$$P_2 = f_P(X_2 F_{R2} + Y_2 F_{a2}) = 1.5 \times 5\,000 \text{ N} = 7\,500 \text{ N}$$

（4）验算两轴承的寿命。

由于轴承是在正常温度下工作，$t < 120℃$，查表 13-7 得 $f_t = 1$；

滚子轴的 $\varepsilon = 10/3$，则轴承 I 的寿命为

$$L_{h1} = \frac{10^6}{60n}\left(\frac{f_t C_r}{P_1}\right)^\varepsilon = \frac{10^6}{60 \times 1\,000}\left(\frac{1 \times 44\,800}{11\,250}\right)^{\frac{10}{3}} \text{h} = 1\,668\text{h}$$

轴承 II 的寿命为

$$L_{h2} = \frac{10^6}{60n}\left(\frac{f_t C_r}{P_2}\right)^\varepsilon = \frac{10^6}{60 \times 1\,000}\left(\frac{1 \times 44\,800}{7\,500}\right)^{\frac{10}{3}} \text{h} = 6\,445\text{h}$$

由此可见，轴承 I 不满足寿命要求，而轴承 II 满足要求。为增加轴承 I 的工作寿命，可改变轴承型号或采用组合轴承。具体方法应根据实际使用条件确定。

13.5　轴承组合的设计

要想保证轴承顺利工作，除了正确选择轴承的类型和尺寸外，还应合理地设计轴承组合。在设计轴承组合时，主要考虑以下几方面的问题：①轴承在轴和轴承座上的安装、固定和游隙调整；②保证配合部分的刚度和同轴度；③轴承与轴和轴承座的配合；④轴承预紧；⑤轴承的润滑和密封。

13.5.1　支承部分的刚度和同轴度

轴和安装轴承的外壳或轴承座以及轴承装置中的其他受力零件必须有足够的刚度，否则会因这些零件的变形，阻滞滚动体的滚动而使轴承提前损坏。外壳及轴承座孔壁均应有

足够的厚度,外壳上轴承座的悬臂应尽可能地缩短,并用加强肋来增强支承部位的刚性。如果外壳是用轻合金或非金属制成的,安装轴承处应采用钢或铸铁制的套杯。同样的轴承作不同排列,轴承组合的刚度也将不同。一对并列的向心推力轴承,如圆锥滚子轴承,可以有正安装和反安装两种方案(见图 13-13)。可以看出在反安装方案中,两轴承反力在轴上的作用点距离 B_2 较大,支承的刚度较高;这种装置常见于需要高刚度的金属切削机床的前轴承组合中。由于正安装时轴承间隙靠外圈调节,安装和调整都较为方便,所以一般机器多采用正安装。

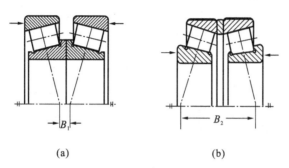

(a)　　　　　　　　　　(b)

图 13-13　向心推力轴承的排列对刚度的影响
(a)正安装;(b)反安装

对安装在同一根轴上两个支承的座孔必须尽可能地保持同心,否则轴安装后会产生较大的变形,这同样会影响轴承运转和寿命。最好的办法是采用整体结构的机架,并使轴承孔直径相同,以便一次定位镗出同一轴线上的各轴承孔,从而减少同轴度误差。如在一根轴上装有不同尺寸的轴承,外壳上的轴承孔仍应一次镗出,这时可利用衬筒来安装尺寸较小的轴承。当两个轴承孔分别在两个外壳上时,则应把两个外壳组合在一起进行镗孔。若不能确保各座孔的同轴度,则应采用调心轴承。但调心轴承在某些场合是不适用的,如在轴向力很大时。

13.5.2　轴承的配置

在机器中,轴(和轴上零件)的位置是靠轴承固定的。工作时,轴和轴承相对于机座不允许有径向移动(由配合保证),轴向移动也应该控制在一定的范围内,而轴向移动是双向的。一根轴一般需要两个支点,每个支点可由一个或一个以上的轴承组成。轴承配置要解决的主要是如何对轴系进行轴向固定,以及如何避免轴承在受热膨胀后卡死的问题。轴承配置常用以下三种方法。

1. 两端单向固定

如图 13-14 所示,这种配置形式是让每个支点都对轴系进行一个方向的轴向固定。其缺陷是:由于两支点均被轴承盖固定,故当轴受热伸长时,势必会使轴承受到附加载荷的作用,影响使用寿命。因此这种形式仅适合于工作时温度变化不大且轴较短(跨距 $L \leqslant 400$ mm)的场合。同时还应在轴承外圈与轴承盖之间留出轴向间隙 C 以补偿轴的受热伸长,常取 $C = 0.2 \sim 0.4$ mm。由于间隙较小,图上可不画出。预留的轴向间隙 C 通常在调整预紧量后,加入合适厚度的垫片获得。

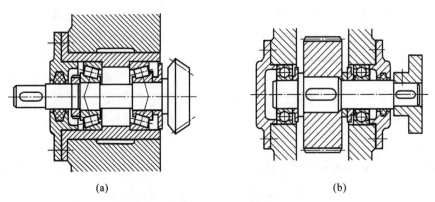

(a)　　　　　　　　　　　(b)

图 13-14　两端单向固定

2. 一端双向固定，另一端游动

该方式采用的是由一端支承限制轴的两个方向的移动，而另一端支承游动的方法。其中固定端可以采用可承受双向轴向力的轴承，或采用轴承组合；游动端通常采用外圈不固定的深沟球轴承，或圆柱滚子轴承这类允许内、外圈之间有游动的轴承。这种结构形式适用于跨距较大且温度变化较大的长轴。

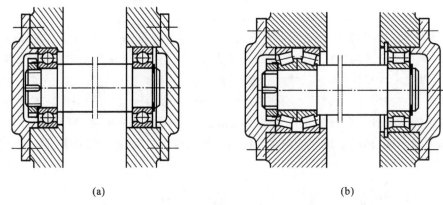

(a)　　　　　　　　　　　(b)

图 13-15　一端双向固定，另一端游动

图 13-15a 所示为这种结构形式中最简单的一种。左端为固定支承，深沟球轴承内、外圈均做双向固定，承受双向轴向力；右端轴承为游动支承，其内圈做双向固定，外圈与轴承盖之间留有适当的间隙，外圈两侧均未固定，其外径与座孔为间隙或较松的过渡配合，轴承可在座孔中轴向移动，当温度变化时轴可以自由伸缩。由于不能对轴承进行预紧，所以刚度和旋转精度不高。

图 13-15b 所示为选用圆柱滚子轴承作为游动支承的情况。圆柱滚子轴承的内、外圈均做双向轴向固定，以防止轴承在轴承座上出现错位。当轴受热伸长时，依靠圆柱滚子轴承内/外圈之间可以相对移动的特点实现热变形补偿。

3. 两端游动支承

对于一对人字齿轮轴，由于相啮合人字齿间本身的相互轴向限位作用，它们的轴承内、外圈的轴向紧固应设计成只保证其中一根轴相对机座有固定的轴向位置，而另一根轴上的两个轴承都是游动的，以防止齿轮卡死或人字齿的两侧受力不均匀（见图 13-16）。

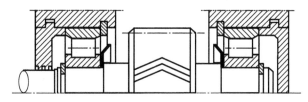

图 13-16　双端游动

滚动轴承的配置是一个非常重要的问题,它对轴系的运转精度、刚度等都有重要的影响。图 13-17 给出了 C6140 车床主轴头部的轴承配置。为了保证主轴的刚度,在主轴中配置了一个双列圆柱滚子轴承和两个推力球轴承,并在主轴的中部和尾部分别加入了一个圆柱滚子轴承和深沟球轴承(由于幅度关系,图中未加入)以增加轴的刚度。

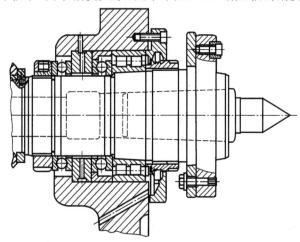

图 13-17　轴承配置应用示例

13.5.3　滚动轴承的轴向紧固

轴承组合的固定都是根据具体情况通过选择轴承内圈与轴、外圈与轴承座孔的轴向固定方式来实现的。下面对轴承的常用轴向紧固方式进行介绍。

1. 滚动轴承内圈的固定方法

轴承内圈的紧固可根据轴向力的大小,选用轴用弹性挡圈(见图 13-18a)、轴端挡圈(见图 13-18b)、圆螺母等(见图 13-18c)。图 13-18d 所示为紧定衬套与圆螺母结构,用于光轴上轴向力和转速都不大的调心轴承。

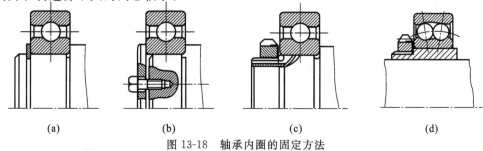

(a)　　　　　　(b)　　　　　　(c)　　　　　　(d)

图 13-18　轴承内圈的固定方法

(a)采用轴用弹性挡圈;(b)采用轴端挡圈;(c)采用圆螺母;(d)采用紧定衬套

2. 滚动轴承外圈的固定方法

轴承外圈的紧固常采用轴承盖(见图 13-19a)、孔用弹性挡圈(见图 13-19b)、座孔凸肩(见图 13-19b)、止动环(见图 13-19c)等零件来实现。

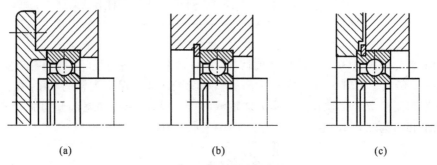

(a)   (b)   (c)

图 13-19　轴承外圈的固定结构
(a)轴承盖;(b)孔用弹性挡圈与凸肩;(c)止动环

从上述示例中可见,轴承内圈与轴的轴向固定原则及方法与一般轴系零件相同;外圈与轴承座孔的轴向固定可利用轴承盖、孔用弹性挡圈、轴承座孔的凸肩、套筒的凸肩以及它们的组合来实现,具体选择时要考虑轴向载荷的大小和方向(单向或双向)、转速高低、轴承的类型及支承的固定形式(游动或固定)等情况。对于轴系零件定位的更多内容可参考第15 章。

13.5.4　滚动轴承的调整

轴承的调整包括轴承游隙的调整和轴上零件轴向位置的调整。

1. 轴承游隙的调整

为保证轴承正常运转,一般要留有适当的轴承间隙(又称游隙)。游隙的大小对轴承的回转精度、刚度、受载、寿命、效率、噪声等都有很大影响。游隙过大,则轴承的旋转精度降低,刚度下降,噪声增大;游隙过小,则轴的热膨胀将使轴承受载加大,寿命缩短,效率降低。轴承组合设计时常用的调整游隙方法有以下三种。

(1)用垫片调整　分别如图 13-14、图 13-15 所示,轴承的游隙是通过增加或减少轴承盖与轴承座间的垫片组的厚度来调整的。

(2)用螺钉调整　如图 13-20 所示,用螺钉和碟形零件调整轴承游隙,螺母起锁紧作用。这种方法调整方便,但不能承受大的轴向力。

(3)用圆螺母调整　图 13-14a 所示为两圆锥滚子轴承反装结构,轴承游隙靠圆螺母调整。但操作不太方便,且螺纹会削弱轴的强度。

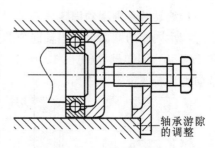

轴承游隙
的调整

图 13-20　轴承游隙调整

2. 轴上零件轴向位置的调整

某些传动零件在安装时要求处于准确的轴向工作位置,才能保证正确啮合。如圆锥齿轮传动装配时要求两个齿轮的节锥顶点重合,因此,两轴的轴承组合必须保证轴系能作轴向位置的调整。轴承位置调节采用的方法与游隙调节类似。

图 13-21b 所示为小锥齿轮轴，为便于齿轮轴向位置的调整，采用了套杯结构。图中轴承正装，有两组调整垫片。套杯与轴承座之间的垫片用来调整锥齿轮的轴向位置，而轴承盖与套杯之间的垫片用来调整轴承的游隙。

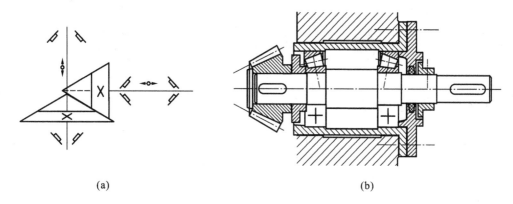

(a)　　　　　　　　　　　　(b)

图 13-21　轴向位置的调整

13.5.5　滚动轴承的配合与装拆

1. 滚动轴承的配合

滚动轴承的配合是指内圈与轴颈、外圈与轴承座孔的配合。由于滚动轴承是标准件，为使轴承便于互换和大量生产，故规定轴承内圈与轴颈的配合采用基孔制（特殊的）；轴承外圈与座孔的配合采用基轴制。基准孔和基准轴的配合代号不用标注。

如图 13-22 所示，轴承内、外径的公差带均在零线以下（负偏差），即轴承的孔径偏差与一般圆柱体基准孔的偏差方向相反。所以，当轴的公差带按圆柱公差与配合的国家标准选取时，轴承内圈与轴的配合比同类配合要紧得多。

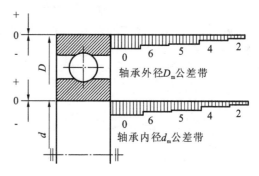

轴承配合种类的选择应根据转速的高低、载荷的大小、温度的变化等因素来决定。配合过松，会使旋转精度降低，振动加大；配合过紧，可能因为内、外圈过大的弹性变形而影响

图 13-22　轴承内、外径公差带的分布

轴承的正常工作，也会使轴承装拆困难。一般来说，转速高、载荷大、温度变化大的轴承应选紧一些的配合，经常拆卸的轴承应选较松的配合，转动套圈配合应紧一些，游动支点的外圈配合应松一些。与轴承内圈配合的回转轴常采用 n6、m6、k5、k6、j5、js6；与不转动的外圈相配合的轴承座孔常采用 J6、J7、H7、G7 等配合。选择滚动轴承配合的详细资料可参见有关设计手册。

2. 滚动轴承的装拆

由于滚动轴承的配合通常较紧,为便于装配,防止损坏轴承,应采取合理的装配方法以保证装配质量,组合设计时也应采取相应措施。安装轴承时,小轴承可用铜锤轻而均匀地敲击配合套圈装入。大轴承可用压力机压入。尺寸大且配合紧的轴承可将孔件加热膨胀后再进行装配,称为热套。需注意的是,装配时力应施加在被装配的套圈上,否则会损伤轴承。

为便于拆卸滚动轴承,应留有足够的拆卸高度。拆卸轴承时,可采用专用工具(见图 13-23)。

图 13-23　从轴上拆轴承

13.5.6　滚动轴承的预紧

为了提高轴承的旋转精度,增加轴承装置的刚性,减小机器工作时轴的振动,常采用滚动轴承预紧的方法。例如机床的主轴轴承,常用预紧来提高其旋转精度、轴向和径向刚度。

轴承预紧的过程实际上是一种对轴承游隙进行调整的过程,但预紧通常特指对某一端轴承组合所作的游隙调整。其基本过程为:在安装轴承部件时,采取一定措施,预先对轴承施加一轴向载荷,使轴承内部的游隙消除,并使滚动体和内、外套圈之间产生一定的预变形,处于压紧状态。预紧后的轴承在工作载荷作用时,其内、外圈的轴向及径向的相对移动量比未预紧时小得多,支承刚度和旋转精度得到显著的提高。但预紧量应根据轴承的受载情况和使用要求合理确定,预紧量过大,轴承的磨损和发热量增加,会导致轴承寿命降低。

常用的预紧装置有:①夹紧一对圆锥滚子轴承的外圈而预紧(见图 13-24a);②角接触球轴承反装,在两轴承外圈(或内圈)之间加一厚度由控制预紧量确定的,通过圆螺母夹紧内圈(外圈)使轴承预紧,也可将两轴承相邻的外圈端面磨窄,其效果与内圈加金属垫相同(见图 13-24b);③在一对轴承中间装入长度不等的套筒,预紧量由套筒的长度差控制,这种装置刚性较大(见图 13-24c);④用弹簧预紧,可以得到稳定的预紧力(见图 13-24d)。

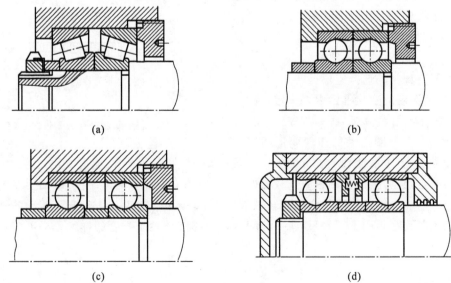

(a)　　　　　　　　　　　　　　(b)

(c)　　　　　　　　　　　　　　(d)

图 13-24　轴承的预紧结构

13.5.7　滚动轴承的润滑和密封

1. 滚动轴承的润滑

滚动轴承润滑的主要目的是减少摩擦与磨损,同时也起冷却、防锈、吸振和减少噪声等作用。滚动轴承常用的润滑剂有润滑油和润滑脂两类。

润滑脂不易流失,便于密封和维护,一次充填后可以运转较长时间,适用于轴颈圆周速度 $v < 4 \sim 5$ m/s 的情况;装脂量一般为轴承内部空间的 $1/3 \sim 2/3$,也可根据润滑脂的具体使用规范确定。选择轴承油脂时应注意其针入度、滴度、防水性等问题,勿盲目选用。

油润滑比脂润滑摩擦阻力小,散热性能好,主要用于高速或工作温度较高的轴承,以及轴承附近已经具备润滑油源(如减速器)的场合。轴承载荷愈大、温度愈高,应采用黏度较大的润滑油;反之,可以用黏度较小的润滑油。

润滑剂和润滑方式的选择与轴承的速度有关。一般用轴承的 dn 值(d 为轴承的内径,单位 mm;n 为轴承转速,单位为 r/min)表示轴承的速度大小。适用于脂润滑和油润滑的 dn 值界限见表 13-11,可供选择时参考。

表 13-11　适用于脂润滑和油润滑的 dn 值界限　　　　单位:10^4 mm×r/min

轴承类型	脂润滑	油　润　滑			
		油浴润滑	滴油润滑	循环油(喷油)润滑	油雾润滑
深沟球轴承	16	25	40	60	>60
调心球轴承	16	25	40	50	
角接触球轴承	16	25	40	60	>60
圆柱滚子轴承	12	25	40	60	>60
圆锥滚子轴承	10	16	23	30	
调心滚子轴承	8	12	20	25	
推力球轴承	4	6	12	15	

在一些特殊条件下,如高温条件下使用的轴承、真空环境中使用的轴承等,可采用固体润滑方式。常用的固体润滑方式有:①用黏接剂将固体润滑剂黏接在滚道和保持架上;②把固体润滑剂加入工程塑料和粉末冶金材料中,制成有自润滑性能的轴承零件;③用电镀、高频溅射、离子镀层、化学沉积等技术使固体润滑剂或软金属(如金、银、铟、铅等)在轴承零件摩擦表面形成一层均匀致密的薄膜。

最常用的固体润滑剂有二硫化钼、石墨和聚四氟乙烯等。

2. 滚动轴承的密封

滚动轴承的密封是为了防止灰尘、水、酸气等其他杂物进入轴承,并防止润滑剂的流失。常用的密封装置可分为接触式密封和非接触式密封。

1)接触式密封

在轴承盖内放置软材料与转动轴直接接触而起密封作用。常用的软材料有毛毡、橡胶、皮革、软木等,或者放置减摩性好的硬质材料(如加强石墨、青铜、耐磨铸铁等)与转动轴直接接触以进行密封。常用的有以下几种形式。

(1)毡圈油封　在轴承盖上开出梯形槽,将毛毡按标准制环形(尺寸不大时)或带形(尺寸较大时),放置在梯形槽中以与轴密合接触(见图 13-25a);或者在轴承盖上开缺口放置毡圈油封,然后用另外一个零件压在毡圈油封上,以调整毛毡与轴的密合程度(见图 13-25b),从而提高密封效果。这种密封主要用于脂润滑的场合,它的结构简单,但摩擦较大,只用于滑动速度 $v<4\sim5$ m/s 的场合;当与毡圈油封相接触的轴表面经过抛光且毛毡质量高时,可用到滑动速度达 $7\sim8$ m/s 的场合。

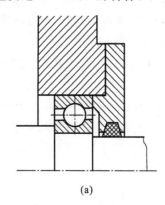
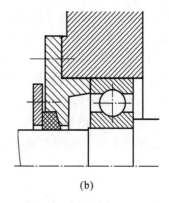

(a) (b)

图 13-25　毡圈油封示例

(2)唇形密封圈　在轴承盖中,放置一个用耐油橡胶制成的唇形密封圈,靠弯折了的橡胶的弹力和附加的环形螺旋弹簧的扣紧作用而紧套在轴上,以便起密封作用。唇型密封圈是标准件,使用时必须使唇部朝向待密封方向,如果主要是为了封油,密封唇应对着轴承(朝内);如主要是为了防止外物浸入,则密封唇应背着轴承(朝外,见图 13-26a),如需要双向密封,应安装相背的两个密封圈(见图 13-26b)。唇型密封圈安装简便,使用可靠,适用于密封处速度 $v<10$ m/s 的脂润滑和油润滑。

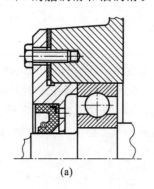
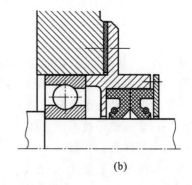

(a) (b)

图 13-26　唇形密封圈示例

(3)密封环　密封环是一种带有缺口的环状密封件,把它放置在套筒的环槽内(见图 13-27),套筒与轴一起转动,密封环靠缺口被压拢后所具有的弹性而抵紧在静止件的内孔壁上,即可起到密封的作用。各个接触表面均需经硬化处理并磨光。密封环用含铬的耐磨铸铁制造,可用于滑动速度小于 100 m/s 之处。若滑动速度为 $60\sim80$ m/s 范围内,也可以用锡表铜制造密封环。

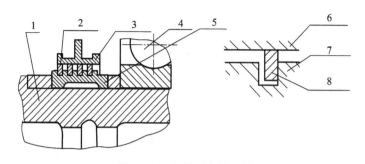

图 13-27　密封环密封示例

1—轴;2,8—密封环;3,6—静止件;4—轴承;5—套筒;7—转动件

2)非接触式密封

在使用接触式密封时接触处总是存在滑动摩擦,而使用非接触密封方式就能避免此缺点。常用的非接触密封方式有以下几种。

(1)间隙式密封　间隙式密封是靠轴与轴承盖的通孔壁间留 0.1～0.3 mm 的窄缝隙,并在轴承盖上车出沟槽(见图 13-28a),在槽内充满油脂。结构简单,用于 $v<5\sim6$ m/s 的场合。

(2)甩油密封　甩油密封是在轴上开出沟槽(见图 13-28b),或装入一个甩油环(见图 13-28c),可以把欲向外流失的油沿径向甩开,再经过轴承盖的集油腔及与轴承腔相通的回油孔流回。或者在紧贴轴承处装一甩油环,在轴上车出螺旋式送油槽(见图 13-28d),可有效地防止油外流。但在螺旋式送油槽结构时轴只能按一个方向旋转,以便把欲向外流失的润滑油借螺旋的输送作用送回到轴承腔内。

(3)迷宫式密封　迷宫式密封是指将旋转和固定的密封零件间的间隙制成迷宫形式(见图 13-28e),缝隙间填入润滑油脂以加强密封效果,适合于油润滑和脂润滑场合。

机械设备中有时还常将几种密封装置适当组合使用,密封效果更好。

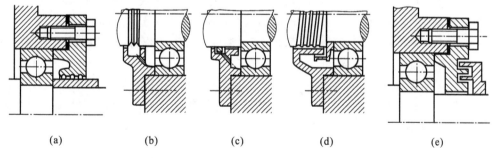

(a)　　　(b)　　　(c)　　　(d)　　　(e)

图 13-28　非接触密封结构示例

13.6　其他轴承

13.6.1　高速轴承

一般以轴承在滚动体中心处的平均直径 D_{pw} 和轴承转速 n 的乘积作为转速性能参数。当 $D_{pw}n>10^6$ mm·r/min 时视为高速轴承。目前高速轴承的 $D_{pw}n$ 值已达到 4×10^6 mm·r/min。

轴承的高速运转改变了轴承内部的载荷分布。因离心力增加,滚动体会被压向轴承外圈滚道,而滚动体与内圈滚道间压力减小,由此会产生相对滑动而使滚道被擦伤,所以高速轴承除疲劳点蚀破坏外,主要还有滚道烧伤、保持架引导边磨损和座圈断裂以及过大的振动等。

为保持高速运转下轴承工作的可靠性和一定的工作寿命,应采取以下措施。

(1)适当提高轴承的公差等级　滚动体应有较高的分选精度,滚道应有准确的几何形状、最小的偏心、较小的表面粗糙度值。公差等级通常采用 4 级或 5 级为宜。

(2)合理选用轴承结构和材料　角接触轴承接触角 α 小,高速下自旋发热就少。滚动体球径越大,离心力越大,陀螺力矩及内圈自旋发热量越大,所以直径系列越轻、滚动体直径越小,则高速性能越好。保持架多采用实体结构,材料可选用青铜、夹布胶木等,或者采用表面陶瓷轴承。

(3)加强和改善高速轴承的润滑和冷却效果　高速轴承多用油润滑,润滑方式有喷油润滑、油雾润滑和环下供油润滑(即在轴承内圈或外圈上开一个径向孔,润滑油从此小孔流入滚道润滑)。喷油或油雾润滑兼有冷却作用,内、外圈带斜坡时冷却效果最佳。

进入 20 世纪 80 年代后,随着轴承寿命机理的深入研究及滚动轴承产品技术的发展,滚动轴承的精度和性能指标向高速化和高级化发展,以满足不同的使用要求。高速轴承已在精密机械、医疗器械、机床、铁路运输机械和航空工业方面等得到了广泛的应用。

13.6.2　高温轴承

工作温度高于 120 ℃的滚动轴承称为高温滚动轴承。能适用于 350 ℃以下工作温度的轴承已有系列专用产品,正在开发的未来飞机和汽车发动机轴承的工作温度可达到 800～1 100 ℃。

过热烧伤、退火和表面疲劳点蚀是高温轴承常见的失效形式。高温轴承对轴承材料及热处理工艺、润滑油种类和润滑方式、轴承的配合及游隙都有一定的要求。

轴承在 120～200 ℃(轻载荷时可到 250 ℃)温度状况下工作时,若套圈和滚动体材料选用普通轴承钢应提高回火温度,回火温度应比工作温度高 30～50 ℃,保持架材料用硬铝、硅铁青铜等。工作温度在 200～500 ℃的轴承、套圈和滚动体应采用耐热材料,保持架可以用 Cr18Ni9Ti 等。工作温度超过 500 ℃以上的轴承用超高温合金,如钴基或镍基合金和陶瓷合金等,保持架材料也要适应高温条件的变化。

13.6.3　直线轴承

直线轴承是一种直线运动部件,与圆柱轴配合使用。由于承载球与轴承外套点接触,钢球以最小的摩擦阻力滚动,因此直线轴承摩擦小且比较稳定,摩擦力不随轴承速度而变化,能获得灵敏度高、精度高的平稳直线运动。直线轴承也有其局限性,最主要的是轴承承受冲击载荷能力较差,且承载能力也较差,其次直线轴承在高速运动时振动和噪声较大。

直线轴承具有多个滚球回路,当直线轴承在直线轴承内运动时,滚珠在滚道内随直线轴滚动,每个滚道内部有一个是滚珠循环的回珠槽,从而形成一个使滚珠循环运动的封闭的线路。

直线轴承广泛应用于精密机床、纺织机械、食品包装机械、印刷机械等工业机械中。

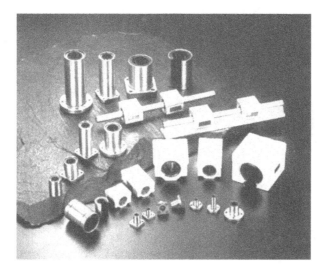

图 13-29　直线轴承

习　题

13-1　按承载方向,滚动轴承可分为几种类型? 写出它们所对应的常用轴承的类型代号及名称,并说明它们分别能够承受何种载荷(径向或轴向)。

13-2　为什么 30000 型和 70000 型轴承常成对使用? 在成对使用时,什么叫正装,什么叫反装? 什么叫"面对面"安装,什么叫"背靠背"安装? 试比较正装与反装的特点。

13-3　滚动轴承基本额定动载荷 C 的含义是什么? 当滚动轴承上作用的当量动载荷不超过 C 值时,轴承是否就不会发生点蚀破坏? 为什么?

13-4　某型号的球轴承,在某一工况条件下的基本额定寿命为 L_0。若其他条件和要求不变,仅将轴承所受的当量动载荷增加一倍,轴承的基本额定寿命将为多少?

13-5　由滚动轴承支承的轴系,其轴向固定的典型结构形式有:(1)两支点各单向固定;(2)一支点双向固定,另一支点游动;(3)两支点游动。试问这三种类型各适用于什么场合?

13-6　如图 13-30 所示,轴上装有一斜齿圆柱齿轮,轴支承在一对正装的 7209AC 轴承上。齿轮轮齿上受到圆周力 $F_{te}=8\,100$ N,径向力 $F_{re}=3\,052$ N,轴向力 $F_{ae}=2\,170$ N,转速 $n=300$ r/min,载荷系数 $f_P=1.2$。试计算两个轴承的基本额定寿命(以小时计)。(想一想:若两轴承反装,轴承的基本额定寿命将有何变化?)

13-7　一装有小圆锥齿轮的轴拟用图 13-31 所示的支承方案,两支点均选用轻系列的圆锥滚子轴承。圆锥齿轮传递的功率 $P=4.5$ kW(平稳),转速 $n=500$ r/min,平均分度圆半径 $r_m=100$ mm,分锥角 $\delta=16°$,轴颈直径可在 $28\sim38$ mm 内选择。其他尺寸如图所示。若希望轴承的基本额定寿命能超过 $60\,000$ h,试选择合适的轴承型号。

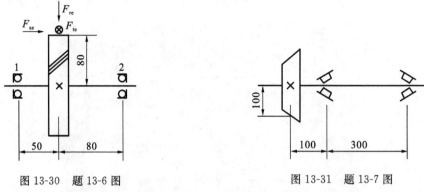

图 13-30　题 13-6 图　　　　　　　　　　　图 13-31　题 13-7 图

13-8　6215 轴承受径向载荷 $F_r = 45.6$ kN,轴向载荷 $F_a = 6.3$ kN,载荷平稳,试计算其当量动载荷 P。若在此当量动载荷作用下要求该轴承能正常旋转 10^6 转,其可靠度约为多少?(轴承 6215 的额定动载荷为 51.9 kN)。

第14章 联轴器、离合器和制动器

本章介绍联轴器、联合器、制动器的基本功用,分类,基本参数,选择时需要考虑的主要因素和选择准则等。

14.1 概述

在不采用齿轮等传动件而实现两轴之间的动力(运动与转矩)传递时,需要用到联轴器和离合器。前者只有在机器停车后采用拆卸方法才能使两轴分离;而后者则不必采用拆卸方法,在机器运转过程中就可使两轴随时接合或分离。选择联轴器还是离合器反映了设计者对运动控制的不同需要。

除对运动传递的离合控制外,在实际的动力传递中还有许多具体问题需要解决,如两轴间存在偏斜(见图 14-1),工作载荷波动大、有振动,需要过载保护,要求两轴之间可以存在超越(即允许一轴的速度大于另一轴)等。为解决这些问题,出现了各种不同特性的联轴器和离合器,如挠性联轴器、有弹性元件的联轴器、安全联轴器和离合器、超越离合器(或称为定向离合器),等等。

制动器是用来降低机械运转速度或迫使机械停止运转的装置。在车辆、起重机等机械中,广泛采用各种形式的制动器。

联轴器、离合器和制动器的种类很多,本章仅介绍有代表性的几种类型。至于其他常用的类型,可参阅有关手册。

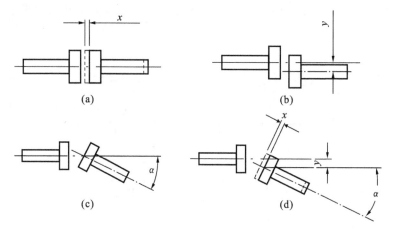

图 14-1 联轴器所联两轴的相对位移

(a)轴向位移 x;(b)径向位移 y;(c)角位移 α;(d)综合位移 x,y,α

14.2　联轴器的种类和特性

联轴器的分类原则主要有两点：①是否具有对相对位移的补偿能力；②是否存在弹性元件。具有补偿相对位移能力的联轴器称为挠性联轴器，否则称为刚性联轴器。因为所有具有弹性元件的联轴器都具有补偿相对位移的能力，所以称其为有弹性元件的挠性联轴器（简称为弹性联轴器），而其他形式的挠性联轴器则称为无弹性元件的挠性联轴器。按照刚度性能的不同，弹性联轴器又分为定刚度弹性联轴器和变刚度弹性联轴器。

14.2.1　刚性联轴器

刚性联轴器的主要优点是构造简单、成本低，效率高（≈100％）。其缺点是：①无法补偿所联两轴间的相对位移，对两轴对中性的要求很高；②联轴器中都是刚性元件，缺乏缓冲和吸振的能力。如果在工作和安装时不能避免两轴间的偏移（如室外安装的大型机械等），采用刚性联轴器将会在轴与联轴器中引起难以估计的附加载荷，并使轴和轴上零件的工作情况恶化；如果机器本身要求两轴完全对中（或对中易于实现），而且载荷波动较小，则采用刚性联轴器也有其优点。刚性联轴器有套筒式、夹壳式和凸缘式的等。这里只介绍较为常用的凸缘联轴器套、套筒联轴器和夹壳式联轴器。

1. 凸缘联轴器

凸缘联轴器是把两个带有凸缘的半联轴器用键分别与两轴连接，然后用螺栓[1]把两个半联轴器联成一体，以传递运动和转矩。

按对中方式不同，凸缘联轴器有两种形式：①用铰制孔和受剪螺栓实现两轴对中（见图14-2a），此时螺栓杆与孔为过渡配合，靠螺栓杆承受挤压与剪切来传递转矩；②用一个半联轴器上的凸肩（对中榫）与另一个半联轴器上的凹槽相配合而对中（见图14-2b），连接螺栓可以采用 A 级或 B 级的普通螺栓，螺栓杆与孔壁间存在间隙，靠半联轴器接合面的摩擦传递转矩（见图14-2b）。当要求两轴分离（不进行动力传递时），前者只要卸下螺栓即可，不需要移动轴，调整较为方便。

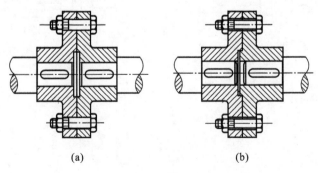

(a)　　　　　　　　　　(b)

图 14-2　凸缘联轴器

---

① 也可以线绳。此时联轴器将具有弹性联轴器的某些特性。

凸缘联轴器的材料可用灰铸铁或碳钢,重载时或圆周速度大于 30 m/s 时应用铸钢或锻钢。凸缘联轴器的最高转速可以达到 130 000 r/min。

2. 套筒联轴器

套筒联轴器是利用公用套筒,并通过键、花键或锥销等刚性连接件来实现两轴的连接的。套筒联轴器的结构简单,制造方便,成本较低,径向尺寸小,但装拆不方便,装拆时需使轴作轴向移动。适用于低速、轻载、无冲击载荷,工作平稳的小尺寸轴连接。最大工作转速一般不超过为 250 r/min。

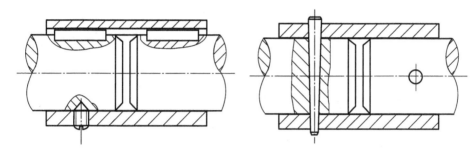

图 14-3　套筒联轴器

3. 夹壳式联轴器

夹壳式联轴器装拆方便,装拆时不需要轴向移动两轴,但平衡困难,而且两轴径必须是相同的圆柱形,仅适用于低速传动的水平或垂直轴系,以传递平稳载荷为宜。最大工作转速一般不超过 900 r/min。

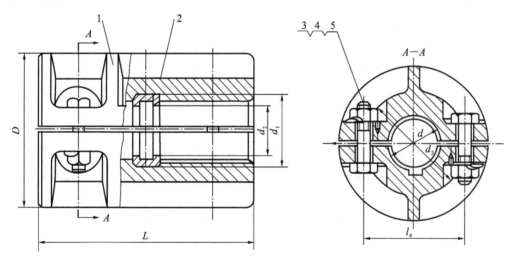

图 14-4　夹壳式联轴器

1—夹壳;2—半环;3—螺栓;4—螺母;5—外舌止动垫圈

14.2.2　挠性联轴器

由于制造、安装误差,承载后的变形和温度变化的影响,以及工作环境不同(如汽车在不同的路面行驶、机械的安装基础下沉等),联轴器连接的两轴往往不能保证严格的对中,而是存在着如图 14-1 所示的某种程度的、不同形式的相对位移。为了保证在这种情况下,两轴间的动力传递也能正常进行,产生了挠性联轴器。

补偿两轴偏移和位移的方法主要有两种:①利用联轴器工作零件间构成的动连接使其具有一个或几个方向的活动度实现补偿;②利用联轴器中的弹性元件实现补偿。前者对应着无弹性元件的挠性联轴器,而后者则对应着弹性联轴器。

对应不同类型的两轴偏移和位移,有不同的挠性联轴器,分为允许轴向位移、允许径向位移、允许角位移、允许综合位移的四类。

1. 无弹性元件的挠性联轴器

这类联轴器可补偿两轴的相对位移,但因无弹性元件,故不能起到缓冲减振的作用。常用的有以下几种。

(1)十字滑块联轴器 如图 14-5 所示,十字滑块联轴器由两个在端面上开有凹槽的半联轴器 1、3,和一个两面带有凸牙的中间盘 2 所组成,凸牙可在凹槽中滑动。十字滑块联轴器可看成由两个转动副(两轴和各自的轴承)和两个移动副(凸牙和凹槽)组成的机构,所允许的径向位移为 $0.04d$ mm(d 为轴径)以下,角位移在 $30'$ 以下。

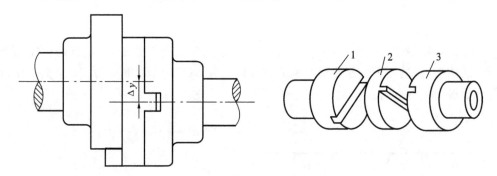

图 14-5 十字滑块联轴器

1,3—半联轴器;2—中间盘

由于在十字滑块联轴器工作时,中间盘会产生很大的离心力,从而增大动载荷及磨损,因此选用时应注意其工作转速不得大于规定值。该类联轴器一般用于转速 $n < 250$ r/min,轴的刚度较大,且无剧烈冲击处。为了减少摩擦及磨损,使用时应从中间盘的油孔中注油进行润滑。

(2)滑块联轴器 滑块联轴器(见图 14-6)与十字滑块联轴器相似,只是加宽了两半联轴器上的沟槽,并把十字滑块改为了两面不带凸牙的方形滑块。滑块可用金属制造,但通常用夹布胶木制成(也有用尼龙 6 的),并在配制时加入少量的石墨或二硫化钼,以提升润滑性能。用金属滑块时的最高转速一般不超过 250 r/min;在用夹布胶木或制造时,由于中间滑块的质量较小,又有弹性,故允许较高的极限转速,最高可达 10 000 r/min。

这种联轴器结构简单、尺寸紧凑,适用于小功率、高转速而无剧烈冲击处。

(3)十字轴式万向联轴器 十字轴式万向联轴器由叉形接头 1、3,中间连接件 2 和轴销 4、5(包括销套及铆钉)组成(见图 14-7)。

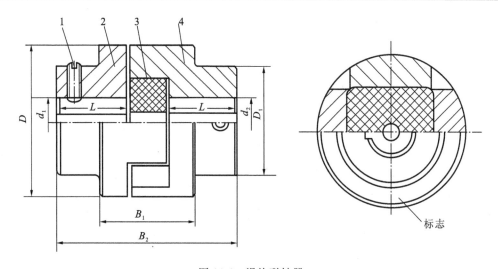

图 14-6 　滑块联轴器

1—螺钉,2,4—半联轴器,3—滑块

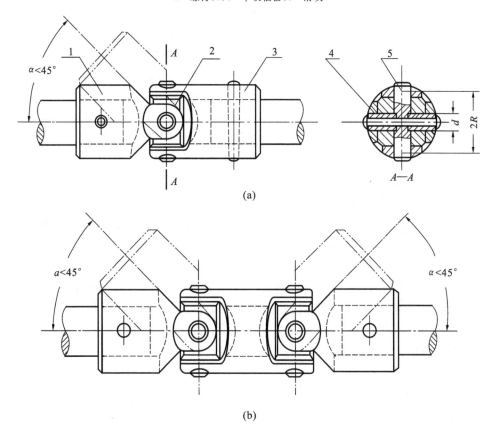

(a)

(b)

图 14-7 　十字轴式万向联轴器

　　这种联轴器允许两轴间有较大的夹角 α (最大可达 35°～45°)。单十字轴式万向联轴器在主动轴角速度 ω_1 为常数时,从动轴的角速度 ω_2 不是常数。所以十字轴式万向联轴器通常成对使用,在安装时应保证轴、轴与中间轴之间的夹角相等,并使中间轴的两端叉形接头在同一平面内(见图 14-8)。

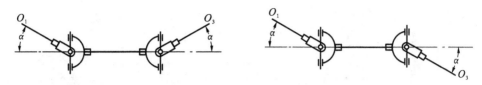

图 14-8 双万向联轴器

(4)齿式联轴器 齿式联轴器由两个带有内齿及凸缘的外套筒 3 和两个带有外齿的内套筒 1 所组成。两个内套筒 1 分别用键与两轴连接,两个外套筒 3 用螺栓 5 连成一体,依靠内、外齿相啮合以传递转矩。由于外齿的齿顶制成椭球面,且保证与内齿啮合后具有适当的顶隙和侧隙,故在传动时,套筒 1 可有轴向和径向位移以及角位移。为了减少磨损,可由油孔 4 注入润滑油,并在套筒 1 和 3 之间装有密封圈 6,以防止润滑油泄漏(见图 14-9)。

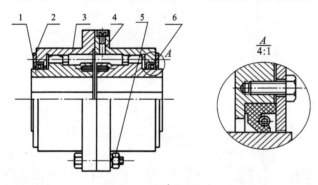

图 14-9 齿式联轴器

1—内套筒;2—压板;3—外套筒;4—注油孔;5—连接螺栓;6—密封圈

齿式联轴器有多种类型,能传递很大的转矩,并允许有较大的偏移量,安装精度要求不高,但质量较大,成本较高,在重型机械中广泛应用。

(5)滚子链联轴器 滚子链联轴器利用一条公用的双排链条 2 同时与两个齿数相同的并列链轮啮合来实现两半联轴器 1 与 4 的连接(见图 14-10)。为改善润滑条件并防止污染,一般都将联轴器密封在罩壳内。

滚子链联轴器结构简单,尺寸紧凑,质量小,装拆方便,维修容易,价廉并具有一定的补偿能力,对环境的适应能力强,具有一定的缓冲性能;但因链条的套筒与其相配件间存在间隙,不宜用于逆向、启动频繁或用立轴传动的场合,由于受离心力的影响也不宜用于高速传动。

2. 弹性联轴器

弹性联轴器因装有弹性元件,不仅可以补偿两轴间的相对位移,而且具有缓冲减振的能力,适合在高速和有振动冲击的工况下工作。弹性元件按所用材料可分非金属和金属两种。非金属有橡胶、塑料等,其特点为质量小,价格便宜,有良好的弹性滞后性能,因而减振能力强。金属材料制成的弹性元件(主要为各种弹簧)强度高、尺寸小、寿命长。非金属材料的弹性元件都是变刚度的,金属材料的弹性元件则根据其结构不同有变刚度的与定刚度之分。变刚度弹性联轴器的刚度通常载荷增大而增大,缓冲性好,特别适用于工作载荷有较大变化的机器。

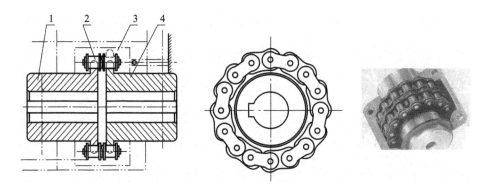

图 14-10　滚子链联轴器
1,4—半联轴器；2,3—双列滚子链

（1）弹性套柱销联轴器　弹性套柱销联轴器的构造与凸缘联轴器相似，只是用套有弹性套的柱销代替了连接螺栓，如图 14-11 所示。因为通过蛹状的弹性套传递转矩，故可缓冲减振。

弹性套柱销联轴器半联轴器的材料常用 HT200，有时也采用 35 钢或 ZG270-500；柱销材料多用 35 钢。弹性套材料常用耐油橡胶，并做成截面形状如图 14-11 中网纹部分所示，以提高其弹性。半联轴器与轴的配合孔可做成圆柱形或圆锥形。

这种联轴器制造容易，装拆方便，成本较低，但弹性套易磨损，寿命较短。它适用于连接载荷平稳、需正反转或启动频繁的传递中、小转矩的轴。

（2）弹性柱销联轴器　弹性柱销联轴器的结构如图 14-12 所示，工作时转矩通过两半联轴器及中间的尼龙柱销传给从动轴。为了防止柱销脱落，在半联轴器的外侧，用螺钉固定了挡板。这种联轴器与弹性套柱销联轴器相似，但转矩传递能力更大，结构更为简单，安装、制造方便，耐久性好，适用于轴向窜动较大、正反转变化较多和启动频繁的场合，由于尼龙柱销对温度较敏感，故使用温度限制在 $-20 \sim +70\ ℃$ 的范围内。

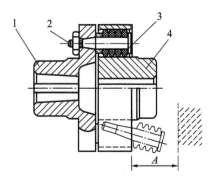

图 14-11　弹性套柱销联轴器
1,3—半联轴器；2—柱销；4—半联轴器

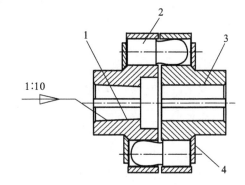

图 14-12　弹性柱销联轴器
1,3—半联轴器；2—尼龙柱销；4—挡板

（3）星形弹性联轴器　图 14-13 所示为星形弹性联轴器的结构。它的两半联轴器上均制有凸牙，用橡胶等类材料制成的星形弹性件，放置在两半联轴器的凸牙之间。工作时，星形弹性件受压缩并传递转矩。因弹性件只受压不受拉，工作情况有所改善，故寿命较长。

（4）梅花形弹性联轴器　这种联轴器如图 14-14 所示，其结构形式及工作原理与星形弹

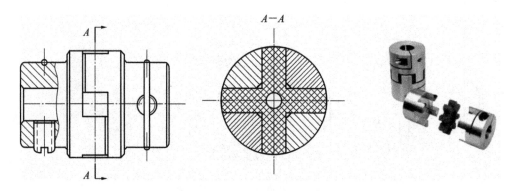

图 14-13　星形弹性联轴器
1,3—半联轴器;2—星形件

性联轴器相似,但半联轴器与轴配合的孔可做成圆柱形或圆锥形,并以梅花形弹性件取代星形弹性件。弹性件可根据使用要求选用不同硬度的聚氨酯橡胶、铸型尼龙等材料制造。工作温度范围为 $-35\sim+80\ ℃$,短时工作温度可达 $100\ ℃$,传递的公称转矩为 $16\sim25\ 000\ N\cdot m$。

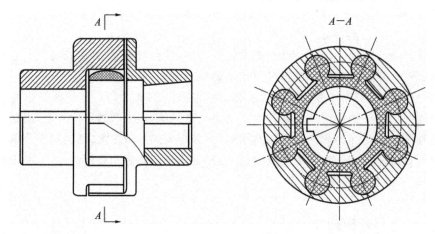

图 14-14　梅花形弹性联轴器

　　(5)轮胎式联轴器　如图 14-15 所示,轮胎联轴器用橡胶或橡胶织物制成轮胎状的弹性元件,两端用压板及螺钉分别压在两个半联轴器上。这种联轴器富有弹性,具有良好的消振能力,能有效地降低动载荷和补偿较大的轴向位移,而且绝缘性能好,运转时无噪声。其缺点是径向尺寸较大;当转矩较大时,会因过大扭转变形而产生附加轴向载荷。为了便于装配,有时将轮胎开出径向切口,但这时承载能力要显著降低。

　　(6)膜片联轴器　膜片联轴器的典型结构如图 14-16 所示。其弹性元件为一定数量的很薄的多边环形(或圆环形)金属膜片叠合而成的膜片组,在膜片的圆周上有若干个螺栓孔,用铰制孔用螺栓交错间隔与半联轴器相连接。这样将弹性元件上的弧段分为交错受压缩和受拉伸的两部分,拉伸部分传递转矩,压缩部分发生皱折。当机组存在轴向、径向和角位移时,金属膜片便产生波状变形。

　　这种联轴器结构比较简单,弹性元件的连接没有间隙,不需要润滑,维护方便,平衡容易,质量小,对环境适应性强,发展前途广阔,但扭转弹性较低,缓冲减振性能较差,主要用于

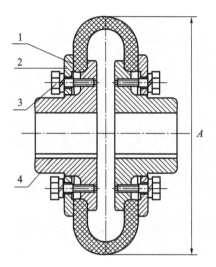

图 14-15　轮胎式弹性联轴器

1—轮胎;2—压板;3—螺钉;4—半联轴器

载荷比较平稳的高速传动。

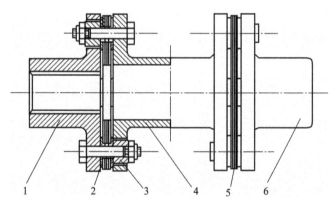

图 14-16　膜片联轴器

1,6—半联轴器;2—垫圈;3—衬套;4—中间轴;5—膜片组

14.3　联轴器的选择与装配

14.3.1　联轴器的选择

　　大多数联轴器已标准化或规格化,设计时的主要任务是选用,其基本步骤如下。

　　(1)联轴器的类型选择　进行联轴器类型选择时需要考虑以下几项主要因素。

　　①转矩大小、性质以及对缓冲减振的要求。大功率重载传动时可选用齿式联轴器;有严重冲击载荷或要消除轴系扭转振动时可选用轮胎式联轴器等具有高弹性的联轴器。

　　②工作转速。对于高速传动轴,应选用平衡精度高的联轴器,例如膜片联轴器等,而不宜选用存在偏心的滑块联轴器等。

③两轴相对位移的大小和方向。对安装时难以保持两轴严格精确对中或工作过程中两轴有较大相对位移的情况,应选用挠性联轴器,并考虑不同联轴器的补偿特点。如径向位移较大时可选滑块联轴器,角位移较大或相交两轴时选用万向联轴器等。

④联轴器的可靠性和工作环境。由金属元件制成的不需润滑的联轴器比较可靠;需要润滑的联轴器,其性能易受润滑完善程度的影响,且可能污染环境。含有橡胶等非金属元件的联轴器对温度、腐蚀性介质及强光等比较敏感,而且容易老化。

⑤联轴器的制造、安装、维护和成本。在满足使用性能的前提下,应选用装拆方便、维护简单、成本低的联轴器。例如刚性联轴器结构简单、装拆方便,可用于低速、刚性大、可方便对中的传动轴。非金属弹性元件联轴器(如弹性套柱销联轴器、弹性柱销联轴器、梅花形弹性联轴器等)具有良好的综合能力,广泛适用于一般的中、小功率传动。

(2)计算联轴器的计算转矩 由于机器启动时的动载荷和运转中可能出现过载,所以应按轴可能传递的最大转矩作为计算转矩 T_{ca},有

$$T_{ca} = K_A T \tag{14-1}$$

式中:T——公称转矩,$N \cdot m$;K_A——工作情况系数,见表 14-1。

表 14-1　工作情况系数 K_A

工作机		K_A			
		原 动 机			
分类	工作情况及举例	电动机,汽轮机	四缸和四缸以上内燃机	双缸内燃机	单缸内燃机
Ⅰ	转矩变化很小,如发电机、小型通风机、小型离心泵	1.3	1.5	1.8	2.2
Ⅱ	转矩变化小,如透平压缩机、木工机床、运输机	1.5	1.7	2.0	2.4
Ⅲ	转矩变化中等,如搅拌机、增压泵、有飞轮的压缩机、冲床	1.7	1.9	2.2	2.6
Ⅳ	转矩变化和冲击载荷中等,如织布机、水泥搅拌机、拖拉机	1.9	2.1	2.4	2.8
Ⅴ	转矩变化和冲击载荷大,如造纸机、挖掘机、起重机、碎石机	2.3	2.5	2.8	3.2
Ⅵ	转矩变化大并有极强烈冲击载荷,如压延机、无飞轮的活塞泵、重型初轧机	3.1	3.3	3.6	4.0

(3)根据计算扭矩和最大转速确定联轴器的型号 根据计算转矩及连接轴的转速 n 选定联轴器类型。准则为

$$T_{ca} \leqslant [T], \quad [n] \leqslant n_{max}$$

(4)协调轴孔直径 每一型号的联轴器均有一个适用的轴径范围。被连接两轴的直径可以不同,但应当在标准给出的范围内(最大、最小值范围或是适用的直径尺寸系列);两轴

端的形状可以相同也可以不同,如主动轴为圆柱形,从动轴为圆锥形等等。

(5)规定部件的安装精度　应根据所选联轴器的允许位移偏差,确定部件的安装精度。标准中通常只给出单项位移偏差的允许值,在有多项位移偏差存在时,需根据联轴器的尺寸大小计算出相互影响关系,并以此作为部件安装精度的依据。

(6)进行必要的校核　如注意联轴器所在部位的工作温度不要超过该弹性元件材料允许的最高温度。

【例 14-1】 某带式运输机用电动机驱动,其功率 $P=7.5$ kW,转速 $n=920$ r/min,电动机轴直径 $d=40$ mm,试选择所需的联轴器。

解　其选择计算过程如下。

(1)类型选择　因带式运输机应尽量传动平稳,为缓冲减振,查设计手册选用弹性套柱销联轴器。故选弹性套柱销联轴器。

(2)计算转矩　　　　　　$T_c=KT=K\times9.55\times10^3\dfrac{P}{n}$

其中,查表 14-1 取 $K=1.5$,得

$$T_c=1.5\times9.55\times10^3\frac{7.5}{920}\ \text{N·m}=117\ \text{N·m}$$

(3)选择型号　由设计手册表查得:TL6 型号弹性套柱销联轴器(选铸铁材料)许用转矩 $[T]=250$ N·m,许用转速 $[n]=3\ 300$ r/min,孔径 $d=(32\sim40)$ mm,故所选型号的联轴器满足要求。

(4)标记

$$\text{TL6 联轴器}\frac{Y_c40\times112}{\text{JB}40\times84}\text{GB/T } 4323\text{—}1984$$

14.3.2　联轴器的安装

装配联轴器时应关注联轴器在轴上的装配、联轴器所连接两轴的对中性以及图样中所提的联轴器装配要求等。联轴器与轴的配合大多为过渡配合,轴孔分为圆柱形轴孔与锥形轴孔两种形式。

在安装联轴器前应注意零件的清洗和防锈工作。用于高速旋转机械上的联轴器,出厂前都做过动平衡试验,并有各部件之间互相配合的方位标记。装配时必须按标记组装,以免发生因联轴器的动平衡不好而引起机组振动的现象。另外,这类联轴器法兰盘上的连接螺栓是经过称重的,如大型离心式压缩机上用的齿式联轴器,其连接螺栓的重差一般小于0.05g。因此,各联轴器之间的螺栓不能任意互换,在确需更换时必须保证其与原连接螺栓重量的一致性。在拧紧连接螺栓时,应对称、逐步拧紧,使每一连接螺栓上的锁紧力基本一致,不至于因为各螺栓受力不均而使联轴器在装配后产生歪斜现象,有条件的可采用力矩扳手。

联轴器在轴上装配完后,应仔细检查联轴器与轴的垂直度和同轴度。不同转速、不同类型的联轴器对全跳动的要求值不同,必须使联轴器装配后的全跳动偏差值在设计要求的公差范围内。造成联轴器全跳动值不符合要求的原因很多,包括加工误差以及键装配不当等,应根据具体原因加以修正。

高速旋转机械对联轴器与轴的同轴度要求高,可采用对称布置的双键或花键连接以改善两者的同轴度。对于刚性可移式联轴器,在装配完后应检查联轴器的刚性可移件能否进行少量的移动,有无卡涩的现象。各种联轴器在装配后,均应盘车,看看转动是否良好。

14.4 离合器

对离合器的要求有:接合平稳,分离迅速而彻底;调节和修理方便;外廓尺寸小;质量小;耐磨性好和有足够的散热能力;操纵方便省力。离合器的类型很多(见表 14-2),常用的有牙嵌式与摩擦式两大类。

表 14-2 离合器分类

类 型		变型或附属型	自动或可控	是否可逆	典 型 应 用
机械式	刚性	牙嵌	可控	是	农业机械、机床等
		齿型	可控	是或否	通用机械传动
		转键	可控	是	曲轴压力机
		滑键	可控	是	一般机械
		拉键	可控	是	小转矩机械传动
	摩擦	干式单片	可控	是	拖拉机、汽车
		湿式单片	—	—	—
		干式多片	可控	是	汽车、工程机械、机床
		湿式多片	—	—	—
		锥式	可控	是	机械传动
		涨圈	可控	是	机械传动
		扭簧	可控	是	机械传动
	离心	自由闸块式	自动	否	离心机、压缩机、搅拌机低启动转矩传动特殊传动
		弹簧闸块式	自动	否	
		钢球式	自动	是或否	
	超越	滚柱式	自动	否	升降机、汽车
		棘轮式	自动	否	农机、自行车等
		楔块式	自动	否	飞轮驱动、飞机
		螺旋弹簧式	自动	否	高转矩传动
		同步切换式	自动	否	发电机组等
电磁式	磁场 磁滞 涡流		自动	是或否	专用传动
		湿式粉末	自动	是或否	专用传动
		干式粉末	自动或可控	是	小功率仪表、伺服传动
			自动或可控	是	电铲、拔丝、冲压、石油

类 型		变型或附属型	自动或可控	是否可逆	典型应用
流体摩擦式	气胎	鼓式	自动	是	—
		缘式	自动	是	船舶
		盘式	自动	是	—
	液压	盘式	自动	是	船舶、工业机械
流体式	液力	变矩器	自动	否	液力变速箱
		耦合器	自动	是	挖掘机、矿山机械

14.4.1　牙嵌离合器

　　牙嵌离合器由两个端面上有牙的半离合器组成(见图 14-17)。其中一个(见图 14-17a 的左部)半离合器固定在主动轴上,另一个半离合器用导键(或花键)与从动轴连接,并可由操纵机构使其作轴向移动,以实现离合器的分离与接合。牙嵌离合器是借牙的相互嵌合来传递运动和转矩的。为使两半离合器能够对中,在主动轴端的半离合器上固定一个对中环,从动轴可在对中环内自由转动。

　　牙嵌离合器常用的牙形如图 14-17 所示:三角形牙(见图 14-17c、d)用于低速、传递小转矩的场合;矩形牙(见图 14-17g)无轴向分力,但不便于接合与分离,磨损后无法补偿,使用较少;梯形牙(见图 14-17e)的强度高,能传递较大的转矩,能自动补偿牙的磨损与间隙,减少冲击,故应用较广;锯齿形牙(见图 14-17f)强度高,但只能传递单向转矩,用于特定的工作条件下;如图 14-17h 所示的牙形主要用于安全离合器;图 14-17i 所示为牙形的纵截面。牙数一般取为 3~60。牙嵌离合器的主要尺寸可从有关手册中选取。

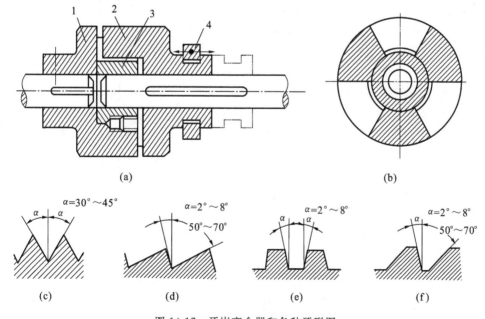

图 14-17　牙嵌离合器和各种牙形图
1,2—半离合器;3—对中环;4—拨叉

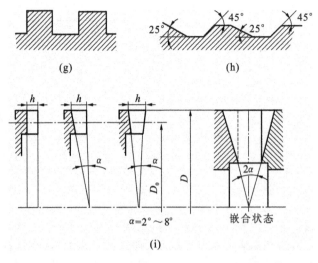

续图 14-17

牙嵌离合器结构简单,一般用于转矩不大、低速接合处。只宜在两轴不回转或转速差很小时进行接合,否则牙齿可能会因受撞击而折断。材料常用低碳钢表面渗碳,硬度为 56～62HRC;或采用中碳钢表面淬火,硬度为 48～541HRC;不重要的和静止状态接合的离合器,也允许用 HT200 制造。

牙嵌离合器可以借助电磁线圈的吸力来操纵,称为电磁牙嵌离合器。电磁牙嵌离合器通常采用嵌入方便的三角形细牙。它依据信息而动作,所以便于遥控和程序控制。

14.4.2 圆盘摩擦离合器

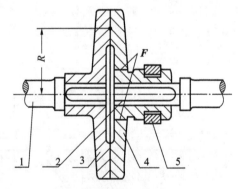

图 14-18 单盘摩擦离合器
1—主动轴;2—从动轴;3,4—摩擦盘;5—拨叉

圆盘摩擦离合器依靠主动摩擦盘转动时,主、从动盘的接触面间产生的摩擦力矩来传递转矩,有单盘式和多盘式两种。

1. 单盘摩擦离合器

图 14-18 所示为单盘摩擦离合器的简图。在主动轴 1 和从动轴 2 上,分别安装摩擦盘 3 和 4,操纵环 5 可以使摩擦盘 4 沿轴 2 移动。接合时以力 F_Q 将盘 4 压在盘 3 上,主动轴上的转矩即由两盘接触面间产生的摩擦力矩传到从动轴上。设摩擦力的合力作用在平均半径 R 的圆周上,则可传递的最大转矩 T_{max} 为

$$T_{max} = F_Q f R \tag{14-2}$$

式中:f——摩擦因数。

2. 多盘摩擦离合器

多盘摩擦离合器由两组摩擦盘组成(见图 14-19):一组外摩擦盘 5 与主动轴 1 一起转动,其外齿插入主动轴 1 上的外鼓轮 2 内缘的纵向槽中,盘的孔壁则不与任何零件接触,可在轴向力推动下沿轴向移动;另一组内摩擦盘 6 以其孔壁凹槽与从动轴 3 上的套筒 4 的凸

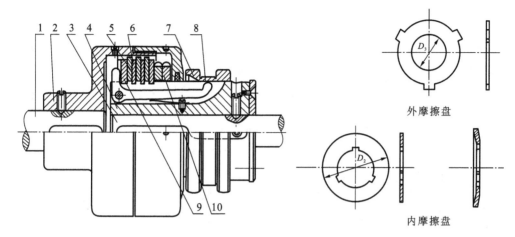

图 14-19　多盘摩擦离合器

齿相配合,与轴 3 一起转动。盘的外缘不与任何零件接触,也可在轴向力推动下作轴向移动。另外在套筒 4 上开有三个纵向槽,其中安置可绕销轴转动的曲臂压杆 8;当滑环 7 向左移动时,曲臂压杆 8 通过压板 9 将所有内、外摩擦盘紧压在调节螺母 10 上,离合器即进入接合状态。螺母 10 可调节摩擦盘之间的压力。内摩擦盘也可作成碟形(见图 14-19c),当承压时,可被压平而与外盘贴紧;松脱时,由于内盘的弹力作用可以迅速与外盘分离。

和牙嵌离合器相比,摩擦离合器有下列优点:不论在何种速度下,两轴都可以接合或分离;接合过程平稳,冲击、振动较小;从动轴的加速时间和所传递的最大转矩可以调节;过载时可发生打滑,以保护重要零件不致损坏。其缺点为外廓尺寸较大;在接合、分离过程中要产生滑动摩擦,故发热量较大,磨损也较大。为了散热和减轻磨损,可以把摩擦离合器浸入油中工作。根据是否浸入润滑油中工作,将摩擦离合器分为干式与湿式两种。

14.4.3　电磁离合器

摩擦离合器的操纵方法有机械的、电磁的、气动的和液压的等数种。机械式操纵多用杠杆机构;当所需轴向力较大时,也有采用其他机械的(如螺旋机构)。电磁离合器是一种以电磁力实现离合的摩擦离合器。如图 14-20 所示,当直流电经接触环 1 导入电磁线圈 2 后,产生磁通量 Φ 使线圈吸引衔铁 5,于是衔铁 5 将两组摩擦片 3、4 压紧,离合器处于接合状态。当电流切断时,依靠复位弹簧 6 将衔铁推开,使两组摩擦片松开,离合器处于分离状态。电磁摩擦离合器可实现远距离操纵,动作迅速,没有不平衡的轴向力,因而在数控机床等机械中获得了广泛的应用。

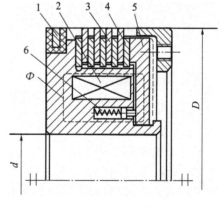

图 14-20　电磁离合器

1—接触环;2—线圈;3,4—摩擦片;5—衔铁;6—复位弹簧

14.4.4 离合器的选择

大多数离合器已标准化,设计时,只需参考有关手册对其进行类比设计或选择即可。

选择离合器时,首先应根据机器的工作特点和使用条件,结合各种离合器的性能特点,确定离合器的类型。类型确定后,可根据被连接的两轴的直径、计算转矩和转速,从有关手册中查出适当的型号,必要时可对其薄弱环节进行承载能力校核。

【例 14-2】 某中型普通车床主轴变速箱的 1 轴上采用片式摩擦离合器实现启动和正、反向转动。已知电动机额定功率为 10 kW,1 轴转速为 1080 r/min,电动机至 1 轴的效率 η = 0.97,试问应选用多大规格的离合器。

解 根据中型普通车床的具体工作情况,可选用径向杠杆式多片摩擦离合器。由于普通车床是在空载下启动和反向,只需按离合器结合后的静负载扭矩来选定离合器。其静负载扭矩可根据电动机的功率求得。其名义转矩

$$T = 9\,550\,\frac{P}{n}\eta$$

式中:P——电动机功率(kW);n——计算转速(r/min);η——由电动机至安装离合器的轴的传动效率。则

$$T = 9\,550\,\frac{P}{n}\eta = 9\,550 \times \frac{10}{1\,080} \times 0.97\ \text{N} \cdot \text{m} = 85.773\ \text{N} \cdot \text{m}$$

对于中型机床,工作情况系数可取为 $K_A = 1.5$,可算得计算转矩

$$T_{ca} = K_A T = 1.5 \times 85.773\ \text{N} \cdot \text{m} = 128.66\ \text{N} \cdot \text{m}$$

根据计算转矩、轴径和转速,可从设计手册中选出离合器具体型号,其特性参数如下。

额定转矩为 160 N·m;轴径 d_{max} = 45 mm;摩擦面对数 z = 10;摩擦面直径(外径)为 98 mm;摩擦面直径(内径)为 72 mm;接合力为 250 N;压紧力为 3 250 N。

14.5 安全联轴器和安全离合器

安全联轴器及安全离合器的作用是,当工作转矩超过机器允许的极限转矩时,连接件将发生折断、脱开或打滑,从而使联轴器或离合器自动停止传动,以保护机器中的重要零件不致损坏。

14.5.1 安全联轴器

安全联轴器有多种类型,下面对常见的剪切销安全联轴器作一简单介绍。

剪切销安全联轴器有单剪(见图 14-21a)和双剪(见图 14-21b)的两种。销钉材料可采用 45 钢淬火或高碳工具钢,准备剪断处应预先切槽,使剪断处的残余变形最小,以免毛刺过大,有碍于更换报废的销钉。由于销钉材料力学性能不稳定,以及制造尺寸存在误差等原因,这类联轴器工作精度不高;而且销钉剪断后,不能自动恢复工作能力,必须停车更换销钉。但由于其构造简单,在过载率较小的机器中经常采用。

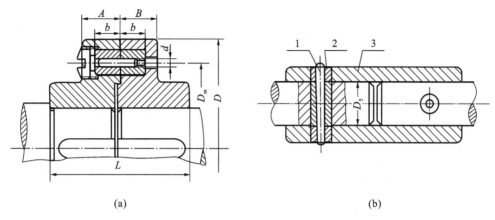

图 14-21　剪切销安全联轴器

1—销钉；2—套管；3—套筒

现以单剪安全联轴器为例说明其计算过程。单剪安全联轴器的结构类似于凸缘联轴器，但不用螺栓，而用钢制销钉连接。销钉装入经过淬火的两段钢制套管中，过载时即被剪断。销钉直径 d（单位为 mm）可按剪切强度计算，即

$$d = \sqrt{\frac{8KT}{2\pi D_{\mathrm{m}} z [\tau]}} \tag{14-3}$$

式中：T——公称转矩，N·mm；D_{m}——销钉轴心所在圆的直径，mm；z——销钉数目；$[\tau]$——销钉的许用切应力，MPa，$[\tau] = (0.7 \sim 0.8)\sigma_{\mathrm{b}}$，$\sigma_{\mathrm{b}}$ 为销钉材料的抗拉强度，MPa；K——过载限制系数，即极限转矩与公称转矩之比；极限转矩值应略小于机器中最薄弱部分的破坏转矩（折算至联轴器处），在初步计算时，K 值也可参考相关手册选取；其余尺寸可查有关标准。

14.5.2　安全离合器

安全离合器的主要作用是确保传递的转矩不超过某限定值（某些场合也用于最高转速的限制），其种类很多，这里主要介绍一种较常用的滚珠安全离合器。

如图 14-22 所示，离合器由主动齿轮 1、从动盘 2、外套筒 3、弹簧 4、调节螺母 5 组成。主动齿轮 1 活套在轴上，外套筒 3 用花键与从动盘 2 连接，同时又用键与轴相连。在主动齿轮 1 和从动盘 2 的端面内，各沿直径为 D_{m} 的圆周上制有数量相等的滚珠承窝（一般为 4~8 个），承窝中装入滚珠大半后（图 14-22b 中，$a > d/2$），进行敛口，以免滚珠脱出。正常工作时，弹簧 4 的推力使两盘的滚珠互相交错压紧，如图 14-22b 所示，主动齿轮传来的转矩通过滚珠、从动盘、外套筒而传给从动轴。当转矩超过许用值时，弹簧被过大的轴向分力压缩，从动盘右移，原交错压紧的滚珠的接触点外移，接触角变大，轴向分力被放大，最终相互滑过，此时主动齿轮空转，从动轴停止转动。当载荷恢复正常时，又可重新传递转矩。弹簧压力的大小可用螺母 5 来调节。

这种离合器由于滚珠表面会受到较严重的冲击与磨损，故一般只用于传递较小转矩的装置。

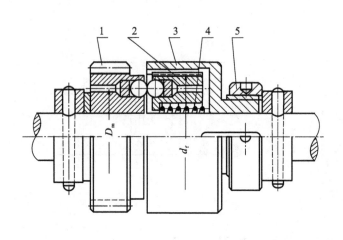
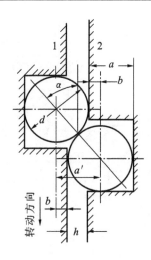

图 14-22 滚珠安全离合器

14.6 特殊功能的离合器

14.6.1 定向离合器(超越离合器)

定向离合器只能传递单向的转矩,其结构可以是摩擦滚动元件式,也可以是棘轮棘爪式。这里主要介绍前一种。

图 14-23 所示为一种滚柱式定向离合器,由爪轮 1、套筒 2、滚柱 3、弹簧顶杆 4 等组成。如果爪轮 1 为主动轮并作顺时针回转,滚柱与套筒 2 之间的摩擦力将使滚柱滚向空隙的收缩部分,并楔紧在爪轮和套筒间,使套筒随爪轮一同回转,离合器即进入接合状态;当爪轮反向回转时,滚柱即被滚至空隙的宽敞部分,使离合器分离。

定向离合器只能传递单向的转矩,在机械中可用来防止逆转。如果在套筒 2 随爪轮 1 旋转的同时,套筒 2 从另一运动系统获得旋向相同但转速较大的运动时,离合器也将处于分离状态(两轴转速无关)。即从动件的角速度可以超过主动件,所以这种离合器也被称为超越离合器。

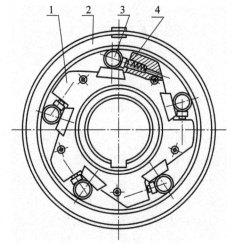

图 14-23 滚柱式定向离合器

14.6.2 离心离合器

离心离合器按其在静止状态时的离合情况可分为开式和闭式的两种:开式离心离合器只有当达到一定工作转速时,主、从动部分才进入接合;闭式离心离合器在达到一定工作转速时,主、从动部分才分离。在启动频繁的机器中采用离心离合器,可使电动机在运转稳定后才接入负载。如电动机的启动电流较大或启动力矩很大时,采用开式离心离合器就可避免电动机过热,或防止传动机构受到很大的动载荷。采用闭式离心离合器则可在机器转速过高时起保护作用。又因这种离合器是靠摩擦力传递转矩的,故转矩过大时也可通过打滑而起保护作用。

图 14-24a 所示为开式离心离合器的工作原理图,在两个拉伸螺旋弹簧 3 的弹力作用下,主动部分的一对闸块 2 与从动部分的鼓轮 1 脱开;当转速达到某一数值后,离心力对支点 4 的力矩增加到超过弹簧拉力对支点 4 的力矩,使闸块绕支点 4 向外摆动并将从动鼓轮 1 压紧,离合器即进入接合状态。当接合面上产生的摩擦力矩足够大时,主、从动轴即一起转动。图 14-24b 所示为闭式离心离合器的工作原理图,其作用与上述相反,在正常运转条件下,由于压缩弹簧 3 的弹力,使两个闸块 2 与鼓轮 1 表面压紧,保持接合状态而一起转动;当转速超过某一数值后,离心力矩大于弹簧压力的力矩时,即可使闸块绕支点 4 摆动而与鼓轮脱离接触。

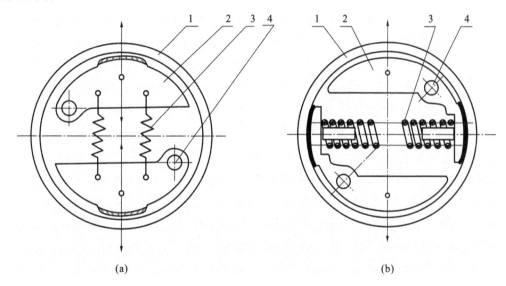

(a)　　　　　　　　　　(b)

图 14-24　离心离合器

(a)开式;(b)闭式

1—从动鼓轮;2—闸块;3—弹簧;4—支点

14.7　制动器

制动器是用来降低机械运转速度或迫使机械停止运转的装置。在车辆、起重机等机械中,广泛采用各种类型的制动器。

14.7.1　内涨蹄铁式制动器

内涨蹄铁式制动器分为单蹄式、双蹄式、多蹄式和软管多蹄式制动器等。

如图 14-25 所示,制动蹄 1 上装有摩擦材料,通过销轴 2 与机架固连,制动轮 3 与所要制动的轴固连。制动时,压力油进入液压缸 4,推动两活塞左右移动,在活塞推力作用下,两制动蹄绕销轴向外摆动,并压紧在制动轮内侧,实现制动。油路回油后,制动蹄在弹簧5作用下与制动轮分离。

14.7.2　带式制动器

图14-26所示为带式制动器。当杠杆受F_Q作用时,挠性带收紧而抱住制动轮,靠带与轮之间的摩擦力来制动,这种制动器结构简单、紧凑。

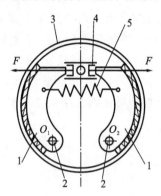

图14-25　内涨蹄铁式制动器

1—制动蹄;2—销轴;3—制动轮;4—液压缸;5—弹簧

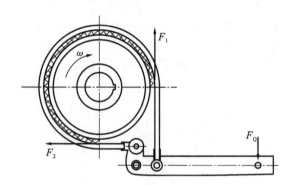

图14-26　简单带式制动器

1—杠杆;2—闸带;3—制动轮

14.7.3　制动器应满足的要求和选择原则

1.制动器应满足的要求

各种构造和类型的制动器应满足以下要求:

(1)能够产生足够的制动力矩;

(2)松闸和合闸迅速准确,制动平稳;

(3)制动零件有足够的强度和刚度,制动摩擦带有较高的耐磨性和耐热性;

(4)构造简单、紧凑,调整和维修方便。

2.选择制动器类型应考虑的工作条件

选择类型时应考虑以下几点。

(1)选择常开或常闭式制动器时主要依据制动转矩的大小、工作性质和工作条件进行。如起重机械的起升和变幅机构必须选用常闭式制动器;对于各种车辆及起重机械的运行和旋转机构,为了能准确停车,必须控制转矩的大小,多采用常开式制动器。

(2)依据制动器的作用和工作要求选择类型。对于安全性要求高的机构,一般装双重制动器。例如,运送熔化金属的起重机的起升机构,两个制动器中每一个都能支持载重不致坠落。又如制动器的制动转矩须有足够的储备,即应保证一定的安全系数。

(3)考虑使用场所的空间大小。有足够空间的场合可选用外抱块式制动器。空间受限制出,一般选带式、盘式或内蹄式制动器。

习　题

14-1　联轴器和离合器的主要功用有何区别？

14-2　刚性联轴器和挠性联轴器有何区别？各适用于何种场合？

14-3　选择联轴器类型的依据和方法是什么？

14-4　安全联轴器的特点是什么？

14-5　牙嵌离合器与摩擦离合器各有什么特点？

14-6　试选择一个电动机输出轴用联轴器。已知：电动机功率 $P=4\ kW$，转速 $n=1\,460\ r/min$，轴伸直径 $d=32\ mm$。

14-7　某离心水泵采用弹性柱销联轴器连接，原动机为电动机，电动机功率 $P=22\ kW$，转速 $n=970\ r/min$，联轴器两端轴径均为 $d=50\ mm$，试选择联轴器型号并绘制其装配简图。

第 15 章　轴

　　本章介绍轴的用途及分类,讨论轴结构设计问题和轴的三种强度计算方法,并对轴的刚度计算、振动稳定性等进行简要介绍。

　　轴是组成机器的重要零件,其主要功用是支承回转零件(如齿轮、带轮等)并传递运动和动力,而轴本身又被轴承所支承。如图 15-1 中所示的转轴,其上支承着齿轮、套筒、联轴器(安装于轴伸处,图中未示出)等零件。因此,大多数轴都要承受转矩和弯矩的作用或只承受其中之一。轴、轴承和轴上零件组成了轴系。本章以阶梯轴的结构设计和强度计算为重点,介绍阶梯轴的典型设计步骤、常用的计算公式、轴结构设计的基本原则和常用结构等。

15.1　概述

15.1.1　轴的分类和功用

　　根据不同的出发点,可以对轴进行不同的分类。
　　(1)根据轴的承载分类　根据轴的承载情况不同,轴可分为转轴、心轴和传动轴三种。
　　①转轴　转轴是既受弯矩又受转矩的轴,如减速器中的轴(见图 15-1)。
　　②心轴　心轴是只受弯矩而不受(或受很小)转矩的轴,如图 15-2 所示。根据其工作时是否转动,又可分为固定心轴(如自行车的前轮轴);转动心轴(如铁路机车轮轴)。
　　③传动轴　传动轴是主要受转矩,不受弯矩或弯矩很小的轴,如汽车发动机与后桥之间的轴(见图 15-3)。

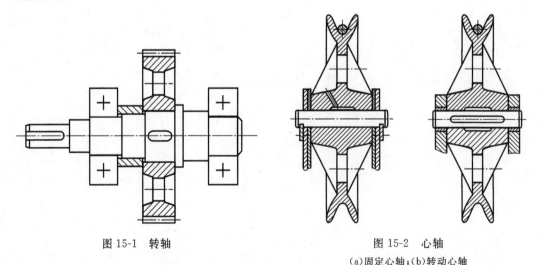

图 15-1　转轴　　　　　　　　　　　　图 15-2　心轴
　　　　　　　　　　　　　　　　　　(a)固定心轴;(b)转动心轴

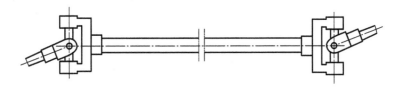

图 15-3　传动轴

（2）根据轴线的形状分类　根据轴线的形状，轴还可分为曲轴、直轴。

①曲轴　曲轴各轴段轴线不在同一直线上，如内燃机中的曲轴（见图 15-4）。

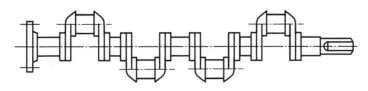

图 15-4　曲轴

②直轴　直轴各轴段轴线为同一直线。直轴按外形不同又可分为光轴和阶梯轴。光轴形状简单，应力集中少，但轴上零件不易装配和定位，常为心轴或传动轴；阶梯轴的特点与光轴相反，常为转轴（见图 15-5）。

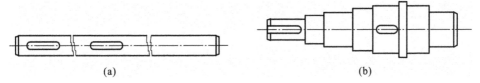

图 15-5　直轴

（a）光轴；（b）阶梯轴

（3）根据轴是否存在挠性分类　一般的轴是刚性的，但有一种钢丝软轴，它由几层紧贴在一起的钢丝绳构成，具有良好挠性，可把回转运动灵活地传到不开敞的空间位置（见图 15-6）。

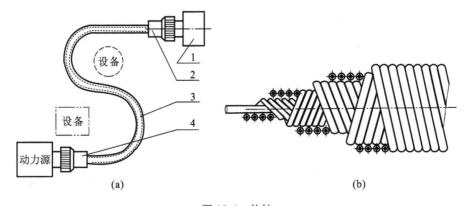

图 15-6　软轴

（a）钢丝软轴的应用；（b）钢丝软轴的绕制

1—被驱动装置；2—接头；3—钢丝软轴（外层为护套）；4—接头

（4）按是否空心分类 按轴是实心还是中空的可分为空心轴和实心轴。为了减轻重量或为了结构上的需要，某些机器的轴（如水轮机轴、航空发动机的主轴、机床主轴等）常采用空心的剖面。因为传递扭矩和承受弯矩主要靠外表面的材料，所以空心轴比实轴在材料的利用上较经济。但空心轴加工较为费时，所以需要从技术和经济指标进行综合评判。

15.1.2 轴设计的主要内容

轴设计的基本内容包括结构设计和工作能力计算两个方面。

轴的结构设计是根据轴上零件的安装、定位以及轴的制造工艺等方面的要求，合理地确定轴的形状和尺寸。如果轴的结构设计不合理，不但会影响轴的工作能力和轴上零件工作时的可靠性，还会增加轴的制造成本和轴上零件的装配困难。因此，轴的结构设计是轴设计中的重要内容，而且也是决定轴的具体尺寸时需要首先考虑的。

轴主要由轴颈、轴头、轴身三部分组成（见图 15-1）。轴上被支承的部分称为轴颈，安装轮毂部分称为轴头，连接轴头和轴颈的部分称为轴身。此外，对轴的直径变化处，按构形不同，形象地称之为轴肩和轴环。

轴的工作能力计算涉及强度、刚度和振动稳定性等方面内容。多数情况下，轴的工作能力取决于轴的强度。某些旋转精度要求较高的轴或受力较大的细长轴，如机床主轴、电动机轴等，还需保证足够的刚度，以防止工作时产生过大的弹性变形；对于一些高速旋转的轴，如高速磨床主轴、汽轮机主轴等，则要考虑振动稳定性问题，以防止共振的发生。

15.2 轴的材料和毛坯选择

轴的材料主要采用碳钢、合金钢及球墨铸铁。尺寸较小的轴可以用圆钢棒料，尺寸较大的轴应该用锻造的毛坯。铸造毛坯应用很少。

（1）碳钢比合金钢价廉，对应力集中的敏感性低，经热处理或化学处理可得到较高的综合力学性能（尤其在耐磨性和抗疲劳强度两个方面），应用最为广泛。其中一般用途的轴最常用 45 钢，对于不重要或受力较小的轴也可用 Q235A 等普通碳素结构钢。

（2）合金钢具有比碳钢更好的力学性能和淬火性能，多用于对强度、耐磨性、尺寸重量、工作温度等有特殊要求的轴。如 20Cr、20CrMnTi 等低碳合金钢，经渗碳处理后可提高耐磨性；20CrMoV、38CrMoAl 等合金钢，有良好的高温力学性能，常用于在高温、高速和重载条件下工作的轴。但合金钢对应力集中比较敏感，且价格较贵。

必须指出：在一般温度下（<200 ℃），各种合金钢与碳素钢的弹性模量相差不多，因此在选择钢的种类和决定热处理方法时，所根据的是轴所需要的强度和耐磨性而不是弯曲和扭转刚度。

（3）球墨铸铁和高强度铸铁因其具有良好的工艺性，不需要锻压设备，吸振性好，对应力集中的敏感性低，近年来被广泛应用于制造结构形状复杂的曲轴等。只是铸件质量难以控制。

表 15-1 列出了轴的常用材料及其主要力学性能。

表 15-1　轴的常用材料及其主要力学性能

材料牌号	热处理	毛坯直径 /mm	硬度 /HBS	抗拉强度 σ_b	屈服强度 σ_S	弯曲疲劳极限 σ_{-1}	剪切疲劳极限 τ_{-1}	许用弯曲应力 $[\sigma_{-1}]$	备注
Q235A	热轧或锻后空冷	≤100	—	400～420	225	170	105	40	用于不重要及受载荷不大的轴
		>100～250	—	375～390	215				
45	正火回火	≤100	170～217	590	295	225	140	55	应用最广泛
		>100～300	162～217	570	285	245	135		
	调质	≤200	217～255	640	355	275	155	60	
40Cr	调质	≤100	241～286	735	540	355	200	70	用于载荷较大,而无很大冲击的重要轴
		>100～300		685	490	355	185		
40CrNi	调质	≤100	270～300	900	735	430	260	75	用于很重要的轴
		>100～300	240～270	785	570	370	210		
38SiMnMo	调质	≤100	229～286	735	590	365	210	70	用于重要的轴,性能近于 40CrNi
		>100～300	217～269	685	540	345	195		
38CrMoAlA	调质	≤60	293～321	930	785	440	280	75	用于要求高耐磨性,高强度且热处理(氮化)变形很小的轴
		>60～100	277～302	835	685	410	270		
		>100～160	241～277	785	590	375	220		
20Cr	渗碳淬火回火	≤60	渗碳 56～62HRC	640	390	305	160	60	用于要求强度及韧度均较高的轴
3Cr13	调质	≤100	≥241	835	635	395	230	75	用于腐蚀条件下的轴
1Cr18Ni9Ti	淬火	≤100	≤192	530	195	190	115	45	用于高低温及腐蚀条件下的轴
		100～200		490		180	110		
QT600-3	—	—	190～270	600	370	215	185	—	用于制造外形复杂的轴
QT800-2	—	—	245～335	800	480	290	250		

15.3 轴的结构设计

轴结构设计的任务是合理地确定出轴的结构形状和全部尺寸。设计时主要考虑于以下因素：①轴在机器中的安装位置及形式；②轴上安装的零件的类型、尺寸、数量以及与轴连接的方法；③载荷的性质、大小、方向及分布情况；④轴的加工工艺等。由于影响轴结构的因素较多，其结构形式又随具体情况而变，所以轴没有标准的结构形式，在设计时，必须针对不同情况进行具体的分析。但是不论具体条件如何，轴的结构都应满足以下几点要求：①轴和装在轴上的零件要有准确的工作位置；②轴上的零件应便于装拆和调整；③轴应具有良好的制造工艺性等。

下面讨论轴结构设计中的几个主要问题。

15.3.1 拟订轴上零件的装配方案

拟订轴上零件的装配方案，就是要确定出轴上主要零件的装配方向、顺序和相互关系。这一步是进行轴的结构设计的前提，它决定着轴的基本形式。在拟订装配方案时，应考虑轴上零件的装拆方便，轴上零件的尺寸、数量及重量等。

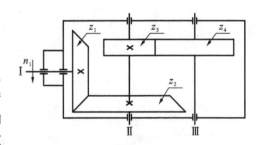

图 15-7　二级减速器的布置简图

如图 15-7 所示为二级减速器的布置简图。根据轴上零件的相对位置，现对输出轴提出两种装配方案，如图 15-8 和图 15-9 所示。

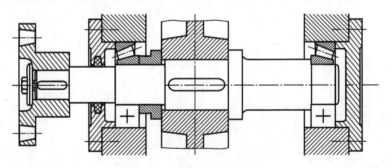

图 15-8　输出轴装配方案一

按如图 15-9 所示的方案装配时，应先在轴上齿轮段装上平键，再从轴左端逐一装入圆柱齿轮、套筒、左端轴承，然后从轴右端装入右端轴承，至此箱体内轴上零件安装完毕。再将轴置于减速器轴承孔中，装上左、右轴承端盖，最后装上联轴器处的平键，并从轴右端装入半联轴器。

与如图 15-8 所示的装配方案相比，图如 15-9 所示的装配过程类似，但该方案显然多了一个用于轴向定位的长套筒，使机器的零件增多、重量增大，因此如图 15-8 所示的方案较为合理。

由上分析可知，轴上零件的装配方案对轴的结构形式起着决定性的作用，所以必须拟订

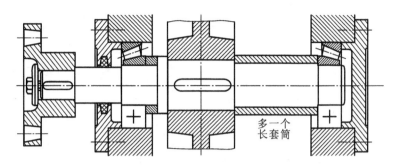

图 15-9　输出轴装配方案二

几种不同的装配方案,通过综合评价,确定较优的方案。

15.3.2　轴上零件的定位

为保证轴上零件能正常工作,轴上零件应有可靠、确定的工作位置。轴上零件的定位分为轴向定位、周向定位和径向定位。径向定位由轴和轴上零件的配合确定,根据不同的要求可选择间隙配合、过渡配合和过盈配合;传递轴的运动和扭矩的零件和需要与轴保持一定周向位置的零件需要周向定位;几乎所有的零件都需要进行轴向定位。

1. 零件的轴向定位

零件在轴上的轴向定位方法的选择,主要取决于轴向力的大小和结构设计考虑。常用的方法有轴肩、套筒、圆螺母、轴端挡圈和轴承端盖等。

(1)轴肩和轴环　轴肩分为定位轴肩(见图 15-10 中的轴肩①、②、⑤)和非定位轴肩(轴肩③、④)两类。利用轴肩定位是最方便、可靠的,但采用轴肩必然会使轴的直径加大,而且

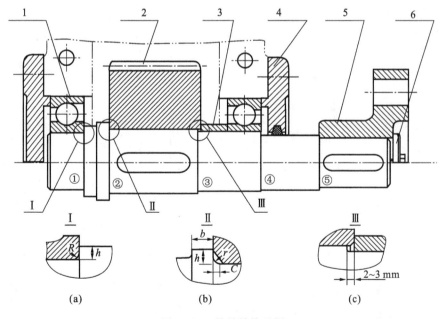

图 15-10　轴的结构示例

1—滚动轴承;2—齿轮;3—套筒;4—轴承端盖;5—半联轴器;6—轴端挡圈

轴肩处的截面突变将引起应力集中;另外,轴肩过多也不利于加工。因此,轴肩定位多用于轴向力较大的场合。定位轴肩的高度一般取为 $h=(0.07\sim0.1)d$,d 为轴与零件相配处的轴径尺寸。滚动轴承的定位轴肩(见图 15-10 中的轴肩①)高度必须低于轴承内圈端面的高度,以便拆卸轴承,其尺寸可查手册中轴承的安装尺寸。为了使零件能靠紧轴肩而得到准确可靠的定位,轴肩处的过渡圆角半径 r 必须小于与之相配的零件毂孔端部的圆角半径 R 或倒角尺寸 C(见图 15-10a、b)。轴和零件上的倒角和圆角尺寸的常用范围见表 15-2。非定位轴肩是为了加工和装配方便而设置的,其高度没有严格的规定,一般取为 1~2 mm。

轴环(见图 15-10b)的功用与定位轴肩相同,轴环宽度 $b\geqslant1.4h$。

表 15-2　零件倒角尺寸 C 与圆角半径尺寸 R 的推荐值　　　　　单位:mm

直径 d	6~10		10~18	18~30	30~50		50~80	80~120	120~180
C 或 R	0.5	0.6	0.8	1.0	1.2	1.6	2.0	2.5	3.0

(2)套筒　套筒结构简单,定位可靠,轴上不需开槽、钻孔和切制螺纹,因而不影响轴的疲劳强度,一般用于轴上两个零件之间的定位。如两零件的间距较大,则不宜采用套筒定位,以免增大套筒的质量及材料用量。因套筒与轴的配合较松,如轴的转速较高,也不宜采用套筒定位。套筒尺寸可自行设计。

为了保证轴上零件准确定位,轴的各段长度应该略小于轴上零件的轮毂宽度。如图 15-10c 所示。

(3)圆螺母　圆螺母定位(见图 15-11)件可承受大的轴向力,但轴上螺纹处有较大的应力集中,会降低轴的疲劳强度,故一般用于固定轴端的零件。为防止螺纹连接松动,常采用双圆螺母或圆螺母加止动垫片的形式。当轴上两零件间距离较大不宜使用套筒定位时,也常采用圆螺母定位。

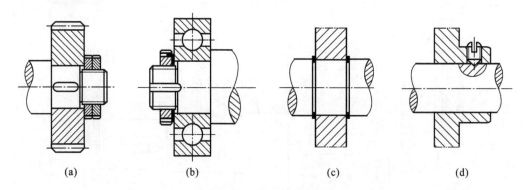

图 15-11　轴上零件定位
(a)用双圆螺母定位;(b)用圆螺母与止动垫圈定位;(c)用弹性挡圈定位;(d)用紧定螺钉定位

(4)弹性挡圈和紧定螺钉　用弹性挡圈或紧定螺钉定位(见图 15-11)方法简单,但只能传递不大的轴向力。紧定螺钉常用于光轴上零件的定位,并兼有周向定位作用。如需要在轴上制出锥孔,常采用配作工艺。

(5)轴端挡圈和圆锥面　用轴端挡圈和圆锥面定位(见图 15-12)可传递较大的轴向力,一般用于轴端零件的定位。对于承受冲击载荷或轴上零件与轴的同轴度要求较高的轴端零件,常用圆锥面定位。

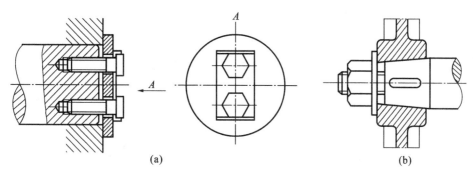

图 15-12　轴上零件定位

(a)用轴端挡圈定位;(b)用圆锥面定位

(6)轴承端盖　轴承端盖(见图 15-10)常用螺钉与箱体连接而使滚动轴承的外圈得到轴向定位。在一般情况下,整个轴的轴向定位也常利用轴承端盖来实现。

上述各零件多为标准件或有推荐尺寸,设计时可查机械设计手册。

2. 零件的周向定位

周向定位的目的是限制轴上零件与轴的相对转动。常用的周向定位零件有键、花键、销、紧定螺钉等,其中紧定螺钉只用在传力不大之处;也可采用过盈配合实现定位。具体设计可参考第 2 篇的连接部分。

15.3.3　各轴段直径和长度的确定

零件在轴上的定位和装拆方案确定后,轴的结构形状就大体确定了。但在轴结构设计之初,通常还不知道支反力的作用点,不能决定弯矩的大小与分布情况,因而不能按轴所受的具体载荷及应力确定轴的直径。在设计之初通常采用的方法如下。

(1)在进行轴结构设计前,根据轴的转速和所传递的功率,通常已能求得轴所受的扭矩。因此,可按扭矩初步估算轴的直径,并将初估直径作为承受扭矩轴段的最小直径 d_{min},如该段有键槽或有弯矩作用可适当放大直径尺寸,然后再按轴上零件的装配方案和定位要求,从 d_{min} 处起逐一确定各段轴的直径。

(2)参考同类机械用类比的方法确定,或者根据设计者的经验取定　有配合要求的轴段,应尽量采用标准直径。安装标准件(如滚动轴承、联轴器、密封圈等)部位的轴径,应取为相应的标准值,并按需要选定配合公差。

为了使齿轮、轴承等有配合要求的零件装拆方便,并减少配合表面的擦伤,在配合轴段前端应采用较小的直径,即制出轴肩。为了使与轴做过盈配合的零件易于装配,在相配轴段的压入端应制出导向锥;或在同一轴段的两个部位上采用不同的尺寸公差。

确定各轴段长度时,应尽可能使结构紧凑,同时还要保证零件所需的装配或调整空间。轴的各段长度主要是根据各零件与轴配合部分的轴向尺寸和相邻零件间必要的空隙来确定的。为了保证轴向定位可靠,与齿轮和联轴器等零件相配合部分的轴段长度一般应比轮毂长度短 2~3 mm,如图 15-10c 所示。

15.3.4 轴的结构工艺性

轴的结构工艺性是指轴加工以及轴和轴上零件装配时的便利性和可能性。通常,轴的结构越简单,工艺性越好。图 15-13 所示为便于装拆的结构。因此,在满足使用要求的前提下,对轴的结构形式应尽量简化。下面给出几个注意点。

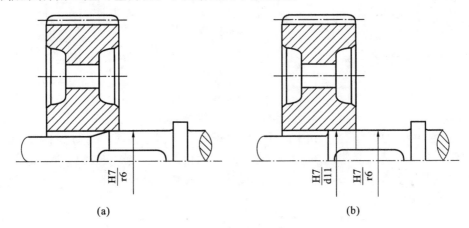

图 15-13　便于装拆的结构

(a)轴的装配锥度;(b)采用不同的尺寸公差

(1)为了便于装配零件并去掉毛刺,轴端应制出 45°的倒角;

(2)需要磨削加工的轴段,应留有砂轮越程槽;需要切制螺纹的轴段,应留有退刀槽。具体尺寸可参看标准或手册。

(3)为了减少装夹工件的时间,在同一轴上、不同轴段的键槽应布置在轴的同一母线上。

(4)为了减少加工刀具种类和提高劳动生产率,轴上直径相近的圆角、倒角、键槽宽度、砂轮越程槽宽度和退刀槽宽度等应尽可能采用相同的尺寸。

(5)应尽量减少精加工长度和缩短装配距离,并合理确定轴与零件的配合性质、加工精度和表面粗糙度。

图 15-14 所示为轴结构工艺性要求示例。

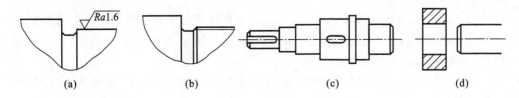

图 15-14　轴结构工艺性要求示例

15.3.5 提高轴强度的措施

轴及轴上零件的结构、加工、装配等均对轴的强度有很大的影响,设计时必须综合分析,以满足轴的强度要求,使轴系结构紧凑,并减少加工制作成本。

1. 合理布置轴上零件以减小轴的载荷

(1)尽量避免采用悬臂形式　为了减小轴所承受的弯矩,传动件应尽量靠近轴承并尽量减少跨度;尽可能不采用悬臂形式。如必须采用悬臂,应力求缩短悬臂长度。如图 15-15 中,对于传动件在支承轴承中间的,方案 a 的支承跨度较方案较 b 小,轴所承受的弯矩较小,所以方案 a 较优;而对于锥齿轮传动中必须采用的悬臂布置,方案 c 的悬臂长度较与方案 d 短,轴所受的弯矩较小,所以方案 c 较优。

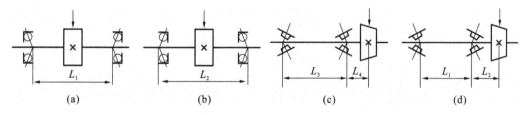

$$(a) \qquad (b) \qquad (c) \qquad (d)$$

图 15-15 轴承的安装

(2)合理安排运动传动件的位置 当转矩由一个传动件输入,再由几个传动件输出时,为了减小轴上扭矩,应将输入件放在中间,而不要置于一端。图 15-16 中,输入扭矩为 $T_1 = T_2 + T_3 + T_4$,按图 15-16a 所示的方式布置时,轴所受的最大扭矩为 $T_2 + T_3 + T_4$,若改为按图 15-16b 所示的方式布置时,轴所受的最大扭矩减小为 $T_3 + T_4$。因此,在不影响机器的工作时,可改变轴上零件的布置,合理安排动力传递路线。当转矩由一个传动件输入,而由几个传动件输出时,为了减小轴上的转矩,应将输入件放在中间,而不要置于一端。

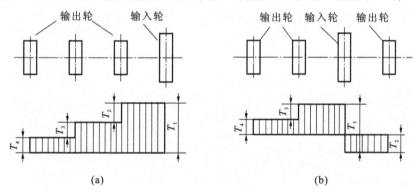

图 15-16 轴上传动件的布置

(a)不合理的布置;(b)合理的布置

2. 改进轴上零件的结构以减小轴的载荷

通过改进轴上零件的结构也可减小轴上的载荷。如图 15-17 所示的两种结构中 b 方案(双联)均优于 a 方案(分装),因为 a 方案中轴 I 既受弯矩又受扭矩,而 b 方案中轴 I 只受扭矩。

3. 改进轴的结构以减小应力集中的影响

轴通常是在变应力条件下工作的,在轴的截面尺寸发生突变处存在应力集中,而轴的疲劳破坏也往往在此发生。为了提高轴的疲劳强度,应尽量减少应力集中源和降低应力集中程度。为此,轴肩处应采用较大的过渡圆角半径 r 来降低应力集中;但对定位轴肩,还必须保证零件得到可靠的定位。当靠轴肩定位的零件的圆角半径很小时,为了增大轴肩处的圆角半径,可采用内凹圆角或加装隔离环。

用盘状铣刀加工的键槽比用键槽铣刀加工的键槽在过渡处对轴的截面削弱较为平缓,因而应力集中较小;渐开线花键比矩形花键在齿根处的应力集中小,在作轴的结构设计时应予以

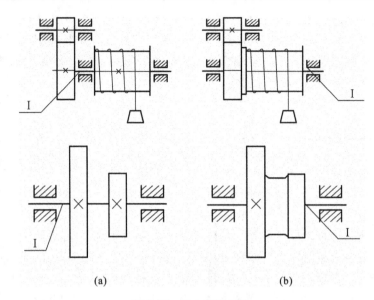

(a)　　　　　　　　　　　(b)

图 5-17　轴上零件结构

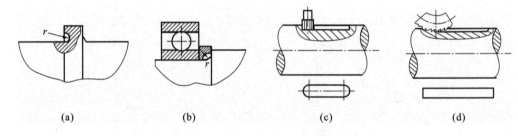

(a)　　　　　　(b)　　　　　　(c)　　　　　　(d)

图 15-18　轴肩过渡结构及键槽加工

(a)内凹圆角；(b)加装隔离环；(c)用键槽铣刀加工键槽；(d)用盘状铣刀加工键槽

考虑；由于切制螺纹处的应力集中较大，故应尽量避免在轴上受载较大的区段切制螺纹。

当轴与轮毂为过盈配合时，配合边缘处会产生较大的应力集中。为了减小应力集中，可在轮毂上或轴上开卸载槽；或者加大配合部分的直径。由于配合的过盈量愈大，引起的应力集中也愈严重，因而在设计中应合理选择零件与轴的配合。在必要时要采用减载结构(见图 15-19)。

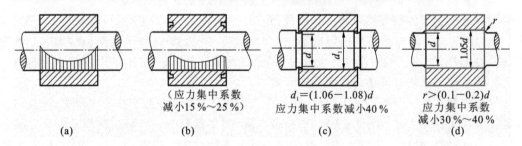

(a)　　　　　　(b)　　　　　　(c)　　　　　　(d)

图 15-19　轴毂配合处的应力集中及其降低方法

(a)过盈配合处的应力集中；(b)轮毂上开卸载槽；(c)轴上开卸载槽；(d)增大配合处直径

4. 改进轴的表面质量以提高轴的疲劳强度

轴的表面粗糙度和表面强化处理方法也会对轴的疲劳强度产生影响。轴的表面愈粗糙,疲劳强度愈低。因此,应合理减小轴的表面及圆角处的加工粗糙度值。当采用对应力集中甚为敏感的高强度材料制作轴时,对表面质量尤应予以注意。

表面强化处理的方法有:表面高频淬火等热处理;表面渗碳、液体碳氮共渗(氰化)、渗氮等化学热处理;碾压、喷丸等强化处理。通过碾压、喷丸进行表面强化处理时可使轴的表层产生预压应力,从而提高轴的抗疲劳能力。

15.4　轴的计算

在初步完成轴的结构设计后,通常应进行轴的强度校核计算。此外,某些轴(如机床主轴等)还需满足刚度要求,对高速轴还应校核轴的稳定性。

15.4.1　轴的强度计算

进行轴的强度校核计算时,应根据轴的具体受载及应力情况,首先将结构复杂的轴系部件简化成轴的计算简图,然后进行强度计算。一般以集中载荷代替分布载荷,其作用点取为载荷分布段的中点,而轴与轴上零件的自重通常忽略不计。

根据轴的受载情况和计算精度要求,对轴的强度可采用不同的计算方法。常用的计算方法有下面几种。

1. 按扭转强度进行条件计算

对于仅仅承受扭矩的轴(传动轴),可按扭转强度条件计算。在进行轴的结构设计时,也通常用这种方法初步估算轴径。对于不大重要的轴,由该方法所得结果可作为最后计算结果。轴的扭转强度条件为

$$\tau_T = \frac{T}{W_T} \approx \frac{9\ 550\ 000\ \dfrac{P}{n}}{0.2d^3} \leqslant [\tau]_T \tag{15-1}$$

式中:τ_T——扭转切应力,MPa;T——轴所受的扭矩,N·mm;W_T——轴的扭转截面系数,mm^3;n——轴的转速,r/min;P——轴传递的功率,kW;d——轴的直径,mm;$[\tau]_T$——许用扭转切应力,MPa,见表 15-3。

表 15-3　轴常用几种材料的 $[\tau]_T$ 及 A_0 值

轴的材料	Q235A、20	Q275、35(1Cr18Ni9Ti)	45	40Cr,35SiMn 38SiMnMo、3Cr13
$[\tau]_T$/MPa	15～25	20～35	25～45	35～55
A_0	149～126	135～112	126～103	112～97

注:表中 $[\tau]_T$ 值是考虑了弯矩影响而降低了的许用扭转切应力;当轴上弯矩较小、载荷较平稳、轴向载荷较小、单向旋转时,$[\tau]_T$ 可取较大值,A_0 取较小值;反之,$[\tau]_T$ 取较小值,A_0 取较大值。

由式(5-1)可得轴的直径

$$d \geqslant \sqrt[3]{\frac{9\ 550\ 000P}{0.2[\tau] \cdot n}} = \sqrt[3]{\frac{9\ 550\ 000}{0.2[\tau]}} \sqrt[3]{\frac{P}{n}} = A_0 \sqrt[3]{\frac{P}{n}} \tag{15-2}$$

式中：$A_0 = \sqrt[3]{\dfrac{9\ 550\ 000}{0.2[\tau]}}$，可查表 15-3。

对于空心轴，有

$$d \geqslant A_0 \sqrt[3]{\frac{P}{n(1-\beta^4)}} \tag{15-3}$$

式中：$\beta = d_1/d$，即空心轴的内径 d_1 与外径 d 之比，通常取 $\beta = 0.5 \sim 0.6$。

应当注意，当轴截面上开有键槽时，应增大轴径以补偿键槽对轴强度的削弱。对于直径 $d > 100$ mm 的轴，有一个键槽时，轴径应增大 3%；有两个键槽时，应增大 7%。对于直径 $d \leqslant 100$ mm 的轴，有一个键槽时，轴径应增大 5%～7%；有两个键槽时，应增大 10%～15%，然后将轴径圆整。

对于转轴，在轴的结构设计未完成之前，往往不知道支反力的作用点，故不能确定弯矩的大小与分布情况，因此还不能按轴所受的实际载荷来计算轴的强度，这样求出的直径，只能作为承受扭转作用轴段的最小直径 d_{min}。

2. 按弯扭合成强度条件计算

通过轴的结构设计，轴的主要结构尺寸、轴上零件的位置以及外载荷和支反力的作用位置均已确定，轴上的载荷（弯矩和扭矩）已可以求得，因而可按弯扭合成强度条件对轴进行强度校核计算。其计算步骤如下：

(1)绘制轴的计算简图（即力学模型，见图 15-20）；

(2)将轴上作用力分解为水平分力和垂直分力，并分别绘制水平面弯矩(M_H)与垂直面弯矩(M_V)图；

(3)计算合成弯矩 $M = \sqrt{M_H^2 + M_V^2}$，绘制合成弯矩图；

(4)计算转矩 $T = 9.55 \times 10^6 P/n$(N·mm)，P、n 的单位同前，绘制扭矩图；

(5)计算当量弯矩（计算弯矩）$M_{ca} = \sqrt{M^2 + (\alpha T)^2}$，绘制当量弯矩图（计算弯矩图）；

(6)校核轴的强度。

在计算确定轴的弯矩后，即可针对轴的危险截面（多为当量弯矩最大的截面或当量弯矩较小但直径也较小的截面）作强度校核计算。按第三强度理论，计算弯曲应力：

$$\sigma_{ca} = \sqrt{\sigma^2 + 4\tau^2}$$

通常弯矩所产生的弯曲应力 σ 是对称循环变应力，而由扭矩所产生的扭转切应力 τ 则常常不是对称循环变应力。为了考虑两者循环特性不同的影响，引入折合系数 α，则计算应力为

$$\sigma_{ca} = \sqrt{\sigma^2 + 4(\alpha\tau)^2} \tag{15-4}$$

式中的弯曲应力为对称循环变应力。当扭转切应力为静应力时，取 $\alpha \approx 0.3$；当扭转切应力为脉动循环变应力时，取 $\alpha \approx 0.6$；当扭转切应力亦为对称循环变应力时，则取 $\alpha = 1$。

对于直径为 d 的圆轴，弯曲应力为 $\sigma = \dfrac{M}{W}$，扭转切应力 $\tau = \dfrac{T}{W_T} = \dfrac{T}{2W}$，将 σ 和 τ 代入式(15-4)，则轴的弯扭合成强度条件为

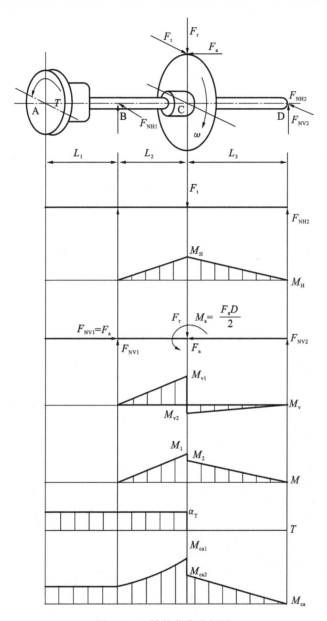

图 15-20　轴的载荷分析图

$$\sigma_{ca} = \frac{M_{ca}}{W} = \frac{\sqrt{M^2 - (\alpha T)^2}}{W} \leqslant [\sigma_{-1}] \tag{15-5}$$

式中：σ_{ca}——轴的计算应力，MPa；M——轴所受的弯矩，N·mm；T——轴所受的扭矩，N·mm；W——轴的抗弯截面系数 mm³，计算公式见表 15-4。$[\sigma_{-1}]$——轴的许用弯曲应力，其值按表 15-1 选用。对于只承受弯矩的轴（心轴），应按弯曲强度条件计算，即取 $T=0$。

表 15-4　抗弯、抗扭截面模量计算公式

表　面	W	W_{T}
	$\dfrac{\pi d^3}{32} \approx 0.1d^3$	$\dfrac{\pi d^3}{16} \approx 0.2d^3$
	$\dfrac{\pi d^3}{32}(1-\beta^4) \approx 0.1d^3(1-\beta^4)$ $\beta = \dfrac{d_1}{d}$	$\dfrac{\pi d^3}{16}(1-\beta^4) \approx 0.2d^3(1-\beta^4)$ $\beta = \dfrac{d_1}{d}$
	$\dfrac{\pi d^3}{32} - \dfrac{bt\,(d-t)^2}{2d}$	$\dfrac{\pi d^3}{16} - \dfrac{bt\,(d-t)^2}{2d}$
	$\dfrac{\pi d^3}{32} - \dfrac{bt\,(d-t)^2}{d}$	$\dfrac{\pi d^3}{16} - \dfrac{bt\,(d-t)^2}{d}$
	$\dfrac{\pi d^3}{32}\left(1 - 1.54\dfrac{d_1}{d}\right)$	$\dfrac{\pi d^3}{16}\left(1 - \dfrac{d_1}{d}\right)$
	$\dfrac{\left[\pi d^4 + (D-d)\,(D+d)^2\,zb\right]}{32D}$ z——花键齿数	$\dfrac{\left[\pi d^4 + (D-d)\,(D+d)^2\,zb\right]}{16D}$ z——花键齿数

3. 按疲功强度条件校核计算

这种校核计算的实质在于确定变应力情况下轴的安全程度。在已知轴的外形、尺寸及载荷的基础上,即可通过分析确定出一个或几个危险截面(这时不仅要考虑计算弯曲应力的大小,而且要考虑应力集中和绝对尺寸等因素的影响程度)按公式求出计算安全系数 S_{ca},并应使其稍大于或至少等于设计安全系数 S,即

$$S_{ca} = \frac{S_\sigma \cdot S_\tau}{\sqrt{S_\sigma^2 + S_\tau^2}} \geqslant S \tag{15-6}$$

仅有法向应力时,应满足

$$S_\sigma = \frac{\sigma_{-1}}{K_\sigma \sigma_a + \varphi_\sigma \sigma_m} \geqslant S \tag{15-7}$$

仅有扭转切应力时,应满足

$$S_\tau = \frac{\tau_{-1}}{K_\tau \tau_a + \varphi_\tau \tau_m} \geqslant S \tag{15-8}$$

以上公式中的符号在相关章节已说明,此处不再重复。设计安全系数值可按下述情况选取:

$S = 1.3 \sim 1.5$,用于材料均匀,载荷与应力计算精确时;

$S = 1.5 \sim 1.8$,用于材料不够均匀,计算精确度较低时;

$S = 1.8 \sim 2.5$,用于材料均匀性很差及计算精确度很低,或轴的直径 $d > 200$ mm 时。

4. 按静强度校核计算

静强度校核的目的在于评定轴对塑性变形的抵抗能力。这对那些瞬时过载很大,或应力循环的不对称性较为严重的轴是很有必要的。轴的静强度是根据轴上作用的最大瞬时载荷来校核的。静强度校核时的强度条件是

$$S_{Sca} = \frac{S_{S\sigma} S_{S\tau}}{\sqrt{S_{S\sigma}^2 + S_{S\tau}^2}} \tag{15-9}$$

且

$$S_{S\sigma} = \frac{\sigma_s}{\left(\dfrac{M_{max}}{W} + \dfrac{F_{amax}}{A}\right)}, \quad S_{S\tau} = \frac{\tau_s}{T_{max}/W_T}$$

式中:S_{ca}——危险截面静强度的计算安全系数;S_S——按屈服强度的设计安全系数;对于高塑性材料($\sigma_s/\sigma_b \leqslant 0.6$)制成的钢轴 $S_S = 1.2 \sim 1.4$,对于中等塑性材料($\sigma_s/\sigma_b = 0.6 \sim 0.8$)制成的钢轴 $S_S = 1.4 \sim 1.8$,对于低塑性材料制成的钢轴 $S_S = 1.8 \sim 2$,对于铸造轴 $S_S = 2 \sim 3$;$S_{S\sigma}$——只考虑弯矩和轴向力时的安全系数;$S_{S\tau}$——只考虑扭矩时的安全系数;σ_s、τ_s——材料的抗弯和抗扭屈服强度,MPa;其中 $= \tau_s(0.55 \sim 0.62)\sigma_s$;$M_{max}$、$T_{max}$——轴的危险截面上所受的最大弯矩和最大扭矩,N·mm;F_{amax}——轴的危险截面上所受的最大轴向力,N;A——轴的危险截面的面积,mm^2;W、W_T——危险截面的抗弯和抗扭截面模量,mm^3,见表 15-4。

15.4.2　轴的刚度计算

轴是细长结构,在受载后要发生弯曲变形和扭转变形。如因轴的刚度不足而产生了过大的变形就会影响轴上零件的正常工作。例如,机床主轴变形过大则影响加工零件的精度,

电动机主轴变形过大则会改变转子与定子的间隙而影响电动机的性能等。因此,在设计有刚度要求的轴时,必须进行刚度的校核计算。

轴的弯曲刚度以挠度或偏转角来度量;扭转刚度以扭转角来度量。轴的刚度校核计算通常是计算出轴在受载时的变形量,并控制其不大于允许值。

1. 轴的弯曲刚度计算

计算轴在弯矩作用下产生的挠度 y 和偏转角 θ 时:对光轴一般采用材料力学中的公式计算其挠度或偏转角;若是阶梯轴,如果对计算精度要求不高,则可用当量直径法作近似计算,即把阶梯轴看成是当量直径为 d_v 的光轴,然后再按材料力学中的公式计算。当量直径为

$$d_v = \sqrt[4]{\dfrac{L}{\sum\limits_{i=1}^{z} \dfrac{l_i}{d_i^4}}} \, \text{mm} \tag{15-10}$$

式中:l_i——阶梯轴第 i 段的长度,mm;d_i——阶梯轴第 i 段的直径,mm;L——阶梯轴的计算长度,mm;z——阶梯轴计算长度内的轴段数。

当载荷作用于两支承之间时,$L=l$(l 为支承跨距);当载荷作用于悬臂端时,$L=l+c$(c 为轴段的悬臂长度)。

轴的弯曲刚度条件为

挠度: $$y \leqslant [y] \tag{15-11}$$

偏转角: $$\theta \leqslant [\theta] \tag{15-12}$$

式中:$[y]$——轴的允许挠度,mm,见表 15-5;$[\theta]$——轴的允许偏转角,rad,见表 15-5。

表 15-5 轴的许用挠度 $[y]$ 和许用偏转角 $[\theta]$

应用场合	许用挠度 $[y]$/mm	应用场合	许用偏转角 $[\theta]$/rad
一般用途的轴	$(0.0003 \sim 0.0005)l$	滑动轴承	0.001
刚度要求较严的轴	$0.0002l$	向心球轴承	0.005
感应电动机轴	0.1Δ	调心球轴承	0.05
安装齿轮的轴	$(0.01 \sim 0.03)m_n$	圆柱滚子轴承	0.0025
安装蜗轮的轴	$(0.02 \sim 0.05)m_t$	圆锥滚子轴承	0.0016
—	—	安装齿轮处轴的截面	$0.001 \sim 0.002$

注:l 为轴的跨距,mm;Δ 为电动机转子与定子间的气隙,mm;m_n 为齿轮的法面模数,mm;m_t 为蜗轮的端面模数。

2. 轴的扭转刚度计算

轴的扭转变形用每米长的扭转角 φ 来表示。圆轴扭转角 φ[单位为 (°)/m]的计算公式为

光轴 $$\varphi = 5.73 \times 10^4 \frac{T}{GI_p} \tag{15-13}$$

阶梯轴 $$\varphi = 5.73 \times 10^4 \frac{1}{LG} \sum_{i=1}^{z} \frac{T_i l_i}{I_{pi}} \tag{15-14}$$

式中：T——轴所受的扭矩，N·mm；G——轴的材料的剪切弹性模量，MPa，对于钢材，$G=8.1\times10^4$ MPa；I_p——轴截面的极惯性矩，mm^4，对于圆轴，$I_p=\pi d^4/32$ mm；L——阶梯轴受扭矩作用的长度，mm；T_i、l_i、I_{pi}——阶梯轴第 i 段上所受的扭矩、长度和极惯性矩，单位同前；z——阶梯轴受扭矩作用的轴段数。

轴的扭矩刚度条件为

$$\varphi\leqslant[\varphi] \tag{15-15}$$

式中：$[\varphi]$——轴每米长的允许扭转角，与轴的使用场合有关，对于一般传动轴可取 $[\varphi]=0.5\sim1(°)/m$，对于精密传动轴可取 $[\varphi]=0.25\sim0.5(°)/m$，对于精度要求不高的轴 $[\varphi]$ 可大于 $1(°)/m$。

应指出的是，由于轴的应力与其直径的三次方成反比，而变形与其直径的四次方成反比，因而，采用按强度条件确定出的小直径轴，常会发生刚度不足的问题，而采用按刚度条件确定出的大直径的轴，常会发生强度不够的问题。

还应指出，在轴的强度和刚度计算中，由于公式参数多，需要计算的剖面多，因而计算工作量大，尤其是当反复修改时，常使设计者难以承受，易产生厌烦情绪。针对这种情况，软件商开发出很多计算分析软件，以供设计者使用，既能减轻劳动强度，又能提高设计质量，还节省时间。

15.4.3　轴的临界转速计算*

随着机器不断地向着高转速、高精度和自动化的方向发展，轴的振动问题便显得更加重要。由于轴和轴上零件的材质分布不均匀，制造、安装误差等因素的影响，零件的重心很难与回转轴线重合，从而产生离心力，引起轴的振动。如果离心力随轴转动的变化频率与轴的固有频率相同或接近时，就会出现共振现象，产生共振时轴的转速称为临界转速。如果轴的转速在临界转速附近，轴的变形将迅速增大，以致轴或轴上零件甚至整个机器遭到破坏。因此，对高转速轴或受周期性外载作用的轴，必须计算临界转速，使轴的工作转速避开临界转速以防止共振。

轴的临界转速有多个，最低的一个称为一阶临界转速，依次为二阶、三阶……。工作转速低于一阶临界转速的轴称为刚性轴，超过一阶临界转速的轴称为挠性轴。一般情况下，对于刚性轴，应使工作转速 $n<0.75n_{c1}$；对于挠性轴，应使 $1.3n_{c1}<n<0.7n_{c2}$（此处 n_{c1}、n_{c2} 分别为轴的一阶、二阶临界转速）。临界转速的具体计算可参考有关设计手册。

15.4.4　计算实例

【例 15-1】　试设计某带式输送机二级圆锥-圆柱齿轮减速器的输出轴（Ⅲ轴）。减速器的装置简图如图 15-8 所示。输入轴与电动机相连，输出轴通过弹性柱销联轴器与工作机相联，输出轴单向旋转（从装有联轴器的一端看为顺时针方向）。已知该轴传递功率9.3 kW，转速 93.6 r/min；大齿轮分度圆直径 $d_2=383.84$，齿宽 $b_2=80$ mm，螺旋角 $\beta=8°06'34''$，大圆锥齿轮的轮毂长 $L=50$ mm，减速器长期工作，载荷平稳。试设计输出轴。

解　（1）求输出轴上的转矩 T_3。

$$T_3 = 9\,550\,000\,\frac{P_3}{n_3} = 9\,550\,000 \times \frac{9.3}{93.6}\ \text{N} \cdot \text{mm} \approx 960\,000\ \text{N} \cdot \text{mm}$$

（2）求作用在齿轮上的力

$$F_t = \frac{2T_3}{d_2} = \frac{2 \times 960\,000}{383.84}\ \text{N} = 5\,002\ \text{N}$$

$$F_r = F_t\,\frac{\tan\alpha_n}{\cos\beta} = 5\,002\,\frac{\tan20°}{\cos8°06'34''}\ \text{N} = 1\,839\ \text{N}$$

$$F_a = F_t\tan\beta = 5\,002 \times \tan8°06'34''\text{N} = 713\ \text{N}$$

圆周力 F_t、径向力 F_r 及轴向力 F_a 的方向如图 15-20 所示。

（3）初步确定轴的最小直径。

先初步估算轴的最小直径。选取轴的材料为 45 钢，进行调质处理。由表 15-3 取 $A_0 = 110$，于是得

$$d_{\min} = A_0\sqrt[3]{\frac{P_3}{n_3}} = 110\sqrt[3]{\frac{9.3}{93.6}}\ \text{mm} = 51.13\ \text{mm}$$

输出轴的最小直径显然是安装联轴器处轴的直径 $d_{\text{I-II}}$（见图 15-21）。但该处有一个键槽，故轴径应增大 5%，即 $d_{\min} = 1.05 \times 51.13\ \text{mm} = 53.69\ \text{mm}$。为了使所选的轴直径 $d_{\text{I-II}}$ 与联轴器的孔径相适应，故需同时选取联轴器型号。查标准 GB/T 5014—2003 或手册，选用 HL4 型弹性柱销联轴器，其公称转矩为 1 250 N·m。半联轴器的孔径 $d_{\text{I}} = 55\ \text{mm}$，故取 $d_{\text{I-II}} = 55\ \text{mm}$；半联轴器长度 $L = 112\ \text{mm}$，半联轴器与轴配合的毂孔长度 $L_1 = 84\ \text{mm}$。

（4）轴的结构设计。

①拟订轴上零件的装配方案。本题的装配方案已在前面分析比较，现选用图 15-8 所示的装配方案。

②根据轴向定位的要求确定轴的各段直径和长度。

a. 为了满足半联轴器的轴向定位要求，I-II 轴段右端需制出一轴肩，故取 II-III 段的直径 $d_{\text{II-III}} = 62\ \text{mm}$；左端用轴端挡圈定位，按轴端直径取挡圈直径 $D = 65\ \text{mm}$。半联轴器与轴配合的毂孔长度 $L_1 = 84\ \text{mm}$，为了保证轴端挡圈只压在半联轴器上而不压在轴的端面上，故 I-II 段的长度应比 L_1 略短一些，现取 $L_{\text{I-II}} = 82\ \text{mm}$。

b. 初步选择滚动轴承。因轴承同时受径向力和轴向力的作用，故选用单列圆锥滚子轴承。参照工作要求并根据 $d_{\text{I-II}} = 62\ \text{mm}$，在轴承产品目录中选取 0 基本游隙组、标准精度级的单列圆锥滚子轴承 30313，其尺寸为 $d \times D \times T = 65\ \text{mm} \times 140\ \text{mm} \times 36\ \text{mm}$，故取 $d_{\text{III-IV}} = d_{\text{VII-VIII}} = 65\ \text{mm}$；取 $l_{\text{VII-VIII}} = 36\ \text{mm}$。

右端滚动轴承采用轴肩进行定位。由手册上查到 30313 型轴承的定位轴肩高度 $h = 6\ \text{mm}$，因此，取 $d_{\text{VI-VII}} = 77\ \text{mm}$。

c. 取安装齿轮处的轴段 IV-V 的直径 $d_{\text{IV-V}} = 70\ \text{mm}$；齿轮的左端与左轴承之间采用套筒定位。已知齿轮轮毂的宽度为 80 mm，为了使套筒端面可靠地压紧齿轮，此轴段应略短于轮毂宽度，故取 $L_{\text{IV-V}} = 76\ \text{mm}$。齿轮的右端采用轴肩定位，轴肩高度 $h > 0.07d$，取 $h = 6\ \text{mm}$，则轴环处的直径 $d_{\text{V-VI}} = 82\ \text{mm}$。轴环宽度 $b \geqslant 1.4h$，取 $L_{\text{V-VI}} = 12\ \text{mm}$。

d. 轴承端盖的总宽度为 20 mm（由减速器及轴承端盖的结构设计而定）。根据轴承端

盖的装拆及便于对轴承添加润滑脂的要求,取端盖的外端面与半联轴器右端面间的距离 l $=30$ mm,故取 $L_{\text{II-III}}=50$ mm。

e.取齿轮距箱体内壁的距离 $a=16$ mm,圆锥齿轮与圆柱齿轮之间的距离 $c=20$ mm。考虑到箱体的铸造误差,在确定滚动轴承位置时,应距箱体内壁一段距离 s,取 $s=8$ mm。已知滚动轴承宽度 $T=36$ mm,大圆锥齿轮轮毂长 $L=50$ mm,则

$$L_{\text{III-IV}} = T+s+a+(80-76) = (36+8+16+4) \text{ mm} = 64 \text{ mm}$$

$$L_{\text{VI-VII}} = L+c+a+s-L_{\text{V-VI}} = (50+20+16+8-12) \text{ mm} = 82 \text{ mm}$$

至此,已初步确定了轴的各段直径和长度。

③轴上零件的周向定位。

齿轮、半联轴器与轴的周向定位均采用平键连接。按 $d_{\text{IV-V}}$ 由手册查得平键截面 $b\times h=$ 20 mm×12 mm(GB/T 1096—2003),键槽用键槽铣刀加工,长为 63 mm(标准键长见 GB/T 1096—2003),齿轮轮毂与轴的配合为 H7/n6;同样,半联轴器与轴的连接,选用平键的尺寸为 16 mm×10 mm×70 mm,半联轴器与轴的配合为 H7/k6。滚动轴承与轴的周向定位是借过渡配合来保证的,此处选轴的直径尺寸公差为 m6。

④确定轴上圆角和倒角尺寸。

取轴端倒角为 $2\times45°$,各轴肩处的圆角半径如图 15-21 所示。

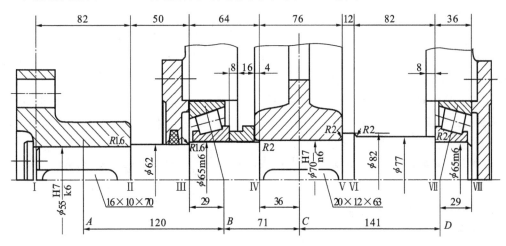

图 15-21　轴的结构与装配

(5)求轴上的载荷。

首先根据轴的结构图,作出轴的计算简图(见图 15-20)。在确定轴承的支点位置时,应从手册中查取 a 值。对于 30313 型圆锥滚子轴承。由手册中查得 $a=29$ mm。因此,作为简支梁的轴的支承跨距 $L_2+L_3=(71+141)$ mm$=212$ mm。根据轴的计算简图作出轴的弯矩、扭矩图和计算弯矩图(见图 15-20)。

从轴的结构图和计算弯矩图中可以看出,截面 C 处的计算弯矩最大,是轴的危险截面。现将计算出的截面 C 处的 M_H、M_V、M 及 M_ca 的值列于表 15-6 中。

表 15-6　计算轴上的载荷

载荷	水平面 H	垂直面 V
支反力 F_R	$F_{NH1}=3\ 327\ \text{N},F_{NH2}=1\ 675\ \text{N}$	$F_{NV1}=1\ 869\ \text{N},F_{NV2}=-30\ \text{N}$
弯矩 M	$M_H=236\ 217\ \text{N}\cdot\text{mm}$	$M_{V1}=132\ 699\ \text{N}\cdot\text{mm},M_{V2}=-4\ 140\ \text{N}\cdot\text{mm}$
总弯矩	$M_1=\sqrt{236\ 217^2+132\ 699^2}\ \text{N}\cdot\text{mm}=270\ 398\ \text{N}\cdot\text{mm}$ $M_2=\sqrt{236\ 217^2+4\ 140^2}\ \text{N}\cdot\text{mm}=236\ 253\ \text{N}\cdot\text{mm}$	
扭矩 T	$T_3=960\ 000\ \text{N}\cdot\text{mm}$	
计算弯矩 M_{ca}	$M_{ca1}=\sqrt{270\ 398^2+(0.6\times960\ 000)^2}\ \text{N}\cdot\text{mm}=636\ 540\ \text{N}\cdot\text{mm}$ $M_{ca2}=M_2=236\ 253\ \text{N}\cdot\text{mm}$	

(6)按弯扭合成应力校核轴的强度。

进行校核时,通常只校核轴上承受最大计算弯矩的截面(即危险截面 C)的强度。

$$\sigma_{ca}=\frac{M_{ca1}}{W}=\frac{636\ 540}{0.1\times70^3}\ \text{MPa}=18.6\ \text{MPa}$$

前已选定轴的材料为 45 钢,由表 15-1 查得 $[\sigma_{-1}]=60\ \text{MPa}$。因此 $\sigma_{ca}<[\sigma_{-1}]$,故安全。

(7)精确校核轴的疲劳强度。

①判断危险截面　截面 A、Ⅱ、Ⅲ、B 只受扭矩作用,虽然键槽、轴肩及过渡配合所引起的应力集中均将削弱轴的疲劳强度,但由于轴的最小直径是按扭转强度较为宽裕地确定的,所以截面 A、Ⅱ、Ⅲ、B 均不需校核。

从应力集中对轴的疲劳强度的影响来看,截面Ⅳ和Ⅴ处过盈配合引起的应力集中最严重;从受载的情况来看,截面 C 上 M_{ca1} 最大。截面Ⅴ的应力集中的影响和截面Ⅳ的相近,但截面Ⅴ不受扭矩作用,同时轴径也较大,故不必作强度校核。截面 C 上虽然 M_{ca1} 最大,但应力集中不大(过盈配合及键槽引起的应力集中均在两端),而且这里轴的直径最大,故截面 C 也不必校核。截面Ⅵ和Ⅶ显然更不必校核。键槽的应力集中系数比过盈配合的小,因而该轴只需校核截面Ⅳ左右两侧即可。

②截面Ⅳ左侧

抗弯截面系数　$W=0.1d^3=0.1\times65^3\ \text{mm}^3=27\ 463\ \text{mm}^3$

抗扭截面系数　$W_T=0.2d^3=0.2\times65^3\ \text{mm}^3=54\ 925\ \text{mm}^3$

截面Ⅳ左侧的弯矩 M 为　$M=270\ 938\times\dfrac{71-36}{71}\ \text{N}\cdot\text{m}=133\ 561\ \text{N}\cdot\text{mm}$

截面Ⅳ上的扭矩 T_3 为　$T_3=960\ 000\ \text{N}\cdot\text{mm}$

截面上的弯曲应力　$\sigma_b=\dfrac{M}{W}=\dfrac{133\ 561}{27\ 463}\ \text{MPa}=4.86\ \text{MPa}$

截面上的扭转切应力　$\tau_T=\dfrac{T_3}{W_T}=\dfrac{960\ 000}{54\ 925}\ \text{MPa}=17.48\ \text{MPa}$

轴的材料为 45 钢,调质处理,由表 15-1 查得

$$\sigma_B=640\ \text{MPa},\quad \sigma_{-1}=275\ \text{MPa},\quad \tau_{-1}=155\ \text{MPa}$$

截面上由于轴肩而形成的理论应力集中系数 α_σ 及 α_τ 按手册查取。因 $\dfrac{r}{d}=\dfrac{2.0}{65}=$ 0.031，$\dfrac{D}{d}=\dfrac{70}{65}=1.08$，经插值后可查得

$$\alpha_\sigma=2.0，\quad \alpha_\tau=1.31$$

又由手册可得轴的材料的敏性系数为

$$q_\sigma=0.82，\quad q_\tau=0.85。$$

故有效应力集中系数为

$$k_\sigma=1+q_\sigma(\alpha_\sigma-1)=1+0.82\times(2.0-1)=1.82$$
$$k_\tau=1+q_\tau(\alpha_\tau-1)=1+0.85\times(1.31-1)=1.26$$

由手册得尺寸系数 $\varepsilon_\sigma=0.67$；扭转尺寸系数 $\varepsilon_\tau=0.82$。

轴按磨削加工，由手册得表面质量系数为 $\beta_\sigma=\beta_\tau=0.92$。

轴未经表面强化处理，即 $\beta_q=1$，则按手册得综合系数为

$$K_\sigma=\frac{k_\sigma}{\varepsilon_\sigma}+\frac{1}{\beta_\sigma}-1=\frac{1.82}{0.67}+\frac{1}{0.92}-1=2.80$$
$$K_\tau=\frac{k_\tau}{\varepsilon_\tau}+\frac{1}{\beta_\tau}-1=\frac{1.26}{0.82}+\frac{1}{0.92}-1=1.62$$

又由手册得材料特性系数 $\varphi_\sigma=0.1\sim0.2$，取 $\varphi_\sigma=0.1$；$\varphi_\tau=0.05\sim0.1$，取 $\varphi_\tau=0.05$。

于是，计算安全系数 S_{ca} 值，则得

$$S_\sigma=\frac{\sigma_{-1}}{K_\sigma\sigma_a+\varphi_\sigma\sigma_m}=\frac{275}{2.80\times4.86+0.1\times0}=20.21 \,^{①}$$
$$S_\tau=\frac{\tau_{-1}}{K_\tau\sigma_\tau+\varphi_\tau\tau_m}=\frac{155}{1.62\times\dfrac{17.48}{2}+0.05\times\dfrac{17.48}{2}}=10.62$$
$$S_{ca}=\frac{S_\sigma S_\tau}{\sqrt{S_\sigma^2+S_\tau^2}}=\frac{20.21\times10.62}{\sqrt{20.21^2+10.62^2}}=9.40\gg S=1.5$$

故可知其安全。

③截面Ⅳ右侧

抗弯截面横量 W 按表 15-4 计算，有

$$W=0.1d^3=0.1\times70^3\ \text{mm}^3=34\ 300\ \text{mm}^3$$

抗扭截面横量 W_T 为 $W_T=0.2d^3=0.2\times70^3\ \text{mm}^3=68\ 600\ \text{mm}^3$

弯矩 M 及弯曲应力为 $M=270\ 938\times\dfrac{71-36}{71}\ \text{N}\cdot\text{mm}=133\ 561\ \text{N}\cdot\text{mm}$

$$\sigma_b=\frac{M}{W}=\frac{133\ 561}{34\ 300}\ \text{MPa}=3.89\ \text{MPa}$$

扭矩 T_3 及扭转切应力为　　$T_3=960\ 000\ \text{N}\cdot\text{mm}$

$$\tau_T=\frac{T_3}{W_T}=\frac{960\ 000}{68\ 600}\ \text{MPa}=14.00\ \text{MPa}$$

---

① 由轴向力 F_a 引起的压缩应力在此处本应作为 σ_m 计入，但因其值甚小，故予忽略，后同。

过盈配合处的 $k_\sigma/\varepsilon_\sigma$ 值,由手册用插入法求出,并取 $\dfrac{k_\tau}{\varepsilon_\tau}=0.86\dfrac{k_\sigma}{\varepsilon_\sigma}$,于是得

$$\frac{k_\sigma}{k_\sigma}=3.16, \quad \frac{k_\tau}{k_\tau}=0.8\times3.16=2.53$$

轴按磨削加工,由手册得表面质量系数为

$$\beta_\sigma=\beta_\tau=0.92$$

故得综合系数为

$$K_\sigma=\frac{k_\sigma}{\varepsilon_\sigma}+\frac{1}{\beta_\sigma}-1=3.16+\frac{1}{0.92}-1=3.25$$

$$K_\tau=\frac{k_\tau}{\varepsilon_\tau}+\frac{1}{\beta_\tau}-1=2.53+\frac{1}{0.92}-1=2.62$$

所以轴在截面Ⅳ右侧的安全系数为

$$S_\sigma=\frac{\sigma_{-1}}{K_\sigma\sigma_a+\varphi_\sigma\sigma_m}=\frac{275}{3.25\times3.89+0.1\times0}=21.75$$

$$S_\tau=\frac{\tau_{-1}}{K_\tau\sigma_\tau+\varphi_\tau\tau_m}=\frac{155}{2.62\times\dfrac{14.00}{2}+0.05\times\dfrac{14.00}{2}}=8.29$$

$$S_{ca}=\frac{S_\sigma S_\tau}{\sqrt{S_\sigma^2+S_\tau^2}}=\frac{21.75\times8.29}{\sqrt{21.75^2+8.29^2}}=7.75>S=1.5$$

故该轴在截面Ⅳ右侧的强度也是足够的。本题因无大的瞬时过载及严重的应力循环不对称性,故可略去静强度校核。至此,轴的设计计算即告结束(当然,如有更高的要求时,还可作进一步的研究)。

(8)绘制轴的工作图(略)。

习　题

15-1　何为转轴、心轴和传动轴?自行车的前轴、中轴、后轴及脚踏板轴分别是什么轴?

15-2　试说明下面几种轴材料的适用场合:Q235-A,45,1Crl8Ni9Ti,Q$_T$600-2,40CrNi。

15-3　轴的强度计算方法有哪几种?各适用于何种情况?

15-4　按弯扭合成强度和疲劳强度校核轴时,危险截面应如何确定?两者在确定危险截面时考虑的因素有何区别?

15-5　为什么要进行轴的静强度校核计算?这时是否要考虑应力集中等因素的影响?

15-6　经校核发现轴的疲劳强度不符合要求时,在不增大轴径的条件下,可采取哪些措施来提高轴的疲劳强度?

15-7　已知一传动轴的材料为 40Cr 钢并经调质处理,传递功率 $P=12$ kW,转速 $n=80$ r/min。试:

(1)按扭转强度计算轴的直径;

(2)按扭转刚度计算轴的直径(设轴的许用扭转角 $[\phi]\leqslant0.5(°)/m$)。

15-8　直径 $d=75$ mm 的实心轴与外径 $d_0=85$ mm 的空心轴的扭转强度相等,设两轴的材料相同,试求该空心轴的内径 d_1 和较实心轴重量减轻的百分比。

15-9　图 5-22 所示为一台二级圆锥-圆柱齿轮减速器简图,输入轴由左端看为逆时针转

动。已知 $F_{t1} = 5\,000$ N, $F_{r1} = 1\,690$ N, $F_{a1} = 676$ N, $d_{m1} = 120$ mm, $d_{m2} = 300$ mm, $F_{t3} = 10\,000$ N, $F_{r3} = 3\,751$ N, $F_{a3} = 2\,493$ N, $d_3 = 150$ mm, $l_1 = l_3 = 60$ mm, $l_2 = 120$ mm, $l_4 = l_5 = l_6 = 100$ mm。试画出输入轴的计算简图,计算轴的支承反力,画出轴的弯矩图和扭矩图,并将计算结果标在图中。

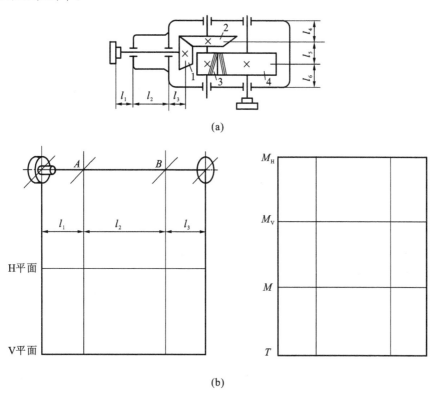

图 5-22　题 15-9 图

15-10　试指出图 5-23 所示斜齿圆柱齿轮轴系中的结构错误,并画出正确结构图。

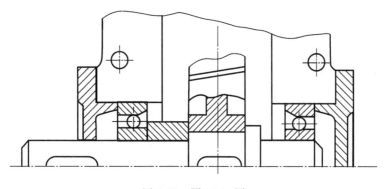

图 5-23　题 15-10 图

第 5 篇　其他零部件

　　机械零部件的种类很多,除前面所介绍的连接、传动、轴系类零部件以外,还有一些在各类机械中经常用到的通用零部件,如弹簧、机架、减速和变速装置等,本篇将对这些零部件进行简单的介绍。

第16章 弹　簧

本章介绍弹簧的基本分类、作用、性能指标，以及设计制造中的有关问题。重点讨论圆柱螺旋弹簧(如拉簧、压簧、扭簧等)的材料、主要参数、加工工艺，以及它们对弹簧性能，特别是对刚度的影响。

16.1　概述

在设计机器时经常需要解决一些与缓冲、吸振、储能、加力、柔性环节设置等相关的问题；如颠簸的车辆需要缓冲、减振；凸轮的从动件需要被压紧于凸轮；安全离合器需要在一定的扭矩条件下才允许动作；先导式溢流阀的先导阀芯要在一定压力时才开启；机械钟表需要有一个动力源；在采用死挡块控制运动件位置时，需要有柔性环节以补偿可能存在的误差；等等。弹簧是在解决上述问题时经常被采用的一类零件。

弹簧依靠其弹性变形实现所需功能，包括：①控制机械的运动；②减振和缓冲；③储蓄能量；④测力等。

16.1.1　弹簧的基本类型

按弹簧的受载方式，弹簧可分为拉伸弹簧、压缩弹簧、扭转弹簧、弯曲弹簧等；按弹簧的形状可分为螺旋弹簧、碟形弹簧、环形弹簧、板弹簧、平面涡卷弹簧等；按制造所用的材料又可分为金属弹簧、橡胶弹簧、塑料弹簧等。表 16-1 给出了按弹簧的受载方式给出的常用弹簧的基本类型。

表 16-1　弹簧的基本类型

	拉伸弹簧	压缩弹簧		扭转弹簧	弯曲弹簧
螺旋形弹簧	圆柱螺旋拉伸弹簧	圆柱螺旋压缩弹簧	圆锥螺旋压缩弹簧	圆柱螺旋扭转弹簧	—

	拉伸弹簧	压缩弹簧		扭转弹簧	弯曲弹簧
其他形式的弹簧	—	环形弹簧	碟形弹簧	平面涡卷弹簧	板簧
					片簧

按受变载荷作用次数的多少,弹簧可分为三类。Ⅰ类弹簧,受变载荷作用次数在 10^6 以上;Ⅱ类弹簧,受变载荷作用次数在 $10^3 \sim 10^6$ 之间;Ⅲ类弹簧,受变载荷作用次数在 10^3 以下。

16.1.2　弹簧的常用材料

弹簧可采用金属材料或非金属材料制造。绝大多数弹簧都是用金属材料制造的,常用的金属材料有碳素弹簧钢丝、合金弹簧钢丝、铍青铜等。非金属材料主要是橡胶,近年来塑料弹簧也得到了发展。此外软木、空气等也可以用做弹簧材料。

由于弹簧是依靠其弹性变形工作的,而且经常工作于存在冲击和振动的场合,所以弹簧材料应具有高的弹性极限(不容易发生塑性变形)、疲劳极限和冲击韧度。对于金属材料而言,还应具有良好的可热处理性能。在进行材料选择时,应充分考虑弹簧的使用条件(如载荷性质、大小和循环特性,工作温度和环境等)、功用及其重要程度等因素,如对于受力小而又要求防腐、防磁的弹簧可选择非铁合金等。

16.1.3　弹簧的基本性能指标

强度(通常是指疲劳强度)和正常的变形-恢复能力是设计弹簧时必须首先保证的性能指标。但对不同的应用还可能会提出其他一些性能问题,如:用做弹簧秤的弹簧需要具有何种性能? 为了提高吸振能力弹簧应该具有何种性能? 要在较小的变形下获得较大的力,弹簧需要具有何种性能? 等等。

1. 弹簧刚度和特性曲线

弹簧的刚度定义为弹簧所受力的增量 $\mathrm{d}F(\mathrm{d}T)$ 和变形 $\mathrm{d}\lambda(\mathrm{d}\phi)$ 之间的比值,即

$$k_{\mathrm{F}} = \frac{\mathrm{d}F}{\mathrm{d}\lambda}, \quad k_{\mathrm{T}} = \frac{\mathrm{d}T}{\mathrm{d}\phi} \tag{16-1}$$

式中:k_{F}——拉伸(压缩)弹簧的刚度;k_{T}——扭转弹簧的刚度。弯曲弹簧的刚度也以 k_{F} 表示,此时的变形为板簧的挠度。弹簧的刚度表征了弹簧变形和受力之间的关系。弹簧刚度越大,则弹簧的变形越困难(俗称弹簧较硬),在较小的变形时就可以获得较大的力。为了更清楚地描述弹簧的变形特性,经常给出弹簧的特性曲线,即以变形量为横坐标,载荷为纵坐

标绘出弹簧的载荷变形关系图,如图 16-1 和图 16-2 所示。

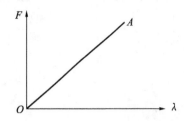

图 16-1　理想定刚度弹簧的特性曲线　　　图 16-2　变刚度弹簧(平面涡卷弹簧)的特性曲线

如果弹簧在其受力范围内 k_F 或 k_T 是常数,则称该弹簧是定刚度弹簧(线性弹簧);否则就称弹簧是变刚度弹簧。对于定刚度弹簧,刚度可表示为

$$k_F = \frac{F}{\lambda}, \quad k_T = \frac{T}{\phi} \tag{16-2}$$

理想定刚度弹簧的特性曲线如图 16-1 所示;图 16-2 给出的是一种变刚度弹簧的特性曲线。从特性曲线曲线上看,弹簧刚度就是其上某点的斜率。斜率越大,则弹簧的刚度越大。

有许多弹簧是定刚度的,而被利用的也正是其定刚度特性,譬如弹簧秤、电子秤中的压力传感器(在其工作范围内)等,就是利用弹簧的定刚度;但弹簧的定刚度并不总是有利的,在机械设计时应该根据具体的使用要求决定是否采用变刚度弹簧。相关的例子很多。譬如,在受动载荷或冲击载荷的场合,如采用定刚度弹簧将会出现这样的问题:若按最大载荷设计,则在正常载荷下会发现弹簧刚度太大;而若按正常载荷设计,则会发现在最大载荷时弹簧的刚度太小。如采用变刚度设计就可以很好地解决这一问题,即可以使弹簧的刚度随载荷的增加而变大。又如,为了保证钟表走时更为精确,希望机械钟表的发条弹簧在较大变形距离内的输出力基本不变,即弹簧刚度在工作区间越小越好;但为了有足够的蓄能值,又希望弹簧有一定的刚度。图 16-2 所示的为平面涡卷弹簧(常用做发条)的特性曲线,从图中可以看出,其两端具有跳跃式的刚度变化,而在工作段的刚度较小,在保证蓄能的同时较好地满足了工作段中输出力基本不变的要求。所以弹簧的定刚度和变刚度并无优劣之分,而只是适用场合不同而已。

2. 弹簧的变形能和摩擦耗损

所有弹簧都可以起到缓冲的作用。但振动中包含着能量,如果在弹簧的工作周期中不存在能量消耗,那么振动将依然存在。为了分析弹簧的吸振效果,就必须对弹簧的变形能和摩擦耗损特性进行研究。

在加载过程中,弹簧所吸收的能量称为变形能。在允许的最大载荷条件下弹簧变形能的大小表征了弹簧蓄能的能力。设弹簧的特性曲线可以由 $F(\lambda)$ 表示,则弹簧的变形能为

$$U = \int_0^\lambda F(\lambda)\,\mathrm{d}\lambda \tag{16-3}$$

即如图 16-3 中 OAC 所包围的面积。

对金属弹簧而言,如果不存在外部摩擦(与橡胶弹簧不同,金属弹簧的内摩擦一般较小,

可以忽略不计),而变形又在弹性范围之内,则加载曲线将与卸载曲线重合。这时,弹簧加载时所吸收的所有能量都将被释放,弹簧基本没有吸振作用;如果有外摩擦存在,在弹簧的卸载过程中只有部分能量被释放,其余的则以摩擦热等方式被消耗。弹簧消耗的能量越大,则弹簧的吸振能力就越强[①]。环形弹簧、多层碟形弹簧、多层板簧就是根据这一原理达到吸振目的的。图 16-3 给出了三种不同弹簧的摩擦耗损(见图中的阴影部分),可知图 16-3b 所示弹簧的吸振能力最强。在工程应用中有时会加设阻尼器以增强吸振效果。

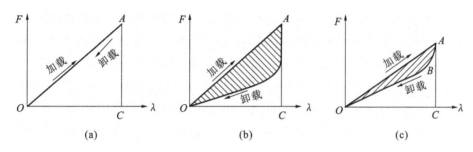

图 16-3　不同弹簧的加载-卸载曲线

16.2　圆柱螺旋弹簧

圆柱螺旋弹簧是用弹簧钢丝绕制而成的,由于制造简便,该类弹簧使用最为广泛。圆柱螺旋弹簧有拉伸弹簧、压缩弹簧、扭转弹簧之分。其基本形式如表 16-1 所示。在一般情况下可以将圆柱螺旋弹簧视为定刚度弹簧。

16.2.1　圆柱螺旋弹簧的材料和主要参数

1.圆柱螺旋弹簧的常用材料

制作圆柱螺旋弹簧的常用材料为碳素弹簧钢丝和合金弹簧钢丝。

(1)碳素弹簧钢(如 65、70 钢)的优点是价格便宜,原材料来源广;其缺点是弹性极限低,在多次变形后易失去弹性而导致弹簧失效,而且工作温度也较低。碳素弹簧钢按其性能高低可分为 B、C、D 级。

(2)低锰弹簧钢(如 65Mn)与碳素弹簧钢相比有较好的淬透性,但在淬火后容易产生裂纹及热脆性。

硅锰钢(60Si2Mn、60Si2MnA)和铬钒钢(50CrA)的性能优于前两种钢,通常用于更为重要的弹簧。

表 16-2 给出了圆柱螺旋弹簧常用材料的使用场合和应用特点,以及许用剪切应力、极限剪切应力、弹性模量等材料特性。在设计时许用剪切应力对应着弹簧的最大工作变形,而极限剪切应力则与弹簧的极限变形有关。

---

① 如果弹簧在加载过程中有摩擦损耗,同样也具吸振效果。

表 16-2　圆柱螺旋弹簧常用材料的许用性力

材料及代号	许用切应力[τ]/MPa I类载荷	II类载荷	III类载荷	许用弯曲应力[σ]/MPa II类载荷	III类载荷	弹性模量 E/MPa	切变模量 G/MPa	推荐使用温度/℃	推荐使用硬度/HRC	特性及用途
碳素弹簧钢丝 B,C,D 级	$0.3\sigma_b$	$0.4\sigma_b$	$0.5\sigma_b$	$0.5\sigma_b$	$0.625\sigma_b$	$0.5 \leqslant d \leqslant 4$：207 500~205 000；$d>4$：200 000	$0.5 \leqslant d \leqslant 4$：83 000~80 000；$d>4$：80 000	−40~130	—	强度高，加工性能好，适用于小尺寸弹簧。65Mn 用做重要弹簧
65Mn										
60Si2Mn 60Si2MnA	480	640	800	800	1 000	200 000	80 000	−40~200	45~50	弹性好，回火稳定性好，易脱碳，用于承受大载荷弹簧
50CrVA	450	600	750	750	940	200 000	80 000	−40~210	45~50	疲劳性能好，淬透性、回火稳定性好
不锈钢丝 1Cr18Ni9 1Cr18Ni9Ti	330	440	550	550	690	197 000	73 000	−200~300		耐腐蚀，高温，有良好工艺性，适用于小弹簧

注：①表中给出许用剪切应力是压缩弹簧的许用值，拉伸弹簧设计时应为表中值的 80%；
②各类载荷，压弹簧的极限剪切应力 τ_{lim}，I、II类 $\tau_{lim}=0.5\sigma_b$，III类 $\tau_{lim}=0.56\sigma_b$，σ_b 为材料的拉伸极限；
③经强压处理后的弹簧，其许用应力可增大 25 %。

表 16-3 和表 16-4 给出了 65Mn 弹簧钢丝和碳素弹簧钢丝的拉伸极限 σ_b。从表中可以看出,簧丝直径越大,则其极限应力越小。

表 16-3　65Mn 弹簧钢丝的拉伸极限 σ_b 　　　　单位:MPa

簧丝直径 d/mm	1～1.2	1.4～1.6	1.8～2	2.2～2.5	2.8～3.4
σ_b	1 800	1 750	1 700	1 650	1 600

表 16-4　碳素弹簧钢丝的拉伸极限 σ_b 　　　　单位:MPa

钢丝直径	级别			钢丝直径	级别		
	B	C	D		B	C	D
0.90	1 700～2 060	2 010～2 350	2 350～2 750	2.80	1 370～1 670	1 620～1 910	1 710～2 010
1.00	1 660～2 010	1 960～2 360	2 300～2 690	3.00	1 370～1 670	1 570～1 860	1 710～1 960
1.20	1 620～1 960	1 910～2 250	2 250～2 550	3.20	1 320～1 620	1 570～1 810	1 660～1 910
1.40	1 620～1 910	1 860～2 210	2 150～2 450	3.50	1 320～1 620	1 570～1 810	1 660～1 910
1.60	1 570～1 860	1 810～2 160	2 110～2 400	4.00	1 320～1 620	1 520～1 760	1 620～1 860
1.80	1 520～1 810	1 760～2 110	2 010～2 300	4.50	1 320～1 570	1 520～1 760	1 620～1 860
2.00	1 470～1 760	1 710～2 010	1 910～2 200	5.00	1 320～1 570	1 470～1 710	1 570～1 810
2.20	1 420～1 710	1 660～1 960	1 810～2 110	5.50	1 270～1 520	1 470～1 710	1 570～1 810
2.50	1 420～1 710	1 660～1 960	1 760～2 060	6.00	1 220～1 470	1 420～1 600	1 520～1 760

2. 圆柱螺旋弹簧的基本几何参数

圆柱螺旋弹簧最基本的几何参数为簧丝直径 d、弹簧中径 D、弹簧的有效圈数 n 和弹簧节距 p。在弹簧材料选定后,只要知道这几个参数,弹簧的基本性能就确定了。圆柱螺旋压缩弹簧的几何参数如图 16-4 所示。

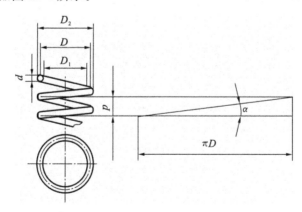

图 16-4　圆柱螺旋弹簧几何参数的含义

(1)弹簧簧丝的直径 d　簧丝直径系列(第一系列)见表 16-5。在其余条件相同的情况下,簧丝直径越大,弹簧的刚度越大,弹簧能承受的极限载荷也越大。

(2)弹簧的中径 D　弹簧的中径是自由状态下在簧丝中心处的直径,其标准系列(第一系列)见表 16-5。在其余条件相同的情况下,弹簧的中径越大,弹簧的刚度越小(越容易变形),能承受的极限载荷也越小。

表 16-5　簧丝直径和弹簧中径系列(摘自 GB/T 1358—2009)

簧丝直径 d/mm	0.3、0.35、0.4、0.45、0.5、0.6、0.7、0.8、0.9、1、1.2、1.6、2、2.5、3、3.5、4、4.5、5、6、8、10、12、16、20、25、30、35、40
弹簧中径 D/mm	4、4.5、5、6、7、8、9、10、12、16、20、22、25、28、30、32、35、38、40、42、45、48、50、52、55、58、60、65、70、75、80、85、90、95、100、105、110、115、120、125、130

(3)弹簧的有效圈数 n　弹簧的有效圈数是真正参与变形的弹簧圈数。在其余条件相同的情况下,弹簧的有效圈数越大,弹簧的刚度越小。一般而言,如弹簧的有效圈数为 n,单圈刚度为 k_1,则 n 圈时弹簧的刚度 $k_n = k_1/n$。

(4)弹簧的节距 p　螺纹的节距指的是相邻有效圈簧丝中心之间的距离(由于螺旋拉伸弹簧的各圈是并紧的,所以节距 p 即为簧丝的直径)。弹簧的节距对弹簧能承受的最大载荷和刚度没有什么影响,但对弹簧的变形却起着重要的制约作用。以压簧为例,为保证弹簧不被压死(一般要求最小间隙为 $\delta_{min} = 0.1d \geqslant 0.2$ mm),其单圈的最大变形应小于节距和簧丝直径的差值。如节距太小,则弹簧的变形效能将不能得到充分发挥;当然太大也是没有意义的,因为弹簧的许用变形量同时受许用应力的制约。

(5)弹簧旋向　螺旋弹簧有左旋和右旋之分,一般情况下采用右旋螺旋。螺旋弹簧的旋向对弹簧的性能并没有实质性的影响。但在一些特殊的场合,如用弹簧作为弹性联轴器时,正确的旋向是需要关注的。

3. 圆柱螺旋弹簧的重要导出参数

弹簧的基本几何参数决定了弹簧的主要性能,但从加工、设计的习惯和便利性出发仍需要定义一些从基本参数推出的、与具体设计相关的参数(可参看图 16-4),主要有以下几项。

(1)单圈刚度 k_{Fd}、k_{Td}　在材料、簧丝直径和中径确定后,弹簧的单圈刚度就确定了。弹簧的单圈刚度表征了单圈弹簧的受力与变形之间的关系。弹簧的总刚度与圈数成反比,与弹簧的单圈刚度成正比。

(2)卷绕比 C　弹簧的卷绕比 C 为弹簧中径与簧丝直径之比,即 $C = D/d$。弹簧的刚度与 C 的三次方成反比:$k \propto 1/C^3$。卷绕比越大,刚度越小;反之亦然。除此以外,卷绕比的选择也与弹簧卷绕的难易程度和工作性能有关。如 C 太大,卷制时较难定形,弹簧工作时的稳定性差,容易发生颤动;如 C 太小,则卷制力变大,且在卷绕过程中弹簧将受到强烈的弯曲变形。所以,卷绕比 C 一般取 4～16。表 16-6 给出了不同钢丝卷绕比的常用范围。

表 16-6　弹簧卷绕比 C 的推荐值

d/mm	0.1～0.4	0.5～1	1.2～2.2	2.5～6	7～16	18～40
C	7～14	5～12	5～10	4～10	4～8	4～6

(3)弹簧的螺旋升角 α　对于压缩弹簧,推荐 $\alpha = 5° \sim 9°$。弹簧升角的计算公式为

$$\alpha = \arctan \frac{p}{\pi D} \qquad (16-4)$$

(4)弹簧的外径 D_2　有 $\qquad D_2 = D + d$

（5）弹簧的内径 D_1　有　　　　　　　$D_1 = D - d$

（6）弹簧的自由长度 H_0　弹簧的自由长度指的是弹簧在未受任何载荷时的长度。不同类型和结构形式弹簧的自由长度计算公式各不相同。后面将结合弹簧的具体设计加以说明。

（7）弹簧的展开长度 L　为加工便利，在工作图中通常需给出弹簧的展开长度。弹簧的展开长度与弹簧的总圈数和头部结构有关。如对拉伸簧而言，设弹簧的单圈展开长度为 l，则弹簧的展开长度为

$$L = n_1 \cdot l + L_H$$

式中：n_1——弹簧的总圈数；L_H——弹簧头部（两端）的簧丝长度。

16.2.2　圆柱螺旋弹簧的基本设计内容

设计圆柱螺旋弹簧时需要考虑的主要因素及含义如下。

（1）弹簧的最大工作载荷 F_{max} 或 T_{max}　弹簧的最大工作载荷由机构的工作要求确定，即弹簧在达到最大变形时所承受的载荷。

（2）弹簧的最小工作载荷 F_{min} 或 T_{min}　为了使弹簧可靠、稳定地处于安装位置，一般在弹簧安装时要预加一个最小工作载荷，通常取 $F_{min} \approx 0.1 \sim 0.5 F_{max}$ 或 $T_{min} \approx 0.1 \sim 0.5 T_{max}$。

（3）弹簧的极限载荷 F_{lim} 或 T_{lim}　弹簧的极限载荷指的是弹簧能够承受的最大载荷，它与弹簧所用的材料、簧丝直径和中径等有关。为保证具有足够的强度裕度，一般取 $F_{llim} \geqslant 1.25 F_{max}$ 或 $T_{llim} \geqslant 1.25 T_{max}$。具体可参考表 16-2 的注解。

（4）弹簧的初始拉力 F_0　它是指弹簧在开始变形时需要的最小拉力，对于有初应力的拉伸弹簧需要考虑这一点。

（5）弹簧的最大（最小）变形 $\lambda_{max}(\lambda_{min})$ 或 $\phi_{max}(\phi_{min})$　弹簧的最大（最小）变形即弹簧从自由状态到受最大（最小）载荷时的总变形量。

（6）弹簧的工作变形 λ_w 或 ϕ_w　弹簧在工作时需要的变形量，其值等于最大变形与最小变形之差。

圆柱螺旋弹簧设计的主要内容是根据具体的工作要求（如最大工作载荷、最大变形、结构尺寸等）确定弹簧的主要结构参数（如簧丝直径、中径、有效工作圈数、弹簧节距等），并完成弹簧的工作图。

螺旋压缩弹簧存在失稳现象，所以除考虑上述基本因素以外还应进行稳定性验算。为保证压缩弹簧的稳定性，长细比 $b = H_0/D$ 的通常选择方式为：当两端固定时，取 $b \leqslant 5.3$；当一端固定，另一端自由转动时，取 $b \leqslant 3.7$；当两端均自由转动时，取 $b \leqslant 2.6$。如果所得的 b 值大于上述数值，就要进行稳定性计算，即

$$F_{max} < F_c = C_u k_F H_0 \qquad (16\text{-}5)$$

式中：F_c——稳定时的临界载荷，N。C_u——不稳定系数（见图 16-5）。

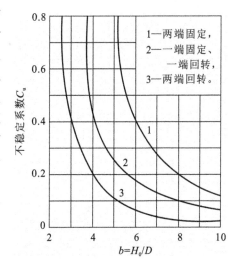

图 16-5　弹簧的不稳定系数 C_u

当稳定性条件不满足时,应通过重选参数改变 b 值或采用导套或导杆结构(见图 16-6)。

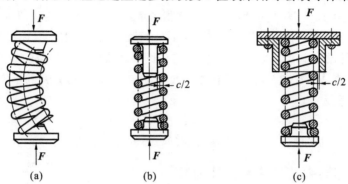

(a)　　　　　　　　(b)　　　　　　　　(c)

图 16-6　压缩弹簧失稳及应对方法
(a)失稳;(b)加装导杆;(c)加装导套

由于螺旋弹簧在压缩变形后,其外径和内径都将变大,为了保证弹簧能顺利地变形而不受导套的影响,在加装导套时其内孔应与弹簧之间留有一定的间隙,不同弹簧中径时的间隙值 c 如表 16-6 所示。在加装导杆时,为了不发生刮擦,原则上也要求其外径与弹簧内径间有一定的间隙(可参考表 16-7)。但考虑到螺旋弹簧受压变形后内径将增大,所以如果结构尺寸受到限制,在设计时也可以只留 0.5 mm 左右的间隙,即只要保证弹簧能顺利装入导杆即可。

表 16-7　导套(导杆)与弹簧之间的间隙

中径 D/mm	≤5	>5~10	>10~18	>18~30	>30~50	>50~80	>80~120	>120~150
间隙 c/mm	0.6	1	2	3	4	5	6	7

16.2.3　圆柱压缩弹簧设计

1. 圆柱螺旋压缩弹簧的类型和特点

根据圆柱压缩弹簧的端部形状,圆柱压缩弹簧分为 4 类:YⅠ、YⅡ、YⅢ、YⅣ(Y 表示压缩弹簧),各类弹簧的端部见表 16-8。常用的为 YⅠ 和 YⅡ 弹簧。

表 16-8　圆柱螺旋压缩弹簧的类型和应用特点

YⅠ	YⅡ	YⅢ	YⅣ
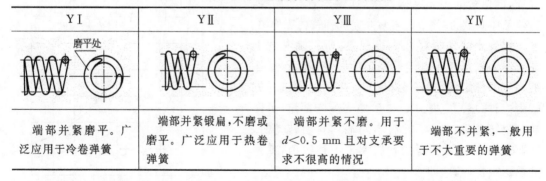			
端部并紧磨平。广泛应用于冷卷弹簧	端部并紧锻扁,不磨或磨平。广泛应用于热卷弹簧	端部并紧不磨。用于 $d<0.5$ mm 且对支承要求不很高的情况	端部不并紧,一般用于不大重要的弹簧

弹簧并紧是指弹簧的两端各有 0.75~1.25 圈与弹簧座相接触的支承圈,俗称死圈。记死圈数为 n_0,则在一般情况下:当 $n≤7$ 时,取 $n_0≈0.75$;当 $n>7$ 时,取 $n_0≈1\sim1.75$。压缩弹簧的死圈不参加变形,为保证接触良好,其端面应垂直于弹簧的轴线。在受变载荷的重要

场合,应采用并紧磨平端。其中死圈的磨平长度不小于 0.25 圈,末端的厚度应近似为 $0.25d$。

对于并紧圈且磨平的弹簧,其总圈数 n_1 和自由长度 H_0 分别为

$$n_1 = n + 2n_0, \quad H_0 = np + (2n_0 - 0.5)d \tag{16-6}$$

其他形式弹簧的总圈数和自由长度计算式可参考机械设计手册。

圆柱螺旋压缩弹簧基本性能见表 16-9。

表 16-9　圆柱螺旋压缩弹簧基本性能

簧丝直径 d/mm	弹簧中径 D/mm	工作极限负荷 F_{lim}/N	单圈最大允许变形 f_{jd}/mm	节距 p/mm	簧丝直径 d/mm	弹簧中径 D/mm	工作极限负荷 F_{lim}/N	单圈最大允许变形 f_{jd}/mm	节距 p/mm
0.5	3	14.1	0.62	1.19	0.8	6	29.5	1.588	2.58
	3.5	12.4	0.872	1.48		7	26	2.215	3.28
	4	11.2	1.167	1.81		8	23.1	2.95	4.10
	4.5	10.1	1.505	2.18		9	20.9	3.80	5.04
	5	9.24	1.89	2.61		[10]	19.0	4.725	6.10
	6	7.88	2.78	3.61	0.9	4	54.3	0.54	1.51
	[7]	6.86	3.86	4.80		4.5	50	0.708	1.60
0.6	3	22.75	0.483	1.14		5	46.3	0.398	1.91
	3.5	19.9	0.683	1.36		6	40.0	1.346	2.41
	4	18.25	0.92	1.63		7	35.4	1.877	3.01
	4.5	16.6	1.19	1.93		8	31.7	2.525	3.72
	5	15.2	1.595	2.27		9	28.6	3.25	4.53
	6	13.04	2.213	3.08	1.0	[4.5]	65.0	0.63	1.68
	7	11.38	3.075	4.4		5	60.2	0.768	1.86
	8	10.1	4.072	5.15		6	52.5	1.158	2.30
0.7	3.5	31	0.563	1.33		7	46.4	1.625	2.82
	4	28	0.762	1.55		8	41.6	2.175	3.44
	4.5	25.6	0.99	1.81		9	37.8	2.80	4.14
	5	23.6	1.248	2.10		10	34.5	3.525	4.94
	6	20.2	1.855	2.78		12	29.4	5.182	6.80
	7	17.7	2.58	3.59		[14]	25.6	7.15	9.02
	8	15.8	3.425	4.54	1.2	6	80.0	0.878	2.18
	9	14.2	4.4	5.62		7	73.5	1.24	2.59
0.8	4	40.4	0.645	1.52		8	66.2	1.668	3.07
	4.5	37	0.84	1.74		9	60.2	2.154	3.62
	5	34.1	1.063	1.99		10	55.3	2.725	4.24

簧丝直径 d/mm	弹簧中径 D/mm	工作极限 负荷 F_{lim}/N	单圈最大 允许变形 f_{jd}/mm	节距 p/mm	簧丝直径 d/mm	弹簧中径 D/mm	工作极限 负荷 F_{lim}/N	单圈最大 允许变形 f_{jd}/mm	节距 p/mm
1.2	12	47.3	4.022	5.69	2.0	20	120.7	6.175	8.92
	14	41.3	5.575	7.44		22	112	7.575	10.5
	[16]	36.7	7.378	9.46		[25]	90	9.9	13.1
[1.4]	7	110	0.998	2.52		[28]	90	12.58	16.1
	8	99	1.348	2.91	2.5	12	312	1.408	4.08
	9	90.5	1.75	3.36		14	278	1.995	4.73
	10	83.0	2.205	3.87		16	251	2.675	5.51
	12	71.5	3.276	5.07		18	228.5	3.475	6.40
	14	62.6	4.564	6.51		20	210	4.375	7.40
	16	55.7	6.05	8.18		22	193	5.375	8.52
	18	50.2	7.775	10.1		25	174	7.075	10.4
	20	45.7	9.70	12.6		[28]	157	9.000	12.6
1.6	8	139	1.108	2.84		[30]	148	10.425	14.2
	9	12.75	1.446	3.22		[32]	139	11.950	15.9
	10	118	1.83	3.65	3.0	14	459	1.585	4.77
	12	102	2.275	4.66		16	415	2.145	5.40
	14	89.4	3.825	5.87		18	380	2.80	6.13
	16	79.6	5.075	7.29		20	350	3.525	6.95
	18	71.9	6.252	8.91		22	324	4.35	7.87
	20	65.5	8.15	10.7		25	292	5.75	9.43
	[22]	60.2	8.971	12.8		[28]	265	7.325	11.2
1.8	9	171.5	1.213	3.16		[30]	250	8.50	12.5
	10	159	1.54	3.52		[32]	236	9.75	13.9
	12	137.3	2.31	4.39		[38]	203	14.0	18.7
	14	121.8	3.225	5.42	3.5	[16]	595	1.656	5.35
	16	109	4.325	6.64		18	546	2.165	5.93
	18	98.1	5.55	8.02		20	505	2.75	6.58
	20	89.5	6.95	9.59		22	469	3.40	7.30
	22	82.3	8.50	11.3		25	424	4.50	8.54
	25	73.2	11.12	14.3		28	386	5.75	9.95
2.0	10	212	1.348	3.51		[30]	365	6.675	11.0
	12	184.3	2.033	4.28		32	346	7.675	12.1
	14	163	2.85	5.02		[38]	297	11.08	15.9
	16	146	3.825	6.28					
	18	132.2	4.923	7.52					

簧丝直径 d/mm	弹簧中径 D/mm	工作极限负荷 F_{lim}/N	单圈最大允许变形 f_{jd}/mm	节距 p/mm	簧丝直径 d/mm	弹簧中径 D/mm	工作极限负荷 F_{lim}/N	单圈最大允许变形 f_{jd}/mm	节距 p/mm
4	20	705	2.248	6.52	4.5	22	845	2.243	7.01
	22	657	2.80	7.12		25	770	3.00	7.85
	25	595	3.70	8.15		28	706	3.85	8.81
	28	545	4.75	9.33		30	668	4.50	9.52
	[30]	515	5.525	10.2		32	635	5.175	10.3
	32	488	6.375	11.1		[38]	550	7.525	12.9
	[38]	422	9.225	14.3		45	477	10.80	16.6
	45	364	13.23	18.8		50	435	13.52	19.6
	[50]	331	16.53	22.5		55	400	16.55	23.0

注：①本表也可用于拉伸弹簧（不存在初应力时），此时需应将 F_{lim} 的值乘以 0.8；

②本表适用于Ⅲ类载荷的弹簧，材料为 C 级碳素弹簧钢丝，对于Ⅱ和Ⅰ类弹簧，可分别将表中的最大载荷和单圈允许变形均乘以 0.8 和 0.6 后再行使用；

③单圈刚度可由 F_{lim}/f_{jd} 获得；

④括号中的数据只用于拉伸弹簧。

2. 圆柱压缩弹簧的设计计算

圆柱压缩螺纹在受载时，簧丝以受切应力为主，其强度条件可表述为

$$\tau = K\frac{8DF_{max}}{\pi d^3} = K\frac{8CF_{max}}{\pi d^2} \leqslant [\tau] \tag{16-7}$$

在设计时可取

$$d \geqslant 1.6\sqrt{\frac{F_{max}KC}{[\tau]}} \tag{16-8}$$

式中：$K = \dfrac{4C-1}{4C-4} + \dfrac{0.615}{C}$，称为曲度系数，它表征了弹簧曲率和切向力对扭应力的影响。

根据变形条件可得有效弹簧圈数 n 和所需变形（刚度）之间的关系为

$$n = \frac{Gd}{8F_{max}C^3}\lambda_{max} = \frac{Gd^4}{8k_F D^3} \tag{16-9}$$

对于压缩弹簧，其节距 p 通常取为 $p = (0.28 \sim 0.5)D$，但需要保证在最大变形的情况下，簧丝之间的最小距离 $\delta_{min} \approx 0.1d \geqslant 0.2$ mm。

许多机械设计手册中都有螺旋弹簧的基本性能参数。除根据上述公式进行计算外，也可以按手册给出的性能参数进行计算。下面分别对两种计算过程进行说明。

1）根据设计公式进行压缩弹簧计算

在用设计公式进行弹簧设计时，由于参数之间存在关联性，所以在初次参数选择时通常只能采用预估方式。在计算时通常先预定簧丝直径，然后再行验算、圆整；最终完成其余计算项目。

【例 16-1】　要设计一根两端固定的弹簧，最大工作载荷为 500 N，最小工作载荷为

220 N,工作行程为 10 mm,负荷种类为 II 类。端部并紧并磨平,支承圈为 1 圈,采用 C 级弹簧钢丝。弹簧外径不大于 30 mm。

解　其设计步骤如表 16-10 所示。

表 16-10　两端固定弹簧的设计步骤

计 算 项 目	计 算 根 据	计 算 方 案 比 较		
假设簧丝直径 d/mm		3	3.5	4
假设弹簧中径 D/mm		25	25	25
旋绕比 C	$C = D/d$	8.33	7.14	6.25
曲度系数 K	$K = \dfrac{4C-1}{4C-4} + \dfrac{0.615}{C}$	1.176	1.21	1.24
拉伸强度极限 σ_b/MPa	查表 16-3(取中间值)	1 715	1 690	1 640
许用切应力 $[\tau]$/MPa	查表 16-2:$[\tau] = 0.4\sigma_b$	686	676	656
验算初选簧丝直径/mm	$d' = 1.6\sqrt{\dfrac{F_{max}KC}{[\tau]}}$	4.28(不合要求)	4.04(不合要求)	3.89 (可行)
弹簧所需刚度 k_F/(N/mm)	$k_F = \dfrac{F_{max}-F_{min}}{\lambda_W}$	—	—	28
弹簧有效圈数 n(由表 16-2 得 G = 80 000 MPa)	$n = \dfrac{Gd^4}{8k_F D^3}$	—	—	6(5.851)
弹簧实际刚度 k_F/(N/mm)	$k_F = 28 \times 5.85/6$	—	—	27.3
弹簧总圈数 n_1	$n_1 = n + 2n_0 = 6 + 2$	—	—	8
弹簧最大变形 λ_{max}/mm	$\lambda_{max} = F_{max}/k_F$	—	—	18.32
弹簧最小变形 λ_{min}/mm	$\lambda_{min} = F_{min}/k_F$	—	—	8.06
极限工作应力/MPa	$\tau_{lim} = 0.5\sigma_b$	—	—	820
极限工作载荷/N	$F_{lim} = \dfrac{\pi d^3 \tau_{lim}}{8KD} = \dfrac{3.14 \times 4^3 \times 820}{8 \times 1.24 \times 25}$	—	—	664
弹簧最小节距,取 $\delta_{min} = 0.1d$	$p = d + \delta_{min} + \lambda_{max}/n$	—	—	7.45
弹簧自由高度 H_0/mm(见式(16-6))	$H_0 = p \times n + 1.5 \times d$	—	—	50.7
稳定校核	$b = H_0/D$	—	—	2.03<5.3
簧丝展开长度	$L = \pi \cdot D \cdot n_1$	—	—	628.32

注:其余计算略;对弹簧的自由高度,建议圆整至推荐值,并在圆整后重新修正弹簧节距。

2)利用手册数据进行压缩弹簧设计

手册中所给的弹簧性能数据各不相同,但一般都给出了给定簧丝直径 d、弹簧中径 D 时该弹簧的工作极限负荷[①] F_{lim}、单圈弹簧的最大允许变形量 f_{jd},节矩 p 等[②]。利用手册数据进行压缩弹簧设计的基本步骤如下。

(1)根据弹簧的最大工作载荷 F_{max} 和基本的结构要求确定弹簧的基本参数 d 和 D　如

---

① 部分手册给出的是许用载荷,在选择时应注意所给数据的具体含义。

② 有些手册还给出了弹簧的单圈刚度 k_{Fd}、单圈簧丝展开长度 l_d、单圈重量 Q_d,等等。

手册中给出的是许用载荷,只需保证其大于 F_{max};如给出的是极限载荷,则通常要求其大于 $1.25F_{max}$(对于不重要的弹簧,也可以只要求大于 F_{max})。在选择 d 和 D 的过程中应该同时考虑弹簧的结构要求。

(2)确定弹簧有效圈数　根据所选弹簧的单圈刚度和所需弹簧的总体刚度确定弹簧的有效圈数。对于有效弹簧圈数一般应圆整为整数,或尾数为 0.5、0.25、0.75 的数值。

在上述计算完成后可根据死圈数确定弹簧的总圈数和高度并判断压簧的稳定性。由于手册所给的数据已对变形和载荷作了通盘的考虑,所以一般不需要再对许用变形等进行验算。

【例 16-2】　根据设计手册设计一压缩圆柱弹簧,工作参数同例 16-1。

解　其设计步骤如表 16-11 所示。

表 16-11　压缩圆柱弹簧的设计步骤

弹簧所需刚度	$k_F/(N \cdot mm)$			$k_F = \dfrac{F_{max} - F_{min}}{h} = \dfrac{500 - 220}{10} \ N \cdot mm = 28 \ N \cdot mm$			
最大极限载荷	F_{lim}/N			II 组弹簧,按 $F_{max} = 0.8F_{lim}$ 选取:			≥625
确定基本参数	d/mm	D/mm	F_{lim}/N	f_{jd}	$k_{Fd}/(N \cdot mm)$		p/mm
(见附表 16-1)	4	22	657	2.80	234.643		7.12
弹簧有效圈数	n			$n = \dfrac{K_{Fd}}{K_F} = \dfrac{234.643}{28} = 8.38$,取为 8.5。刚度误差=1.4%<5%			合格
弹簧总圈数	n_1			$n_1 = n + 2 = 10.5$　(按题设,两端共两个支承圈)			10.5
弹簧自由高度	H_0/mm			$H_0 = p \times n + 1.5 \times d = 7.12 \times 8.5 + 1.5 \times 4.5 = 67.27$			67.27
稳定性判断	b			$b = H_0/d = 67.27/22 = 3.06 < 50.3$			稳定
弹簧展开长度	L/mm			$L = \pi \cdot D \cdot n$			725

注:其余计算从略。

完成弹簧的基本参数计算后,应绘出弹簧工作图,其基本内容如图 16-7 所示。图中 δ_1 在对弹簧特性有要求时为 $\pm 0.02H_0$;δ_2 在两端磨平时取 $0.05H_0$,有特殊要求时取 $0.02H_0$。对于一般的弹簧可以不标出其工作特性,即只标出自由高度 H_0 就可以了。

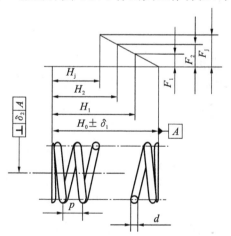

技术要求①

1. 总圈数 $n_1 = ?$

2. 有效圈数 $n_0 = ?$

3. 旋向 $= ?$

4. 展开长度 $L = ?$

5. 处理后硬度 $= ?$

图 16-7　压缩弹簧工作图(简略图)

---

①　? 号处应为弹簧的具体相关数据。

需要注意,上面的例子只是给出了压缩弹簧的基本计算过程。对于不同的设计要求,其具体计算过程也会有所差别,应根据实际情况进行修正。

3.圆柱螺旋压缩弹簧的常用调整结构

为保证弹簧力有合适的大小,通常需要对圆柱压缩弹簧的初压缩量进行调整。表 16-12 给出了两种调整方法示例。

表 16-12　圆柱压缩弹簧的常用调整方式

典型结构	说　明	典型结构	说　明
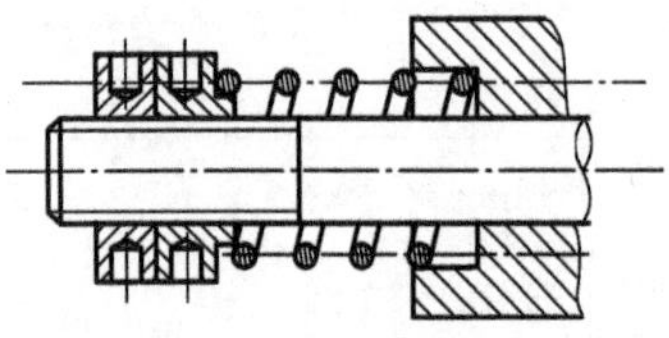	双螺母调整压缩力的结构。用专用扳手将弹簧座螺母移至适当位置,然后用锁紧螺母锁紧	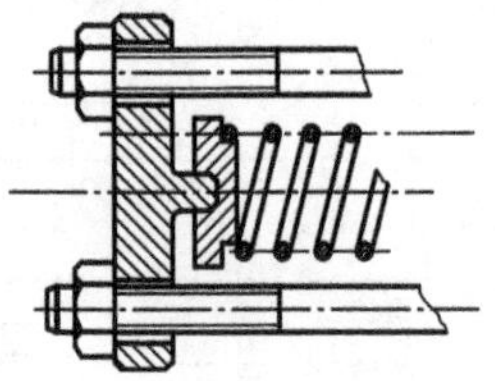	用双螺杆调整压缩力的结构。旋转螺杆上的两个螺母调整压缩力。弹簧支承可以自由转动

16.2.4　圆柱拉伸螺旋弹簧的设计计算

1.圆柱螺旋拉伸弹簧的类型和特点

(1)圆柱螺旋拉伸弹簧的挂钩类型　圆柱拉伸弹簧根据其钩环结构不同可分为 8 类:LⅠ~LⅧ(L 表示是拉伸弹簧)型,可根据实际需要加以选用。常用的挂钩形式为 LⅠ、LⅡ、LⅦ、LⅧ型(见表 16-13)。对于圆钩环压中心(LⅢ型)、偏心圆钩环(LⅣ型)、大臂半圆钩环(LⅤ型)、小臂圆钩环(LⅥ型)等弹簧的挂钩结构可参考机械设计手册。

表 16-13　圆柱拉伸弹簧的类型

LⅠ型	LⅡ型	LⅦ型	LⅧ型
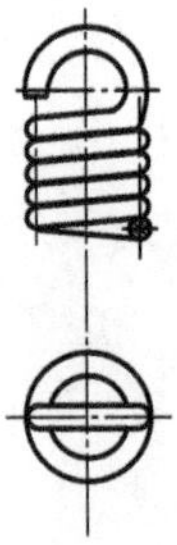	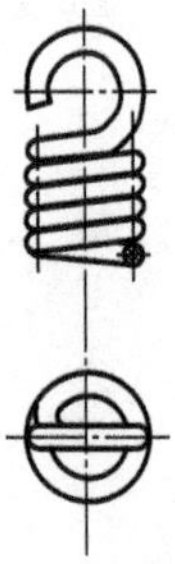	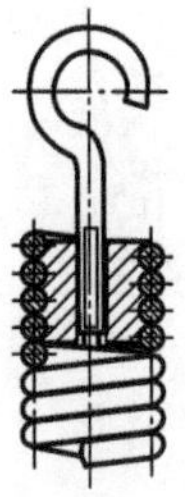	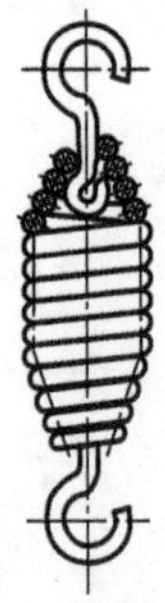
半圆环钩	圆环钩	可调式拉簧	两端装有可调钩环
钩环弯折处应力较大,易折断		一般多用于受力较大,钢丝直径较粗($d>5$ mm)的弹簧,长度可调	钩环不受弯曲,强度不被削弱

(2)圆柱螺旋拉伸弹簧的特性曲线和设计公式　拉伸弹簧分为无初拉力和有初拉力两种,其特性曲线如图 16-8a 所示。从图中可以看出,有初拉力的弹簧(见图 16-8b)在变形时必须首先克服初拉力 F_0。弹簧的初拉力是在卷制弹簧时使各圈并紧而产生的,由不需要淬火处理的弹簧钢丝制成的拉伸弹簧均有一定的初拉力;如不需要初拉力,则各圈之间要有间

隙。经淬火的弹簧不存在初拉力。在一般情况下,簧丝直径 $d \leqslant 6$ mm 的弹簧,$F_0 \approx F_{lim}/3$;簧丝直径 $d > 6$ mm 的弹簧,$F_0 \approx F_{lim}/4$。初拉力的计算式为

$$F_0 = \frac{\pi d^3}{8KD}\tau' \qquad (16\text{-}10)$$

式中:τ'——初应力,其值可查图 16-9。

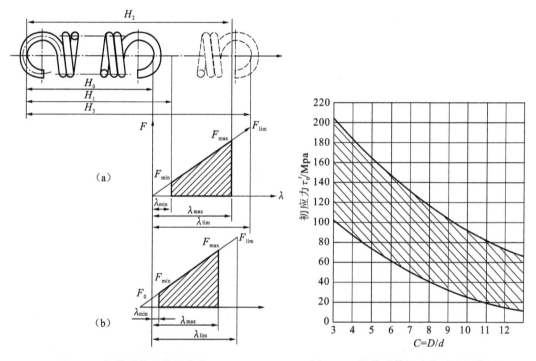

图 16-8　拉伸弹簧的特性曲线　　　　图 16-9　拉伸弹簧初应力的选择范围

圆柱拉伸螺旋弹簧的变形和应力分析与圆柱压缩螺旋弹簧相同,即可以采用式(16-7)至式(16-9)进行设计计算。对于存在初应力的拉伸弹簧,其刚度为

$$k_F = (F_{max} - F_0)/\lambda_{max} \qquad (16\text{-}11)$$

(3)圆环钩式圆柱螺旋拉伸弹簧的挂钩方位和自由长度计算　圆环钩式圆柱螺旋拉伸弹簧的挂钩方位与其有效圈数有关:①当弹簧的有效圈数为半圈数时,其挂钩处于同一平面内,钩口方向相反;②当弹簧的有效圈数为整圈数时,其挂钩处于同一平面内,钩口方向相同;③当弹簧的有效圈数为 1/4 或 3/4 圈数时,其挂钩相互垂直。对于不同的类型的钩环,弹簧自由长度的计算公式各不相同。其一般计算式为

$$H_0 = nd + H_h \qquad (16\text{-}12)$$

式中:H_h——两端钩环的轴向长度。

具体计算可参见机械设计手册。

2. 圆柱拉伸弹簧参数计算

【例 16-3】　设计一拉伸弹簧,最大工作载荷 F_2 为 300 N,最小工作载荷 F_1 为 120 N,工作变形 λ_w 为 20 mm,最大变形 λ_{max} 为 27mm。负荷种类为Ⅲ类,采用 C 级弹簧钢丝,弹簧外径不大于 15 mm。

解 计算步骤如表 16-14 所示。

表 16-14 拉伸弹簧的设计步骤

计 算 项 目	计 算 根 据	计 算 方 案 比 较		
弹簧所需刚度 k_F/N·mm	$k_F = F_2 - F_1/\lambda_w$	9		
假设簧丝直径 d/mm	—	2	2.5	3
假设弹簧中径 D/mm	—	12	12	12
旋绕比 C	$C = D/d$	6	4.8	4
曲度系数 K	$K = \dfrac{4C-1}{4C-4} + \dfrac{0.615}{C}$	1.25	1.33	1.40
弹簧的材料拉伸强度极限 σ_b	查表 16-3	1 710	1 660	1 570
许用扭应力 $[\tau]$/MPa	查表 16-2, $[\tau] = 0.5\sigma_b$	850	830	785
验算弹簧丝直径 d/mm	$d' = 1.6\sqrt{\dfrac{F_{max}KC}{[\tau]}}$	2.60 (不合要求)	2.43(可行)	2.34(可行)
计算弹簧有效圈数 n $G = 81\ 500$ MPa	$n = \dfrac{Gd^4}{8k_F D^3}$		25.5(25.59)	53(53.06)
实际弹簧刚度 k_F/(N·mm)			9.03	9.01
初拉力 F_0/N	$F_0 = F_{max} - k_F\lambda_{max}$		56.19	56.73
验算初应力/MPa	$\tau_0 = \dfrac{8F_0KD}{\pi d^3}$		146.15 (范围内)	89.89 (范围内)
弹簧自由高度(LI型端部)	$H_0 = nd + D$		75.75	171

其余计算包括极限工作应力和载荷、簧丝长度等,此处从略。

拉伸弹簧也可以根据手册中所给出的数据进行计算,此处不作介绍。圆柱螺旋拉伸弹簧的工作图可参考有关资料。

3. 圆柱螺旋拉伸弹簧的常用调整结构

为了弹簧力处于所需的大小,通常需要对圆柱拉伸弹簧进行调整。表 16-15 给出了几种调整方法示例。

表 16-15 圆柱拉伸弹簧的常用调整方式

典型结构	说 明	典型结构	说 明
	弹簧端部做成圆锥形,插入带环螺杆实现调整		将弹簧端部做成螺杆实现调整

16.2.5 圆柱螺旋扭转弹簧的设计

1. 圆柱螺旋扭转弹簧的结构

圆柱扭转弹簧的作用是进行扭力传递,常用于扭力压紧、扭力储能和扭矩传递的场合。为便于固定和加载,圆柱扭转弹簧的两端带有杆臂和挂钩,其端部的结构形式繁多,应根据具体的装配要求而定,常见的有内臂扭转弹簧(NⅠ型)、外臂扭转弹簧(NⅡ型)、中心臂扭转弹簧(NⅢ型)、双扭簧(NⅣ型)四种类型,如图16-10所示。

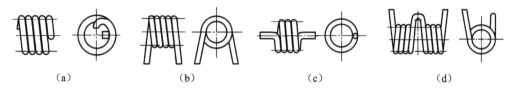

图 16-10　圆柱扭转弹簧

(a)NⅠ型;(b)NⅡ型;(c)NⅢ型;(d)NⅣ型

为了保证圆柱扭转弹簧的扭转变形不受阻碍,在相邻两圈间一般应留有微小的间距 δ,一般取 $\delta=0.1\sim0.5$ mm。

表 16-16 给出了几种扭簧的安装示例。

表 16-16　扭簧的安装示例

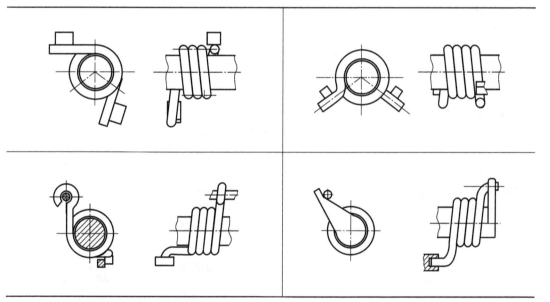

2. 圆柱扭转弹簧的参数计算

在进行圆柱螺旋扭转弹簧强度计算时,可以将其近似地作为受弯矩的梁来对待。其强度条件为

$$d' = \sqrt[3]{\frac{K_1 T_{\max}}{0.1[\sigma_b]}} \tag{16-13}$$

式中: K_1——扭转弹簧的曲度系数,其含义与前述拉压弹簧的曲度系数类似, $K_1=(4C-1)/(4C-4)$,在设计时也可以暂取为1; $[\sigma_b]$——簧丝的许用弯曲应力,MPa。

弹簧的刚度 k_T 和有效圈数 n 分别为

$$k_T = \frac{T}{\varphi} = \frac{EI}{180Dn} \tag{16-14}$$

$$n = \frac{EI\varphi}{180TD} \tag{16-15}$$

式中：I——弹簧丝截面的轴惯性矩，对于圆形簧丝，$I = \pi d^4 / 64$，mm^4；E——弹簧材料的弹性模量，MPa。

圆柱扭转弹簧的长度为

$$H_0 = n(d + \delta) + H_h \tag{16-16}$$

式中：H_h——挂钩或挂杆沿轴向的距离，mm；δ——扭转弹簧相邻两圈的间距，一般取 $= 0.1 \sim 0.5\ mm$。

扭转弹簧簧丝展开长度计算式为

$$L = \pi dn + L_h \tag{16-12}$$

式中：L_h——挂钩或挂杆部分的簧丝长度，mm。

3. 扭簧设计

扭簧设计的基本过程与压缩、拉伸弹簧类似，只不过对扭转弹簧而言，载荷从拉（压）力变为扭矩，而变形量变为扭角。其基本内容包括在满足最大工作扭矩、变形要求和尺寸范围的条件下确定弹簧中径、簧丝直径以及弹簧圈数，并在计算工作图所需的数据后绘制工作图。下面以例子说明利用手册和设计公式进行扭簧设计的过程。

【例 16-4】 设计一 N-Ⅲ型圆柱扭转弹簧，其最大工作扭矩 $0.3\ N \cdot m$、最小工作载荷为 $0.1\ N \cdot m$，工作扭转角 $40°$，采用 C 级弹簧钢丝。工作载荷误差不大于 5%，弹簧外径不大于 $10\ mm$。

解 其设计步骤如表 16-17 所示。

表 16-17 N-Ⅲ型圆柱扭转弹簧的设计步骤

计 算 项 目	计 算 根 据				计算结果
弹簧所需总扭转角/(°)	$\phi_{max} = \phi_W \dfrac{T_{max}}{T_{max} - T_{min}} = 40 \times \dfrac{0.3}{0.3 - 0.1}$				60
每 N·mm 弹簧所需的扭转角 $1/k_T$	$1/k_T = \dfrac{\phi_{max}}{T_{max}} = \dfrac{60}{300}$				0.2
最大极限载荷/(N·mm)	按 $T_{max} = 0.8 T_{lim}$ 选择极限载荷得：$T_{lim} \geqslant 300/0.8 = 375$				375
根据表 16-18 确定基本参数	d	D	T_{lim}	ϕ_{jd}	$1/k_{Td}$
	1.6	8.0	392.402	8.958	0.023
弹簧有效圈数	$n = \dfrac{k_1}{k_T} = \dfrac{0.2}{0.023} = 8.70$				取为 8.5
实际刚度	$k_T = k_T{}' \times \dfrac{n'}{n} = 5 \times \dfrac{8.7}{8.5} = 5.12$				5.12
最大变形角/(°)	$\phi_{max} = \dfrac{T_{max}}{k_T} = 40 \times \dfrac{300}{5.12} = 58.59°$				
最小变形角/(°)	$\phi_{min} = \dfrac{T_{min}}{k_T} = 40 \times \dfrac{100}{5.12} = 19.53°$				
弹簧自由高 H_0/mm	$H_0 = n(d + \delta) + H_h$，取 $\delta = 0.2$，$H_h = 40$				55.13

16.2.6　圆柱螺旋弹簧的制造

螺旋弹簧的制造工艺包括:卷制、挂钩或端面圈的加工、热处理、强压或喷丸处理等。

卷制有热卷和冷卷之分,对簧丝直径较小的弹簧(<8 mm)通常采用冷拔钢丝通过冷卷方式成形;对于簧丝直径较大的弹簧,常采用热卷方式成形。热卷时的温度根据簧丝的直径不同在 800~1 000 ℃范围内选择。

螺旋的挂钩或端面圈的加工是与具体的使用要求相关的。如对于使用要求较高的压缩弹簧,需要在专用磨床上进行磨制,以保证端面与轴线垂直并获得一定的高度公差;而对于拉簧和扭簧则需要根据具体的安装要求制成不同形状的挂钩(挂臂)。

弹簧通常需要进行热处理。对由冷拔钢丝经冷卷工艺加工的弹簧通常只需要作消应力的回火处理;而对热卷的弹簧及一些在退火状态下进行冷卷的弹簧需要进行淬火和中温回火处理。

为增加弹簧的强度,对重要的弹簧还需要进行强压和喷丸处理。所谓强压工艺(有时也称老化工艺)就是使压缩弹簧在超过其极限应力的条件下持续压缩 6~48 h,以使弹簧消除可能存在的所有拉应力,并具有一定的残余压应力,从而提高弹簧的承载能力。由于弹簧的持久强度和抗冲击韧度很大程度上取决于弹簧的表面状态,喷丸处理就是以具有一定曲率半径的硬物(钢球或石粒)冲击弹簧的表面,使弹簧表面形成密布的、有一定曲率半径的、存在残余压应力的凹坑,从而提高弹簧抗拉应力的能力。由于上述处理将降低弹簧的抗氧化和腐蚀的能力,所以对工作于高温或高腐蚀介质下的弹簧,不宜采用上述工艺。

为了保证弹簧的质量,弹簧还需要进行工艺试验及弹簧的技术条件所规定的精度、冲击、疲劳等实验,以检验弹簧是否满足技术要求。

16.3　其他弹簧

除螺旋弹簧以外,常用的弹簧还有碟形弹簧、环形弹簧、涡卷弹簧、板簧、橡胶弹簧等,下面对这些弹簧的特性进行简单的介绍。

16.3.1　碟形弹簧

碟形弹簧是一种用钢板冲压的截锥形的圆环状板弹簧(见图 16-11),其最大优点是压缩刚度大,可以在很小变形时获得大载荷,适用于轴向空间较小的场合。碟形弹簧的特性曲线非常复杂,不同的 h/t 比值的碟形弹簧,它们的特性曲线完全不同(见图 16-12)。当 $h/t = \sqrt{2}$ 时,特性曲线存在较长的水平段,即在变形增加时载荷不再增加(零刚度);而当 $h/t > \sqrt{2}$ 时,特性曲线存在转折点:在变形增加时,载荷却减小了,即出现负刚度。在某些结构参数条件下,碟形弹簧工作时存在的零刚度或负刚度过程容易造成弹簧突然压平、折断或反转现象的发生,并引起特性曲线的突变(特别是对没有预防装置的对合型弹簧)。为了防止这种情况的发生,在碟形弹簧设计时 h/t 一般不应取大于 1.3 的值,在要求特性曲线接近于线性时可取 $h/t \approx 0.4$。

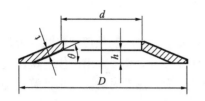

$D/d=1.7\sim2.5$；$D/t=18\sim28$；$\lambda_{\max}\leqslant0.75h$

$\lambda_0=(0.15\sim0.2)h$；λ_0 为安装压缩量

图 16-11 碟形弹簧的基本结构

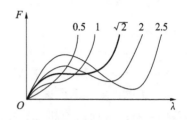

图 16-12 不同 h/t 比值的碟形弹簧的特性曲线

需要指出,碟形弹簧的特性曲线随 h/t 比值而变的特点是可以被利用的。如由于碟形弹簧可以在一定的变形范围内保持载荷恒定,可以在精密仪器利用这一特点以保持轴承端面的摩擦力矩不受温度的影响(变形变化时压力不变)。

碟形弹簧有多种组合形式。假设单个碟形弹簧具有如图 16-13b 中曲线 a 的特性,则不同的组合形式将获得的效果如图曲线 b、c、d 所示。

(1)曲线 b 在载荷不变而需要较大变形(较小刚度)时,可采用对合式组合弹簧。此时的弹簧刚度与碟数成反比。

(2)曲线 c 在变形不变而需要较大载荷(较大刚度)时,可采用堆积式组合弹簧。此时的弹簧刚度与碟数成正比。

(3)曲线 d 在一组弹簧中采用不同的叠合方式时可能得到变刚度的组合弹簧。

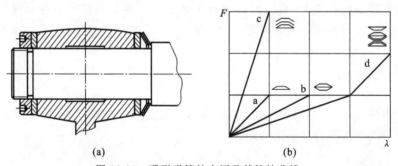

图 16-13 碟形弹簧的应用及其特性曲线

图 16-13a 给出了碟形弹簧的应用示例。

16.3.2 平面涡卷弹簧

平面涡卷弹簧简称为涡簧,其基本结构形式如图 16-14 所示。它的外端固定在活动构件或壳体上,内端固定在心轴上。涡簧常用做蓄能装置,如钟表和仪器上的发条,常用的钢卷尺其内部也是一涡簧。平面涡卷弹簧的最大优点是在较长的变形段上,其力矩的变化较小,可以在工作段输出较为稳定的力矩(见图 16-15)。

涡簧所用的材料为优质高碳钢或冷轧工具钢等,涡簧的制造工艺是将钢条卷绕在心轴上,然后通过 24 h 的强压使其成形。

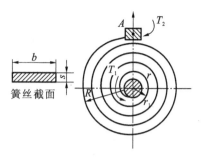

图 16-14　涡卷弹簧结构示意

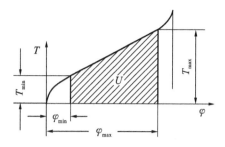

图 16-15　涡卷弹簧的特性曲线

16.3.3　环形弹簧

环形弹簧是由若干具有锥面的内、外圆环相互叠合而成的一种压缩弹簧(见图 16-16)。在轴向载荷的 F 的作用下,接触面间的法向应力将使内环直径变小,外环直径变大,从而实现轴向位移;而当载荷消除后,由于环的锥角 β 大于摩擦角,弹簧在弹性内力的作用下恢复至原来的长度。

环形弹簧的加载和卸载曲线如图 16-17 所示。在卸载开始阶段,弹性内力首先需要克服摩擦力,所以并不立即开始变形恢复(AB 段);待克服摩擦力后,弹簧才逐渐沿 BO 线恢复至原来的形状。其卸载过程中消耗的能量可达弹簧蓄能量的 $60\%\sim70\%$,所以环形弹簧具有很强的吸振能力。常用在重型车辆、火炮和飞机起落架的缓冲装置上。

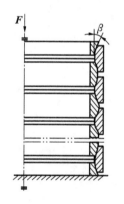

图 16-16　环形弹簧结构示意图

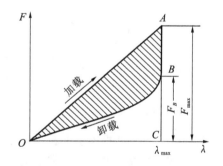

图 16-17　环形弹簧的特性曲线

环形弹簧的内、外环常用耐磨的合金弹簧钢制造。各环按所需的外形先进行滚压,然后再进行热处理,以提高其承载能力。

16.3.4　片簧

片簧用金属薄板制成,主要用于弹簧工作行程和作用力均不大,刚度要求较小的场合,例如用做电接触点、棘轮机构的棘爪,定位器的接触弹簧等。根据不同的需要可以将片簧做成悬臂片形、半圆片形等多种形状,图 16-18 所示为几种常见的片簧形式。

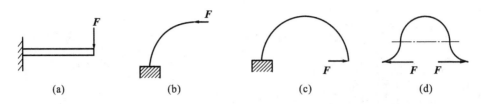

图 16-18　几种常见的片簧形式

(a)悬臂片式；(b)1/4 圆片式；(c)半圆片式；(d)成形片式

根据不同的需要，片簧也可以做成非等截面。片簧常用碳素弹簧簧钢制造，也可以用锡青铜、铍青铜、锌白铜和硅锰钢等制造，各种片簧的刚度计算和设计可查阅相关资料。

16.3.5　板簧

板簧通常采用经热处理后的高强度合金钢制作，常用的如 60Si2MnA、60Si2NiA。它是一种由多片长度不等的钢板重叠而成（一般为 5～16 片）的弹簧，即把钢板截成不同长度，两端加以修整后再行组装而形成的。板簧具有较大的刚度。由于在变形过程中各板之间存在摩擦，所以板簧具有较好的吸振性能，常用于车辆的支承系统。

板簧的基本结构如图 16-19 所示。其基本形式可为半椭圆（对称半椭圆形、不对称半椭圆形）和悬臂形（对称悬臂形、不对称悬臂形）、1/4 椭圆形等。

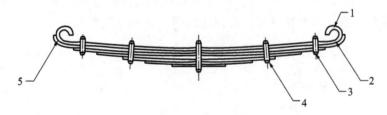

图 16-19　板簧基本结构示意图

1—卷耳；2—主片；3—簧卡；4—销钉；5—包耳

16.3.6　橡胶弹簧

在仪器底座、发动机支承和机器吸振装置中，普遍地使用橡胶弹簧（人造或天然橡胶）。与金属弹簧相比，橡胶弹簧具有如下优点：

(1)形状不受限制，各个方向的刚度可以根据要求自由地选择；

(2)弹性模量远小于金属，可得到较大的弹性变形，容易实现理想的非线性特性；

(3)具有较大的阻尼，从而在受突然冲击和高频振动时的吸振和隔音效果良好；

(4)能同时承受多个方向的载荷作用，可以简化结构；

(5)装拆方便，不需要润滑，维修和保养性能较好。

其主要缺点如下。

(1)对工作温度的限制较大。橡胶弹簧一般应在-30～80 ℃范围内工作。温度太低橡胶变硬，抗振效果变差，太高橡胶容易老化。

(2)使用寿命受外界的因素，如潮湿、强光、特别是油类接触的影响较大。

(3)长期受载时容易发生蠕变。

　　橡胶弹簧的常用材料有天然橡胶、丁腈橡胶、氯丁胶等。图 16-20 所示为几种橡胶弹簧的常见形式。

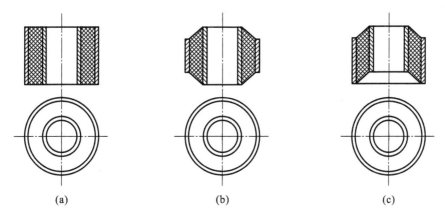

图 16-20　橡胶弹簧的常见形式示例

(a)圆筒形橡胶弹簧；(b)外双锥形橡胶弹簧；(c)凸锥形橡胶弹簧

习　题

　　16-1　请给出几种空气弹簧、橡胶弹簧的实物形式(可以通过网络查取)。

　　16-2　以自行车为例,说明圆柱螺旋弹簧的应用。

　　16-3　设计一在静载荷下工作的圆柱螺旋压缩弹簧。已知:工作载荷调整范围为 80～200 N,工作行程为 6～8 mm。弹簧外径不大于 18 mm。两端固定支承。(请用手册数据和公式计算两种方式设计)

　　16-4　按计算公式设计一有预应力的拉伸弹簧。已知:弹簧工作时长度为 100～120 mm,两端采用圆环钩,方位可选,工作拉力为 160 N,外径尽可能小。为保证安装可靠,最小拉力不小于 40 N。

　　16-5　有一弹簧门,自重 600 N,摩擦因数为 0.2,用上、下两个扭转弹簧支承。要求在手动打开后门能自动关闭。请设计该扭转弹簧(弹簧的结构尺寸越小越好)。

第 17 章 机体零件

本章简单地介绍机体零件的基本类型，以及它们在机器中的作用、设计时应满足的基本要求和注意点。

17.1 概述

为安装组成机器的各个部件，保证各零部件之间的相互位置和相对运动精度的精确性，在机器中一般都有底座、机架、箱体、基础板等零件，本书统称其为机体零件。通常情况下，机体零件的重量占机器总重量的 70%～90%。

17.1.1 机体零件的基本类型

按构造形式不同，通常可以将机体零件分为四类：机座类、板类、箱体类、框架类（见图 17-1 至图 17-5）[①]。除此之外，也有其他一些分类方法，如按组合形式不同分为整体式机体和组合式机体，按毛坯方式不同分为铸造机体和焊接机体，按是否运动分为固定式机体和移动式机体等。

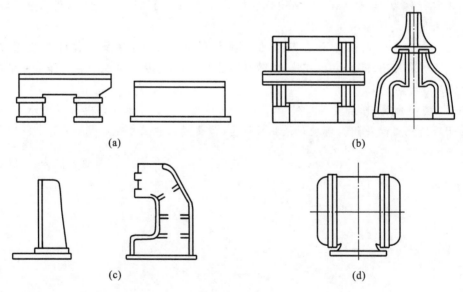

(a)

(b)

(c)

(d)

图 17-1　机座

(a)卧式机座；(b)门式机座；(c)立式机座；(d)环式机座

---

① 严格地说，箱盖和外罩不属于机体，但由于其通常与机体固连，成为机体的一部分，本书将其列"其他"类。

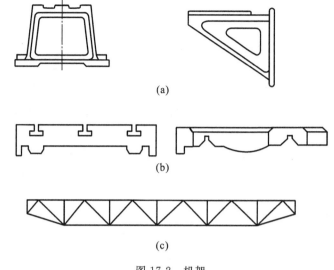

(a)

(b)

(c)

图 17-2　机架
(a)框架式机架;(b)台架式机架;(c)桁架式机架

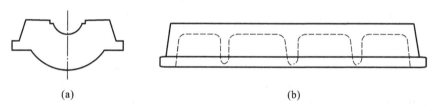

(a)　　　　　　　　　　　　　(b)

图 17-3　基座与基板
(a)基座;(b)基板

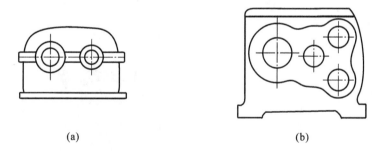

(a)　　　　　　　　　　　　　(b)

图 17-4　箱体
(a)减速器箱体;(b)变速器箱体

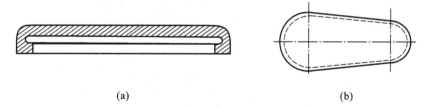

(a)　　　　　　　　　　　　　(b)

图 17-5　箱盖与外罩
(a)箱盖;(b)外罩

17.1.2 对机体零件的主要要求

作为支承件,机器的所有重量和作用力都将通过机体传至基础。除此以外,机体零件还起着保证机器稳定(部件的固定或运动)的作用。对机体零件的一般要求如下。

(1)具有足够的强度和刚度 所有零件都有强度要求,但是否有刚度要求则视具体零件的特点而定。作为整机上所有部件或者是部件上所有子部件和零件的支承基础,机体的变形必将传递到与之相关联的各个零部件,所以对机体类零件通常都需要考虑其刚度要求;而对于金属切削机床等一些工作精度要求较高的机器,足够的刚度则是保证其精度的最重要的因素之一。机体的变形大小不但与受载的大小和性质有关,还与受载的不均匀性和温度场的分布(热刚度)有关。

(2)形状尽可能简单以便于制造 由于要综合考虑强度、刚度、热变形、重量等方面的影响,机体零件的截面类型和肋板布置的形式是丰富和复杂的。而机体零件的基准功能(如机床的导轨,变速箱上的轴承孔等)通常又要求其工作面具有较高的精度。为了保证加工精度和加工的便利性,在设计中应该尽量使得机体中的精加工表面具有简单的形状,以获得加工的便利性;而对于非加工表面,应该更多地关注其可制造性以及对刚度、强度等的具体影响。由于机体零件的重量在整机总重量中占了较大的比例,合理的结构设计将有效地减轻整机重量,提高整机的经济性。

(3)便于在机体上安装零件 机体零件的主要功能是作为各类部件和零件的支承件,所以在设计时必须考虑安装附加零部件的便利性。在"机械原理"课程中曾经讨论的机械运动简图与机体的结构形式存在密切的关联性。图 17-6 给出了牛头刨床的机械运动简图和整机结构示例,可以从中发现两者之间的对应关系:①机体的构形必须满足机械运动简图中对机架的位置要求,即能够满足各运动副的安置要求;②在满足第一项要求后,可根据具体需要选择合适的机体构造形式。

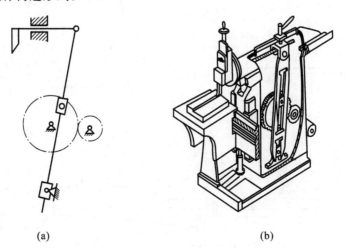

(a)   (b)

图 17-6 牛头刨床机构运动简图和机架构形

(a)牛头刨床的机构运动简图;(b)牛头刨床的机架构形

(4)机架的抗振性能 机架的振动将影响机架上所有零件的工作精度。所以对高速机械而言,必须考虑其振动稳定性的问题。机架的振动分析比较复杂,有兴趣的读者可以参考有关机架设计的专门资料。

(5)热刚度要求　机体不但受载情况复杂,其热源与传导的状态也很复杂。对于高精度机架,如机床床身等必须考虑热变形,即热刚度的问题。

(6)其他要求　除上述要求外,对某些有特殊要求的机体还需要提出一些有针对性的要求。譬如,对于带有缸体、导轨等结构的机体,因工作部件与机体间存在相对运动,所以在设计时就应该考虑其耐磨性和减摩性。

17.1.3　机体的材料选择

与其他方式相比,通过铸造可以更容易和经济地获得复杂的毛坯形状。由于多数机体零件的结构都比较复杂,所以铸造成为获得机体毛坯最常用的方式。在各种可铸材料中,铸铁的铸造性能好,成本较低,具有较好的吸振性能,在铸造毛坯中的应用最为广泛。如果机体受载较大,如轧钢机的机架,为保证机体强度也可采用铸钢;如果机器对重量轻的要求较高,则可以采用轻合金铸造机体毛坯,如飞机的气缸体材料多为铝合金。

在对机体的受载情况要求比较严格,且属于小批量或单件生产时,最好采用焊接方式以获得较为理想的强重比和更为经济的毛坯。尽管铸铁的抗拉强度较差但抗压性能良好,所以对以受压为主的机体,采用焊接机架并不一定能获得良好的减重效果。

17.2　机体零件的结构设计要点

在设计机体零件的结构时,除满足零部件安装这一基本要求以外,还应对其截面形状、肋板布置、壁厚等给予重点的关注,以保证在节约材料同时使机体零件具有较大的刚度、强度和良好的制造性能。

17.2.1　剖面形状的合理选择

由材料力学知识可知,当零件受简单的拉、压载荷作用时,其强度和刚度只与剖面的面积大小有关,而与剖面的形状无关。所以在这种情况下,零件的材料用量也只与其所受的作用力大小、所用材料的许用应力和工作时的许用变形有关。但在一般情况下,机体零件均处于复杂受力状态之下,即除了拉、压载荷以外,弯曲和扭转也同时存在,所以合理地选择机体的剖面形状将有效地提高零件的惯性矩和截面模量,充分发挥材料的作用,达到减轻重量的目的。

表 17-1 给出了剖面积相等但形状不同的梁的弯曲强度、弯曲刚度、扭转强度和扭转刚度等量的相对比值。

从表中可以看出,受载情况不同,不同剖面形状的梁所表现出的强度和刚度特点也各不相同。

(1)主要承受弯矩的梁时,工字形梁具有明显的优势,其强度和刚度均最高;

(2)主要承受扭矩的梁时,对于强度而言,空心圆形剖面最优;对于刚度而言则是空心矩形剖面最优。

表 17-1　各种剖面形状梁的相对强度和相对刚度(剖面积≈2 900 mm²)

剖面形状		弯　曲		扭　转	
		相对强度	相对刚度	相对强度	相对刚度
Ⅰ （基形）		1	1	1	1
Ⅱ		1.2	1.15	43	8.8
Ⅲ		1.4	1.6	38.5	31.4
Ⅳ		1.8	1.8	4.5	1.9

　　矩形空心剖面形式在各种复杂载荷(可能同时存在着拉、压、弯、扭等)作用时具有良好的综合性能(强度、刚度以及它们与重量的比值),而且该类剖面的机架也更便于安装其他零部件,所以矩形空心剖面形式也就成为机架所采用的主流形式。

17.2.2　肋板的布置

　　肋板布置是机架设计的重要内容。虽然增加壁厚可以提高机架零件的强度和刚度,但效果通常不如采用合理的肋板布置。加设肋板可以在不增加壁厚的条件下实现大幅度增大强度和刚度而重量却增加较小的效果。除此以外,由于壁厚没有增加,所以对铸件而言其产生缺陷的可能性将减小;而对于焊接件,采用较小的板厚也可以有效地提高焊接件的品质,减小焊接的难度。

　　肋板在某些情况下是必不可少的。在铸件和焊接件毛坯设计时,为满足便于砂芯的安装或清除,以及在机体中安装其他机件等要求,通常需要把机座制成一面或两面敞开的,或在某些部位开设较大的孔。这些设计将大幅度削弱机座的强度和刚度,所以必须设置肋板以补偿这些削弱。另外,肋板的布置也与机架的热刚度有关。

肋板布置的正确与否对加设肋板的效果影响很大,不正确的布置方式不但不能增大机架的强度和刚度,而且会浪费工料和增加制造的难度。表 17-2 中给出了几种不同肋板的布置方式。从表中可看出,Ⅱ号肋板的弯曲刚度增加比例还不及重量的增加比量;Ⅴ号斜肋板具有显著的效果,弯曲刚度比基形增加超过 50%,但重量却只增加了 26%;Ⅲ号的交错肋板的弯曲刚度和扭转刚度的增加量都较大,但重量增加也较大。

表 17-2　不同肋板布置的刚度性能比较

形　式	相对重量	相对刚度		相对刚度/相对重量	
		弯曲	扭转	弯曲	扭转
Ⅰ(基形)	1	1	1	1	1
Ⅱa	1.14	1.07	2.08	0.94	1.83
Ⅲ	1.38	1.51	2.16	0.85	2.56
Ⅳ	1.49	1.78	3.30	1.20	2.22
Ⅴ	1.26	1.55	2.94	1.92	2.34

图 17-7 给出了机床身几种不同形式的肋板布置。图 17-8 所示的为立式加工中心立柱的几种加强肋布置示例。

在需要增加局部刚度的情况下,可以增设局部肋条以提高局部刚度,如在支承件的固定螺栓和轴承座上增设加强肋等。

肋板布置是一个非常复杂的问题,不同类型的机体都有自身的基本特点,在进行肋板布置时应参考相关的文献。

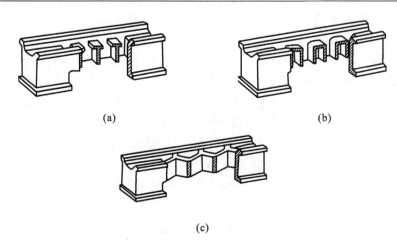

图 17-7　机床床身的几种肋板布置形式

(a)纵向肋板(抗弯)；(b)横向肋板(抗扭)；(c)斜向肋板(抗弯扭)

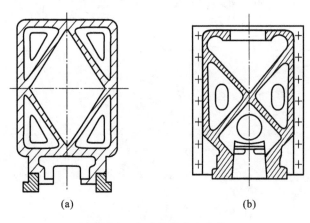

图 17-8　立式加工中心立柱

(a)菱形加强肋；(b)X 形加强肋

17.2.3　壁厚的选择

　　当机体零件的外廓尺寸一定时,其重量主要取决于壁厚。所以当强度、刚度、振动稳定性能够得到保证时,应尽可能地减少壁厚。

　　铸造机体的最小壁厚主要受铸造工艺的限制:必须保证液态金属能够通畅地流满铸型的所有空隙。根据铸件流动性确定最小壁厚的方法可参见《工程材料》或《机械制造基础》教材中的有关内容。在一般情况下,为保证机件铸造工艺的需要,铸件的最小厚度应≥8 mm(在铸造技术较高的情况下,一般为 5~6 mm。实际上,由于制造木模、造型、安放砂芯等的不准确性以及为了抵抗出芯、清理和修正铸件时的撞击等要求,选用的壁厚往往大于最小的允许壁厚,而且要比仅满足强度和刚度条件的壁厚大得多。如轻型机床常取的壁厚为 12~15 mm;中型取 18~22 mm;重型取 23~25 mm(最小壁厚的具体数值可参考有关资料)。除上述因素以外,壁厚选定还应考虑一些其他因素:如面大而壁厚的箱体,容易因齿轮、滚动轴承的噪声而引起共鸣,故壁厚应取得厚些,并适当布置肋板以提高箱壁的刚度。

间壁和肋的厚度一般取为主壁厚度的 0.6～0.8,肋的高度约取为主壁厚度的 5 倍(或大于 5 倍),如果肋板高度太小则起不到肋板的作用。所以,当安放肋板的空间太小时,可以不安放肋板,而在肋板高度较大时应该适当地增加肋板的厚度。

铸钢的铸造工艺性较差,所以铸钢件的最小壁厚应比铸铁大 20%～40%,并且当材料为碳素钢时取小值,合金钢时取大值。

同一铸件的壁厚应尽量相同以避免产生过大的收缩应力。如果相临两面的壁厚不同,在厚壁和薄壁之间应设置过渡圆角或斜面,以使铸件在冷却收缩时不至于产生过大的应力集中。具体的参数可见有关手册和图册。钢铸件的过渡圆角和斜角应该大于铸铁件的。

对于焊接件,其厚度主要由强度和刚度确定(这也是焊接件的重量可以比铸件轻的主要因素之一)。但由于焊接时存在着较大的焊接变形,必须采用适当的措施避免发生过大变形的,以保证加工余量,如采用焊接架固定焊件实施焊接,而后进行消应力热处理等。

17.2.4　其他要求

当机座和箱体的质量很大时,应设置便于起吊的装置,如吊装孔、吊钩或吊环等。这些局部结构的尺寸必须与起吊的绳索相匹配,并保证绳索捆绑和解出的便利性。机座的底部通常应设置缺口,以保证接触性能并给安装和移动带来便利。

箱体上位于同一轴线上的各孔直径最好相同或顺序减小,以保证镗、磨工艺进行的便利性。

习　　题

17-1　给出几种电动机的机体类型实例图片(可在网上查找)。

17-2　给出一种采用焊接方式的机体实例图片。

17-3　C6140 车床的机体属于什么类型?

17-4　给出采用几种采用门式机座的机器。

第18章　减速器和变速器

本章对减速器和变速器进行简单的介绍,包括它们的基本作用、常用类型和特点,以及两者之间的关联和区别。

减速器和变速器是设置于原动机和工作之间的传动装置,它们的主要作用都是改变原动机(也可能是前一级传动装置)的转速以满足工作的需要。两者之间的主要区别是:减速器的速比(传动比)是固定的,而且通常是一种独立的装置;变速器可以在工作中随时改变传动比,并经常是机器中传动系统的一部分。

18.1　减速器

减速传动是机械传动中最为常见的传动形式,主要用来降低原动机的转速并相应地放大转矩。用来实现这一目的独立式传动装置称为减速器。在某些情况下,也存在增速传动的需要,实现增速传动的独立式传动装置称为增速器。尽管从表面上看,只要将减速器的输入/输出端互换,减速器就可以变成增速器,但事实并非如此。一般情况下,减速器是不能通过将输入/输出端互换而作为增速器使用的,主要原因如下。

(1)所有机械零件在设计时都有明确的基本设计参数,在将减速器的输入/输出互换时,可能使最大工作速度超过设计范围。

(2)显然,具有反向自锁特点的传动装置其输入和输出端是不能互换的,如:自锁的蜗轮蜗杆减速器、小齿差减速器等,这类减速器自然不可能作为增速器使用;而另外一些减速器,如2K-H行星齿轮减速器等,因不存在反向自锁现象,从理论上可以作为增速器使用,但传动效率通常会有大幅度下降。

减速器的种类很多,常见的由齿轮和蜗杆传动及其组合构成的减速器,主要有以下几种:①齿轮减速器;②蜗杆减速器;③蜗杆-齿轮减速器;④行星减速器;⑤谐波减速器;⑥摆线针轮减速器。

上述六类减速器已有标准系列产品。只要根据所需的功率、转速、速比、工作、机器的布置要求就可以从减速器的产品样本中获得合适的减速器。所以对这些减速器,除特殊情况外一般不需要自行设计。在选择和设计时需要注意,普通的减速器和高精度减速器在精度和成本上都存在着很大的差异,不能混用。

以伺服电动机减速器为例。伺服电动机减速器具有高刚性、高精度(单级<1′,双级<3′)、高传动效率(单级95%~99%)、高的扭矩/体积比、终身免维护等特点,输入转速可达18 000 r/min。对于步进电动机、伺服电动机等高精度原动机就应选择专配的减速器,否则原动机的高精度就不可能得到体现。

在选择减速器时,通常需要考虑的问题包括:传动比、输入/输出端布置、结构尺寸、安装方式等。下面对常用的减速器类型和它们的特点进行简单的介绍。

18.1.1 齿轮减速器

根据齿轮减速器的传动级数,可将它们分为单级、两级、三级和多级减速器;根据各级传动的布置,又可分为展开式、同轴式和分流式等。

为了避免了减速器尺寸过大,不同级数的齿轮减速器都有其合适的传动比范围。单级齿轮减速器的适用传动比 $i \leqslant 8$;二级齿轮减速器的适用传动比 i 的范围为 $8 \sim 50$;三级齿轮减速器的适用传动比 i 的范围为 $50 \sim 500$。减速器的不同布置方式见表 18-1。

表 18-1 齿轮减速器的基本类型

单级圆柱齿轮减速器	展开式二级圆柱齿轮减速器	展开式三级圆柱齿轮减速器
单级锥齿轮减速器	高速级分流二级圆柱齿轮减速器	分流三级圆柱齿轮减速器
同轴二级圆柱齿轮减速器	同轴分流二级圆柱齿轮减速器	二级圆锥圆柱齿轮减速器

(1)展开式两级齿轮减速器 展开式两级齿轮减速器应用最为广泛,它的优点是结构形式简单,减速器的输入/输出轴可以在任意一侧伸出,为减速器与前后装置的连接提供了便利。其缺点是由于齿轮相对于支承位置不对称,当轴发生弯、扭变形时齿轮的齿向接触和载荷分布的不均匀性较大。在设计时应保证转轴有较大的刚度,并将齿轮布置在远离输入/输出端处以使扭转变形和弯曲变形得到部分的抵消,从而减少弯、扭变形的影响。

(2)同轴式二级减速器 与展开式二级减速器相比,同轴式二级减速器的径向尺寸紧缩但轴向尺寸较大。由于中间轴较长,受载时的扭曲变形也较大,导致齿轮齿宽方向的接触和载荷分布不均匀性较大。同轴式二级减速器要求两级传动的中心距相等,这将使高速级的传动能力不能得到充分利用,而中间轴承的存在也增加了润滑的难度。由于输入轴和输出轴只能位于同一轴线的两端,这将会给传动装置的总体布置带来一些限制,但在输入轴和输出轴需要位于同一轴线上的场合却是十分便利的。

(3)分流式二级减速器 分流式二级减速器可制成高速级分流和低速级分流两种。使用实践表明,高速级分流的效果好于低速级分流,应用也较多。分流式减速器通常用在载荷较大的场合,由于受载是对称的,所以齿轮沿齿宽方向的接触较前两种均匀。分流式减速器的分流齿轮一般都做成斜齿,两齿轮螺旋角相同但方向相反,以使轴向力相互抵消。为保证两齿轮的接触性能,在轴系设计时应使其中一轴能作一定的轴向移动(两端游动方式)。二级分流减速器也可以制成同轴式的。

三级圆柱齿轮减速器也有展开式和分流式之分。如为分流式,其分流级应该为中间级,以同时改善刚性较差的高速级和受力较大的低速级的工作性能。

锥齿轮减速器用于输入轴和输出轴需要成 90°配置的场合,在传动比较大时可采用二级或三级圆锥-圆柱齿轮减速器。由于大尺寸的锥齿轮加工较为困难,所以当传递功率较大时通常将圆锥齿轮作为高速级以提高制造精度。单级锥齿轮减速器的传动比 i 一般为 $1\sim5$,二级圆锥-圆柱齿轮减速器的传动比 i 为 $6\sim35$,三级圆锥-圆柱齿轮减速器的传动比 i 为 $35\sim208$。

根据安装方式不同,上述各种齿轮减速器可分为立式、卧式和法兰式。在选用时应根据具体的安装情况确定。

18.1.2 蜗杆及蜗杆齿轮减速器

蜗杆减速器的主要特点是在外廓尺寸较小时能获得较大的传动比,工作平稳,噪声小。常见的蜗杆减速器如表 18-2 所示。其中单级蜗杆减速器的使用最为普遍,传动比为 $10\sim70$。

表 18-2 常见蜗杆及蜗杆齿轮减速器

在确定蜗杆减速器形式时首先应考虑它与传动装置组合的便利性。除此以外,还应考虑不同形式各自的一些特点。在蜗杆下置时,蜗轮、蜗杆及蜗杆轴承的冷却和润滑问题更容易解决,所以一般应尽可能地采用下蜗杆形式。但由于蜗杆的线速度远高于蜗轮的线速度,所以蜗杆下置时的搅油损失较大,当蜗杆的线速度大于 4～5 m/s 时,应采用上蜗杆形式;另外,如蜗杆直径较小,如采用下蜗杆形式可能会出现油面高于蜗杆轴承最低滚动体中心的情况,增加了密封的难度(此时通常抬高蜗杆并采用甩油轮甩油润滑)。

在蜗杆传动和齿轮传动组合使用时,有将齿轮放在高速级和低速级两种,通常将蜗杆作为高速级,即制成蜗杆-齿轮减速器。高速级采用蜗杆传动不但可以提高传动效率(速度较高时蜗杆传动的润滑效果较好),而且也可以有效地减小减速器的噪声,但传动精度较低。蜗杆-齿轮减速器的传动比一般为 50～130,最大可达 250。齿轮-蜗杆减速器的应用较少,传动比可达 150 左右。

18.1.3　其他类型减速器

除上述的齿轮、蜗轮减速器以外,行星减速器、谐波减速器、摆线针轮减速器也有标准化的系列。

1. 行星齿轮减速器

行星齿轮传动是一种具有动轴心齿轮的传动机构,可用于减速、增速和差动传动场合。行星减速器具有体积小、重量轻、结构紧凑等特点,根据齿轮的啮合方式分为 NGW 型、NW 型、NN 型、WW 型、NGWN 型和 ZUWGW 型。代表类型的代号字母含义为:N(内)为内啮合;W(外)为外啮合;G(公)为公用行星轮;ZU(锥)为锥齿轮。表 18-3 给出了几种常见的行星减速器的机构简图。JB/T 6502—1993 给出了包括单级、双级、三级等多个系列的 NGW 型行星齿轮减速器,JB/T 6135—1992 给出了混合小齿差行星轮减速器的标准系列。

表 18-3　几种常见的行星齿轮减速器简图

类　型	机构简图	类　型	机构简图
NGW 型	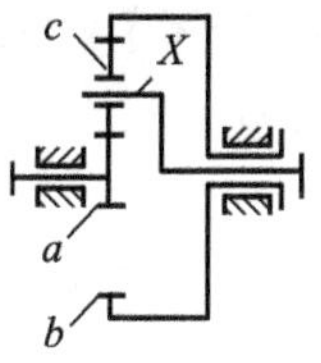	ZUWGW 型	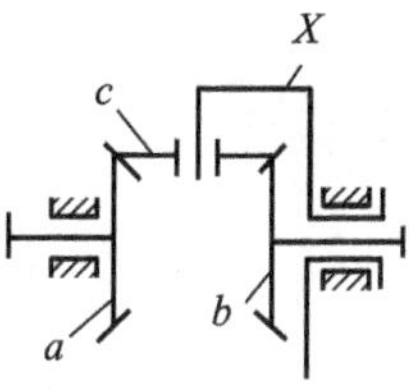
NW 型	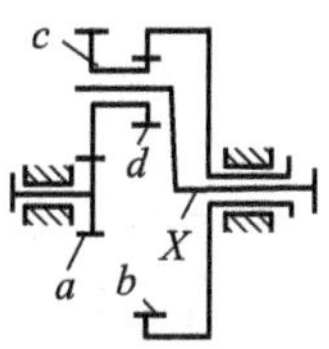	N 型	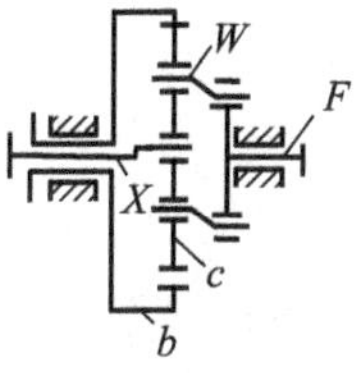

类　型	机构简图	类　型	机构简图
WW 型		二级 NGW 型	
NN 型			

2. 谐波齿轮减速器

谐波齿轮减速器是一种靠波发生器使柔性齿轮产生可控的弹性变形来实现运动和动力传递的减速器。GB/T 14118—1993 给出了谐波传动减速器的标准系列。在工作时,该标准减速器的运动由波发生器输入,刚轮固定,柔轮输出,输入和输出轴转向相反。其主要特点是传动比范围大($i = 63 \sim 3\ 200$);由于工作时啮合齿数多(可达总齿数的 $30\% \sim 40\%$),所以承载能力大;与一般的齿轮减速器相比,零件数少 1/2,体积减小 $20\% \sim 50\%$。由于柔轮的轮齿在转动过程中作均匀的径向移动,齿面间的相对滑动速度很低,齿面磨损小,效率高;此外,该减速器具有运动精度高、平稳、无噪声的特点。

3. 摆式针轮减速器

摆式针轮减速器是一种采用摆线针齿啮合行星传动原理的减速机构。JB/T 2982—1994 给出了摆式针轮减速器的标准系列。该类减速器具有传动比范围大(单级传动时 $i = 11 \sim 87$,两级传动时的传动比为 $i = 22 \sim 128$)的特点;由于采用了行星摆线传动机构,所以其结构紧凑、体积小、重量轻,在功率相同的条件下,体积和重量是其他类型减速器的一半。

18.2　变速器

机器在不同的工作条件下经常需要有不同的转速,如在切削量和切削精度不同时,车床的主轴转速不同,汽车在不同的路面需要改变行驶速度,等等。对这种需要机器能够随时改变传动比的应用场合,传动比固定的减速器无法满足要求,需要采用变速器。

变速器有有级和无级之分。前者的传动比可以在有限的级别上由操纵系统改变,而后者则可以在预定的设计范围内无级地变化。

18.2.1　有级变速器

有级变速器通常通过改变传动路线而实现不同的传动比,常用的有级变速装置有塔轮变速器、滑移齿轮变速器、离合器齿轮变速器、拉键式齿轮变速器,等等。

1. 塔轮变速器

如图 18-1a 所示,塔轮变速器的轴 I 和轴 II 上分别装有塔式带轮,各组带轮的直径比不同,更换带的位置就可以获得不同的传动比。塔轮变速器传动常采用平带,也可以采用 V 带传动。塔轮变速器传动平稳,但结构较大,变速不便。

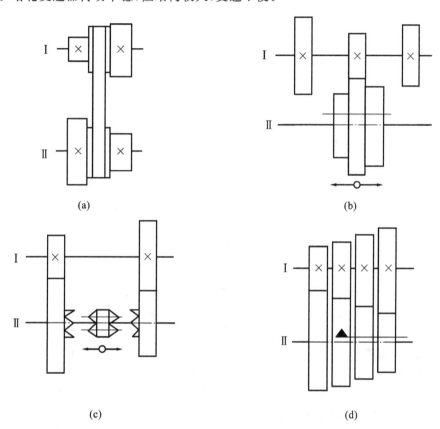

(a)　　　　　　　　　　　　　　　　　(b)

(c)　　　　　　　　　　　　　　　　　(d)

图 18-1　有级变速器

(a)塔轮变速器;(b)滑移齿轮变速器;(c)离合器式齿轮变速器;(d)拉键式齿轮变速器

2. 滑移齿轮变速器

滑移齿轮变速器(见图 18-1b)通过齿轮在导向键上滑移改变齿轮的啮合位置,以获得不同的传动路线,从而实现改变传动比的目的。这种变速器变速方便,结构紧凑,传动效率高。为保证齿轮啮入的便利性和工作过程的稳定性,这种变速器不能采用斜齿轮传动。

3. 离合器式齿轮变速器

离合器式齿轮变速器(见图 18-1c)通过离合器的不同结合位置获得不同的传动路线,实现改变传动比的目的。这种变速器的最大优点是可以采用斜齿轮和人字齿轮。当采用摩擦离合器时,可以很方便地实现运动中的变速。其主要缺点是齿轮处于经常的啮合状态,磨损较大,而离合器占用的空间也较大。

4. 拉键式齿轮变速器

拉键式齿轮变速器(见图 18-1d)通过拉键和不同齿轮的结合以获得不同传动路线和不同的传动比。这种变速器的结构比较紧凑,但由于拉键的强度和刚度通常较低,因此不能传递较大的转矩。

18.2.2 无级变速器

当机器需要在一定的范围内任意地调整速度时,应采用无级变速装置。无级变速可分为电气、液压和机械几种方式,本节只讨论机械式无级变速器。机械式无级变速器通常采用摩擦传动,通过改变主动轮和从动轮的工作半径而获得不同的传动比。摩擦无级变速器的结构简单、具有过载保护作用,运转平稳,并可在较大的变速范围内实现恒功率传递(在不考虑功率损失的情况下),这是电气和液压变速难以达到的。由于摩擦传动的一些固有问题,如弹性滑动等,所以机械式无级变速器也存在一些缺点,如:不能保证精确的传动比,结构尺寸过大,轴的结构尺寸和轴上的载荷较大等。

1. 滚轮-平盘式无级变速器

滚轮-平盘式无级变速器(见图 18-2a)的滚轮 1 用弹簧 3 压紧在圆盘 2 上,靠滚轮与圆盘的摩擦力实现传动。移动滚轮将改变从动平盘的工作半径,从而实现传动比的改变。

当轴 I 以一定的转速转动时,滚轮上与圆盘沿轴向接触各点的线速度相等;但由于滚轮具有一定的宽度,而接触线上的接触点对应着圆盘的不同半径,当圆盘转动时圆盘上各接触点的线速度与接触半径呈线性关系。所以除某一特定点外,对滚轮和圆盘接触线上的其他点,滚轮上点的线速度与圆盘上点的线速度不同,即存在着相对滑动,这种因几何形状而产生的滑动称为几何滑动。滚轮的长度越大,几何滑动越大。滚轮-平盘式无级变速器结构简单,制造简单,但由于存在较大的几何滑动,所以不宜用于大功率的传动。

2. 钢球无级变速器

钢球无级变速器(见图 18-2b)由两个锥轮 1、2 和钢球 3 组成。当改变钢球支承轴的倾斜角度时,钢球与两锥轮的接触半径将发生变化,从而使得传动比发生改变(类似于二级传动)。由于钢球与锥轮是点接触,所以几何滑动较小[①],结构紧凑,但钢球的加工较为困难。

3. 菱锥无级变速器

菱锥无级变速器如图 18-2c 所示。空套在轴上的菱锥 3 被压紧在主动轮 1 和从动轮 2 之间。锥轮的结构和布置使其在水平移动过程中能始终与主、从动轮保持接触,移动支架将改变钢球与锥轮接触处的作用半径,从而达到改变传动比的目的。

4. 宽 V 带无级变速器

宽 V 带无级变速器如图 18-2d 所示。通过移动轴 I 改变其上一对带轮间距的同时同步移动轴 II 上的一对摩擦轮,以改变摩擦轮的作用半径,从而实现变速目的。

5. 摩擦轮传动

摩擦轮传动除用于机械无级变速以外,也可用于固定传动比传动。第 7 章对摩擦带传动进行了详细的分析,下面对摩擦轮传动作一简单介绍。摩擦轮的传动功率可达数百千瓦,

---

① 理论上不存在几何滑动,但由于接触不可能是真正的点接触,所以几何滑动还是存在的。

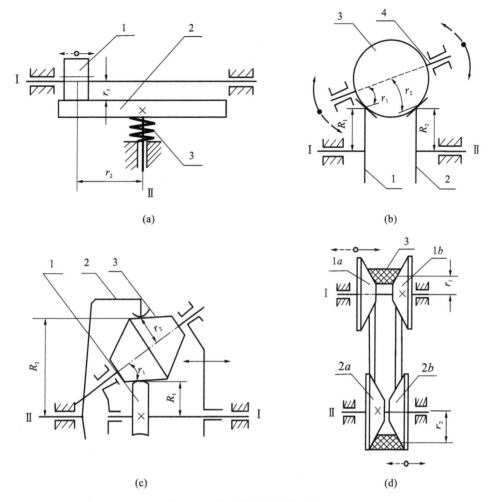

图 18-2　各式机械无级变速器

(a)滚轮-平盘式无级变速器；(b)钢球无级变速器；(c)菱锥无级变速器；(d)宽 V 带无级变速器

常用的为 10 kW 左右,单级传动比可达成 15,常用的一般小于 5。图 18-3 给出了几种固定传动比的摩擦轮传动的基本形式。

对摩擦轮材料的基本要求是：

(1)接触疲劳强度高,耐磨性好,以保证足够的使用寿命；

(2)弹性模量大,在载荷作用下的变形小,从而可减少摩擦损耗和磨损；

(3)摩擦因数大　对于干式变速器(不加润滑油),要求两配对材料具有较大的摩擦因数,而使得在较小的正压力的情况下获得更大的摩擦牵引力；对于湿式变速器,则应该选择具有较大牵引系数的润滑油。

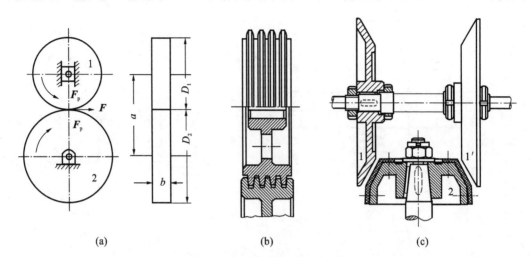

图 18-3　摩擦轮传动的常见形式

(a)圆柱平摩擦轮传动;(b)圆柱槽摩擦轮传动;(c)圆锥摩擦轮传动

习　　题

18-1　给出几种无级变速器的应用实例。

18-2　普通车床中采用的变速装置通常采用何种方式？以主轴箱变速为例说明其变速原理。

18-3　试述电动变速和机械变速之间的区别。

18-4　观察所见的机械产品,举两例说明减速器的应用。

参 考 文 献

[1] 许镇宇,邱宣怀.机械零件[M].修订版.北京:高等教育出版社,1981.

[2] 邱宣怀.机械设计[M].4 版.北京:高等教育出版社,2004.

[3] 邱宣怀,郭可谦,吴宗泽.机械设计[M].北京:高等教育出版社,1997.

[4] 余俊.机械设计[M].北京:高等教育出版社,1986.

[5] 濮良贵,纪名刚.机械设计[M].7 版.北京:高等教育出版社,2001.

[6] 濮良贵,纪名刚.机械设计[M].8 版.北京:高等教育出版社,2006.

[7] 徐锦康.机械设计[M].北京:高等教育出版社,2004.

[8] 李威,穆玺清.机械设计基础[M].北京:机械工业出版社,2008.

[9] 吴宗泽.机械设计[M].北京:高等教育出版社,2001.

[10] 吴宗泽,高志.机械设计[M].2 版.北京:高等教育出版社,2009.

[11] 刘莹,吴宗泽.机械设计[M].2 版.北京:机械工业出版社,2008.

[12] 吕宏,王慧.机械设计[M].北京:北京大学出版社,2009.

[13] 陈秀宁,顾大强.机械设计[M].杭州:浙江大学出版社,2010.

[14] 张锋,关晓冬.机械设计[M].哈尔滨:哈尔滨工业大学出版社,2011.

[15] 彭文生,李志明,黄华梁.机械设计[M].2 版.北京:高等教育出版社,2008.

[16] 张锋,关晓东.机械设计[M].哈尔滨:哈尔滨工业大学出版社,2011.

[17] 陈东.机械设计[M].北京:电子工业出版社,2010.

[18] 宋宝玉,王黎钦.机械设计[M].北京:高等教育出版社,2010.

[19] 西北工业大学机械原理及机械零件教研组编.机械设计[M].北京:人民教育出版社,1979.

[20] 北京钢铁学院.机械零件[M].北京:人民教育出版社,1979.

[21] 黄锡恺、郑文玮.机械原理[M].北京:高等教育出版社,1978.

[22] 张策.机械原理与机械设计(下册)[M].2 版.北京:机械工业出版社,2011.

[23] 陈秀宁.机械设计基础[M].3 版.杭州:浙江大学出版社,2007.

[24] 陈立德.机械设计基础[M].北京:高等教育出版社,2004.

[25] 黄纯颖、高志、于晓红.机械创新设计[M].北京:高等教育出版社,2000.

[26] 沈萌红.创新的方法——TRIZ 理论概述[M].北京:北京大学出版社,2011.

[27] 沈萌红.TRIZ 理论及机械创新实践[M].北京:机械工业出版社,2012.

[28] Крагельский И В,Добычий М Н,Комбалов В С.摩擦磨损计算原理[M].汪一麟,

译. 北京:机械工业出版社,1982.

[29] DOWSIN D,HIGGINSON G R. Elasto-hydrodynamic lubrication[M]. Oxford:Perga-monPress. 1977.

[30] PINKUS O,STERLICHT B. 流体动力润滑理论[M]. 西安交通大学轴承研究小组, 译. 北京:机械工业出版社,1980.

[31] 全永昕. 工程摩擦学[M]. 杭州:浙江大学出版社,1994.

[32] 全永昕,施高义. 摩擦磨损原理[M]. 杭州:浙江大学出版社,1988.

[33] 王步瀛. 机械零件强度计算的理论和方法[M]. 北京:高等教育出版社,1986.

[34] 朱龙根. 简明机械零件设计手册[M]. 北京:机械工业出版社,1997.

[35] 成大先. 机械设计手册(机械传动)[M]. 北京:化学工业出版社,2004.

[36] 成大先. 机械设计手册[M]. 5 版. 北京:化学工业出版社,2008.

[37] 吴宗泽. 机械设计师手册[M]. 北京:机械工业出版社,2003.

[38] 机械设计手册联合编写组. 机械设计手册[M]. 北京:化学工业出版社,1982.